KB147707

제2판

Tourism

관광정책에 대한 이론적 지식의 이해

관광정책학

이연택 저

Policy

Science

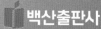백산출판사

제2판 머리말

지난 2012년 이 책을 처음 출간한 지 4년 만에 개정판을 내게 되었다. 그동안 비록 긴 시간은 아니었으나, 관광정책연구의 진전에 조금이나마 기여할 수 있었다는 점에 보람을 느낀다.

초판 머리말에서도 언급했던 바와 같이 이 책은 관광정책실무에 관한 지식보다는 관광정책이론에 관한 지식을 다루고 있다. 그러므로 이 책을 읽는 독자층이 주로 관광정책연구자나 대학원생들에게만 국한되는 것은 아닌가 하는 염려가 있었으나, 출간 이후 학부생들은 물론 관광정책실무자들까지도 이 책에 관심을 보여주어 관광정책이론지식에 대한 변화된 사회적 요구를 확인할 수 있었다.

관광정책과 관련하여 저자는 지난 2003년에 정책실무지식에 초점을 맞춘 '관광정책론'을 출간하였으며, 이후 2012년에 정책이론지식에 초점을 맞춘 '관광정책학' 초판을 출간하였다. 돌이켜보면, 이 책들이 출간된 시기에 관광은 우리 사회에 주요 사회문제로 부각되었으며 이와 관련하여 관광정책의 중요성도 크게 강조되기 시작하였다. 개정판 출간에 즈음한 최근의 관광정책환경은 이전과는 또 다른 변화를 보여준다. 무엇보다도 민주화가 촉진되고 미디어환경이 변화하면서 정책이해관계집단 및 일반국민의 정책과정 참여가 크게 활성화되고 있다.

이번 개정판은 이러한 관광정책환경의 변화에 부응하여 새롭게 등장한 정책이론들을 제시하고, 초판 출간 이후에 발표된 관광정책연구사례들을 추가로 소개하는 데 목적을 두고 있다. 주요 개정내용을 소개하면 다음과 같다.

첫째, 제15장 '관광정책과 정책커뮤니케이션'이 이번에 새롭게 제시되었다. 그동안 정치체제와 정책이해관계집단과의 관계를 주로 집단론적 관점에서 다루어왔으나, 정책커뮤니케이션이론이 제시됨으로써 이들의 관계를 커뮤니케이션과정으로 설명할 수 있는 이론적 확장을 도모할 수 있게 되었다. 특히 정책커뮤니케이션이론에서 기존의 정책PR모형은 물론 최근에 대두되고 있는 담론경쟁모형까지 포함하면서 관광정책연구의 범위가 확대될 것으로 기대된다.

둘째, 책의 구성에서 각 부의 명칭을 새롭게 부여하여 이론적 관점 및 패러다임을 명확하게 제시하고자 하였다. 그 결과 제II부는 '관광정책과 정치체제론적 접근', 제III부는 '관광정책과 집단론적 접근', 제IV부는 '관광정책과 정책과정론적 접근', 그리고 끝으로 제V부는 '관광정책과 새로운 접근'으로 명칭을 부여하였다. 새로운 접근(new approach)에서는 하나의 통일된 접근으로 명칭을 부여하기는 어려우나 새롭게 부각되는 제도이론, 거버넌스이론, 사회자본이론, 그리고 정책커뮤니케이션이론을 묶어서 소개하였다.

셋째, 경험적 연구부분을 일반정책 연구와 관광정책 연구로 구분하여 제시함으로써 관광정책 연구에서의 차별화를 모색해보았다. 특히, 개정판에서는 정치체제이론을 적용한 연구들이 새롭게 제시되었으며, 정책행위자이론을 적용한 연구들도 새롭게 제시되었다. 정책과정론적 접근에서는 정책의제설정이론을 적용한 연구와 정책집행이론을 적용한 연구가 추가로 제시되었다. 새로운 접근에서는 역사적 제도주의의 제도이론을 적용한 연구가 추가로 제시되었으며, 정책커뮤니케이션이론을 적용한 연구들이 새롭게 제시되었다.

이번 개정판에서도 아직까지는 일반정책이론을 관광정책에 적용하는 수준에 머물러 있는 것이 사실이다. 하지만 향후 지속적인 연구를 통해 관광정책 고유의 특성을 반영한 관광정책이론을 개발하는 데 끊임없이 노력을 경주하고자 한다.

　　이번 개정작업에도 많은 사람들이 도움을 주었다. 무엇보다도 쉽지 않은 연구환경에서 탁월한 관광정책연구를 수행함으로써 경험적 연구사례가 풍부해질 수 있도록 바탕을 마련해준 관광정책연구자들에게 감사한 마음이다. 특히 책의 개정 방향을 의논하고 교정작업을 함께 해준 박사과정 중인 오은비 연구원의 수고와 열정에 다시 한번 감사한 마음을 전하고 싶다.

　　또한 어려운 출판여건에서도 관광전문출판사라는 큰 역할을 해주시고 개정판이 출간될 수 있도록 도움을 준 백산출판사 관계자 여러분께도 감사의 말씀을 드린다.

　　끝으로, 그동안 이 책의 초판을 통해 함께 해주신 독자 여러분에게 감사드리며 이 책이 관광정책연구자들의 학문발전을 위한 또 하나의 작은 시작이 되길 간절히 바란다.

2016년 8월
저자 이연택

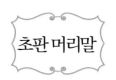

초판 머리말

이 책은 저자가 지난 2003년에 출간했던 관광정책론 이후 거의 십년 만에 출간하는 관광정책관련 저서이다. 다소 긴 준비 기간이 있었지만, 그동안 정책이론 자체에 많은 변화가 있었으며, 이를 정리하고 한 걸음 나아가 관광정책영역에 맞는 정책이론의 범위를 정하여 쓰는 일이 결코 쉽지 않았다.

관광정책 환경에서도 대내외적으로 많은 변화가 있었다. 스마트 기술이 새로운 경제시대를 열었으며, 또 다른 한편에서는 경제위기, 자연재해, 테러와 분쟁 등 위기요소가 상존하고 있다. 관광시장에서는 중국이 단연 중심주제로 부각되었다. 또한 국내 정치에서도 정권교체가 그동안 두 번이나 이루어졌다.

이러한 변화와 함께 관광정책지식에 관한 관광 커뮤니티의 요구도 크게 달라졌다. 정책설계와 정책관리에 관한 실제적 지식뿐 아니라 정책현상을 설명하는 인과이론적 지식의 필요성이 크게 제기되고 있다. 특히 관광정책의 실패 사례가 늘어나면서 그 원인 분석에 대한 사회의 요구가 커지고 있으며, 관광정책의 학술연구에서도 전통적 내지는 규범지향적 정책 연구 방식으로부터 벗어나 경험적 이론연구에 대한 관심이 커지고 있다.

이 책은 이러한 변화에 대한 인식과 함께 관광정책학 연구를 위한 새로운 지식체계를 모색하고자 하였다. 그러므로 정책내용을 중심으로 저술되었던 관광정책론과는 달리, 이 책에서는 관광정책 지식의 근본이 되는 이론적 접근을 중심으로하여 기본 체계를 갖추었으며, 이를 관광정책학의 원론서로 제시하고자 하였다.

이 책은 본문 제1장 제5절 '이 책의 구성'에서 다루어진 바와 같이 지식의 유형에 있어서 '정책과정에 필요한 지식'과 '정책과정에 관한 지식'이 모두 포함되었다. 그러므로 합리적·규범적 접근과 경험적 접근이 함께 이루어졌다. 또한, 관광정책에의 적용이 주요 개념 및 이론 별로 다루어졌다.

전반적인 체계로는 정치체계론, 집단론, 정책과정론, 정책분석론, 제도론의 다섯 가지 이론적 접근에 기초하여 5부, 14장으로 구성되었다. 제Ⅰ부에서는 '관광정책학의 기초', 제Ⅱ부에서는 '관광정책과 정치체제 그리고 정책환경', 제Ⅲ부에서는 '관광정책과 정책행위자 그리고 권력관계', 제Ⅳ부에서는 '관광정책과 정책과정', 제Ⅴ부에서는 '관광정책과 제도'를 각각 다루었다.

이 책의 특징으로는 세 가지를 들 수 있다. 첫째, 관광정책이론의 정립이다. 일반 정책이론을 관광정책에 적용하기 위한 나름대로의 시도가 이루어졌다. 소위 '영역 지식화'의 과정이라고 할 수 있다. 둘째, 관광정책 영역에서의 경험적 연구의 확장이다. 주요 이론적 접근에서 이루어지는 경험적 연구를 관광정책 연구에 적용하고자 하였다. 셋째, 정책논의의 제시이다. 정책논의의 장을 통하여 정책이론적 지식과 관광정책 현실과의 접목을 시도해 보고자 하였다.

이 책을 통해 기대하는 바는 우선, 관광정책을 학습하고 연구하는데 있어서 정책이론적 접근에 대한 관광 커뮤니티의 이해를 증진시키고자 하는 것이며, 이와 함께 실제 관광정책 설계 및 관리에 있어서 근본적인 문제의 원인을 밝히고 해결책을 제시하는데 기여하고자 하는 것이다.

이 책을 준비하는 데는 그동안의 강의를 통해서 얻은 경험이 큰 도움이 되었다. 학부에서는 관광정책론이 2학년 과정으로 개설되었으며, 3학년에서는 비교관광정책세미나, 4학년에서는 관광정책커뮤니케이션, 관광정책이슈분석이 각각 개설되었다. 대학원과정에서는 관광정책이론연구, 관광정책세미나, 관광정책네트워크분석 등이 개설되었다. 이들 과목을 강의하면서, 또 학생들의 질문을 통해서 근본적인 정책이론의 틀을 잡아줄 원론의 필요성을 절실히 느꼈으며, 부족하지만 이 책이 그 작은 결실이라고 할 수 있다.

책을 쓰는 데는 사실 저자 한 사람의 노력만으론 불가능하다고 할 수 있다. 이 책을 쓰는 데도 많은 분들의 격려와 도움이 있었다. 무엇보다도 편안하게 연구할 수 있는 분위기를 만들어 주신 대학 그리고 같은 학과의 동료 교수님들의 격려와 배려가 많은 도움이 되었다. 또한, 관광정책연구를 수행해온 여러 연구자들의 연구 결과 덕분에 관광정책연구에의 적용을 나름대로 시도해 볼 수 있었다. 이 자리를 빌려 모든 분들에게 감사의 말씀을 드린다.

이 책을 쓰는 동안 처음부터 끝까지 옆에서 도와준 많은 사람들이 있었다. 책의 구상에서부터 자료 정리, 교정, 마무리 작업까지 하나에서 열까지 함께 해준 박사과정의 김경희 연구원의 도움은 이루 말로 표현할 수 없을 만큼 컸다. 너무나 감사하다. 또한 독자의 입장에서 원고를 읽고 교정을 도와준 김현주 박사와 김자영 연구원 그리고 최지영 석사의 노고도 큰 도움이 되었다. 문헌 정리를 도와준 유슬기 조교의 도움도 컸다. 또한 빼놓을 수 없는 이들이 함께 관광정책연구를 해온 동업자들, 바로 같은 연구실의 대학원생들과 졸업생들이다. 이들은 "교수님, 책 언제 나와요?" 하며 때때로 나를 자극하고 응원해 주었다. 모두 다 소중한 사람들이다. 이들에게 큰 감사의 뜻을 표한다.

또 다른 힘은 가족이다. 책을 쓰는 긴 시간 동안 늘 힘을 북돋아주고 용기를 주었던 가족들의 사랑에 감사한다. 변함없이 기다려주고 동행하는 이들이다. 사랑하고 감사한다.

이 책의 출판을 흔쾌히 맡아주신 백산출판사의 진욱상 사장님과 임직원 모두께도 감사의 말씀을 드린다. 그간 관광도서 출판에 기여하신 공로가 매우 크다.

끝으로, 책을 마무리 하면서 늘 갖게 되는 소회이지만 아쉽고 부족한 점이 아직도 많이 남아 있다. 다시 시작이라는 생각으로 하나씩 하나씩 채워나가려고 한다. 일일이 적지는 못했지만 이 책의 출간에 도움을 주신 많은 분들이 계시다. 다시 한 번 큰 감사의 말씀을 드리며 서문을 마친다.

"무슨 일을 하든지 마음을 다하여…"

2012년 7월
저자 이연택

차 례

제Ⅲ부　관광정책과 집단론적 접근　　　　*133*

제 I 부

관광정책학의 기초

개관

제Ⅰ부는 관광정책학의 도입부로서 관광정책학의 구성과 기초 개념 그리고 논리를 중심주제로 다룬다. 관광정책학은 정책학의 연합학문으로서, 또한 관광학의 분과학문으로서의 위상을 갖는다. 관광정책학의 학문적 기초를 세우기 위해 제1장에서는 관광정책학의 구성에 대해서 논의하고, 제2장에서는 관광정책학의 기초 개념들과 정부개입의 논리에 대해서 다룬다.

관광정책학의 구성

개관

이 장은 관광정책학을 여는 첫 번째 장으로서 관광정책학의 구성을 중심주제로 다룬다. 제1절에서는 관광정책학의 필요성을 논의하며, 제2절에서는 정책학의 학문체계에 대해서 다룬다. 제3절에서는 관광정책학의 위상과 발달에 대해서 살펴본다. 제4절에서는 정책학의 연구와 이론 유형에 대해서 살펴보고, 제5절에서는 정책학의 이론적 접근에 대해서 논의한다. 끝으로, 제6절에서는 이 책의 구성체계를 소개한다.

제1절 관광정책학의 필요성

관광은 이제 인류의 삶에 있어서 주요한 사회영역의 하나로 자리 잡아가고 있다. 여행활동이 증가하면서 관광의 사회적 기능이 확대되고 있다. 경제적 측면에서, 관광산업은 이미 세계 국내총생산(GDP : Gross Domestic Product)의 약 10%를 차지하고 있으며, 세계 고용 인구 11명 중에 1명이 관광산업에 종사하고 있다(WTTC, 2016).

관광의 이러한 경제적 중요성과 함께 최근에는 정치적 측면, 문화적 측면, 환경적 측면, 나아가서는 복지적 측면으로까지 그 영역이 점차 확장되고 있다. 이를 반영하여 각 국가마다 중앙정부 차원에서 관광문제를 종합적으로 관장하는 관광행정기관을 설치하고 있으며, 지방정부 차원에서도 관광행정조직의 설치가 확대되고 있다(OECD, 2010; UNWTO, 2012).

이러한 관광환경의 변화와 함께 한국 관광도 이제 새로운 단계로의 도약을 모색하고 있다(문화체육관광부, 2015). 관광행정의 발전과정을 살펴보면, 지난 1954년 교통부에 관광과가 처음으로 설치된 이래, 1994년에 문화체육부로 관광행정이 이관되었으며, 1998년에 문화체육부가 문화관광부로 명칭이 바뀌면서 관광이 부처명칭에 처음으로 포함되기에 이르렀다.

이러한 발전과정에서 관광정책은 나름대로 긍정적인 성과를 거두었다는 평가를 받고 있다. 하지만 세계경제포럼(WEF)의 관광경쟁력평가보고서를 기준으로 하여 세계 주요 관광국가들과 비교해보면 아직까지도 관광의 정책적 우선순위, 규제, 관광인프라 등 여러 부문에서 보완해야 할 많은 과제를 안고 있는 것이 사실이다(WEF, 2015).

이를 해결하기 위해서는 무엇보다도 관광정책의 품질을 높이고, 실현성을 확보하는 일이 매우 중요하다고 할 수 있다. 또한 관광정책영역의 특수성을 반영할 수 있는 전문지식의 확보가 필요하다. 그런 점에서 관광정책 발전을 위한 관광정책학 연구의 필요성이 제기된다.

관광정책지식의 필요성은 이제 국가 차원에서 정책활동을 담당하는 정치집행부 내지는 정부관료들에게만 국한되지 않는다. 지방행정조직은 물론, 관광공기업, 지방관광공기업 등으로 공적인 정책행위자의 범위가 확대되면서 관광정책지식의 수요가 더욱 증가하고 있다.

또한 관광거버넌스 시대에 들어서면서 비공식적 정책행위자들의 활동이 매우 활발하다. 한국관광협회, 한국일반여행업협회, 한국관광호텔업협회 등의 관광사업자단체, NGO, 전문가집단, 언론매체, 일반국민들에 이르기까지 비공식적 정책행위자의 참여 범위가 확대되면서 소위 관광정책지식 수요의 보편화(generalization) 시대에 들어서고 있다.

관광정책지식의 내용에 있어서도 정책을 설계하고 관리하는데 필요한 실천적 지식뿐만 아니라 정책산출과의 영향관계를 설명하는 이론적 지식에 이르기까지 정책지식의 내용적 범위가 점차 확대되고 있다.

정리하자면, 관광정책학은 시기적으로, 대상적으로 그리고 내용적으로 그 필요성이 크게 인식되고 있으며, 이에 부응하는 관광정책연구가 관광학 연구에서 주요한 학문적 과제가 되고 있다.

제2절 정책학의 학문체계

이 절에서는 관광정책학의 학문적 위상과 발달과정을 다루기에 앞서 일반정책학의 학문체계를 먼저 살펴보고자 한다. 정책학의 발달과정, 연구목적, 그리고 학문적 지향의 순으로 살펴본다.

1. 발달과정

일반적으로 현대 정책학(Policy Science)은 1951년에 발표된 라스웰(Lasswell)의 논문 '정책지향'(The Policy Orientation)을 그 출발점으로 본다. 라스웰은 그의 논문에서 정책학의 궁극적인 목표를 사회 속의 인간이 겪고 있는 근본적인 문제를 해결함으로써 '인간의 존엄성을 충분히 실현시키는 것'(the fuller realization of human dignity)에 두었으며, '민주주의의 정책학'(Policy Sciences of democracy)이라는 정책학의 지향을 제시하였다(Lasswell, 1951).

그러나 그의 이러한 비전은 1950년대에 미국 정치학계에 불어닥친 이른바 행태주의(behavioralism) 혁명으로 인해 초기에는 학계의 반응을 크게 유발하지는 못했다. 행태주의는 논리실증주의를 기반으로 사회과학 전반에 걸쳐 인식론과 연구방법론에 새로운 변화를 가져온 일련의 사조를 말한다. 행태주의의 대표적 특징을 살펴보면(정정길 외, 2011; Isaak, 1981), 우선 행태주의는 연구대상을 개인의 행동(behavior)에 둔다. 개인의 행동은 일시적인 행동이 아니라, 예측가능성과 법칙성이 있는 행동을 의미한다. 이는 그동안 제도를 연구대상으로 삼아왔던 전통적인 정치학이나 행정학의 연구와는 큰 차이를 보여 준다. 행태주의자들은 개인의 행동에 중점을 두고 있으며, 개인의 동기, 태도, 선호 등을 연구의 주제로 삼는다.

또한 행태주의는 추론과정에서 귀납적 방법을 강조한다. 경험적 현상을 대상으로 하여 인과관계적 법칙을 통해 이론적 논리를 구축한다. 그러므로 전통적 제도주의에서 취하였던 정치철학적 접근과는 큰 대조를 보이게 된다. 정치철학적 접근에 기초하여 규범적 연구에서 다루어지는 가치판단의 문제가 행태주의 연구에서는 회피해야 할 작업으로 인식된다.

하지만 1960년대 중반에 접어들면서부터 행태주의에 의한 과학적 이론 구축이 당면한 사회문제 해결에 도움이 되지 못한다는 비판이 강하게 일기 시작하였다. 결국 이러한 비판을 배경으로 하여 새로운 사조가 출현하는 계기가 만들어졌으며, 정치학자인 이스턴(Easton)을 중심으로 하는 후기행태주의 (post-behavioralism)가 등장하게 되었다. 이스턴은 후기행태주의의 성격을 '적합성의 신조'(credo of relevance)라는 말로 표현하였으며, 과학적 방법만큼이나 중요한 것이 사회문제 해결임을 천명하였다(Easton, 1969).

이후 1970년대에 들어서면서부터 도시문제, 환경문제, 에너지문제, 빈곤문제 등 다양한 사회문제들이 봇물처럼 쏟아져 나오기 시작하였으며, 이를 계기로 하여 정책학은 다시금 새로운 도약의 기회를 맞게 되었다. 현대 정책학의 창시자인 라스웰은 1971년에 발간된 그의 책에서 정책학이 추구해야 할 기본적인 속성으로 맥락성, 문제지향성, 연합방법지향성을 제시하였다. 이를 통해 정책학의 연구지향이 형성되는 학문적 토대를 더욱 공고히 하였다(Lasswell, 1971).

또한 이러한 정책학의 새로운 기반을 잡는 데는 드로어(Dror)의 업적을 빼놓을 수 없다. 드로어는 일련의 연구들을 통하여 정책학의 패러다임을 제시하였으며, 특히 그가 주창한 정책학의 연합학문적 접근(interdisciplinary approach)은 정책학의 또 하나의 특징적 성격으로 인정받고 있다(Dror, 1971, 1983).

한편, 이 무렵에 학계에서는 「정책과학」(Policy Sciences), 「정책분석」(Policy Analysis), 「정책연구」(Policy Studies) 등의 정책관련 전문학술지가 출간되기 시작하였으며, 대학의 전공학과와 각종 정책관련 연구기관들이 설립되었다. 이러한 제도화 과정을 거쳐 정책학은 오늘날과 같은 하나의 독립된 학문으로 발달하게 되었다.

2. 연구 목적

정책학(Policy Science)은 '정책에 관한 지식체계'로 정의된다(Birkland, 2005). 그러므로 정책학 연구는 바로 정책에 관한 지식을 탐구하는 활동이라고 할 수 있다.

　정책학 연구는 크게 세 가지 수준의 목적체계를 갖는다(Lasswell, 1971).

　우선 궁극적 목적은 라스웰이 천명한 바와 같이 인간의 존엄성 실현에 있다. 이는 정책학이 추구하는 가장 상위 목표에 해당된다.

　다음으로 중간목적은 사회문제의 해결이다. 라스웰은 사회문제를 인간이 사회 속에서 봉착하는 근본적인 문제로 보았으며, 문명사적 갈등문제, 시대사적 사회변동, 체계질서 차원에서 일어나는 문제 등을 그 예로 들었다.

　다음으로 하위목적은 두 가지 유형으로 구분된다. 하나는 '정책과정에 관한 지식'(knowledge of decision process)의 제공, 다른 하나는 '정책과정에 필요한 지식'(knowledge in decision process)의 제공을 들 수 있다. 전자인 정책과정에 관한 지식은 정책과정을 설명하는 이론적 지식들을 말하며, 후자인 정책과정에 필요한 지식은 정책문제 해결을 위한 실천적 지식들을 말한다.

　이를 도식화하여 제시하면 [그림 1-1]과 같다(정정길 외, 2010; 허범, 2002).

[그림 1-1] 정책학의 목적체계

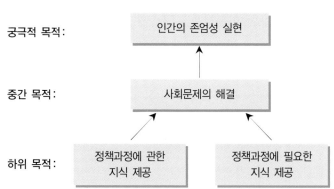

3. 학문적 지향

　현대 정책학의 학문적 지향은 라스웰과 드로어의 연구업적에 기초하여 크게 세 가지 유형으로 제시할 수 있다.

첫째, 문제지향(problem orientation)이다. 문제지향은 정책학의 실천성을 말한다. 정책학은 과학적 요건의 충족뿐 아니라, 실질적 문제해결을 지향해야 한다는 점을 강조한다. 라스웰은 이를 위한 지식활동으로 목표의 명시, 경향의 파악, 여건의 분석, 미래전망, 대안분석 등을 들고 있다.

둘째, 맥락지향(contextuality orientation)이다. 맥락지향은 정책학의 상황적 합성을 말한다. 정책학은 정책문제를 해결하는데 있어서 실제적 상황과의 적합성을 중요시해야 한다. 라스웰(Lasswell, 1971)은 정책상황을 크게 세 가지 맥락요소로 제안한다. 하나는 역사적 경향(historical trend)을 말하며, 다른 하나는 세계적 안목(global perspective)을 말한다. 또 다른 하나는 사회과정모형(social process model)을 말한다. 즉 시간, 공간 그리고 구조적 차원에 걸친 정책의 상황적합성이라고 할 수 있다.

셋째, 연합학문지향(interdisciplinary orientation)이다. 드로어는 이를 정책학의 핵심적 특징으로 보았다(Dror, 1971). 오늘날 정책학은 다양한 정책문제에 직면하면서 그 학문적 지평이 더욱 넓어지고 있다. 정책학은 하나의 독립된 학문으로서 고유한 이론체계를 구축해 나가는 동시에, 각각의 정책영역(policy domain) 이해에 필요한 유관 학문과의 접목을 통해 이른바 연합학문으로서의 학문적 특성을 지닌다. 예를 들어, 경제 분야를 정책영역으로 하여 발전하고 있는 경제정책학, 교육 분야를 정책영역으로 하는 교육정책학, 복지 분야를 정책영역으로 하는 복지정책학 등이 그 예가 된다. 마찬가지로 관광 분야를 정책영역으로 하는 관광정책학도 그 하나의 유형이다. 그러한 의미에서 관광정책학은 정책학의 하나의 '연합학문'으로서의 위상을 갖는다고 할 수 있다.

이를 정리하자면, [그림 1-2]에서 보는 바와 같다.

[그림 1-2] 정책학의 연합학문적 지향

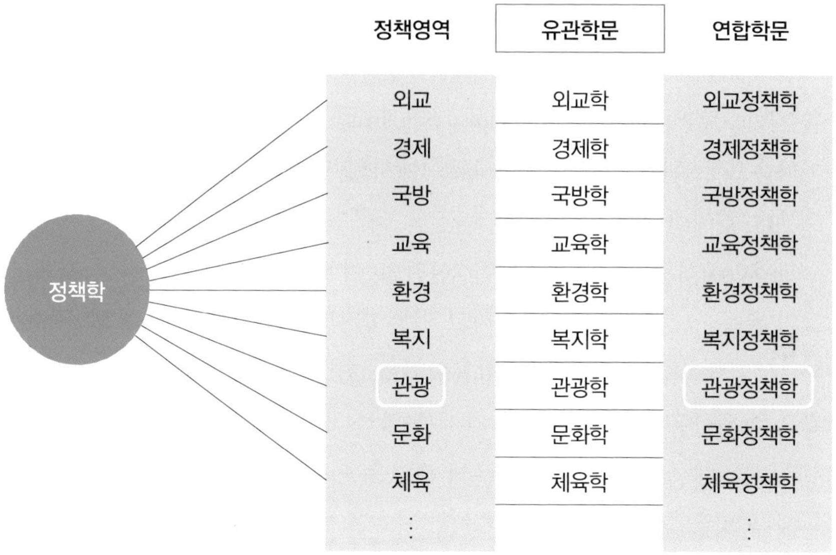

정책영역	유관학문	연합학문
외교	외교학	외교정책학
경제	경제학	경제정책학
국방	국방학	국방정책학
교육	교육학	교육정책학
환경	환경학	환경정책학
복지	복지학	복지정책학
관광	관광학	관광정책학
문화	문화학	문화정책학
체육	체육학	체육정책학
⋮		⋮

정책학

제3절 관광정책학의 위상과 발달

1. 학문적 위상

관광정책학(Tourism Policy Science)은 한마디로 '관광정책에 관한 지식체계'로 정의된다. 관광정책의 목표와 수단을 설계하고 관리하는데 필요한 실천적 지식과 정책산출의 영향관계를 설명하는데 필요한 이론적 지식이 모두 포함된다.

관광정책학 연구의 목적은 앞서 살펴본 일반 정책학 연구의 목적체계의 연장선상에 있다. 관광정책학 연구는 인간의 존엄성 실현을 최상위 목표로 하며, 중간목적으로 관광문제의 해결을 목표로 한다. 또한 하위목적으로는 관광정책과정에 필요한 지식과 관광정책과정에 관한 지식의 제공에 목표를 둔다고 할 수 있다.

관광정책학의 학문적 위상을 정리해 보면, 크게 정책학에서의 위치와 관광학에서의 위치로 나누어 살펴볼 수 있다.

먼저 정책학에서의 위치는 앞서 논의한 바와 같이 정책학의 연합학문지향성을 기반으로 하나의 '연합학문'(interdisciplinary science)으로서의 위상을 갖는다.

다음으로, 관광학(Tourism Science)에서의 위치는 관광학의 학문적 특성으로부터 찾아볼 수 있다.

관광학에서의 관광(tourism)은 '인간의 여행활동과 이와 관련된 사회조직들의 활동 그리고 이들을 둘러싸고 있는 환경과의 상호작용을 통해 이루어지는 모든 사회적 관계'로 정의된다(이연택, 2015; Goeldner et al., 2000). 즉, 관광은 여행활동을 통한 사회적 관계를 말한다. 관광학 연구는 이러한 관광현상을 학문대상으로 하며, 관광문제 해결을 위한 체계적인 관광지식을 제공하는데 목적을 둔다.

관광학의 학문적 특성은 크게 두 가지로 나누어진다(이연택, 1994). 첫째, 관광학은 응용 사회과학(applied social sciences)이다. 관광학은 순수한 학문적 목적에서 연구하는 기초학문이 아니라, 실용상의 목적에서 관광과 관련된 문제 해결을 추구하는 응용 학문이다. 그러므로 이스턴이 주장했던 '적합성의 신조'(credo of relevance)가 관광학에서도 그대로 적용된다. 즉 문제해결 중심의 학문을 의미한다.

둘째, 관광학은 다학제적 학문(multidisciplinary sciences)이다. 어느 한두 가지 특정학문으로부터 발전된 학문이 아니라, 관광문제 해결과 관련된 다양한 학문들로부터의 접근이 이루어지는 종합사회과학이다([그림 1-3] 참조). 그예로서 경영학, 경제학, 정치학, 행정학, 지역개발학, 교육학, 사회학, 역사학, 심리학, 사회학, 여가학, 사회복지학 등 다양한 학문들을 들 수 있다. 정책학도 그 중에 하나의 학문이다. 관광정책학은 관광현상에 대한 정책학적 접근으로부터 발전된 학문으로서 다학제적 학문 특성을 지닌 관광학을 구성하는 하나의 '분과학문'(branch science)으로서의 위상을 갖는다.

[그림 1-3] 관광학의 다학제적 학문체계

종합하면, 관광정책학은 정책학에 있어서 연합학문(interdisciplinary science)
으로서의 위상을 지니며, 이와 동시에 관광학에 있어서는 분과학문(branch
science)으로서의 위상을 갖는다고 할 수 있다.

이를 그림으로 제시하면, [그림 1-4]와 같다.

[그림 1-4] 관광정책학의 학문적 위상

정책학	관광정책학	관광학
연합학문 (interdisciplinary science)	← 관광정책지식 →	분과학문 (branch science)

2. 발달과정

관광학은 여타 사회과학들에 비해 비교적 신생학문에 속한다. 제2차 세계대전 이후 관광의 산업화가 본격적으로 시작되었으며, 이후 관광기업, 관광정부, 관광교육기관, 국제관광기구 등의 제도화가 이루어지기 시작했다.

미국의 경우 1970년대에 접어들면서 주요 대학들에 하나의 독립학문으로서 관광학을 전공으로 하는 학과들이 설립되기 시작하였으며, 행정학, 경영학, 경제학, 심리학, 인류학 등으로부터의 다학제적 접근이 이루어졌다.

관광학에서의 정책학적 접근은 조금은 뒤늦은 1990년대를 그 출발시기로 볼 수 있다. 관광분야에서 정부의 역할이 확대되면서 관광정책연구의 필요성이 인식되기 시작하였으며, 이를 위한 보다 체계적인 정책학적 연구가 서구학자들에 의해서 시도되었다(Deegan & Dineen, 1997; Hall & Jenkins, 1995; Johnson & Thomas, 1992; Richter, 1989).

국내에서도 이와 비슷한 시기에 관광정책연구의 필요성이 인식되기 시작하였으며, 관광정책 관련 교과서들이 저술되기 시작하였다(안종윤, 1996; 이연택, 2003; 이장춘, 1990).

이 시기의 관광정책연구는 라스웰의 정책지식유형을 기준으로 하여 볼 때, 주로 관광정책 과정에 필요한 지식을 제공하는데 중점이 주어졌다고 할 수 있다. 구체적으로는 관광정책의 목표와 수단을 설계하는데 필요한 실천적 관광지식을 제공하고, 정책유형별 정책사례를 비교 검토하는 규범적 내지는 처방적 성격의 관광정책연구가 주로 이루어졌다.

이후 2000년대에 들어서면서부터 관광정책이론 연구가 본격적으로 시작되었다. '관광정책 과정에 필요한 실천적 지식 연구'로부터 '관광정책 과정에 관한 이론적 지식 연구'로의 이동이 이루어졌다고 할 수 있다.

제4절 정책학 연구와 이론 유형

이 절에서는 정책학 연구에 필요한 지식요소와 정책연구 유형 그리고 정책이론 유형에 대해서 살펴본다.

1. 지식요소

정책학 연구에 필요한 지식요소로는 크게 세 가지를 들 수 있다(남궁근, 2009).

첫째, 영역적 지식체계로서 정책영역(policy domain)에 대한 지식이 필요하다. 정책영역은 '정책이 실현되는 실질적인 범위'(substantive area)를 말한다(Birkland, 2005). 관광정책학 연구는 관광정책영역을 연구범위로 한다. 그러므로 정책영역인 관광현상을 이해하는 지식이 관광정책학 연구의 핵심적인 지식요소라고 할 수 있다. 관광은 종합적인 사회현상이다. 관광현상을 이해하기 위해서는 관광자뿐만 아니라, 정부, 관광사업자, 각종 이해관계자 등 관광행위자들의 활동과 환경과의 상호작용을 이해할 수 있는 관광지식이 요구된다.

둘째, 기본적 지식체계로서 정책학 지식이 필요하다. 정책학 지식으로는 정책과정을 설명하는 경험적 지식과 정책분석, 정책평가 등의 처방적 지식, 정책가치에 관한 규범적 지식 등이 포함된다. 이러한 정책지식들이 관광정책학 연구의 기본 지식체계를 구성한다.

셋째, 방법론적 지식체계로서 연구방법론의 지식이 필요하다. 연구방법론(research methodology)은 '연구의 논리와 기법에 관한 지식'을 말한다(김경동·이온죽, 1989). 일반적으로는 경험적 연구에 관한 지식을 지칭하나, 그 외에도 처방적 연구, 규범적 연구에 관한 지식들을 포함한다.

정리해 보면, 정책학 연구를 수행하기 위해서는 실질적 정책영역지식과 기본 지식체계로서의 정책학 지식이 필요하며, 연구 수행을 위한 지식체계로서 연구방법론에 대한 지식이 있어야 한다.

이를 관광정책학 연구에 적용하여 세 가지 지식요소들을 도식화해보면, [그림 1-5]와 같다.

[그림 1-5] 관광정책학 연구의 지식요소

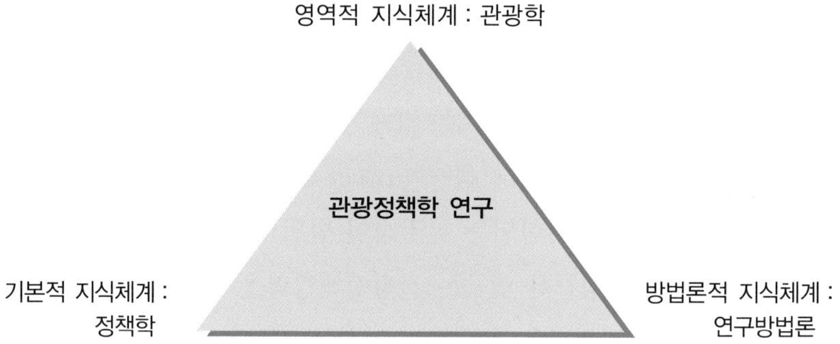

영역적 지식체계 : 관광학

관광정책학 연구

기본적 지식체계 :
정책학

방법론적 지식체계 :
연구방법론

2. 정책연구 유형

정책학 연구는 연구의 목적과 방법을 기준으로 하여 크게 세 가지 유형으로 구분된다(강신택, 2002; Dye, 1992). 이를 구체적으로 살펴보면 다음과 같다 (〈표 1-1〉 참조).

첫째, 경험적 연구(empirical research)이다. 경험적 연구는 정책현상을 기술, 설명, 예측하는 데 목적을 두고 있으며, 과학적 접근방법을 적용한다. 세부적 연구방법으로는 실증주의 방법과 후기 실증주의 방법을 들 수 있다. 구체적인 연구기법으로는 설문조사법, 실험법, 현상학적 방법, 근거이론법, 사례연구법, 비판적 담론분석법 등이 적용된다.

둘째, 처방적 연구(prescriptive research)이다. 처방적 연구는 정책대안 선택에 필요한 판단기준을 제시하는 데 목적을 두고 있으며, 분석적 접근을 적용한다. 세부적인 연구방법으로는 양적 및 질적 분석방법을 들 수 있다. 구체적인 연구기법으로는 비용편익분석, 수요예측분석, 델파이분석 등이 적용된다.

셋째, 규범적 연구(normative research)이다. 규범적 연구는 바람직한 정책가치를 선정하는 데 목적을 두고 있으며, 논리적 접근을 적용한다. 세부적인 연구방법으로는 전통적 제도주의 방법을 들 수 있다.

〈표 1-1〉 정책연구 유형

유 형	경험적 연구	처방적 연구	규범적 연구
목 적	사실 기술 및 인과관계 설명	대안 선택 기준 제시	바람직한 정책가치 개발
접근방법	과학적 접근	분석적 접근	논리적 접근
연구방법	실증주의 방법, 후기 실증주의 방법	양적/질적 분석방법	전통적 제도주의 방법

3. 정책이론 유형

이론(theory)은 경험적 연구의 산물로서 사회 현상을 설명하는 지식체계를 말한다(Sabatier, 1999). 이론은 개념과 명제로 구성된다. 또한 개념들 간의 관계는 하나의 개념은 결과변수로서 다른 하나의 개념은 원인변수로서 형성되며, 이들은 서로 인과관계를 갖는다(김경동·이온죽, 1989; Kerlinger, 1986).

정책이론(policy theory)은 이러한 일반이론의 연장선상에서 정의된다. 즉 정책이론은 '정책현상을 설명하는 지식체계'를 말한다. 또한, 정책이론은 개념과 명제로 구성된다. 정책이론에서 하나의 개념은 결과변수 혹은 종속변수로서, 다른 하나의 개념은 원인변수 혹은 독립변수(설명변수)로서 인과관계를 형성한다. 정책이론에서 결과변수로는 정책산출, 정책성과 등이 설정된다.

그러므로 정책이론은 정책산출과 이에 영향을 미치는 변수들 간의 관계를 설명하는 지식체계라고 할 수 있다.

다음에서는 정책이론의 유형을 분석수준과 적용범위를 기준으로 살펴본다 (남궁근, 2010).

1) 분석수준

정책이론은 설명변수의 분석수준에 따라 유형화된다. 정책이론에서 분석단위는 거시적 수준에서는 국가 혹은 사회공동체가 해당되며, 중위적 수준에서는 조직이나 사회집단을 말한다. 그리고 미시적 수준에서는 개인을 말한다.

분석수준에 따른 이론 유형은 다음과 같다.

첫째, 거시수준(macro-level)의 이론이다. 분석단위가 거시적 수준의 국가 혹은 사회공동체이다. 즉 국가 혹은 사회공동체의 특성을 설명변수로 하는 이론을 말한다. 거시이론의 예로는 정책결정요인이론, 사회자본이론 등을 들 수 있다. 거시이론은 분석단위의 수준이 광범위한 만큼 추상화의 수준이 높다.

둘째, 중위수준(meso-level)의 이론이다. 분석단위가 중위적 수준의 조직이나 사회집단이다. 즉 조직이나 사회집단의 특성을 설명변수로 하는 이론을 말한다. 중위이론의 예로는 정책네트워크이론, 정책옹호연합모형, 정책흐름모형 등을 들 수 있다. 중위이론은 다원주의 사조를 그 배경으로 하고 있다.

셋째, 미시수준(micro-level)의 이론이다. 분석단위가 미시적 수준의 개인이다. 즉 개인의 특성을 설명변수로 하는 이론을 말한다. 미시이론의 예로는 조직·공중관계성이론, 상황이론 등을 들 수 있다. 미시이론은 행태주의 사조를 기반으로 한다.

2) 적용범위

정책이론은 적용범위에 따라 일반이론, 중범위이론, 소범위이론으로 구분된다.

첫째, 일반이론(general theory)은 적용범위가 가장 넓은 이론으로서 하나의 학문분야의 기본 패러다임이 되는 이론을 말한다. 일반이론은 거대이론(grand theory)으로 불리기도 한다. 정책학에 있어서 일반이론의 예로는 정치체제론적 접근, 집단론적 접근, 정책과정론적 접근 등을 들 수 있다. 일반이론은 추상성의 정도가 매우 높으며, 전반적인 사회영역을 대상으로 하기 때문에 직접적으로 경험적 연구에 적용되기 보다는 중범위이론의 형태로 연구에 적용된다.

둘째, 중범위이론(middle-range theory)은 중간수준 범위의 사회현상에 적용되는 이론으로서 하나의 학문을 구성하는 주요 구성이론을 말한다. 정책학에 있어서 중범위이론의 예로는 정책결정요인이론, 정책네트워크이론, 거버넌스이론, 사회자본이론 등을 들 수 있으며, 사실상 대부분의 정책이론들이 중범위이론에 해당된다.

셋째, 소범위이론(narrow-range theory)은 매우 좁은 범위의 특정 현상에 적용되는 이론을 말한다. 개별 연구에서 설정되는 연구가설 내지는 연구명제 수준의 이론들이 여기에 해당된다. 그러므로 소범위이론들은 연구가설 혹은 연구명제의 검증을 통하여 이론화된다. 소범위이론들이 지속적으로 축적되면서 중범위이론으로 발전하게 된다. 이러한 과정을 거쳐 관광정책학의 중범위이론도 발전할 수 있다. 그 예로서, 관광정책결정요인이론, 관광정책네트워크이론, 관광거버넌스이론 등을 들 수 있다.

제5절 정책학의 이론적 접근

정책학의 이론적 접근(theoretical approach)은 정책학의 이론체계를 바라보는 학자들의 관점이며, 동시에 정책이론체계를 구성하는 기본적인 패러다임이기도 하다(Anderson, 2006; Cairney, 2012; Dunn, 2009; Dye, 2008). 주요 이론적 접근으로는 정치체제론적 접근, 집단론적 접근, 정책과정론적 접근, 정책분석적 접근, 새로운 접근 등을 들 수 있다.

접근별로 구체적인 내용을 살펴보면 다음과 같다.

1. 정치체제론적 접근

정치체제론적 접근(political systems theory approach)은 정책을 정치체제의 산물로 바라보는 관점 내지는 기본 이론체계를 말한다(Anderson, 2006).

이스턴(Easton, 1971)은 정치체제론에서 정치체제(political system)는 일반체계와 마찬가지로 외부 환경으로부터 영향을 받으며, 정치체제를 유지하기 위하여 환경적 영향에 반응하는 것으로 본다. 이러한 정치체제와 정책환경과의 관계를 투입-전환-산출-환류의 순차적 과정으로 설명한다.

정치체제론적 관점은 정치체제를 개방체제로 바라봄으로써 정책환경-정치체제-정책산출의 관계를 인과관계구조로 설명하는 정책결정론적 이해를 제공해준다.

2. 집단론적 접근

집단론적 접근(group theory approach)은 정책을 정책행위자들 간의 권력관계의 산물로 바라보는 관점 내지는 기본 이론체계를 말한다(Anderson, 2006).

고전적 권력이론에는 엘리트모형, 다원주의모형, 조합주의모형 등이 있다. 하지만 공식적·비공식적 정책행위자들 간의 상호작용이 활발해지면서 정책네트워크이론이 현대적 권력이론으로 자리잡아가고 있다. 정책네트워크모형의 유형으로는 하위정부모형, 정책공동체모형, 이슈네트워크모형 등을 들 수 있다.

한편, 집단론은 조직이나 집단을 대상으로 한다는 점에서 개별적 개인을 대상으로 하는 행태이론(behavioral theory)과는 차이가 있다. 행태이론이 개인의 특성을 설명변수로 하는 미시수준의 이론이라고 한다면, 집단론은 조직이나 집단의 특성을 설명변수로 하는 중위수준의 이론이라고 할 수 있다.

집단론적 관점은 정책과정에 참여하는 행위자들 간의 상호관계를 설명함으로써 이들 간의 권력관계 내지는 정치적 관계를 조망해주는 장점을 지닌다.

3. 정책과정론적 접근

정책과정론적 접근(policy process theory approach)은 정책을 정책과정의 산물로 바라보는 관점 내지는 기본 이론체계를 말한다(Dye, 2008).

정책과정론적 접근에서는 정책을 일종의 생애주기적 관점에서 조망한다. 정책은 일련의 단계를 거쳐서 생성되고, 정책목표를 실현해가며, 또한 어느 시점에서 소멸된다. 정책과정의 단계를 처음으로 주장했던 라스웰(Lasswell, 1971)은 정책과정을 정보수집, 건의, 처방, 행동화, 적용, 종결, 평가 등의 일곱 단계로 제시하였다. 이후 여러 학자들에 의해서 수정·보완된 단계모형들이 제시되었으며, 최근에는 정책의제설정, 정책결정, 정책집행, 정책평가, 정책변동의 다섯 단계로 제시된다.

정책과정론적 관점은 정책과정의 각 단계별로 필요한 합리적·분석적 정책지식을 제공하며, 또한 이를 제한하는 권력관계에 대한 논의를 제공해 준다. 반면에 정책과정의 단계모형 자체가 지나치게 규범적이며 경험적이지 못하다는 지적을 받는다. 즉, 정책과정은 단계모형일 뿐 그 자체가 인과모형은 아니라는 지적이다.

4. 정책분석적 접근

정책분석적 접근(policy analysis approach)은 정책을 정책분석의 산물로 바라보는 관점 내지는 기본 지식체계를 말한다(Dunn, 2009).

정책분석적 접근에서는 정책대안의 합리적 선택이나 정책평가를 위하여 경제학, 통계학, 수학 등의 이론이나 기법을 이용하는 각종 계량적 분석기법들이 사용된다. 그러므로 인과관계 이론과는 구분된다. 주요 분석기법의 예로는 비용-편익분석(cost-benefit analysis), 시계열분석, 선형계획법 등을 들 수 있다.

정책분석적 관점은 정책대안 선택 및 결정에 있어서 합리적인 정보를 제공해 준다는 점에서 장점을 지닌다. 반면에, 최선의 대안 선택 및 결정이 합리적·분석적 지식만으로 이루어질 수는 없으며, 현실적으로 정책행위자들 간의 권력관계 등이 중요하게 작용한다는 점에서 한계를 지닌다.

5. 새로운 접근

새로운 접근(new approach)은 기존에 적용되어왔던 정책학의 이론적 접근들과 유관 분야의 이론적 접근을 결합하여 정책이론의 설명력을 높이려는 일련의 새로운 시도들을 말한다. 다양한 접근들이 시도되기 때문에 하나의 이론적 관점이나 기본 지식체계로 명명되지는 못하고 있다. 하지만 이들의 시도가 유관분야의 이론적 접근을 정책학 연구에 적용하고 결합하려는 데 있다는 점에서 정책이론의 확장적 접근이라는 공통점을 지닌다. 대표적인 예로, 정책변화를 제도변화의 논리로 설명하는 신제도주의의 제도이론, 정책과 정부운영방식의 관계로 설명하는 거버넌스이론, 정책과 사회자본의 관계로 설명하는 사회자본이론, 정책이해관계집단과의 관계를 커뮤니케이션과정으로 설명하는 정책커뮤니케이션이론 등을 들 수 있다.

제6절 이 책의 구성 : 관광정책학

이 책은 관광정책학 원론으로서 관광정책영역을 대상으로 하는 기본적인 정책지식체계를 제공하는데 목적을 두고 있다. 정책학의 목적체계를 기준으로 구분할 때, 이 책은 '정책과정에 필요한 지식'과 '정책과정에 관한 지식'을 모두 포함한다. 그러므로 합리적·규범적 접근과 경험적 접근이 동시에 이루어진다.

이 책은 선행 연구된 국내외 정책학 저서들(권기헌, 2010; 남궁근, 2009; 안해균, 1997; 정정길 외, 2011; Anderson, 2006; Birkland, 2005; Cairney, 2012; Dye, 2007)과 국내외 관광정책학 저서들(안종윤, 1996; 이연택, 2003; 이장춘, 1990; Hall, 1994; Hall & Jenkins, 1995; Kerr, 2003; Lazzeretti & Petrillo, 2006; Scott et al., 2008)에 기반을 두고 [그림 1-6]에서 보는 바와 같이 크게 네 영역과 다섯 가지 이론적 접근으로 구성체계를 제시한다. 첫 번째 영역에서는 관광정책학의 기초 개념과 논리를 다루며, 두 번째 영역에서는 정책환경, 정책행위자, 그리고 권력관계를 다룬다. 세 번째 영역에서는 정책과정을 다루며, 네 번째 영역에서는 제도, 거버넌스, 사회자본 그리고 정책커뮤니케이션을 다룬다. 또한 이론적 접근에 있어서는 정치체제론적 접근, 집단론적 접근, 정책과정론적 접근, 정책분석적 접근, 새로운 접근이 이루어진다.

이 책을 구성하는 차례 순으로 주요 내용을 살펴보면 다음과 같다.

먼저 제 I 부에서는 '관광정책학의 기초'를 다룬다. 제1장에서는 '관광정책학의 구성'을 논의하며, 제2장에서는 '관광정책학의 기초 개념과 논리'에 대해서 다룬다.

제II부는 '관광정책과 정치체제론적 접근'을 다룬다. 제3장에서는 '관광정책과 정치체제'에 대해서 논의하며, 제4장에서는 '관광정책과 정책환경'에 대해서 다룬다.

제Ⅲ부에서는 '관광정책과 집단론적 접근'을 다룬다. 제5장에서는 '관광정책과 정책행위자'에 대해서 다루며, 제6장에서는 '관광정책과 권력관계'에 대해서 논의한다.

제Ⅳ부에서는 '관광정책과 정책과정론적 접근'을 다룬다. 제7장에서는 '관광정책과 정책의제설정', 제8장에서 '관광정책과 정책결정', 제9장에서는 '관광정책과 정책집행', 제10장에서는 '관광정책과 정책평가', 제11장에서는 '관광정책과 정책변동'에 대해서 각각 논의한다.

제Ⅴ부에서는 '관광정책과 새로운 접근'을 다룬다. 제12장에서 '관광정책과 제도', 제13장에서 '관광정책과 거버넌스', 제14장에서는 '관광정책과 사회자본', 제15장에서는 '관광정책과 정책커뮤니케이션'에 대해서 각각 논의한다.

한편, 이 책을 구성하는 각 영역들은 [그림 1-6]에서 보듯이, 관광정책을 설명하는 기본 지식들로서 나름대로의 독립적인 설명력을 갖는 동시에 상호간에 관계성을 지닌다고 할 수 있다.

[그림 1-6] 이 책의 구성체계

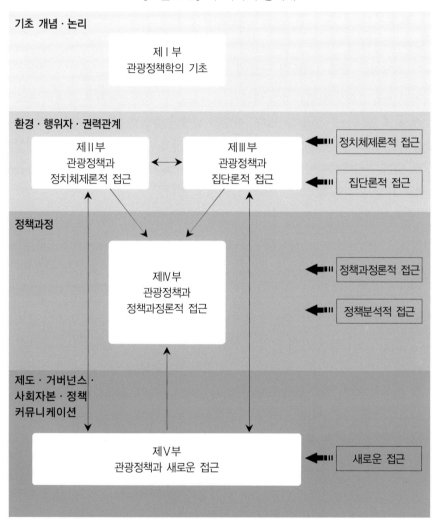

기초 개념 · 논리

제Ⅰ부
관광정책학의 기초

환경 · 행위자 · 권력관계

제Ⅱ부
관광정책과
정치체제론적 접근

제Ⅲ부
관광정책과
집단론적 접근

정치체제론적 접근

집단론적 접근

정책과정

제Ⅳ부
관광정책과
정책과정론적 접근

정책과정론적 접근

정책분석적 접근

**제도 · 거버넌스 ·
사회자본 · 정책
커뮤니케이션**

제Ⅴ부
관광정책과 새로운 접근

새로운 접근

요약

이 장에서는 관광정책학의 구성에 대해서 논의하였다.

먼저 관광정책학의 필요성에 대해서 살펴보았다. 관광정책학은 관광의 중요성에서 그 필요성을 찾을 수 있다. 관광은 경제적 측면뿐 아니라 사회문화, 환경 등 다양한 측면에서 그 중요성이 인식된다. 이에 따라 관광정책을 연구대상으로 하는 관광정책학이 발전하고 있으며, 그 수요가 증가하고 있다. 소위 관광 정책지식 수요의 보편화 시대에 들어서고 있다.

관광정책학은 일반 정책학의 이론체계에 기초하고 있다. 일반 정책학은 1951년 발표된 라스웰의 논문 '정책지향'을 그 기점으로 한다. 그는 정책학을 인간의 존엄성을 실현하는 지식으로 보았으며, 그런 의미에서 정책학을 '민주주의의 정책학'으로 불렀다.

정책학은 크게 세 가지 수준의 목적체계를 갖는다. 첫 번째는 궁극적인 목적으로 앞에서 언급한 인간의 존엄성 실현이다. 두 번째는 중간목적으로 사회문제의 해결이다. 세 번째는 하위목적으로 '정책과정에 관한 지식 제공'과 '정책과정에 필요한 지식 제공'이다.

정책학의 학문적 지향으로 문제 지향, 맥락 지향, 연합학문적 지향 등이 제시된다. 문제 지향은 정책학의 실천성을 말하며, 맥락 지향은 정책학의 상황적합성을 말한다. 또한 연합학문 지향은 정책학의 유관 학문과의 접목을 말한다.

관광정책학은 이러한 일반 정책학의 지향과 정책영역지식인 관광학의 특성이 연결되어 고유한 특성을 이룬다. 학문적 위상에 있어서 관광정책학은 일반 정책학에서는 '연합학문'으로서의 위상을 지니며, 관광학에서는 '분과학문'으로서의 위상을 지닌다.

관광정책학의 발달은 1990년대를 출발시기로 볼 수 있다. 이때부터 주로 실천적 관광정책연구가 시도되기 시작하였으며, 이후 2000년대에 들어서면서부터 본격적으로 정책이론 연구가 이루어지고 있다.

한편, 정책학의 연구와 이론 유형을 살펴보면, 우선 관광정책학 연구를 위한 지식요소로는 관광학, 정책학, 연구방법론을 들 수 있다. 또한 연구의 유형으로는 경험적 연구, 처방적 연구, 규범적 연구를 들 수 있다. 이론유형으로는 분석단위의 수준을 기준으로 하여 거시수준의 이론, 중위수준의 이론, 미시수준의 이론을 들 수 있다. 거시수준의 이론은 국가 혹은 사회공동체의 특성을 설명변수로 하는 이론을 말하며, 중위수준의 이론은 조직이나 집단의 특성을 설명변수로 하는 이론을 말한다. 또한 미시수준의 이론은 개인의 특성을 설명변수로 하는 이론을 말한다. 또 다른 유형으로는 이론의 적용범위를 기준으로 하여 일반이론, 중범위이론, 소범위이론을 들 수 있다.

정책학의 이론적 접근은 크게 다섯 가지로 나누어진다. 첫째, 정치체제론적 접근으로 정책을 정치체제의 산물로 보는 관점이다. 둘째, 집단론적 접근으로 정책을 정책과정에 참여하는 공식적·비공식적 행위자들 간의 권력관계의 관점에서 바라본다. 셋째, 정책과정론적 접근으로 정책과정을 중심으로 하는 관점이다. 넷째, 정책분석적 접근으로 정책은 정책분석의 산물이라는 관점이다. 다섯째, 새로운 접근으로 정책을 다양한 접근들의 결합적 시각에서 보는 관점이다.

이 책은 관광정책학 원론으로서 관광정책영역을 대상으로 하는 정책지식체계를 제시하는데 목적을 두며, 일반 정책학의 주요 이론적 접근들을 적용하여 크게 다섯 부로 구성된다. 제Ⅰ부에서는 관광정책학의 기초를, 제Ⅱ부에서는 정치체제론적 관점에서 관광정책과 정치체제 그리고 정책환경을, 제Ⅲ부에서는 집단론적 관점에서 관광정책과 정책행위자 그리고 권력관계를, 제Ⅳ부에서는 정책과정론적 관점과 정책분석적 관점에서 관광정책과 정책과정을, 제Ⅴ부에서는 새로운 관점에서 정책이론의 확장적 접근을 다룬다.

관광정책학의 기초 개념과 논리

개관

이 장은 관광정책학을 열어가는 두 번째 장으로서 관광정책학의 기초 개념들과 정책논리를 중심으로 논의한다. 이를 위해 제1절에서는 관광정책의 개념을 정의하고, 제2절에서는 관광정책과 구성요소에 대해서 다룬다. 제3절에서는 관광정책과 정책유형에 대해서 알아보고, 제4절에서는 관광정책과 정부개입의 논리에 대해서 논의한다. 끝으로, 제5절에서는 관광정책과 가치에 대해서 알아본다.

제1절 관광정책의 개념

이 절에서는 관광정책학의 중심주제인 관광정책의 개념을 정의하고자 한다. 이를 위해서는 먼저 일반 정책학에서의 정책개념을 정의하고, 그 연장선상에서 관광정책의 개념을 정의한다.

1. 정책

우리는 요즘 정책의 일상화 시대에 살고 있다. 매일매일 다양한 정책들이 쏟아져 나오고 있으며, 생활 속에서 정책이 미치지 않는 영역이 없을 정도이다. 하지만 아직까지도 정작 정책의 개념에 대해서는 일치된 합의에 도달하지 못하고 있다. 그만큼 정책의 속성이 다양함을 말해준다.

먼저 정책의 어원을 살펴보면, 정책, 즉 'policy'의 그리스 어원은 'polis'이며, 도시국가를 뜻하는 말이었다. 이후 라틴어로 국가를 뜻하는 'politia'로 사용되었으며, 중세 영어에서는 정부의 운영을 뜻하는 'policie'로 사용되었다(Dunn, 2008). 또한 정책과 정치(politics)가 어원적으로 같은 뜻을 지닌다는 점에서 그 시사하는 바가 크다고 할 수 있다(Edwards & Sharkansky, 1978).

학술적 개념정의를 살펴보면, 현대 정책학의 창시자인 라스웰은 정책을 '사회변동의 계기로서 미래 탐색을 위한 가치와 행동의 복합체'이며, '목표와 가치 그리고 실제를 포함하고 있는 고안된 계획'으로 정의하였다(Lasswell, 1951). 라스웰은 그의 정의에서 정책의 목표성, 실제성 그리고 미래성을 주요 속성으로 보고 있음을 알 수 있다.

여기에 정치학자인 이스턴(Easton, 1965)은 정책을 '정치체제가 내린 권위적 결정'으로 정의함으로써 정책의 공공성을 강조하고 있다. 같은 맥락에서 젠킨스(Jenkins, 1978)는 정책을 '정부 혹은 공공기관의 의사결정'으로 정의하였으며, 앤더슨(Anderson, 2002)은 '정부와 관료들에 의해서 개발된 계획'으로 정의하였다. 또한 피터스(Peters, 2006)는 '시민의 생활에 영향을 미치는 정부 활동의 총체'라는 함축적인 정의를 내리고 있다.

한편, 정부의 선택을 주요 속성으로 보는 개념정의가 시도되고 있는데 다이 (Dye, 1992)는 정책을 '정부가 선택한 행동 혹은 무결정'으로 정의하였다. 같은 맥락에서 하이덴하이머 외(Heidenheimer et al., 1993)도 정부가 적극적으로 개입하여 채택한 결정뿐 아니라 정부가 개입하지 않기로 한 결정 또는 정부가 회피하는 결정들도 일정한 조건이 충족되면 공공정책으로 봐야한다는 입장을 가졌다.

위의 정의들에서 제시된 정책의 주요 속성들을 정리해 보면, 목표성, 실제성, 계획성, 공공성, 선택성 등을 들 수 있다.

이 책에서는 이러한 정책의 속성을 크게 목표성, 실제성, 공공성의 세 가지로 정리하고, 이를 포괄하여 정책(policy)을 '사회문제 해결을 위하여 정부가 선택한 행동'으로 정의한다.

이를 구체적으로 살펴보면, 정책의 속성 가운데 목표성은 '사회문제 해결을 위하여'로 표현되었으며, 실제성은 '행동'(action)으로 표현되었다. '행동'에는 다이(Dye)가 제시한 무결정(inaction)도 포함하는 넓은 의미에서의 '행동'이라는 용어가 사용되었다. 한편, 공공성은 '정부가 선택한'으로 표현되었다. 팰(Pal, 1992)이 기술한 바와 같이, 정책의 공공성은 '정책이 공중을 대상으로 한다는 의미에서가 아니라 공공이 추진하는 것'이라는 점에서 그 의미가 분명해지기 때문이다. 물론, 거버넌스 시대에 들어서면서 정책주체가 공식적·비공식적 정책행위자로 확대되고 있다. 그럼에도 불구하고 일단은 공공성의 표현을 위해 정책주체를 정부로 규정하였다.

2. 관광정책

1) 개념

관광정책은 간단하게 말해서 관광을 정책영역으로 하는 정부의 정책을 말한다. 그러므로 관광정책을 개념화하기 위해서는 정책영역으로서의 관광개념에 대한 이해가 병행하여 이루어져야 한다.

관광(tourism)은 근대사회의 개념이다. 산업혁명 이후 기차, 기선 등 교통기술이 발달하면서 여행의 확대가 이루어지기 시작하였으며, 특히 20세기에 들어와 자동차, 항공기술 등의 획기적인 발달과 함께 대중관광(mass tourism) 시대가 열리게 되었다. 이에 따라 관광자의 여행활동과 이와 관련된 다양한 관광서비스가 등장하였으며, 오늘날과 같은 관광의 산업화가 형성되기에 이르렀다.

그러므로 관광은 단순히 관광자의 여행활동 뿐만 아니라 다양한 관광행위자들의 활동까지를 포함하는 복합적인 사회현상을 의미한다. 여기에는 관광자에게 관광서비스를 제공하는 관광사업자(tourist businesses), 관광과 관련하여 공공부문의 역할을 담당하는 정부(government), 비정부조직(NGO), 국제기구(international organization) 등의 활동이 포함된다(Goeldner & Ritchie, 2006).

관광에 대한 이러한 복합적인 사회현상으로서의 인식과 함께, 일반정책 개념의 연장선상에서 관광정책(tourism policy)의 개념을 정리해 보면, '관광문제 해결을 위하여 정부가 선택한 행동'으로 정의된다.

관광정책의 이러한 정의에는 앞서 일반 정책개념에서 제시한 목표성, 실제성, 공공성의 속성이 그대로 포함되며, 여기에 관광이라는 정책영역(policy domain)의 특성이 추가로 포함된다.

관광정책의 개념적 구조를 도식화 시켜보면, [그림 2-1]과 같다.

[그림 2-1] 관광정책의 개념적 구조

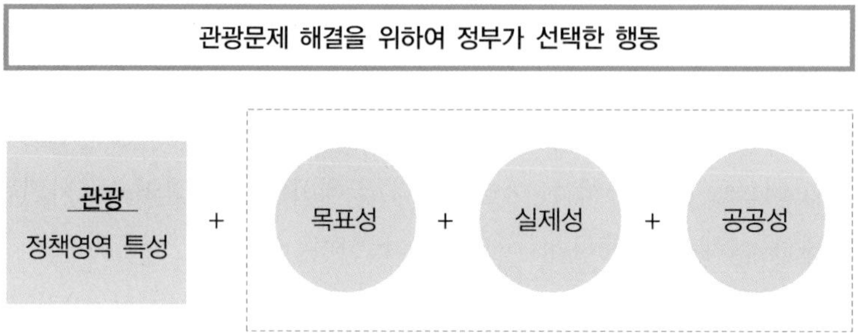

관광문제 해결을 위하여 정부가 선택한 행동

관광
정책영역 특성 + 목표성 + 실제성 + 공공성

2) 특징

관광정책은 정책영역인 관광문제의 고유성으로 인해 일반 정책과는 구별되는 특징을 지닌다(이연택, 2003).

이를 정리해 보면 크게 다섯 가지의 특징을 들 수 있으며, 주요 내용은 다음과 같다([그림 2-2] 참조).

[그림 2-2] 관광정책의 특징

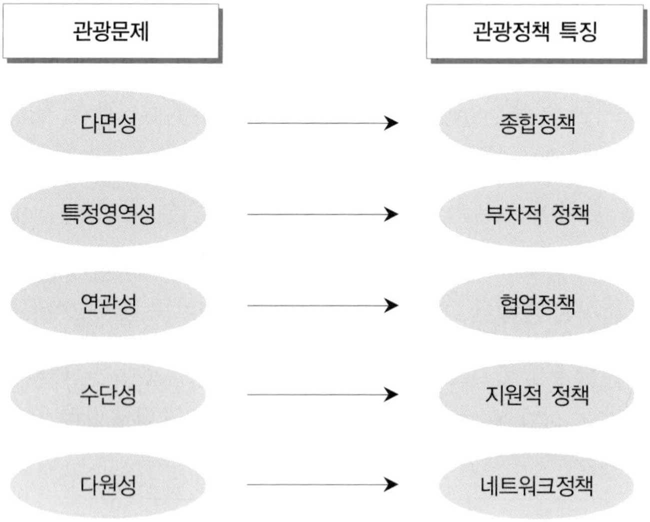

관광문제		관광정책 특징
다면성	→	종합정책
특정영역성	→	부차적 정책
연관성	→	협업정책
수단성	→	지원적 정책
다원성	→	네트워크정책

첫째, 관광정책은 종합정책이다. 관광문제는 다면성의 특징을 지닌다. 관광문제는 경제, 교육, 복지, 환경 등의 다른 사회문제들과 비교해서 단순하고 쉬운 문제로 인식되기 쉬우나, 실상은 매우 다양하고 복잡한 특징을 지닌다. 관광은 우선 경제로서의 기능을 지니며, 또한 문화, 정치, 환경 등의 기능을 갖는다. 또한 최근에는 복지로서의 기능이 강조되고 있다. 이러한 다면성으로 인해 관광정책은 종합정책으로서 관광산업정책, 관광개발정책, 관광복지정책, 관광교류정책, 문화관광정책 등 다양한 정책유형들을 포함한다.

둘째, 관광정책은 부차적 정책이다. 관광문제는 비교적 특정 영역을 대상으로 하는 문제라고 할 수 있다. 정치, 경제, 교육, 환경, 복지 등의 사회문제들이 일반국민들을 대상으로 하는데 반해, 관광문제는 비교적 특정지역, 혹은 특정집단을 대상으로 한다는 점에서 일차적인 문제라기보다는 이차적 문제이며, 그런 의미에서 부차적 성격을 갖는다. 물론, 최근 들어 관광문제가 국가경제 전체에 미치는 영향력이 커지고, 국민관광문제도 관심의 대상이 되고는 있으나, 아직까지는 상대적으로 사회이슈화나 공론화가 이루어지지 못하는 경우가 많다. 그런 이유에서 관광정책은 상대적으로 우선순위가 되지 못하고 후순위 정책으로서의 특징을 갖는다고 할 수 있다.

셋째, 관광정책은 협업정책이다. 관광문제는 여타 사회문제들과 관계하는 연관적 성격을 갖는다. 예를 들어, 관광은 의료산업과 함께 의료관광을 이루며, 한류와 함께 한류관광을 이룬다. 또한 농업과 함께 농업관광이 이루어지며, 종교와 함께 종교관광이 이루어진다. 이러한 연관성으로 인해 관광정책은 관광행정조직과 유관행정조직과의 협력이 반드시 필요하다. 의료관광정책은 문화체육관광부와 보건복지부 간의 협력이 필수적이다. 마찬가지로 농업관광정책은 농업행정조직과 관광행정조직 간의 협력이 필수적이다. 또한 한류관광정책은 문화체육관광부 내 한류담당 조직과 관광담당조직 간의 협력이 필수적이라고 할 수 있다.

넷째, 관광정책은 지원적 정책이다. 관광문제는 다른 사회문제들에 수단요소 내지는 부분요소로 포함되는 경우가 많다. 따라서 관광정책은 주 정책에 포함된 지원적 정책의 특성을 갖는다고 할 수 있다. 대표적인 예로 남북교류협력 정책 차원에서 시행되었던 금강산관광사업을 들 수 있다. 주무부처인 통일부의 정책에 관광정책이 지원적 정책의 기능을 담당한 예라고 할 수 있다. 또한 비자정책에 있어서도 관광은 중심 목표보다는 부수적 수단으로 다루어진다. 그밖에도 중소기업 정책, 농업정책, 청소년교류정책 등 다양한 유관정책들에서 관광사업이 부수적인 정책수단이 되는 경우가 늘고 있다. 그런 의미에서 관광행정조직과 타 행정조직 간의 협조와 조정이 더욱 필요하다고 할 수 있다.

다섯째, 관광정책은 네트워크정책이다. 관광문제는 여타 사회문제들에 비해 다양한 이해관계자들이 관계한다. 특히 관광산업이 지니는 시스템산업적 특징으로 다양한 업종들이 생산자 이익집단의 형태로 정책과정에 참여한다. 그런 의미에서 관광정책의 네트워크적 특성을 들 수 있다. 예를 들어, 직접공급자라고 할 수 있는 여행업, 관광숙박업, 테마파크업, 리조트시설업, 카지노업, 엔터테인먼트업, 외식업, 유통업 등의 다양한 업종들이 있으며, 간접공급자라고 할 수 있는 컨설팅업, 광고업, 출판업, 교육기관 등이 있다. 또한 융합공급자라고 할 수 있는 의료관광업, 엔터테인먼트관광업, 컨벤션전시사업, 스포츠관광업 등이 있다. 이러한 생산자뿐만 아니라 최근에는 환경, 복지, 사회서비스 관련 NGO들의 참여가 확대되고 있으며, 국제관광기구들의 활동도 활발하다. 이러한 다원화 추세와 함께 관광정책은 특히 이해관계자들과의 상호작용관계가 매우 중요하다고 할 수 있다.

제2절 관광정책과 정책 구성요소

정책의 구성요소는 정책이 갖추어야 할 기본적인 내용을 말한다. 정책은 법률, 방침, 대책, 조치, 계획 등 다양한 형태로 공표된다. 참고로 정책공표(policy announcement)는 '정부가 정책을 공개적으로 알리는 활동'을 말한다(Anderson, 2006). 비록 정부가 정책을 발표하는 정책공표의 형태는 다를지라도 정책내용에는 정책목표, 정책수단, 정책대상 등의 기본 요소가 포함된다. 또한 이러한 구성요소들을 가지고 실현가능한 정책을 개발하는 활동을 정책설계(policy design)라고 한다(Birkland, 2005).

다음에서는 정책의 구성요소인 정책목표, 정책수단, 정책대상에 대해서 살펴본다.

1. 정책목표

정책목표(policy goal)는 '정책을 통해 달성하고자 하는 바람직한 상태'를 말한다(Dunn, 2008). 그러므로 정책목표는 정치이념이나 조직목표 등 가치체계와 밀접한 관계를 갖는다. 그런 의미에서 정책목표는 일종의 선택된 정치적 가치라고 할 수 있다.

이러한 정책목표는 사실상 여러 하위목표들로 구성되며, 이들 간의 관계는 수직적 성격을 갖는다. 이를 목표-수단의 계층구조(ends-means hierarchy)라고 부른다.

일반적으로 목표-수단의 계층구조는 상위목표, 중위목표, 하위목표들로 구성되며, 이들은 서로 상하관계를 형성한다.

예를 들어 설명해 보면, [그림 2-3]에서 보듯이 '동북아 관광허브국가 구축'을 상위목표로 상정할 경우, 중위목표로는 '국가관광브랜드 업그레이드', '경쟁력 있는 관광콘텐츠 개발' 등을 상정할 수 있다. 또한 그 하위목표로는 '원거리시장 국가인지도 향상', '관광브랜드 이미지 조사', '전통문화관광소재 개발', '한류관광코스 개발' 등을 상정할 수 있다. 이때 상위목표는 중위목표를 수단으로 가지며, 중위목표는 하위목표를 수단으로 갖는다고 할 수 있다. 필요한 경우, 이러한 목표-수단의 계층구조는 더욱 확장되어 하위목표의 또 다른 하위수단들이 설정될 수 있다.

[그림 2-3] 정책목표-수단 계층구조 예시

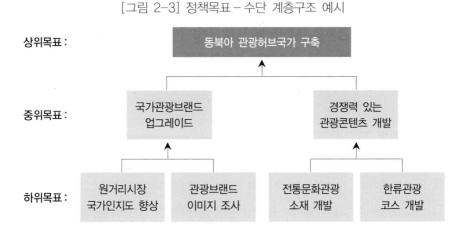

2. 정책수단

정책수단(policy means)은 '정책목표를 달성하기 위해 필요한 각종의 도구 또는 장치'를 말한다(Howlett & Ramesh, 2003). 정책수단은 크게 실질적 정책 수단과 실행적 정책수단으로 구분된다.

1) 실질적 정책수단

실질적 정책수단(substantive policy means)은 정책의 실질적 내용을 구성하 는 정책수단을 말한다. 이는 앞서 목표-수단의 계층구조에서 살펴 본 바와 같이 상위목표, 중위목표, 하위목표로 구성되며, 중위목표는 상위목표의 수 단이 되고 하위목표는 중위목표의 수단이 된다. 바로 이러한 수단들을 실질 적 정책수단이라고 한다.

2) 실행적 정책수단

실행적 정책수단(active policy means)은 실질적 정책수단을 실행시키기 위한 도구를 말한다. 실질적 정책수단을 보조한다는 의미에서 보조적 정책수단이라고도 한다.

실행적 정책수단으로는 크게 조직, 권위, 재정, 정보 등을 들 수 있다.

첫째, 조직은 조직의 설치와 운영에 관한 정책수단을 말한다. 정부조직의 개편, 공기업 설립, NGO와의 네트워크 구축, 시장조직의 활용 등을 들 수 있다.

둘째, 권위는 공적 조직의 권위와 관련된 정책수단을 말한다. 정부의 명령, 통제, 규제 등이 여기에 해당된다. 특히 규제에는 시장 통제를 목적으로 하는 경제적 규제와 사회 통제를 목적으로 하는 사회적 규제가 있다.

셋째, 재정은 재정 및 금융 등과 관련된 정책수단을 말한다. 각종 보조금, 세제혜택, 공적 대출 등의 재정적 인센티브와 과징금, 사용료, 세금부과 등의 재정적 제재가 여기에 해당된다.

넷째, 정보는 정책정보와 관련된 정책수단을 말한다. 공청회, 온라인 정보공개, 정책평가정보제공 등이 여기에 해당된다.

3. 정책대상

정책대상(policy targets)은 정책의 적용을 받는 개인이나 집단을 말한다(Birkland, 2005). 정책대상은 크게 정책에 의해 혜택을 받는 수혜집단과, 이와는 반대로 정책에 의해서 비용을 지불해야 하는 비용부담집단으로 구분된다(노화준, 2007). 따라서 정책은 정책대상에 대한 명확한 분석이 필요하며, 이와 관련하여 예상되는 정책대상의 편익과 비용부담에 대한 형평성 검토가 요구된다. 예를 들어, 관광개발사업의 경우 지역주민들과의 갈등이 자주 현안 과제로 등장한다. 보상 문제, 환경 문제, 안전 문제 등 개발로 인한 민원의 소지가 크기 때문이다. 이에 따라 사전 단계, 과정 단계, 사후 단계별 정책대상에 대한 관리전략이 필요하다. 또한 정책은 의도한 결과 뿐 아니라, 의도하지 않은 결과도 발생한다. 그러므로 정책대상은 직접적 대상 집단과 동시에 간접적 대상 집단에 대한 배려가 포괄적으로 이루어져야 한다.

제3절 관광정책과 정책유형

일반적으로 정책의 유형은 크게 두 가지 분류기준에서 구분된다. 하나는 속성별 분류이고, 다른 하나는 영역별 분류이다. 이를 살펴보면 다음과 같다.

1. 속성별 분류

속성별 분류는 정책의 내용적 특성을 분류기준으로 한다. 정부의 산출활동의 목적은 무엇인지, 정부가 사용하는 정책수단은 무엇인지 등이 중요한 기준이 된다(Almond & Powell, 1980; Dunn, 2008; Lowi, 1972; Ripley & Franklin, 1991; Sparrow, 2000). 이를 기준으로 하여 크게 다섯 가지의 정책유형을 들 수 있다.

첫째, 배분정책(distributive policy)이다. 배분정책은 정책대상이 필요로 하는 재화나 용역 그리고 기타 가치들을 제공하는 정부의 산출활동을 말한다. 예를 들어, 교통·항만·공항시설 등 사회간접자본의 확충, 교육 및 문화시설 등의 확충, 각종 산업지원 대책 등과 관련된 정책들이 여기에 해당된다. 배분정책에 있어서는 배분사업의 효율성, 배분과정의 적절성, 배분대상의 적정성 등이 주요 이슈로 다루어진다.

둘째, 규제정책(regulatory policy)이다. 규제정책은 정책대상의 행동을 규제하는 정부의 산출활동을 말한다. 규제정책은 시장실패의 치유책으로서 그 정당성을 갖는다. 하지만 최근에는 규제정책의 도입근거로 거래비용의 최소화 및 경감이라는 대안적 관점이 제기된다(지광석·김태윤, 2010). 규제정책은 정책목적에 따라 경제적 규제정책과 사회적 규제정책으로 나뉜다. 경제적 규제정책은 주로 시장질서 유지 및 특정산업 유지를 위해 이루어지며, 사회적 규제정책은 보건·위생·환경·복지 등 사회환경 보호를 목적으로 이루어진다. 또 다른 유형으로 경쟁적 규제정책과 보호적 규제정책을 들 수 있다(Ripley & Franklin, 1986). 경쟁적 규제정책은 공급자의 수를 제한하는 정책으로, 방송권이나 항공노선과 관련된 규제정책이 그 예가 된다. 보호적 규제정책은 일반대중의 보호를 위해 공급자의 활동을 제한하는 정책으로, 소비자보호법이나 식품위생법 등이 그 예가 된다. 규제정책은 피규제집단의 행동을 공식적으로 제한한다는 점에서 규제대상의 형평성, 규제내용의 적합성, 규제방식의 적정성 등이 주요 이슈가 된다.

셋째, 재분배정책(redistributive policy)이다. 재분배정책은 정책대상의 사회복지 및 사회보장을 위해 제공되는 정부의 산출활동이다. 여행바우처제도와 같은 복지프로그램이 그 예가 된다. 재분배정책의 일반적인 사례로는 건강보험, 국민연금 등을 들 수 있다. 재분배정책은 기본적으로 고소득계층으로부터 보다 많은 조세를 징수하여 저소득계층에게 사회보장을 위해 지출한다는 점에서 집단 간의 이해관계 대립을 수반한다. 따라서 집단 간의 갈등에 대한 정부의 관리능력이 재분배정책의 주요 이슈로 등장한다.

넷째, 구성정책(constituent policy)이다. 구성정책은 정부조직의 신설, 변경 등과 같은 구조조정과 관련하여 이루어지는 정부의 산출활동을 말한다. 구성정책은 기술환경의 변화, 새로운 사회문제의 등장 등과 같은 정책환경의 변화에 영향을 받으며, 정치이념과도 밀접한 관련을 갖는다. 특히 정부조직은 기본적으로 항구성을 갖는다는 점에서 구성정책에 있어서 시장모형에 대한 고려가 중요한 이슈가 된다.

다섯째, 상징정책(symbolic policy)이다. 상징정책은 정책대상의 협력·지지·이해를 도모하기 위하여 이루어지는 정부의 산출활동을 말한다. 국가의 발전 비전 제시, 각종 기념일의 제정, 한국방문의 해와 같은 행사, 축제 및 이벤트의 개최, 국가 및 지방의 상징물의 제정, 공공정책에 대한 공익광고 등 국민들로 하여금 정책에 대한 긍정적 참여를 유도하기 위한 다양한 홍보정책들이 제공되고 있다. 상징정책은 자칫 정치선전의 도구화가 될 수 있다는 점에서 정책목표와 정책수단 그리고 정책대상의 결정에 있어서 정책의 공정성 유지가 주요 이슈가 된다.

2. 영역별 분류

영역별 분류는 정부 조직의 구성 및 역할을 기준으로 하여 분류하는 방식을 말한다(Birkland, 2005). 예를 들어, 문화체육관광부, 농림수산식품부, 교육과학기술부, 국토해양부 등 정부의 부처 조직은 조직의 구성 자체가 영역별 정책을 유형화하는 기준이 된다. 그러므로 정책의 영역별 분류는 각 정부 조직의 구성이 실제적인 정책유형을 구분해 준다는 점에서 그 유용성이 있다.

또한 영역별 분류는 국가 간 혹은 정부 간 비교연구를 가능하게 해준다는 점에서 유용성이 크다. 정부조직을 기준으로 실제적인 정책활동을 비교하는 것이 가능해진다.

관광정책의 영역별 유형으로는 정부 조직의 구성 및 역할을 기준으로 하여 관광개발정책, 관광마케팅정책, 관광산업정책, 지속가능한 관광정책, 국민관광정책, 국제관광정책 등을 들 수 있다(이연택, 2003).

이러한 영역별 정책유형들을 앞서 살펴본 속성별 정책유형들을 적용하여 그 특성을 살펴보면 다음과 같다(〈표 2-1〉 참조).

우선 관광개발정책은 관광자원 및 시설개발 등과 관련하여 이루어지는 정부의 산출활동을 말한다. 정책대상이 필요로 하는 재화나 용역을 제공한다는 점에서 배분정책의 성격이 강하다.

관광마케팅정책은 관광홍보전담기구의 설치, 관광정보 제공 및 촉진활동의 지원 등과 관련하여 이루어지는 정부의 산출활동을 말한다. 정책대상에게 산출물을 제공하고 조직을 구성하며 홍보를 수행한다는 점에서 배분정책 및 구성정책 그리고 상징정책 등의 성격을 지닌다.

관광산업정책은 관광사업육성, 관광소비자보호 등의 산출활동을 말한다. 정책 속성상 배분정책과 규제정책의 성격을 공통으로 지닌다고 볼 수 있다.

지속가능한 관광정책은 지속가능한 관광개발지침 제시, 녹색관광경영 기준 표준화 등 정책대상에 대한 조정기능을 갖고 있다는 점에서 규제정책의 성격이 강하다.

국민관광정책은 저소득계층 및 장애인 등 사회취약계층에 대한 복지차원의 산출활동을 말한다. 그러한 의미에서 재분배정책의 속성을 지닌다.

국제관광정책은 국가 간 관광교류 활성화 및 국가 홍보와 관련된 정부의 산출활동을 말한다. 속성상 배분정책과 상징정책의 성격이 강하다고 할 수 있다.

〈표 2-1〉 관광정책의 영역별 · 속성별 유형

영역별 분류	주요 정책속성
관광개발정책	배분정책
관광마케팅정책	배분, 구성, 상징정책
관광산업정책	배분, 규제정책
지속가능한 관광정책	규제정책
국민관광정책	재분배정책
국제관광정책	배분, 상징정책

제4절 관광정책과 정부개입의 논리

정책의 일반 개념정의에서 논의한 바와 같이 정책은 정부가 선택한 행동을 말하며, 이는 곧 정부개입을 의미한다. 정부개입은 시장경제체제 하에서 시장실패로부터 그 논리적 근거를 찾는다. 이와는 역으로 정부개입의 반대 논리는 정부실패로부터 찾을 수 있다.

이를 살펴보면 다음과 같다([그림 2-4] 참조).

[그림 2-4] 정부개입의 논리

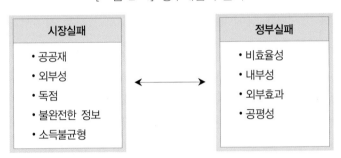

1. 시장실패 : 정부개입 지지

시장경제체제 하에서 관광문제는 시장 메커니즘을 통하여 해결된다. 관광에 필요한 재화와 서비스가 시장을 통하여 공급되고 소비되며, '보이지 않는 손', 즉 가격에 의하여 조정된다. 또한 시장에서 파레토 최적(Pareto optimum) - 자원 배분이 가장 효율적으로 이루어진 상태 - 이 이루어진다. 시장은 시장경제체제에서 자원배분을 위한 가장 효율적인 도구로서 작용한다.

정부개입은 이러한 시장 메커니즘이 제대로 작동되지 않을 때, 그 정당성을 갖는다. 달리 말해, 시장실패(market failure)가 곧 정부개입 지지의 논리적 근거가 된다.

일반적으로 시장실패의 원인은 크게 다섯 가지 유형으로 정리된다(Levy, 1995; Weimer & Vining, 2005).

첫째, 공공재(public goods)이다. 공공재는 사유재(private goods)의 상대 개념으로서 '재화에 대하여 비용을 지불하지 않은 사람을 배제할 수 없다.'는 비배제성(non-excludability) 논리와 '어떤 재화에 대한 한 사람의 소비가 다른 사람의 소비를 제한할 수 없다'는 비경합성(non-rivalry) 논리를 특징으로 한다. 이러한 공공재의 경우, 정부개입이 필연적으로 요구된다. 예를 들어, 문화재, 국립공원 등의 공공재를 관광자원화하는 경우, 혹은 각종 사회 인프라의 공급 등은 민간부문의 활동을 통해 해결할 수 없으며, 정부의 개입을 기본적으로 요구하게 된다.

둘째, 외부성(externality)이다. 외부성은 민간부문의 경제주체들의 활동이 다른 경제주체들에 대하여 부정적 혹은 긍정적 영향을 미치는 경우를 말한다. 예를 들어, 대규모 투자개발사업의 경우, 환경훼손, 교통혼잡 등 지역사회에 부정적인 영향을 미칠 수 있다. 따라서 정부의 규제정책이 필요하게 된다. 이와는 역으로, 이러한 개발사업으로 인해 일자리 창출, 지방세수 증대와 같은 긍정적 영향을 기대할 수 있다. 이 경우 정부의 촉진적 개입이 필요하게 된다.

셋째, 독점(monopoly)이다. 시장 메커니즘이 제대로 작동하려면 경제주체들 간에 자유경쟁이 이루어져야 한다. 하지만 공급자들의 독점적 행위 등으로 인하여 경쟁이 원활하게 이루어지지 못하는 경우가 발생할 수 있다. 이 경우 독점적 공급자의 이윤집중 혹은 독점적 공급으로 인한 비효율성 등의 문제가 나타난다. 예를 들어, 카지노사업이나 면세점사업 등의 경우, 사업의 성격상 독점적 공급이 이루어지며, 이에 따라 정부의 직접투자 혹은 공급조정 등의 독과점 관리를 위한 개입이 불가피하게 요구된다.

넷째, 불완전한 정보이다. 경제주체들이 상호간에 충분한 정보를 가지지 못할 때, 시장은 제대로 작동하지 못한다. 이러한 상황을 비대칭적 정보에 의한 시장실패라고 한다. 특히, 서비스산업의 특성을 갖고 있는 관광산업의 경우, 비대칭적 정보 시장의 문제점이 나타나기 쉽다. 예를 들어, 여행상품의 정보는 실제로 소비자가 이용하지 않는 한, 정확한 서비스의 내용과 품질을 알 수 없다. 이에 따라 정부는 소비자를 보호하기 위해 표준 약관의 시행 등과 같은 소비자 보호정책을 시행하게 된다.

다섯째, 소득불균형이다. 시장실패는 시장 메커니즘이 제대로 작동할 때도 발생할 수 있다. 그 대표적인 예가 소득불균형의 문제이다. 저소득계층의 시장참여는 여러 가지 제한을 받게 되며, 정부가 재정지출을 통하여 개입함으로써 해결될 수 있다. 이 문제는 사회관광 혹은 복지관광에 대한 정부개입의 필요성을 말해준다. 사회취약계층에 대한 복지차원의 관광서비스를 공급하기 위해서는 정부의 지원적 개입이 요구된다.

2. 정부실패 : 정부개입 반대

앞서 논의한 바와 같이, 시장경제체제 하에서의 정부개입은 시장실패에 의해 그 필요성이 정당화될 수 있다. 하지만 정부개입이 반드시 성공적일 수는 없다. 이를 비시장적 실패, 혹은 정부실패(government failure)라고 말한다. 정부실패는 곧 정부개입 반대의 논리적 근거가 된다.

일반적으로 정부실패의 원인은 크게 네 가지 유형으로 정리된다(남궁근, 2009; Wolf, 1989).

첫째, 비효율성이다. 시장 메커니즘에서 수요와 공급은 가격에 의하여 조정된다. 하지만 정부의 개입과정에서는 이러한 조정기제가 제대로 작동하지 않게 된다. 특히, 정부의 정책개입에서는 수익비용대응의 원칙이 제대로 적용되지 않으며, 이 때문에 필요이상의 비용지출이 발생할 수 있다. 참고로 수익비용대응의 원칙(principle of matching costs with revenues)은 비용은 수익을 얻기 위해 지출되며, 그것을 부담하는 급부의 판매에 의해 회수되어야 한다는 원칙을 말한다. 이러한 정부실패의 문제가 공기업 투자나 운영상에서 흔히 발생할 수 있다.

둘째, 내부성이다. 시장경제체제 하에서 각각의 경제주체는 시장 메커니즘의 특징이라고 할 수 있는 효율성의 기준에 따라 행동하게 된다. 이를 통해 조직의 행동원칙과 관리기준이 만들어진다. 정부조직은 이러한 시장기준, 즉 외부기준과는 달리 조직의 내부성이 더욱 우선하는 경우가 흔히 발생한다. 조직의 내부성은 자기 조직을 위한 예산 확보의 극대화, 권력 극대화 등 조직이익을 우선시하는 기준으로 작용한다. 이는 관광부문의 공공조직에서도 흔히 볼 수 있는 정부실패의 유형이라고 할 수 있다.

셋째, 외부효과이다. 이는 시장실패의 원인으로 지적되었던 외부성의 문제와 같은 맥락에서 이해될 수 있다. 정부개입으로 시장실패의 문제는 해결될 수 있지만, 정부개입으로 인해 기대하지 않았던 문제들이 발생할 수 있다. 예를 들어, 관광공기업의 투자나 운영으로 인해 유관업종의 민간기업들이 오히려 영업적 피해를 받을 수도 있다. 정부개입이 관련 주체들에게 부정적 영향을 미치는 경우이다.

넷째, 공평성이다. 공평성의 문제는 정부개입의 논리적 근거가 되는 동시에 정부실패의 원인이 되기도 한다. 정부개입의 공평성은 배분적 형평성을 기준으로 한다. 하지만 정부개입은 경우에 따라서 합리적 판단에 근거하지 않는 소위 '나누어 먹기'식 배분의 비합리성이 발생할 수 있다. 또한 공평성이라는 기준을 명분으로 하여 정치권력이나 특정권력의 개입도 발생할 수 있다. 지역관광개발정책에 있어서 자원성이나 시장성을 충분히 고려하지 않고 공평성을 기준으로 하여 정책결정이 이루어질 경우 정부실패를 가져올 수 있다.

제5절 관광정책과 가치

1. 정책과 가치

일반적으로 가치(value)는 우리가 얻고자 하는 대상이 지닌 중요성 혹은 바람직성을 의미한다. 그러므로 가치는 우리가 무언가를 결정할 때 어디에 우선순위를 두어야 할지, 무엇에 비중을 두어야 할지 등을 판단하게 하는 소중한 기준이 된다. 헨닝(Henning, 1974)은 가치를 정책결정과 관련하여 권력 관계에 영향을 미치는 목적, 목표, 이해관계, 신념, 윤리, 편견, 태도, 전통, 도덕 등으로 설명한다.

정책에 관계하는 대표적인 가치 유형으로서 자유와 평등을 들 수 있다. 이 두 가치는 민주주의의 기본적인 정치이념으로서 때로는 대립적으로, 때로는 절충적으로 연관관계를 갖는다. 자유시장주의자들이 개인의 자유를 우선적 가치로 하는 반면에, 공리주의자들은 평등의 가치에 우선순위를 둔다. 또한 이를 기준으로 하여 보수와 진보를 이분법적으로 구분하기도 한다. 하지만 다원화 시대에 들어서면서 다양한 가치들이 등장하고 있으며, 이들이 정책에 영향을 미친다. 그 예로서 환경, 복지, 정의, 인권, 생명 등을 들 수 있다.

한편, 정책행위자에게 미치는 가치의 유형은 이념적 가치, 조직적 가치, 개인적 가치로 나눌 수 있다(Anderson, 2006). 이를 수준별로 유형화 해보면, 크게 거시적, 중위적, 미시적 수준으로 구분할 수 있다.

우선, 거시적 수준인 국가 내지는 범사회적 차원에서 가치는 정치이념을 형성한다. 과거 냉전시대에 극심한 대립을 보여주었던 자유민주주의와 공산주의가 그 예가 된다. 국가의 정치이념은 정책행위자뿐 아니라 정책결과에 지대한 영향을 미친다.

다음으로 중위적 수준인 조직 혹은 집단적 차원에서 가치는 조직 혹은 집단의 목표를 이루며, 또한 조직문화를 형성한다. 예를 들어, 정부조직에 있어서 각 부처마다 각기 다른 목표를 가지고 있으며, 또한 조직문화를 가지고 있다. 각종 이익집단들도 마찬가지이다. 이러한 조직과 집단의 목표와 조직문화가 정책행위자에게 지대한 영향을 미치게 된다.

다음으로 미시적 수준인 개인적 차원에서의 가치이다. 개인적 수준의 가치는 개인의 태도, 입장, 주장, 선호 등을 형성한다. 정책과정에서 개인 행위자는 정책을 담당하는 공무원, 선거를 통해 참여하는 유권자, 각종 이익집단의 구성원, 정책대상자인 지역주민 등 매우 다양하다. 이들이 지니는 개인적 태도, 입장, 주장, 선호 등이 정책선택에 영향을 미친다.

2. 관광정책과 가치

관광정책과 가치는 일반 정책과 가치의 연장선상에 있다. 그러면서도 동시에 관광정책은 관광이라는 특정 정책영역과 관련하여 고유한 가치적 특징을 지닌다(Hall & Jenkins, 1995). 관광을 바라보는 가치는 다차원적이며(Craik, 1990), 때로는 가치 간 대립양상을 보여준다.

예를 들어, 관광마케팅정책에 대한 가치로는 경제성장과 문화교류의 가치를 들 수 있다. 관광객 유치증진을 경제적 가치를 중심으로 볼 것인지 혹은 문화교류적 차원의 가치로 볼 것인지에 따라서 가치적 입장의 차이를 보일 수 있다. 또한 관광개발정책과 관련하여 경제성장의 가치와 생태보전의 가치가 대립을 보일 수 있다. 경제성장의 가치는 또한 그 하위 가치로서 고성장의 가치와 지속가능한 성장의 가치가 각각 대립할 수 있다.

이러한 관광정책영역에서의 가치는 일반정책에서의 가치와 마찬가지로 거시적 수준, 중위적 수준, 미시적 수준에서 다양한 가치 유형을 형성하며, 이를 통해 정책행위자와 정책산출에 영향을 미친다(Hall & Jenkins, 1995).

거시적 수준인 국가 혹은 범사회적 차원에서는 국가가 관광의 가치를 어떻게 보느냐에 따라서 국가관광정책의 정책적 우선순위가 달라질 수 있다. 또한 중위적 수준인 조직 혹은 집단 차원에서도 정부 부처별로 지니고 있는 관광에 대한 가치가 다르며, 각각의 이익집단들이 지니고 있는 관광에 대한 입장이 다르다. 이러한 입장차이가 곧 정책행위자와 정책산출에 영향을 미친다. 미시적 수준에서도 마찬가지이다. 정책결정자, 집행관료, 이익집단의 구성원, 지역주민, 일반국민 등 개인행위자들이 지니는 관광의 가치는 관광정책 선택에 지대한 영향을 미친다.

3. 가치 논의

일찍이 현대정책학의 창시자인 라스웰이 천명하였듯이 정책학의 궁극적인 목표가 사회문제 해결을 통한 인간 존엄성의 실현이라는 점을 감안할 때, 정책학에서의 가치논의는 매우 중요한 지식체계의 한 부분을 차지한다. 그럼에도 불구하고 오늘날의 정책연구는 경험적 연구가 지배적인 위치를 차지하고 있다. 이에 따라 정책학의 균형 있는 발전을 위해서는 소위 라스웰의 패러다임이라고 할 수 있는 규범지향적 인식론과 경험주의적 인식론을 결합할 수 있는 통합적 접근이 필요하다고 할 수 있다(권기헌, 2007).

앞서 보았듯이 가치는 정책행위자뿐 아니라 정책산출에도 큰 영향을 미친다. 특히, 다원화 시대에서는 다양한 집단 내지는 개인들이 지니고 있는 가치가 정책에 적절하게 반영되도록 하는 것이 현실적인 과제가 된다. 이는 곧 민주주의의 정책학의 기본 과제라고 할 수 있다.

스록모턴(Throgmorton, 1996)은 그러한 의미에서 정책숙의(policy deliberation)와 정책담론(policy discourse)을 정책학의 중요한 이슈로 간주한다. 숙의와 담론이 없는 정책분석은 불완전하고, 비현실적이며, 정당화될 수 없다는 인식을 갖고 있다.

같은 맥락에서 앤더슨(Anderson, 1993)은 실천적 이성에 기초한 숙의 민주주의 모형을 설명하면서 숙의와 담론경쟁으로 이루어지는 정책과정이야말로 민주주의의 정책학을 실현하는데 있어서 가장 중요한 이론적 토대가 된다고 주장한다.

댄지거(Danziger, 1995)가 주장하였듯이, '민주주의의 정책학'의 실현을 위해서는 정책숙의, 정책담론, 정책대화(policy talk), 정책논쟁(policy argument), 정책토론(policy debate) 등의 가치 논의가 정책학습에서 다루어져야 할 중요한 주제라는 점에 동의한다.

요약

이 장에서는 관광정책학의 기초 개념들과 논리에 대해서 논의하였다.

먼저 관광정책의 개념은 일반 정책 개념의 연장선상에서 '관광문제 해결을 위하여 정부가 선택한 행동'으로 정의된다.

관광정책의 개념적 구조로는 일반 정책의 속성인 목표성, 실제성, 공공성이 그대로 적용되며, 여기에 관광정책영역의 특징이 포함된다.

이러한 특성들을 기초로 하여 관광정책은 종합정책, 부차적 정책, 협업정책, 지원적 정책, 네트워크정책으로서의 특징이 있는 것으로 제시된다.

종합정책으로서 관광정책은 산업정책, 개발정책, 마케팅정책, 복지정책 등을 포함한다.

부차적 정책으로서 관광정책은 특정영역을 대상으로 하며, 이로 인해 정치, 경제, 교육, 환경 등 일반정책들에 비해 우선순위에서 뒤지는 경향을 보일 수 있다.

협업정책으로서 관광정책은 여타 정부조직 혹은 정책과 밀접한 관련성을 지닌다. 이에 따라 정부조직 간, 정책 간 협력이 반드시 필요하다.

지원적 정책으로서 관광정책은 유관부처 혹은 정책이 주관하는 정책에 수단적 정책으로서 협조와 조정의 역할을 해야 한다.

네트워크정책으로서 관광정책은 다양한 정책이해관계자들의 정책참여가 이루어질 수 있도록 상호협력의 능력을 지녀야 한다.

관광정책의 구성요소로는 일반 정책과 마찬가지로 정책목표, 정책수단, 정책대상이 있다. 정책목표는 정책을 통해 달성하고자 하는 바람직한 상태를 말하며, 목표 – 수단의 계층구조를 갖는다.

정책수단은 정책목표를 달성하기 위해 필요한 각종의 도구 또는 장치를 말한다. 정책수단에는 실질적 수단과 실행적 수단이 있다. 실행적 수단으로는 조직,

권위, 재정, 정보 등이 있다.

정책대상은 정책의 적용을 받는 개인이나 집단을 말한다. 정책대상에는 정책에 의해 혜택을 받는 수혜집단과 이와는 반대로 정책에 의해서 비용을 지불해야 하는 비용부담집단이 있다.

관광정책의 유형은 일반 정책의 유형화 기준인 속성에 의한 분류와 영역별 분류를 기준으로 하여 구분된다. 속성별 유형에는 배분정책, 규제정책, 재분배정책, 구성정책, 상징정책 등이 있으며, 영역별 유형에는 관광개발정책, 관광마케팅정책, 관광산업정책, 지속가능한 관광정책, 국민관광정책, 국제관광정책 등이 있다.

관광정책과 정부개입의 논리에서는 시장실패와 정부실패의 논리가 논의되었다. 정부개입, 즉 시장실패의 원인에는 공공재, 외부성, 독점, 불완전한 정보, 소득불균형이 포함된다. 한편, 정부실패의 원인으로는 비효율성, 내부성, 외부효과, 공평성이 포함된다.

관광정책과 가치에서는 정책과 가치, 관광정책과 가치 등이 논의되었으며, 가치 논의의 필요성이 제시되었다. 가치는 일반적으로 바람직한 것 혹은 중요성을 말한다. 정책에서 가치는 '정책결정과 관련하여 권력 갈등에 영향을 미치는 목적, 목표, 이해관계, 신념, 윤리, 편견, 태도, 전통, 도덕 등을 가리키는 것'으로 정의된다.

정책에 관계하는 대표적인 가치에는 자유와 평등이 있다. 또한 가치는 다양한 양식으로 존재한다. 거시적 수준에서 가치는 정치이념으로서 존재한다. 또한 중위적 수준에서 가치는 조직목표, 조직문화로 존재한다. 미시적 수준에서 가치는 개인의 태도, 입장, 주장, 선호 등으로 존재한다.

관광정책에서 가치는 보다 구체적인 유형으로 존재한다. 예로서 관광개발정책을 둘러싼 개발과 보전의 가치, 고성장과 저성장의 가치 등을 들 수 있다. 거시적 수준에서 가치는 관광정책의 우선순위를 결정하며, 중위적 수준에서 정부조직의 관광목표를 결정한다. 미시적 수준에서 가치는 관광정책결정자, 집행자,

이익집단의 구성원, 지역주민 등의 관광정책에 대한 태도의 기준이 된다.

가치 논의는 규범적 정책연구의 중심주제이다. 대개의 정책연구가 경험적 연구와 분석적 연구로 구성된다. 하지만 정책학이 지니는 궁극적인 목표, 즉 '민주주의 정책학'이라는 기본 입장을 고려할 때 가치논의는 관광정책학의 기본적인 주제가 되어야 한다. 그러한 점에서 정책숙의, 정책담론, 정책토론, 정책설득, 정책논쟁 등에 대한 이해가 필수적이다.

제II부

관광정책과
정치체제론적 접근

개관

제II부에서는 정치체제론적 관점에서 관광정책과 정치체제, 그리고 정책환경에 대해서 논의한다. 정치체제론은 정책환경과 정치체제, 그리고 정책 간의 관계를 투입-산출의 관계로 조망해 주는 정책학의 기본적인 패러다임이라고 할 수 있다. 이를 자세하게 알아보기 위하여 제3장에서는 관광정책과 정치체제, 그리고 제4장에서는 관광정책과 정책환경에 대해서 각각 논의한다.

관광정책과 정치체제

개관

이 장에서는 관광정책학의 주요 지식체계를 이루고 있는 정치체제론에 대해서 논의하고, 정치체제론의 핵심개념인 정치체제에 대해서 알아본다. 제1절에서는 정치체제론을 중심으로 논의하고, 제2절에서는 정치체제의 개념과 구성요소에 대해서 다룬다. 제3절에서는 정치체제의 구조적 특징에 대해서 알아본다. 끝으로 제4절에서는 관광정책을 담당하는 관광행정기구에 대해서 살펴본다.

제1절 정치체제론

1. 개념

정치학자인 이스턴(Easton)은 일련의 연구들을 통해 일반체계이론(general systems theory)을 정치체제에 적용함으로써 정치체제론(political systems theory)을 발전시켰다(Easton, 1955; 1965; 1971). 일반체계이론은 생물학적 관점에서 하나의 체계와 외부 환경과의 관계를 투입과 산출의 과정으로 설명하는 이론을 말한다(Skyttner, 2001). 참고로 체제와 체계는 영어 'system'의 번역어로 같은 의미를 지니나 일반적으로 제도적 의미를 강조할 경우 체제로 변역하여 사용하는 경향을 보여준다.

정치체제론에서 정치체제는 일반체계와 마찬가지로 개방체제로서 정책환경과 교환이 이루어진다. 또한 정치체제는 정책환경으로부터의 투입을 전환시켜 정책을 산출한다. 요약하자면, 정치체제론(political systems theory)은 '정책을 정치체제와의 관계로 설명하는 기본 지식체계'로 정의된다. 달리 말해, 정책은 곧 정치체제의 산물이라는 입장이다(Anderson, 2006).

정치체제에 대한 이러한 체제론적 관점은 그동안 정부를 공식적 조직과 기능 그리고 권한 중심으로 연구해왔던 전통적 제도주의의 정태적·규범적 관점과는 다르다. 정치체제론에서는 정부를 하나의 유기체로 보며, 또한 개방체제로서 외부환경으로부터의 투입을 중시한다. 그런 의미에서 투입주의 입장이라고 할 수 있다.

2. 정치체제모형

정치체제와 정책환경의 관계를 정치체제모형으로 제시해보면, [그림 3-1]과 같다.

각 요소별 활동을 살펴보면 다음과 같다.

1) 투입

투입(input)은 정치체제에 대한 정책환경의 영향을 말하며, 요구(demands)와 지지(supports)로 구분된다. 정치체제에 대한 정책환경의 요구는 대개의 경우 사회문제의 해결이라는 압력의 형태를 취하게 된다. 또한 정치체제에 대한 정책환경의 지지는 인적·물적 자원의 투입과 정치체제에 대한 정당성을 인정하는 것으로 구분된다. 먼저 정치체제에 대한 인적자원의 지지는 정부인력의 공급지원을 말하며, 물적 자원의 지지는 조세와 각종 공과금 등에 대한 부담을 말한다. 다음으로, 정치체제에 대한 정당성을 인정하는 것은 공권력에 대한 순응을 의미한다.

2) 전환

전환(conversion)은 정치체제에 대한 외부환경으로부터의 투입을 산출물로 변환시키는 정치체제의 정치활동을 말한다. 이스턴(Easton)은 정치를 '가치의 권위적 배분'으로 보았다(Easton, 1971). 따라서 전환은 정치체제가 권한을 가지고 가치를 배분하는 과정이라고 할 수 있다. 또한 정치체제 안에서의 정치활동은 소위 정책과정을 통하여 이루어진다. 정책의제설정, 정책결정, 정책집행, 정책평가, 정책변동 등의 과정을 통해 정치활동이 이루어진다. 그런 의미에서 전환은 곧 정책과정에 해당된다.

3) 산출

산출(output)은 정치체제가 환경으로부터의 투입을 받아들여 전환을 거쳐 환경에 제공된 결과를 말한다. 이스턴에 따르면, 산출은 곧 정책을 말한다. 정책은 정책환경으로부터의 요구에 대응하여 바람직한 사회를 달성하려는 목표가 포함되어 있으며, 국가의 자원을 배분하고, 규제하며, 재분배하는 등의 정책수단을 포함한다. 그러므로 산출은 정책환경과의 또 다른 관계가 형성되는 과정이라고 할 수 있다. 그 과정은 다음 단계인 환류로 이어진다.

4) 환류

환류(feedback)는 정치체제의 산출, 즉 정책에 대한 환경의 반응이 차기 투입에 되돌아가는 과정을 말한다. 그러므로 환류과정은 정치체제의 활동 결과에 대한 국민의 평가를 의미하며, 동시에 정치체제의 정치활동에 대한 통제기능을 갖는다. 환류를 통한 정책정보에 기초하여 국민은 선거권을 행사하여 정권교체를 이루기도 하고, 정책변동을 요구하기도 한다.

[그림 3-1] 정치체제모형

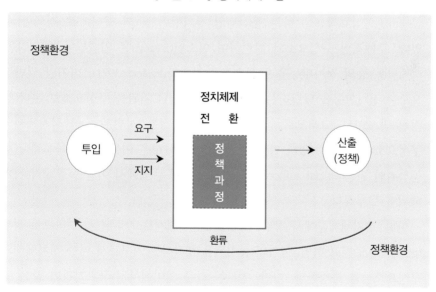

제2절 정치체제의 개념과 구성요소

지금까지의 설명에서 보았듯이 정부는 정치체제로서 정책환경으로부터의 투입을 정책으로 전환시키는 정치활동을 수행한다. 정치체제론에서 가장 핵심적인 개념은 바로 정치체제와 정책환경이라고 할 수 있다. 이 장에서는 정치체제에 대해서 다루고, 정책환경에 대해서는 다음 장에서 다룬다.

다음에서는 우선 정치체제의 개념과 구성요소들에 대해서 살펴본다.

1. 정치체제의 개념

체계(system)는 '공통적인 목적을 달성하기 위해 상호작용을 하는 요소들의 구성체'로 정의된다(Bertalanffy, 1973). 같은 연장선상에서 정치체제(political system)는 '상호작용을 하는 공식적인 정치행위자들의 구성체'로 정의할 수 있다. 구체적인 구성요소와 관련하여 이스턴(Easton)은 입법활동, 행정활동, 사법활동 등의 정치활동을 구성요소로 보았다(Easton, 1971). 하지만 일반적으로는 정치활동을 담당하는 공식적인 조직이나 기관을 구성요소로 본다(정정길 외, 2011). 그러므로 입법부, 대통령, 행정부, 사법부가 곧 정치체제의 구성요소라고 할 수 있다. 앤더슨(Anderson, 2006)은 이들이 정책활동에 관한 공식적인 권한(official authority)을 가지고 있다는 점에서 이들을 공식적 정치행위자로 부른다.

한편, 정치체제론에서 정부는 하나의 단일체제로 간주된다. 그러므로 정부 (government)라고 하면, 국가의 통치권을 행사하는 기구로서 이들 정치체제의 구성요소들을 통칭한다. 다만, 정부는 넓은 의미에서는 국가기관과 같은 뜻으로 쓰이나, 좁은 의미에서는 행정부만을 가리킨다. 참고로 우리나라 헌법 제4장에서는 정부를 대통령과 행정부로 구성되는 것으로 규정하고 있다. 따라서 좁은 의미의 정부 개념이 사용된다고 할 수 있다.

2. 구성요소

다음에서는 정치체제의 구성요소들에 대해서 살펴본다. 정치체제의 구성요소들은 앤더슨(Anderson, 2006)의 개념에 따르면 공식적 정치행위자(official political actors)에 해당된다. 정치체제는 중앙정부 수준, 지방정부 수준 등으로 구분할 수 있는데, 여기에서는 중앙정부 수준의 정치체제를 다룬다. 중앙정부 수준의 정치체제를 구성하는 행위자들 간의 관계는 기본적으로 권력분리(seperation of powers)의 원칙을 기반으로 한다(Peters, 2007).

다음에서는 대통령제 정부형태를 기반으로 하여 정치체제를 구성하는 각 요소들의 활동과, 특히 관광정책과정에서의 활동에 대해서 살펴본다(정정길 외, 2011; Anderson, 2006; Birkland, 2005).

[그림 3-2] 정치체제의 구성요소와 활동

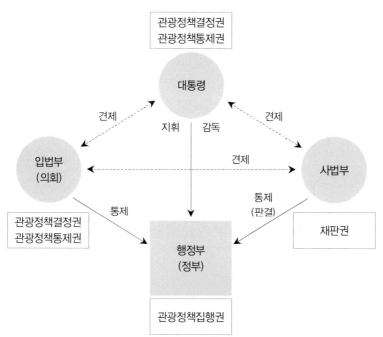

1) 입법부

입법부(legislatures)는 국민의 직접선거에 의해 선출된 의원들로 구성된 합의체로서, 중요한 국가정책을 결정하고 통제하는 국가기관이다. 일반적으로 의회 혹은 국회라고 하며, 그 본래의 기능이 입법이라는 의미에서 입법부라고 부른다(Anderson, 2006). 참고로 우리나라 헌법 제40조에서는 "입법권은 국회에 속한다."고 규정하고 있다.

근대 민주정치는 간접민주정치 혹은 대의민주정치라고 할 수 있다. 입법부는 국민의 대표기관으로서 그 권한을 인정받고 있으며, 입법부의 정치적인 활동은 의회주의에 기초하고 있다. 의회주의는 다수결의 원리로써 국가의 주요 정책을 결정하고 입법하는 제도를 말한다.

입법부의 권한 중에서 정책과정과 관련이 있는 대표적인 권한으로는 크게 세 가지를 들 수 있다(정정길 외, 2011). 첫째, 입법에 관한 권한이다. 법률 제정에 관한 권한, 헌법 개정에 관한 권한, 조약의 체결 및 비준에 대한 동의권 등이 이에 해당된다. 모든 법률이 정책이라고 할 수는 없으나, 주요 정책은 기본적으로 법률의 형식을 갖는다. 법률의 형식을 갖춘 정책은 민주적 정당성을 확보하고 있다는 점에서 그 중요성이 매우 크다고 할 수 있다.

둘째, 재정에 관한 권한이다. 예산안의 심의 및 확정권, 결산심사권, 예비비 지출 승인권, 예산 외의 국가부담이 될 계약체결에 대한 동의권, 재정적 부담을 지우는 조약의 체결 및 비준에 대한 동의권 등이 이에 해당된다.

셋째, 국정통제에 관한 권한이다. 국무총리 임명 동의권, 국무총리·국무위원의 국회출석 요구 및 질문권, 국무총리·국무위원 해임 동의권, 국정감사·조사권 등이 이에 해당된다. 국정감사나 국정조사, 의회에서의 질문권 등을 통하여 정책과정에 대한 정치적 평가가 이루어진다.

한편, 우리나라 국회는 행정부 각 부처 소관에 따라 분과위원회를 두고 있다. 위원회는 본 회의에 부의하기에 앞서 그 소관에 속하는 의안, 청원 등의 안건을 심사하거나 의안을 입안하는 국회의 합의제 기관이다. 위원회는 상임

위원회와 특별위원회가 있으며, 상임위원회는 국회운영, 법제사법, 기획재정, 문화체육관광방송통신, 지식경제 등 소관부처별로 분과위원회가 구성되어 있다. 행정부 각 부처별 정책사안들이 분과위원회를 통하여 사전 심의과정을 거치게 된다. 관광정책은 문화체육관광방송통신위원회의 소관사항으로 다루어진다.

관광정책과정에서 입법부는 이러한 일반적인 정책과정에서의 활동과 마찬가지로 입법, 재정, 국정통제 등에 관하여 권한을 행사한다. 이를 압축하자면, [그림 3-2]에서 보듯이 관광정책결정권과 관광정책통제권으로 정리된다. 입법부는 법률 제정 및 개정을 통하여 관광정책을 결정하며, 국정감사 혹은 의회에서의 질문권 등을 통하여 대통령과 행정부를 견제 및 통제한다.

2) 대통령

대통령(president)은 입법부와 마찬가지로 헌법 제66조에서 규정하고 있듯이 국민의 대표기관으로서 국가원수로서의 지위와 행정부의 수반으로서의 지위를 동시에 갖는다. 국가원수로서 대통령은 삼권분립 하에서 입법부나 사법부보다 우월적 지위를 갖는다. 반면에 행정부의 수반으로서는 입법부나 사법부와 동등한 지위를 갖는다고 할 수 있다.

대통령이 지니는 제도적 권한들을 살펴보면(정정길 외, 2011), 첫째 행정권에 관한 권한을 들 수 있다. 대외적 권한으로서 조약의 체결 및 비준권, 외교사절의 신임·접수·파견권 등을 들 수 있으며, 대내적 권한으로 국군통수권, 계엄선포권, 공무원 임면권 등을 들 수 있다. 둘째, 입법권에 관한 권한이다. 법률제안권, 법률공포권, 법률안 거부권 등이 이에 해당된다. 셋째, 사법권의 결과에 관한 권한이다. 사면, 감형, 복권권 등이 이에 해당된다.

대통령은 행정수반으로서 정책과정 전반에 걸쳐 영향력을 갖는다. 우선, 대통령은 선거시의 공약, 국회연설, 대국민연설 등을 통하여 정책의제를 제시한다. 또한 대통령은 정책대안을 제안하거나 법률안을 거부하는 권한을 지니며, 입법부의 의결을 요하지 않는 정책을 결정하는 권한을 갖는다. 또한 대통령은 예산에 대한 통제권, 공무원에 대한 임면권 등을 통해 행정부의 집행과정을 통제하며, 국무총리실, 감사원 등의 기관에서 정책평가를 수행하도록 하며 장관을 비롯한 정무직의 성과평가를 통해 정책을 관리한다.

정치제도에 따라서 대통령의 권한에는 차이가 있겠으나, 대통령제에서 대통령은 국정관리 전반에 대하여 책임을 지고 있다는 점에서 실제 권한이 매우 크다고 할 수 있다. 또한 대통령은 공식적인 자원 외에도 정책관리에 필요한 정보, 정책자문인력 등의 비공식 자원을 가진다(Light, 1999). 이에 따라서 대통령의 권한에 대한 입법부의 적절한 견제가 필요하며, 또한 사법부의 견제기능이 필요하다고 할 수 있다.

관광정책과정에서 대통령은 일반 정책과정에서와 마찬가지의 권한을 갖는다. 대통령은 관광정책의제 형성에서부터 관광정책평가 및 변동에 이르기까지 전과정에 걸쳐 권한을 갖는다. [그림 3-2]에서 보듯이, 대통령은 관광정책결정권과 관광정책통제권을 지니며, 특히 행정부와의 관계에서 행정부를 지휘·감독하는 권한을 갖는다. 이러한 인식에서 관광정책연구에서도 대통령의 관광정책이념이나 정책관에 대한 연구가 이루어지고 있다. 예로서, '역대대통령의 관광관련정책 분석'에 대한 연구(이웅규, 1998), '신문기사에 나타난 역대대통령의 관광정책관'에 대한 연구(김남조, 2011) 등을 들 수 있다.

3) 행정부

행정부(administrative agencies)는 법을 구체화하고 집행함으로써 국가목적을 실현시키는 행정권을 가지고 있는 국가기관을 말한다. 우리나라 헌법 제66조 제4항에서는 "행정권은 대통령을 수반으로 하는 정부에 속한다."라고 규정하고 있다. 여기에서 정부는 좁은 의미의 정부의 개념으로서 행정부를 의미한다. 그러므로 행정수반으로서의 지위를 갖는 대통령도 넓은 의미에서는 행정부에 속한다.

삼권분립에 의한 국가기관으로서 행정부의 권한은 입법부가 제정한 법률을 충실히 집행하는 것으로 그 권한이 제한되어 있다. 입법부는 법률제정권을 가지고 있으며, 국정감사 및 조사 그리고 각종 청문회 등을 통해 행정부를 통제한다. 또한 대통령은 인사권, 조직권, 예산권을 가지고 행정부를 통솔한다.

따라서 외관상으로 볼 때 행정부의 집행권은 상당히 제한적으로 보일 수 있다. 하지만 고도의 전문성을 기반으로 정책과정에서 행정부의 역할은 매우 중요하다(정정길 외, 2011). 우선 행정부는 정책의제 채택에 있어서 정책공동체의 구성을 통해 영향력을 발휘한다. 또한 공식적인 정책결정권한을 가지고 있지는 않지만, 행정부에 부여된 재량권에 의해 정책결정에 실제적인 의사결정권을 수행한다. 또한 행정부는 집행권이라는 고유한 권한을 갖는다. 물론, 입법부의 통제와 대통령의 지휘와 감독을 받고는 있지만, 실질적인 집행권을 확보하고 수행한다. 또한 행정부는 자체적으로 평가기능을 담당하는 조직을 설치하고 운영한다. 그 예로서 감사원, 국무총리실, 행정 각부의 기획조정실 등을 들 수 있다.

관광정책과정에서 행정부는 [그림 3-2]에서 보듯이 일반 정책과정에서의 활동과 마찬가지로 관광정책집행권을 갖는다. 입법부로부터 정책통제를 받으며, 대통령으로부터는 지휘와 감독을 받는다. 하지만 실제적인 관광정책집행에 있어서 행정부는 재량권과 전문성을 기반으로 하여 관광정책집행과정에서 중요한 역할을 담당하며 권한을 행사한다. 관광행정조직을 구성하는 요소들에 대해서는 이 장 제4절에서 자세하게 다룬다.

4) 사법부

사법부(judiciary)는 삼권분립에 의하여 사법권을 가지고 있는 국가기관을 말한다. 사법권은 구체적으로 재판권을 말하며, 민사·형사 재판권, 행정재판권, 위헌법률심사권, 탄핵재판권 등을 포함한다. 헌법 제101조에서는 "사법권은 법관으로 구성된 법원에 속한다."고 규정하고 있다.

사법부를 구성하는 기관은 법원과 헌법재판소로 이원화되어 있다. 법원은 최고법원인 대법원과 각급 법원으로 조직되어 있으며, 정책업무와 관련하여 행정재판권을 행사한다. 행정소송은 행정기관의 처분에 대한 사법적 통제절차라고 할 수 있다.

한편, 헌법재판소는 헌법재판권을 가지고 있다. 구체적으로는 위헌법률심판으로써 법률이 헌법에 위배되는지 여부를 심판한다. 위헌법률심판의 결정으로는 위헌결정 외에 헌법불일치결정, 입법촉구결정, 제한합헌결정, 제한위헌결정 등이 있다. 다음으로 기관 간 권한쟁의심판권으로서 국가기관 간 권한에 관한 다툼을 심판한다. 또한 탄핵심판권, 헌법소원심판권 등의 권한을 가지고 있다.

정책결정과 관련하여 법원과 헌법재판소의 사법적 판결이 매우 중요한 역할을 담당한다(정정길 외, 2011). 하지만 사법부의 기능적 특성상 소송제기를 통하여 이루어지는 소극적·사후적 개입만이 가능하다는 한계를 지닌다. 또한 사법부의 판결이 국민의 대표성을 가지고 있는 입법부와 대통령의 정책적 권한을 지나치게 제한할 수 없다는 점에서 사법부의 정책개입에는 한계가 있다.

관광정책과정에서 사법부는 [그림 3-2]에서 보듯이 일반 정책과정에서의 활동과 마찬가지로 재판권을 통해 관광행정조직을 통제한다. 사법부를 구성하는 법원은 관광정책업무와 관련하여 행정재판권을 행사한다. 또한 헌법재판소는 위헌법률심판을 결정하는 헌법재판권을 갖는다. 사법부의 관광행정조직에 대한 통제가 소송제기를 통해 이루어진다는 점에서 한계가 있으나, 사법적 판결을 통한 통제라는 강제성 측면에서 그 중요성이 크다.

제3절 정치체제의 구조적 특징

정치체제의 구조(structure)란 '정치체제를 구성하는 요소들의 상호 결합된 관계가 조직적인 총체를 이루고 있는 상태'를 말한다. 건축에 비유하면, 각종 건축재료를 사용하여 하나의 건축물을 형성하는 양식이라고 할 수 있다.

정치체제의 구조는 크게 국가기관의 구조, 행정각부의 구조, 중앙-지방행정조직의 구조로 구분된다. 이를 살펴보면 다음과 같다(남궁근, 2009; 정정길 외, 2011; Peters, 2007).

1. 국가기관의 구조

국가기관의 구조는 정부형태에 따라 달라진다(김종보, 2009). 그 대표적인 유형이 대통령제와 의원내각제이다.

1) 대통령제

대통령제(presidential system)는 대통령중심제 혹은 대통령책임제라고도 한다. 미국에서 시작된 정치제도로서 권력분리의 원리에 기초하여 특히 입법부와 행정부 상호 간에 견제와 균형을 통해서 권력의 집중을 방지하는 현대 민주국가의 정부형태라고 할 수 있다. 우리나라는 대통령제를 채택하고 있다.

대통령제의 특징으로는 크게 네 가지 점을 들 수 있다(정종섭, 2012). 첫째, 대통령은 국가의 원수인 동시에 집행부의 수반이라는 점을 들 수 있다. 둘째, 대통령은 국민에 의해서 선출된다는 점이다. 특히, 이 점이 의원내각제와 비교하여 구별되는 결정적인 징표가 된다. 의원내각제에서는 행정부의 수반이 의회에 의하여 선출된다. 셋째, 대통령은 정해진 일정한 기간의 임기동안 재임한다는 점이다. 넷째, 대통령과 의회는 서로 독립되어 있다는 점이다.

대통령제의 장점으로는 무엇보다도 대통령의 임기보장으로 국정운영이 안정적으로 유지될 수 있으며, 입법부의 과도하거나 부당한 간섭을 막을 수 있다는 점을 들 수 있다. 반면에 대통령의 독선이나 독재를 가져올 경우가 있으며, 국정운영의 책임이 대통령과 입법부로 나누어져 책임정치가 확보되지 못할 가능성이 있다는 점을 들 수 있다.

정책활동과 관련하여 대통령제는 국가기관들 간의 견제활동으로 인하여 행정부의 정치활동에 있어서 거부점(veto points)이 의원내각제보다 상대적으로 많다고 할 수 있다(Peters, 2007). 이에 따라 정책집행의 자율성(autonomy)에 있어서 제약이 크다는 단점이 있다. 앞서 제2절에서 살펴본 정치체제의 구성요소들 간의 관계와 활동은 대통령제를 기반으로 하고 있다.

2) 의원내각제

의원내각제(parliamentary cabinet system)는 대통령제와 함께 현대 민주국가의 양대 권력구조라고 할 수 있다. 의원내각제는 내각의 성립과 존립에 있어서 의회의 신임을 필수조건으로 한다. 내각은 그 성립과 존립에 있어서 의회의 신임이 필요하며, 의회의 불신임이 있을 때에는 내각은 총사퇴하거나 의회를 해산하여 국민에게 신임을 물어야 한다.

의원내각제의 특징으로는 입법부와 행정부 사이에 권력분리의 원리가 적용되지 않으며, 대신에 권력의 융화 또는 의존의 원리가 작용한다. 그러한 의미에서 의원내각제는 내각책임제 또는 의회정부제라고도 한다. 또한 의원내각제는 권력의 융화와 동시에 분립을 조화시키고 있다. 의회는 내각의 행정권을 스스로 행사할 수 없으며, 내각에 대하여 지시통제권을 갖지 않는다. 또한 의회의 내각불신임권에 맞서서 내각은 의회해산권을 갖는다.

의원내각제의 장점으로는 일반적으로 대통령제에 비해 국민주권과 대의제의 원리에 보다 충실하고, 책임정치 구현에 도움이 되며, 내각과 의회의 협조로 보다 효율적인 국정운영이 가능하다는 점 등을 들 수 있다. 반면에, 단점으로는 정국이 불안정하고, 행정부가 불안정해질 수 있으며, 내각이 의회의 눈치를 보게 되므로 강력한 정책 추진이 어렵다는 점 등을 들 수 있다(김종보, 2009).

2. 행정각부의 구조

행정각부의 구조는 행정부를 구성하는 조직들이 상호결합된 관계를 말한다. 크게 대통령과 행정부와의 관계와, 행정각부(정부부처)들 간의 관계로 구분된다. 이 가운데 대통령과 행정부의 관계는 수직적인 관계의 성격을 가지고 있으며, 대통령의 지시와 통제에 의하여 관계를 유지한다고 할 수 있다. 반면에, 행정각부들 간의 관계는 수평적인 성격을 가지고 있으며, 조정과 협의를 통하여 관계를 유지한다고 할 수 있다. 하지만 실제로 행정각부들 간의 관계는 갈등이 발생할 수 있는 소지가 매우 크다(Allison, 1971).

특히, 여러 행정각부 혹은 정부부처들 간에 중복적으로 관계되는 정책문제의 경우, 부처 간의 관계는 매우 복잡하고 조정되기 어려운 갈등단계에 이르게 되는 경우가 흔히 발생한다. 또한 이러한 관계가 소위 부처할거주의(sectionalism)로 인해 더욱 어렵게 되는 경우가 많다. 부처할거주의는 하위조직들 간에 행정부 전체의 목적이 아닌 자기 조직의 목적을 위해 경쟁하고 대항하며 협조나 조정이 안되는 상태를 말한다(이종범, 1986).

최근 들어 부처 간 갈등 문제가 더욱 부각되고 있는데, 그 이유로는 크게 두가지를 들 수 있다(Peters, 1998). 첫째, 행정각부 간에 업무의 중복성(redundancy)을 들 수 있다. 중복된 정책문제에 있어서 업무의 관할 영역이 분명하게 경계 짓기 어려운 문제가 발생한다. 둘째, 상이한 정책지향성(incoherence)을 들 수 있다. 행정각부는 서로 다른 이해관계집단을 가지고 있으며, 이로 인해 서로 다른 정책의 우선순위를 가지고 있다.

행정각부 간 갈등이 증폭되면서 이를 해결하기 위한 공식적인 조정 메커니즘의 기능이 중요하다. 우리나라의 정책조정제도로는 국무총리산하 국무조정실을 통한 조정, 국무회의 및 관계 장관회의를 통한 조정 등을 들 수 있다. 이를 수직적 조정과 수평적 조정으로 구분한다(박정택, 2003). 수직적 조정은 대통령이나 국무총리에 의해 강제성을 갖고 이루어지는 조정을 말하며,

수평적 조정은 국무회의 혹은 관계 장관회의를 통한 자율적 조정을 말한다.

이 가운데 대표적인 정책조정기구로는 국무회의를 들 수 있다. 국무회의는 행정부 내의 주요 정책을 심의하는 최고 정책심의기관이다. 헌법 제88조에서 "국무회의는 정부의 권한에 속하는 중요한 정책을 심의한다."고 규정하고 있다.

국무회의는 의원내각제 하의 의결기관인 각료회의나 자문기관회의의 성격을 갖는 장관회의와는 다르다. 국무회의의 심의는 법적인 구속력이 없다. 하지만 반드시 국무회의 심의를 거쳐야할 사항들이 규정되어 있다는 점에서 그 특징이 있다. 그 예로서 국정의 기본계획과 정부의 일반정책, 중요한 대외정책, 헌법개정안 · 국민투표안 · 조약안 · 법률안 및 대통령령안, 예산 및 결산 등 재정에 관한 사항, 행정각부 간의 권한의 획정, 정부안의 권한의 위임 또는 배정에 관한 기본계획, 행정각부의 중요한 정책의 수립과 조정 등을 들 수 있다.

정책활동과 관련하여 여러 부처들이 관계되는 정책들이 증가하면서 행정조직 간의 협력이 정책집행과정에서 매우 중요한 과제가 되고 있다. 특히 관광정책의 경우 융합적 · 지원적 정책이라는 고유성을 고려할 때 행정조직 간 협의와 조정이 더욱 요구된다고 할 수 있다.

3. 중앙-지방행정조직의 구조

중앙행정조직과 지방행정조직의 상호결합관계는 중앙집권적 구조를 가지고 있는지, 혹은 지방분권적 구조를 가지고 있는지에 따라 다르다. 우리나라는 전통적으로 중앙집권적 구조를 가지고 있었으며, 지난 1995년 지방자치단체장 선출을 기점으로 하여 본격적인 지방자치제도가 실시되었다.

지방자치의 핵심은 주민자치에 있다. 주민은 지방선거를 통해 지방자치단체장과 지방의원을 직접 선출하고 지방자치에 대한 감시와 통제를 한다. 우리나라의 자치제도에서 지방자치단체의 권한으로는 자치조직권, 자치행정권, 자치입법권, 자치재정권 등이 있다. 지방자치단체의 정치적 과정에 의한 자율성이 강화되면서 지방정부로서의 특성을 지니게 된다(최병대, 2008).

지방분권은 크게 세 가지 유형으로 구분된다(Treisman, 2007). 첫째, 행정적 분권이다. 행정적 분권은 지방정부에 의한 정책집행의 자율권을 의미한다. 둘째, 정치적 분권이다. 정치적 분권은 의사결정권한을 의미하며, 지방정부가 중앙정부로부터 독립적으로 정책결정권을 행사하는 경우를 말한다. 셋째, 재정적 분권이다. 세금이나 지출에 있어서 지방정부의 의사결정권을 말한다.

관광정책에서도 지역관광정책이 더욱 활성화되고 있다. 특히, 지방화 시대를 맞이하여 지방분권화가 확대되면서 지방정부의 지역관광정책의 결정 및 집행이 확대되고 있다. 이와 관련하여 이해관계자들의 지방정부의 역할에 대한 기대도 커지고 있다. 이러한 변화와 함께 중앙정부와 지방정부, 지방정부 간 협력적 상호작용관계를 형성하는 일이 중요한 과제로 부각된다. 관광정책 연구에서도 지방정부의 역할에 대한 연구가 다양하게 이루어지고 있다. 예를 들어, '지역관광정책에 있어서 관광 클러스터체계에 관한 연구'(김종우, 2008), '지방정부의 관광위기커뮤니케이션에 대한 연구'(김경희, 2008), '지방정부의 축제정책에 있어서 정책단계별 주민참여특성에 관한 연구'(임아영, 2004), '지역의료관광 정책네트워크에 있어서 지방정부의 역할'(조대희, 2011) 등이 있다.

제4절 관광행정기구

행정기구(administrative machineries)라고 하면, 행정부 혹은 행정체제(administrative system : 행정구성체)를 구성하는 행정기관들의 전체적 배열을 말한다(오석홍, 2011). 구성요소로는 중앙행정기관, 지방행정기관, 준정부조직 등을 들 수 있다. 중앙행정기관으로는 원, 부, 처, 청 그리고 위원회 등의 합의제 조직이 포함되며, 지방행정기관으로는 지방자치단체(광역, 기초)와 중앙행정기관의 일선행정조직인 특별지방행정기관이 포함된다. 또한 준정부조직으로는 공기업, 지방공기업 등이 포함된다.

같은 맥락에서 관광행정기구(tourism administrative machineries)는 '관광행정체제를 구성하는 행정기관들의 전체적 배열'을 말한다. 관광행정기구는 관광정책을 집행하는 정부조직들의 총체라고 할 수 있다. 이들의 합리적인 배열이 정책집행에서 매우 중요하다. 구성요소로는 중앙관광행정기관, 지방관광행정기관, 준관광정부조직 등이 있다(이연택, 2003; 장병권, 1996; UNWTO, 1997). 중앙관광행정기관으로는 관광을 관장하는 정부 부처를 들 수 있으며,

[그림 3-3] 관광행정기구

지방관광행정기관으로는 광역자치단체와 기초자치단체의 관광조직을 들 수 있다. 또한 준관광정부조직으로는 정부 차원의 국가관광조직과 지역 차원의 지역관광조직, 지방차원의 지방관광조직을 들 수 있다([그림 3-3] 참조).

이들 관광행정기관 및 조직들은 앞서 논의했던 바와 같이 관광정책집행권을 갖고 있으며, 국가기관 간 구조적 특징, 행정조직 간 구조적 특징, 행정조직 계층간 구조적 특징들이 그대로 반영된다고 할 수 있다.

다음에서는 관광행정기구의 주요 구성요소인 중앙관광행정기관, 지방관광행정기관, 준관광정부조직의 활동을 살펴본다.

1. 중앙관광행정기관

중앙관광행정기관은 관광을 관장하는 정부 부처를 말한다. 관광분야에서는 중앙정부의 관광조직을 국가관광기관(NTA : National Tourism Administration)으로 통칭한다(UNWTO, 1997).

현재 우리나라의 중앙관광행정기관 혹은 국가관광기관(NTA)은 문화체육관광부이다. 문화체육관광부는 하위조직으로 문화정책관련 조직, 체육정책관련 조직, 그리고 관광정책관련 조직 등을 두고 있다.

문화체육관광부의 주요 관광정책업무로는 국민관광진흥, 국제관광진흥, 관광자원개발, 관광산업육성 등을 들 수 있다. 국민관광진흥 업무로는 국민 국내관광 활성화 정책, 국내 관광 수용태세 개선, 관광인력의 양성, 복지관광의 지원 등이 포함된다. 또한 국제관광 진흥업무로는 해외관광 진흥정책, 국제협력 증진, 쇼핑관광 지원, 관광불편신고센터 운영 등을 들 수 있다. 또한 관광자원개발 업무로는 관광개발기본계획, 관광지·관광단지 개발, 관광특구, 광역권 관광개발, 관광레저형 기업도시 개발정책 등이 포함된다. 한편, 관광산업육성정책으로는 관광숙박업, 여행업, 관광객이용시설업, 국제회의업 등 업종별 산업정책들이 포함된다.

한편, 중앙관광행정기관의 발전과정을 간략하게 살펴보면, 1954년 교통부 육운국에 관광과가 최초로 설치되었다. 이후 1963년 3월에는 교통부 관광공로국에서 독립 국단위 조직인 관광국으로 분리되었으며, 1994년 12월에는 정부조직 개편에 따라 관광국의 기능이 문화체육부로 이관되었다. 1998년 2월에는 정권교체와 함께 정부조직 개편으로 문화체육부가 문화관광부로 개칭되었다. 관광행정이 처음으로 중앙행정기관의 명칭에 포함되게 되었다. 2008년 2월에는 문화관광부가 문화체육관광부로 다시 개칭되었으며, 이후 오늘에 이르고 있다.

2. 지방관광행정기관

지방관광행정기관은 관광정책 업무를 수행하는 지방자치단체를 말한다. 지방관광행정기관은 광역자치단체와 기초자치단체로 구분된다. 관광분야에서는 지방관광행정기관을 지역관광기관(RTA : Regional Tourism Administration)과 지방관광기관(LTA : Local Tourism Administration)으로 구분한다.

1) 광역자치단체

광역자치단체의 관광행정조직 혹은 지역관광기관(RTA)은 대부분이 국 혹은 본부 단위의 관광조직을 설치하고 있으며 그 하위조직으로는 과, 본부, 단 등의 관광조직을 가지고 있다. 국 혹은 본부 등 조직의 형태와 명칭에 있어서는 관광 행정 조직을 독립적인 형태와 명칭을 사용하거나, 문화, 체육, 환경 등과 복합적인 형태와 명칭을 쓰고 있다. 한편, 하위조직의 구성에 있어서는 대부분의 광역자치단체가 하나 이상의 과 단위를 설치하고 있다.

2) 기초자치단체

기초자치단체의 관광행정조직 혹은 지방관광기관(LTA)은 시 · 군 · 구의 관광행정조직을 말한다. 기초자치단체는 조례를 제정·개폐하는 자치입법권과 지방세 과징, 사무처리 경비를 수입·지출하는 자치재정권 등을 가지고 있다. 기초자치단체는 크게 의결기관인 지방의회와 집행기관으로 구성된다. 기초자치단체의 관광행정조직은 대체로 과 단위의 조직을 가지고 있다. 지역특성에 따라서 국 단위 조직을 두고 있는 경우도 있다. 대부분의 지방 관광행정조직들이 문화, 체육 등과의 복합적 조직을 구성하고 있으며, 경우에 따라 경제 부문과의 복합조직을 구성하고 있다.

3. 준관광정부조직

준관광정부조직(Tourism Quasi-governmental Organization)은 관광업무를 주기능으로 하는 준정부조직을 말한다. 우리나라에서는 준정부조직을 공공기관으로 규정한다. 「공공기관의 운영에 관한 법률」 제4조에서는, 공공기관을 정부의 투자·출자 또는 정부의 재정지원 등으로 설립·운영되는 기관 등으로 규정하고 있다.

관광분야에서는 준관광정부조직을 중앙정부 수준의 국가관광조직(NTO : National Tourism Organization), 지역(광역자치단체) 수준의 지역관광조직(RTO : Regional Tourism Organization), 지방(기초자치단체) 수준의 지방관광조직(LTO : Local Tourism Organization)으로 구분한다(UNWTO, 1997).

우리나라 중앙정부수준의 준관광정부조직 혹은 국가관광조직(NTO)으로는 「한국관광공사」를 들 수 있다. 「한국관광공사」는 1962년 「국제관광공사법」에 근거하여 국제관광공사로 출범하였으며, 이후 한국관광공사로 명칭이 변경되었다. 한국관광공사는 설립초기 민간사업여건이 어려운 시기에 호텔, 여행사 등을 직접 운영하였으나 공기업 민영화 방침에 따라 일부 면세점을 제외한 나머지 사업들을 민영화하였으며, 이후 공기업 전문화 방침에 따라 해외관광홍보 전문기관으로 그 기능이 재편되어 운영되고 있다. 주요 업무로는 해외시장개척 업무, 국제회의 유치 · 지원, 국제협력, 관광단지개발 업무 등을 들 수 있다. 「한국관광공사」는 자회사로 경북관광개발공사, 그랜드코리아레저(카지노), 제주국제컨벤션센터를 두고 있다.

한편, 광역자치단체의 준관광정부조직 혹은 지역관광조직(RTO)으로는 서울시의 「서울관광마케팅」, 경기도의 「경기관광공사」, 인천시의 「인천관광공사」, 제주도의 「제주관광공사」 등을 들 수 있다. 조직형태를 기준으로 볼 때, 「서울관광마케팅」은 주식회사형 공기업의 형태를 갖고 있으며, 「경기관광공사」 등은 공사형 공기업의 형태를 갖고 있다. 이들 지역관광조직(RTO)의 주요 업무로는 마케팅 업무가 주를 이루며, 관광자원개발, 관광사업운영 등의 업무를 수행한다.

기초자치단체의 준관광정부조직 혹은 지방관광조직(LTO)은 기초자치단체의 지방관광공기업을 말한다. 아직까지 우리나라에서 지방관광조직(LTO)은 활성화되지 못한 상태이다. 지방관광조직의 예로는 강원도 강릉시의 「강릉관광개발공사」를 들 수 있다. 「강릉관광개발공사」는 2010년에 설립되었으며, 주요 업무로는 강릉통일공원, 임해자연휴양림, 국민체육센터 등의 시설관리 및 운영업무 등 주로 관광시설 및 자원관리 업무를 수행한다.

실천적 논의
관광정책과 정치체제

정치체제는 '공식적 정치행위자들의 구성체'로 정의된다. 주요 구성요소로는 입법부, 대통령, 행정부, 사법부를 들 수 있다. 이 가운데 행정부는 정책을 집행하는 행정권을 가지고 있으며, 입법부와 대통령, 사법부로부터 통제를 받으면서도 재량권과 전문성을 기반으로 하여 정책과정에서 중요한 역할을 담당한다. 이는 관광정책에서도 마찬가지이다. 그런 의미에서 관광행정조직의 바람직한 구성은 관광정책발전을 위해 중요한 과제가 된다. 이러한 현실을 고려하면서, 다음 논제들에 대하여 논의해 보자.

논제 1. 중앙정부 차원에서 중앙관광행정기관의 조직과 기능의 현황은 어떠하며, 향후 발전과제는 무엇인가?

논제 2. 지방정부(광역 혹은 기초자치단체) 차원에서 지방관광행정기관의 조직과 기능의 현황은 어떠하며, 향후 발전과제는 무엇인가?

논제 3. 중앙정부 혹은 지방정부 차원에서 준관광정부조직의 조직과 기능의 현황은 어떠하며, 향후 발전과제는 무엇인가?

요약

정치체제론(political systems theory)은 정책학의 기본적인 패러다임 가운데 하나이다. 정치학자인 이스턴(Easton)이 일반 체계이론을 정치체제에 적용하여 발전시켰다. 정치체제론은 정치체제와 정책환경과의 관계에 초점을 맞추어 정책현상을 설명한다. 또한 정치체제모형은 일반 체계모형과 마찬가지로 정치체제와 정책환경 간의 관계를 투입 – 전환 – 산출 – 환류의 순차적 과정으로 제시한다.

이를 정리하자면, 정치체제론은 '정책을 정치체제와의 관계로 설명하는 관점 내지는 기본 지식체계'를 말한다. 달리 말해, 정책은 곧 정치체제의 산물이라는 입장이다.

정치체제론의 핵심개념인 정치체제는 '공식적 정치행위자들의 구성체'로 정의된다. 입법부, 대통령, 행정부, 사법부로 구성되며, 통칭하여 국가기관 혹은 정부를 말한다.

정치체제를 구성하는 요소들과 그들의 관광정책과정에서의 활동을 살펴보면, 입법부는 국민의 직접선거에 의해 선출된 의원들로 구성된 합의체로서 중요한 국가정책을 결정하고 통제하는 국가기관이다. 주요 권한으로는 입법에 관한 권한, 재정에 관한 권한, 국정통제에 관한 권한을 들 수 있으며, 관광정책과정에서 관광정책결정권과 관광정책통제권을 갖는다.

대통령은 입법부와 마찬가지로 국민의 대표기관으로서 국가원수로서의 지위와 행정부의 수반으로서의 지위를 동시에 가진다. 대통령이 지니는 권한으로는 행정권에 관한 권한, 입법권에 관한 권한, 사법권의 결과에 권한이 있으며, 관광정책과정에서 관광정책결정권과 관광정책통제권을 지닌다. 특히 행정부와의 관계에서 행정부를 지휘·감독하는 권한을 갖는다.

행정부는 법을 구체화하고 집행함으로써 국가목적을 실현시키는 행정권을 가지고 있는 국가기관을 말한다. 행정부는 정책결정에 있어서 공식적인 정책결정권한을 가지고 있지는 않지만, 행정부에 부여된 재량권에 의해 실제적인 의사결정권을 수행한다. 관광정책과정에서 행정부는 일반 정책과정에서와 마찬가지로 관광정책집행권을 갖는다.

사법부는 삼권분립에 의해 사법권을 가지고 있는 국가기관을 말한다. 사법권은 재판권을 말하며, 민사·형사재판권, 위헌법률심사권, 탄핵재판권 등을 포함한다. 관광정책과정에서 사법부는 일반 정책과정에서의 활동과 마찬가지로 재판권을 통해 관광행정조직을 통제한다.

정치체제 구성요소들의 활동과 관계는 구조에 따라서 달라진다. 정치체제의 구조적 특징은 정치체제의 구성요소들이 상호결합된 관계의 양상을 말한다. 크게 세 가지 수준에서 논의된다. 첫째, 국가기관의 구조, 둘째 행정각부의 구조, 셋째, 중앙-지방행정조직의 구조의 구분이 이루어진다.

관광행정기구는 관광정책을 집행하는 정부조직들의 전체적인 배열 내지는 총체를 말한다. 이들의 합리적인 배열이 정책집행에서 매우 중요하다. 구성요소로는 중앙관광행정기관, 지방관광행정기관, 준관광정부조직 등이 있다.

중앙관광행정기관은 국가관광기관(NTA)이라고 하며, 문화체육관광부가 여기에 해당된다. 관광개발, 관광마케팅, 관광산업 등에 이르는 종합적인 관광정책의 집행을 소관업무로 한다. 1998년 2월부터 중앙행정기관의 명칭에 관광행정이 포함되기 시작했다.

지방관광행정기관은 관광정책 업무를 수행하는 지방자치단체를 말한다. 지방관광행정기관은 광역자치단체와 기초자치단체로 구분되며, 각각 지역관광기관(RTA), 지방관광기관(LTA)으로 불린다.

준관광정부조직은 관광업무를 주 기능으로 하는 준정부조직을 말한다. 공사 혹은 주식회사 형태의 공기업이 여기에 해당된다. 준관광정부조직에는 중앙정부 수준의 국가관광조직(NTO), 광역자치단체 수준의 지역관광조직(RTO), 기초자치단체 수준의 지방관광조직(LTO)이 있다.

관광정책과 정책환경

개관

이 장에서는 앞 장에 이어 정치체제와 함께 정치체제론의 또 다른 핵심개념인 정책환경에 대해서 논의한다. 정책환경은 정치체제와 투입 – 산출의 관계를 갖는다. 제1절에서는 정책환경의 개념에 대해서 논의하고, 제2절에서는 정책환경요인의 세부요인별로 그 특징과 정치체제와의 관계에 대해서 살펴본다. 제3절에서는 정치체제론에 기초하여 경험적 이론화를 시도하고 있는 정책결정요인이론과 연구에 대해서 알아본다.

제1절 정책환경의 개념

정책환경(policy environment)은 '정치체제에 대하여 요구와 지지의 형태로 투입되는 외부의 조건이나 상황'을 말한다(Anderson, 2006). 달리 말해, 정치체제에 영향을 미치는 외부 요인들이라고 할 수 있다.

앞서 제3장 제1절 정치체제론에서 논의한 바와 같이, 정책환경은 정치체제와 투입 – 산출의 상호교환관계를 형성한다. 정책환경으로부터의 요구와 지지가 정치체제에 의해 정책으로 전환되어 산출된다.

정책환경은 거시적 수준에서 정치적 환경, 경제적 환경, 사회적 환경, 기술적 환경, 자연적 환경, 국제적 환경 등으로 구분된다(Birkland, 2005).

정책환경에 초점을 맞추어 정치체제모형을 제시하면 [그림 4-1]과 같다.

[그림 4-1] 정책환경과 정치체제 모형

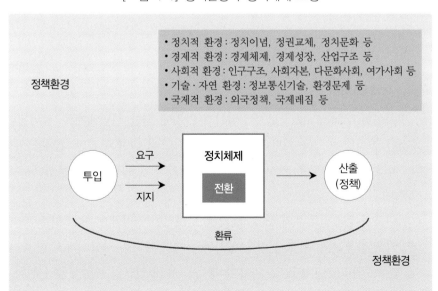

제2절 정책환경요인

이 절에서는 정책환경을 정치적 환경, 경제적 환경, 사회적 환경, 기술·자연 환경, 국제적 환경으로 유형화하고, 각 환경요인별로 정치체제와 정책에 미치는 영향을 살펴본다(남궁근, 2009; Anderson, 2006; Birkland, 2005).

1. 정치적 환경

정치적 환경은 '정치체제에 투입되는 외부의 정치적인 조건이나 상황'을 말한다. 일반적으로 정치(politics)는 권력의 획득, 유지, 행사와 관련된 사회적 활동 및 관계로 정의된다. 정치는 국가단위는 물론 모든 인간집단에 존재한다.

정치적 환경요인 가운데 정치체제에 미치는 주요요인으로는 정치이념, 정권교체, 정치문화를 들 수 있다.

이를 살펴보면 다음과 같다.

1) 정치이념

정치이념(political ideology)은 '정치적 가치에 대한 신념체계'로 정의된다. 특정한 정치적 가치를 지향하는 사상체계와 그에 대한 뚜렷한 신념을 말한다. 이러한 정치이념은 거시적 차원에서 국가의 정치지향이나 운영 원리로 작동한다.

현대국가에서 민주주의(democracy)는 보편적인 정치제도이다. 민주주의는 국민이 권력을 가지며 그 권력을 행사하는 제도 내지는 사상이라고 할 수 있다. 민주주의의 기본 이념은 자유와 평등을 통해 인간의 존엄성을 실현하는 데 있다.

일반적으로 민주주의가 제도화되어 있는 정도에 따라서 민주적인 국가체제와 권위적인 국가체제와의 구분이 이루어진다. 이러한 민주화에는 경쟁(contestation)과 참여(participation)가 최소한의 요건으로 작용한다(Diamond et al., 1989). 즉 자유경쟁과 참여가 보장되면 될수록 민주적인 국가체제가 형성된다고 할 수 있다.

이러한 맥락에서 정책연구에서는 정치이념과 정책산출과의 영향관계에 대한 연구가 이루어진다. 달리 말해, 민주적인 정치환경이 정책에 미치는 영향에 대해 연구의 초점이 놓여진다. 크게 두 가지 관점에서 영향관계의 파악이 이루어진다(김기정·이행, 1992). 하나는 정책행위자들과의 관련성이다. 민주적인 국가체제에서는 다원화가 고도화되며, 그 결과 공식적·비공식적 행위자들의 정책활동과 참여가 더욱 활발하게 이루어진다는 관점이다. 다른 하나는 정책의 효율성이다. 민주적인 국가체제에서는 창의적인 정책제안이 가능하며 결과적으로 정책의 효율성이 높아진다는 관점이다. 이와는 역으로 권위적인 국가체제에서 오히려 정책의 효율성이 높을 수 있다는 주장도 제기된다.

2) 정권교체

정권교체는 정치권력이 바뀌는 것을 말한다. 정치권력(political power)은 통치기구(정부)를 운용하는 권력을 말하며, 정당정치가 그 전제가 된다. 정당(political party)은 공동의 정강과 정책을 기초로 하여 결합된 정치결사로서 정권획득을 목적으로 한다. 흔히 정당정치를 전제로 하여 자유당 정권, 공화당 정권 등의 정권 구분이 이루어지며, 정치지도자의 이름을 따라서 정권 명칭이 구분되기도 한다.

정권교체는 단지 정치권력이 바뀌는 것만이 아니라 정권을 잡은 정당의 정강과 정책을 기초로 하여 정치가 이루어진다는 것을 의미한다. 그러므로 정치체제의 구성과 구조 그리고 정책산출에 미치는 영향력이 매우 크다.

일반적으로 정치권력은 보수주의와 진보주의로 구분된다(이종열·박광욱, 2011). 경제정책을 중심으로 하여 보수적인 정당과 정치권력은 자본의 입장과 이익을 대변하며, 이와는 역으로 진보적인 정당과 정치권력은 노동의 입장과 이익을 대변한다고 할 수 있다. 시장 대 국가, 효율성 대 형평성, 세계화 대 반세계화 등으로 구분되어 입장을 달리한다.

관광정책과 관련하여, 지난 1994년에는 김영삼 정권 하에서 관광행정기능이 교통부에서 문화부로 이관되었으며, 1998년에는 김대중 정권으로 교체되면서 문화체육부가 문화관광부로 명칭이 바뀌었다. 정권교체가 정치체제의 관광행정조직에 영향을 미친 사례이다.

3) 정치문화

정치문화(political culture)는 현실적 신념이나 가치·상징의 공유체계, 혹은 이러한 가치 신념체계에 의한 정치행동이 제도에 연계되어 나타나는 정치규범이라고 할 수 있다(Verba, 1965).

정치문화는 정치의식(political consciousness)과는 구별된다. 정치의식은 정치 일반 또는 특정의 정치적 사안에 대하여 개인이 지니는 태도, 사고, 감정, 판단 등을 말한다. 즉 개인의 정치적 태도 내지는 인식이라고 할 수 있다. 이에 반하여 정치문화는 사회집단이 지니는 정치적 태도 내지는 행동양식이라는 점에서 차이를 보여준다.

알몬드와 베르바(Almond & Verba, 1989)는 정치문화를 크게 세 가지 유형으로 분류한다. 첫 번째 유형은 제한적 정치문화(parochial culture)로 시민들이 정치체제나 정부의 존재를 제대로 인지하지 못하고 있는 상태를 말한다. 두 번째 유형은 신민적 문화(subject culture)로 시민들이 정치체제나 정부에 대하여 수동적 태도를 가지고 있으며, 적극적인 참여를 하지 않는 상태를 말한다. 세 번째 유형은 참여적 문화(participant culture)로 시민들이 정치체제나 정부에 대하여 적극적인 태도를 가지고, 활발하게 참여하는 상태를 말한다.

정치문화의 유형에 따라서 정치체제에 미치는 영향이 달라질 수 있다. 참여적 정치문화를 가질수록 일반 대중들의 정책과정에 대한 참여가 활성화되며, 정책성과도 향상될 수 있을 것으로 기대된다. 하지만 이와는 역으로 대두되는 것이 정책적 무관심이다. 미디어의 영향, 정치실패 등 여러 가지 원인이 있겠으나, 정치적 무관심은 정치발전 뿐 아니라, 정책발전에도 저해요인으로 작용하게 된다. 이를 극복하기 위한 방안으로 정치사회화(political socialization)의 개념이 제시된다. 정치사회화는 사회 속에서 개인이 자신이 처한 정치적 환경과 관련된 인지, 태도, 행위에 대한 정보를 습득함으로써 이루어지는 개인의 발달과정을 말한다(Langton, 1969). 즉 정치사회화를 통해 정치적 인간으로 발달하게 된다(김용신, 2011). 그러므로 정치사회화를 위한 사회적 환경의 구성이 중요하다고 할 수 있다.

관광정책에서도 이와 마찬가지로 참여적 정치문화는 정책이해관계집단의 관광정책과정 참여에 긍정적인 영향을 미친다. 이를 통해 정치체제에 대한 요구와 지지가 더욱 적극적으로 이루어질 수 있다.

2. 경제적 환경

경제적 환경은 '정치체제에 투입되는 외부의 경제적 조건이나 상황'을 말한다. 경제(economy)라고 하면 일반적으로 '재화와 용역을 생산·분배·소비하는 사회적 활동 및 관계'로 정의된다. 경제와 관련된 포괄적인 활동이 여기에 해당된다고 할 수 있다.

다음에서는 경제적 환경요인의 세부요소들 가운데, 특히 관광정책과 관련이 있는 주요 요소들인 경제체제, 경제성장, 산업구조를 중심으로 정치체제와 정책산출에 미치는 영향에 대해서 살펴본다.

1) 경제체제

경제체제(economic system)는 '특정한 경제원리를 기반으로 경제활동을 하는 경제행위자들의 구성체 혹은 이들을 조직화하는 제도'를 말한다. 경제체제는 기본원리를 기준으로 하여 크게 자본주의와 사회주의로 구분된다. 자본주의는 사적 소유, 즉 개인의 소유를 기본원리로 하는 경제체제라고 할 수 있다. 이에 반해 사회주의는 개인의 소유를 사회의 소유로 대체함으로써 사회를 개조하려는 경제체제라고 할 수 있다.

이러한 경제체제에 기반을 두고 있는 운영체제의 유형을 살펴보면(이연택, 1993; Frederick et al., 1988), 다음과 같다([그림 4-2] 참조).

[그림 4-2] 경제체제 모형

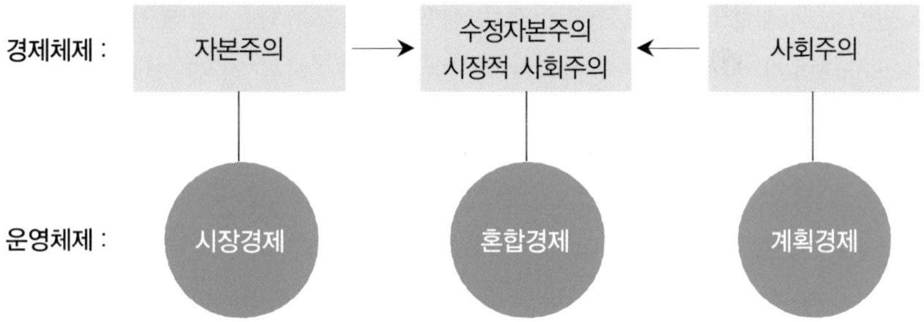

| 경제체제 : | 자본주의 → | 수정자본주의 시장적 사회주의 ← | 사회주의 |

| 운영체제 : | 시장경제 | 혼합경제 | 계획경제 |

첫 번째 유형은 자본주의 경제체제에 기반을 둔 시장경제체제이다. 시장경제체제는 개인의 소유를 존중하며, 자유경쟁을 중요한 경제원리로 본다. 운영기제로는 시장기능을 중시하며, 소위 '보이지 않는 손'으로서의 가격의 조정기능을 강조한다. 따라서 정부의 시장개입에 대해서는 비판적이다.

두 번째 유형은 사회주의 경제체제에 기반을 둔 계획경제체제이다. 계획경제체제에서는 정부의 조정기능이 중시된다. 정부가 경제적 목표를 세우고, 생산과 분배를 조정한다. 정부는 경제활동의 우선순위를 정하며, 소유방식에 있어서도 정부소유를 기본으로 한다.

세 번째 유형은 혼합경제체제이다. 혼합경제체제는 시장경제와 계획경제의 중간지점으로 양 경제체제 모두에서 변화된 형태이다. 시장경제에서 '수정자본주의' 경제체제가 대두되면서 정부의 시장조정 기능이 확대된 혼합경제가 출현하였으며, 계획경제에서는 사회주의 경제실패의 해결책으로 시장적 요소를 도입하기 시작하면서 '시장적 사회주의' 경제체제에 기반을 둔 혼합경제가 각각 출현하게 되었다.

한편, 신자유주의(Neoliberalism)의 등장으로 자본주의 경제체제에 또 다른 변화가 이루어지고 있다. 신자유주의는 고전적 자유주의와 마찬가지로 경제적 자유에 중심적 가치를 두고 있다. 하지만 고전적 자유주의가 자유방임주의의 원리에 입각하여 국가개입의 철폐를 주장했던 것과는 달리 신자유주의는 정부의 개입으로 시장경쟁의 질서를 확립해 나가기를 주장한다. 한마디로 '작고 강한 정부'를 바탕으로 하는 시장경제체제의 확립을 목표로 하고 있다.

국가마다 어떠한 경제체제를 취하느냐에 따라서 정치체제의 정책활동은 영향을 받게 된다. 시장경제체제에서의 정책과 계획경제체제에서의 정책은 그 내용이나 집행방법에 있어서 분명한 차이를 보이게 된다. 그런 의미에서 경제체제는 정치이념과 함께 정치체제의 활동에 가장 기본적인 정치경제 메커니즘으로서 작용한다고 할 수 있다.

관광정책과 관련하여 경제체제는 정부의 개입논리와 정책유형의 선택에 지대한 영향을 미친다. 시장경제체제 하에서 정부의 관광행정조직은 축소되며, 시장 기능은 확대되는 경향을 보여준다. 이에 따라 채택되는 정책유형도 달라질 수 있다.

2) 경제성장

경제성장(economic growth)은 '재화 및 서비스 생산의 지속적인 증가 혹은 확대'를 말한다. 경제성장을 측정하는 척도로는 일반적으로 국민총생산(GNP : Gross National Product) 개념이 사용된다. GNP는 국민이 일정기간 내에 생산한 재화와 서비스의 순가치를 시장가격으로 평가한 합계액이다. 유사개념으로 국내총생산(GDP : Gross Domestic Product)을 들 수 있는데, GDP는 국민이 아니라 국내를 기준으로 하는 총생산을 말한다. 한편, 지역내총생산(GRDP : Gross Regional Domestic Product)은 지역별 생산액, 물가 등 기초통계를 바탕으로 하여 추계된 해당지역의 총생산액을 말한다.

경제성장과 관련하여 수출과 경제성장의 관계를 설명하는 수출견인성장(export-led growth) 이론에 따르면(Riezman & Whiteman, 1996), 경제성장은 수출에 의해 크게 영향을 받는다고 할 수 있다. 같은 맥락에서 외래관광수입은 경제성장에 크게 영향을 미친다. 그러므로 경제성장률의 증감에 따라 수출정책이 달라지며, 마찬가지로 관광정책에도 영향을 미친다고 할 수 있다.

한편, 경제성장은 국민의 경제생활과 밀접한 관련이 있다. 또한 경제성장은 정책활동에 필요한 물적 지지의 기반이 된다는 점에서 정치체제의 정치활동에 크게 영향을 미친다.

3) 산업구조

산업구조(industrial structure)는 '한 나라의 국민경제를 형성하는 각 산업의 상호간 구성관계'를 말한다. 각 산업부문의 비중을 비교하는 데는 취업인구 혹은 각 산업별 생산액이 기준이 된다. 산업의 유형은 전통적으로 1차 산업(농업), 2차 산업(공업), 3차 산업(서비스업) 등으로 구분이 이루어진다. 또한 제품의 유형에 따라 제조산업과 서비스산업의 구분이 이루어진다.

최근 대외여건의 급속한 변화와 함께 제조산업 위주의 산업구조에서 선진국형 산업구조로의 재편에 대한 논의가 이루어지고 있다. 이러한 논의과정에서 서비스산업은 제조산업보다 내수와 수출 간 균형발전을 유도한다는 점과 굴뚝 없는 산업으로서 온실가스 배출량이 적어 녹색성장을 가능하게 한다는 점에서 그 중요성이 부각된다(임상수, 2011).

그 중에서도 관광산업은 일자리 창출 효과가 크다는 점에서 여타 산업과는 구별되는 장점을 지닌다(WTTC, 2012). 기술이 고도화되고 세계화가 촉진되면서 '고용없는 성장'(jobless growth)은 이제 세계 모든 나라의 문제가 되고 있다. 그 대안으로서 관광산업의 중요성이 부각되고 있으며, 결과적으로 관광산업정책에 대한 관심도 커진다고 할 수 있다.

3. 사회적 환경

사회적 환경은 '정치체제에 투입되는 외부의 사회적 조건이나 상황'을 말한다. 일반적으로 사회(society)라 하면, 공동생활을 영위하는 모든 형태의 인간집단으로 정의된다. 가족, 지역, 학교, 회사, 국가 등이 그 예이다. 국가를 기준으로는 한국사회, 중국사회, 일본사회 등으로 구분되며, 지역을 기준으로는 도시사회, 농촌사회 등으로 구분된다. 또한 사회영역을 기준으로 경제사회, 정치사회 등으로 구분되며, 관광사회도 그 중에 하나이다.

다음에서는 사회적 환경요인의 세부요소들 가운데 특히 관광정책과 관련이 있는 주요 요소들인 인구고령화, 사회자본, 다문화사회, 여가사회를 중심으로 하여 정치체제와 정책산출에 미치는 영향에 대해서 살펴본다.

1) 인구고령화

최근 인구구조와 관련하여 가장 중요한 이슈 가운데 하나가 인구고령화(population aging)이다. 인구고령화는 인구전체에서 차지하는 고령인구(65세 이상 인구)의 비율이 높아가는 현상을 말하는데, 주로 사망률의 저하와 출산율의 저하가 그 원인이다. UN은 고령화사회를 세 단계로 구분하는데, 고령인구의 비율이 전체인구의 7% 이상을 고령화사회(aging society), 14% 이상을 고령사회(aged society), 20% 이상을 후기고령사회(post-aged society) 혹은 초고령사회로 분류한다.

통계청(2006, 2010)의 자료에 따르면, 한국은 2000년에 고령화사회에 들어

섰으며, 2018년에 고령사회에, 2026년에는 초고령사회에 진입하는 것으로 예상된다. 문제는 고령화 속도이다. 예를 들어, 고령화사회에서 고령사회로 진입하는 기간이 일본은 23년, 미국은 73년, 독일은 40년이 걸린 반면에, 한국은 불과 18년에 불과하다. 또한 고령사회에서 초고령사회로 진입하는 기간은 일본은 12년, 미국은 21년, 독일은 37년인데 비해 한국은 8년으로 예상된다(김원식, 2011).

이러한 인구고령화는 고령인구에 대한 사회복지비용의 증가, 생산인구의 감소, 생활시설의 개선 등 다양한 측면에서 사회문제를 야기하며, 정치체제가 풀어야 할 매우 중요한 정책 과제가 되고 있다. 관광행정조직에서도 사회관광 혹은 복지관광을 담당하는 부서가 설치되며, 또한 인구고령화 관련 행정조직과의 협업정책의 형성이 더욱 필요해진다.

2) 사회자본

사회자본(social capital)은 사회적 관계 속에 존재하는 신뢰, 협동, 네트워크와 같은 무형적 형태의 자원을 말한다. 퍼트남(Putnam, 1995)은 이를 구체화하여, '조정과 협력을 촉진하는 네트워크, 호혜적 규범, 사회적 신뢰 등 참여자들이 공유하는 목표를 추구하기 위해 효율적으로 함께 일할 수 있도록 하는 조건'으로 정의한다.

사회자본은 지역사회 혹은 국가사회의 하나의 특성으로 파악되며, 그 사회구성원들이 서로 공유하는 신뢰라고 할 수 있다. 이러한 신뢰는 개인차원의 신뢰, 사회구성원 간의 신뢰, 정부에 대한 신뢰 등 대상에 따라 구분된다. 이 중에서 정부에 대한 신뢰는 정치체제의 정치활동에 직접적인 영향을 미치게 된다.

또한 사회자본은 다른 경제자본과 달리, 사유재가 아닌 공공재라는 속성을 지닌다. 상호 신뢰성에 기반을 두고 있는 지역사회의 안전한 환경, 공동체적 유대감, 상부상조의식 등은 개인소유의 자본이 아니다. 또한 사회자본은 나누면 나눌수록 커진다는 점에서 파지티브 섬(positive sum)의 관계라는 속성을 지니고 있다.

이러한 관점에서 사회자본은 그 사회의 특성요소일 뿐만 아니라, 경쟁력의 기준이 된다. 그러므로 사회자본의 증가 혹은 감소에 미치는 영향요인들에 대한 사회적 관심이 커지고, 사회자본을 경제자본 만큼이나 중요하게 다루는 정책적 접근이 이루어진다.

관광정책에 있어서 사회자본은 관광행정조직과 관련이해관계집단 간의 협력관계를 형성하는데 중요한 영향을 미치며 정책성과에도 크게 영향을 미친다. 이에 대해서는 제14장 '관광정책과 사회자본'에서 자세하게 다룬다.

3) 다문화사회

다문화사회(multicultural society)는 한마디로 문화적 다양성이 존재하는 사회를 말한다. 문화적 다양성은 다수의 문화적 공동체가 존재하는 현상으로 정의된다. 세계화가 확대되면서 인종간의 교류와 이주가 증가하고 있다. 따라서 많은 국가에서 다문화사회로의 이행이 보편적인 현상이 되고 있다.

문화적 다양성이 증가하면서, 이에 따르는 새로운 사회적 문제가 야기되며 이를 해결하기 위한 정책적 대응이 요구된다. 특히, 다문화주의(multiculturalism)의 채택여부는 관련 정책의 기본적인 목표설정에 있어서 중요한 이슈로 대두된다. 우리나라도 다문화가정이 증가하면서 다문화정책은 이제 현실적 과제가 되고 있다.

다문화주의는 문화적 다수집단이 문화적 소수집단을 동등한 가치를 가진 집단으로 받아들이는 '인정의 정치'(the politics of recognition)로 정의된다(Taylor, 1992). 같은 맥락에서 트로퍼(Troper, 1999)는 다문화주의를 다문화된 인구학적 현상, 문화적 다양성을 존중하는 사회이념, 문화적 다양성을 보장하는 정부의 정책을 포괄하는 개념으로 정의한다.

다문화주의 정책은 크게 세 가지 유형으로 구분된다. 하나는 정부주도 다문화주의 정책을 들 수 있으며, 다른 하나는 시민사회주도 다문화주의 정책을 들 수 있다. 또 다른 하나는 민관협력 중심의 거버넌스 정책을 들 수 있다. 이 가운데 최근에는 협력적 거버넌스를 통한 다문화정책으로부터 많은 해결책을 모색하고 있다.

다문화사회로의 진입과 함께 관광정책에서도 관광개발정책, 관광마케팅정책, 국민관광정책 등 다양한 정책영역에서 문화적 다양성을 반영할 수 있는 협력적 거버넌스의 형성이 필요해진다.

4) 여가사회

여가(leisure)는 크게 세 가지 속성으로 정의된다(Parker, 1976). 하나는 시간적 요소이며, 다른 하나는 활동적 요소이며, 또 다른 하나는 규범적 요소이다. 이러한 정의의 예로, 지스트와 파바(Gist & Fava, 1964)는 여가를 '개인이 노동 혹은 그 밖의 의무로부터 자유로우며 휴식, 기분전환, 사회적 성취, 개인적 발전을 위한 목적에 활용되는 시간'으로 정의한다. 또한 같은 맥락에서 듀마제디어(Dumazedier, 1960)는 '개인이 자신의 자유의지에 의해 탐닉하는 활동으로서 직업, 가정 및 사회적 의무를 이행한 후에 휴식을 취하거나, 즐기거나, 지식증대, 기술향상, 지역사회 봉사에의 자발적 참여 등을 수행하는 활동'으로 본다.

여가사회(leisure society)는 여가가 중시되는 사회를 말하며, 이를 달리 표현하자면 여가 가치가 존중받는 사회를 말한다. 하지만 여가사회로의 이행정도를 측정하는 객관적인 기준은 마련되어 있지 않다. 대신에 노동시간이 그 사회의 여가사회로의 진행정도를 간접적으로 제시해 준다.

노동시간과 관련하여 주5일근무제 혹은 주 40시간 근무제가 보편적인 국제 기준이 된다. 주5일근무제는 기본적으로 주당 노동시간이 40시간이며, 1주일에 하루 8시간씩 5일을 근무하도록 하는 제도이다. 프랑스는 1936년, 독일은 1967년, 일본은 1987년부터 실시하였으며, 한국은 2004년부터 단계적으로 실시되기 시작하여 2011년에 전면 실시되었다.

여가사회에 대한 기대는 삶의 질 향상뿐 아니라, 지역경제 활성화, 생산성 제고, 사회참여 확대 등 매우 광범위하다. 이를 실현하기 위한 사회적 기반 조성 및 산업육성이 요구되며, 이에 대응하는 정책적 접근이 필요하다.

이러한 여가사회로의 진입은 관광행정조직과 관광정책에도 영향을 미친다. 관광행정조직에 있어서 여가문제를 담당하는 조직의 설치가 이루어지며, 국민관광정책에 대한 중요성이 커진다. 또한 주5일근무제, 주5일학습제, 대체휴일제 등과 관련하여 노동관련 행정조직, 교육관련 행정조직 등과의 협업정책이 필요하다.

4. 기술 · 자연 환경

기술적 환경이나 자연환경은 '정치체제에 투입되는 외부의 기술적 · 자연환경적 조건이나 상황'을 말한다.

다음에서는 기술적 · 자연환경적 요인의 세부요소들 가운데 관광정책과 관련이 있는 주요 요소인 정보통신기술과 환경문제를 중심으로 정치체제와의 관계를 살펴본다.

1) 정보통신기술

정보통신기술의 이용이 사회의 모든 영역에 확대되면서, 정부 활동에서도 정보통신기술이 폭넓게 활용되고 있다. 대표적인 예가 전자정부의 구축이다. 전자정부(e-government)는 정보기술을 활용하여 행정서비스를 제공하는 지식정보사회형 정부를 말한다. 구체적으로는 대민행정 부문, 내부행정처리 및 정책결정 부문, 조달 부문 등에서 온라인 네트워크를 통한 정보제공서비스가 이루어진다.

전자정부 개념은 1993년 미국 클린턴 행정부에서 처음으로 도입되어 사용되기 시작하였다. 한국은 1995년 그 기본 개념을 도입하여 2001년에 「전자정부법」이 제정되었다.

전자정부의 발전단계는 크게 네 단계로 구분된다. 1단계는 행정정보의 DB화 단계이며, 2단계는 독립적인 DB들을 네트워크로 연결하는 단계이다. 3단계는 통합화 단계로 국민의 전자적 참여가 본격화되는 단계이며, 끝으로 4단계는 정부와 민간의 역할조정과 협력관계가 촉진되는 유기적 통합화 단계로서, 이른바 전자 거버넌스(e-governance)가 실현되는 단계를 말한다(김성태a, 2003; Heeks, 2001).

관광정책에 있어서도 온라인 정보서비스를 이용한 일반국민 및 정책이해관계집단들의 정책참여가 이루어지고 있다. 또한 관광자들을 위한 관광안내 및 홍보, 마케팅정책에 있어서도 정보통신기술의 활용이 적극적으로 이루어지고 있다.

2) 환경문제

오늘날 환경문제는 모든 정책영역에서 중요한 과제로 다루어지고 있다. 일반적으로 환경이라고 하면, 자연환경을 의미한다. 구체적으로는 모든 동물과 식물들을 포괄하는 생태계, 천연자원이나 공기·기후와 같은 자연현상, 그외에 인간과 밀접한 관련이 있는 자연적 특징 등을 포함한다.

환경문제라고 하면, 이러한 자연환경이 인간의 활동으로 인해 훼손되고 오염되는 현상을 말한다. 우리나라 환경정책기본법 제3조 제4항에서는 환경오염을 "사업활동, 기타 사람의 활동에 따라 발생되는 대기오염, 수질오염, 토양오염, 해양오염, 방사능오염, 소음·진동, 일조방해 등으로서 사람의 건강이나 환경에 피해를 주는 상태"라고 규정한다.

이러한 환경문제에 대한 대안적 개념으로서 지속가능한 개발(sustainable development)이란 개념이 사용되고 있다. 1972년 '로마클럽'의 제1차 보고서인 '성장의 한계'에서 처음 소개된 이래, 환경과 개발에 관한 기본적 전략으로서 행동의 기준이 되고 있다. 지속가능한 개발의 구체적인 실천사항으로는 성장의 회복과 질적 변화, 노동·식량·에너지 등의 보전과 이용, 지속가능한 인구 수준의 유지, 자원의 기반과 기술의 진전 등이 포함된다.

UNWTO(1993)는 지속가능한 개발의 개념을 관광에 적용시켜 지속가능한 관광(sustainable tourism)의 개념을 정립하였으며, 이를 미래세대의 관광기회를 보호하고 증진시키는 동시에 현 세대의 관광자 및 지역사회의 필요를 충족시키는 것으로, 문화의 보전, 필수적인 생태적 과정, 생물 다양성, 그리고 생명 지원체계 유지와 함께 경제적, 사회적, 심미적 필요를 충족시킬 수 있도록 모든 자원을 관리하는 활동으로 설명한다.

관광정책에 있어서 환경문제는 자원이용, 개발 및 보전 등 전반적인 관광 개발활동에 영향을 미치며, 이를 해결하기 위한 정책대안 구성에 있어서 지속가능성이 그 기준으로 작용한다. 또한 국제기구의 환경기준 및 제도도 관광정책활동의 중요한 기준이 된다.

5. 국제적 환경

국제적 환경은 '정치체제에 투입되는 외부의 대외적 조건이나 상황'을 말한다. 국제적 환경은 국가 간의 관계뿐 아니라 세계적 차원에서 나라 밖에서 일어나는 모든 문제를 포함한다.

다음에서는 국제적 환경요인의 세부요소들 가운데 특히 관광정책과 관련이 있는 주요 요소인 외국정책과 국제레짐을 중심으로 정치체제와의 관계를 살펴본다.

1) 외국정책

다른 나라의 정책이 정치체제와 정책에 영향을 미친다. 정부 간 교류가 활성화되면서, 특히 다른 나라의 성공적인 정책은 비슷한 상황에 처해 있는 국가들에게 좋은 사례가 되며 이를 따르는 경향이 나타나게 된다. 디마지오와 파웰(DiMaggio & Powell, 1983)은 이를 제도적 동형화(institutional isomorphism) 현상으로 설명한다. 그들은 많은 조직들의 조직구조가 상호 유사해지는 과정을 동형화라고 설명하며, 조직은 제도적으로 주어진 환경 내에서 동형화를 통하여 조직의 정당성을 획득하며, 조직의 정당성은 조직의 제도적 환경에서 필요한 자원을 획득하는데 필수적으로 작용한다는 점을 지적하였다.

이러한 동형화는 때로는 무차별적으로 정책을 베끼는 소위 정책의 모방현상을 가져오는 부정적인 측면도 있다. 그러므로 외국정책의 동형화가 긍정적으로 이루어지기 위해서는 체계적인 정책학습이 필요하며, 이를 통해 정책의 차별화와 정책 혁신이 구축되어야 한다.

관광정책에서도 관광행정조직의 구성과 정책 내용의 결정에 있어서 동형화 현상을 볼 수 있다. 예를 들어, 프랑스의 여행바우처제도가 한국의 여행바우처정책으로 유사하게 적용된 것도 그 좋은 예가 된다.

한편, 외국의 국민관광정책이 관광정책에 지대한 여향을 미친다. 예를 들어, 중국의 내국인 해외여행자유화 조치는 관광마케팅정책 및 관광개발정책에 미치는 영향력이 매우 크다. 국제관광교류의 중요성을 감안할 때, 외국정책 및 시장변화가 관광정책에 미치는 영향력은 상당하다고 할 수 있다. 그런 의미에서 한·일 혹은 한·중·일 관광협력과 같은 국가간 관광협력의 중요성이 더욱 강조된다고 할 수 있다.

2) 국제레짐

국제적 환경요소 가운데 국제레짐(international regime)이 주요 영향요인으로 등장한다. 국제레짐은 일반적으로 국제관계의 특정영역에서 제도화된 규칙을 말하는데, 구체적으로는 행위자의 활동과 그 효과를 조직화하는 규칙, 표준 그리고 절차의 네트워크 등을 들 수 있다(Keohane & Nye, 1989).

대부분의 정책영역에서 국제레짐이 존재하는데, 대표적인 예가 세계무역기구(World Trade Organization)의 「관세 및 무역에 관한 일반협정」(GATT)이라고 할 수 있다. 세계무역기구에는 거의 모든 국가들이 회원으로 등록되어 있으며, 전 세계 수출이 이 규정에 의해 관리되고 있다. 그 외에 보건의료분야의 세계보건기구(WHO), 노동분야의 국제노동기구(ILO) 등을 들 수 있다.

관광정책과 관련하여 세계관광기구(UN World Tourism Organization)는 관광통계 및 관광위성계정의 기준, 관광경쟁력지표 제시, 위기관리전략 등 관광정책에 필요한 기준 및 제도에 관한 정보를 제공한다. 또한 세계 관광민간기업 대표자들의 단체인 세계여행관광협의회(World Travel & Tourism Council)는 민간부문의 입장에서 세계관광산업의 발전을 위한 정책제안과 정책감시기능을 행사한다. OECD는 회원국가를 대상으로 시장자유화를 기조로 하는 관광정책 정보 교류 및 기준공유사업을 전개한다(이연택, 2002).

제3절 정책결정요인이론과 경험적 연구

1. 정책결정요인이론

정책결정요인이론(policy determinants theory)은 '정책산출에 영향을 미치는 결정요인에 대한 이론'으로서 정치체제론적 접근에 기초를 두고 있다. 앞서 살펴보았듯이, 정치체제론은 정치체제와 정책환경 간의 상호교환관계에 초점을 두고 있으며, 그 관계는 투입 - 산출의 관계로 설명된다.

이러한 정치체제론에 기초하여 정책결정요인이론은 정책환경이 정치체제에 영향을 미치며, 또한 정치체제가 정책산출에 영향을 미치는 것으로 설명한다. 즉 정책환경 - 정치체제 - 정책산출의 인과관계구조를 정책결정요인이론의 기본모형으로 삼고 있다([그림 4-3] 참조).

[그림 4-3] 정책결정요인이론 모형

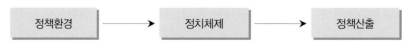

정책결정요인이론 연구는 초기에 재정학자들에 의해서 사회경제적 요인들이 정책산출에 미치는 영향력에 대한 분석이 이루어졌다. 이후 정치행정학자들에 의해서 정치적 요인의 영향력을 입증하고자 하는 연구가 이루어졌다. 이들의 논쟁은 소위 '경제결정론자와 정치결정론자의 논쟁'으로까지 불린다.

먼저, 사회경제결정요인이론의 대표적 학자인 파브리칸트(Fabricant, 1952)는 소득수준, 도시화, 인구밀도라는 세 가지 사회경제적 변수가 미국 주정부의 총정부지출에 미치는 영향력이 크다는 연구결과를 발표했다. 이후 다이(Dye, 1966)는 부(wealth), 산업화, 도시화 및 교육수준의 사회경제적 변수와 정당 간 경쟁, 투표율, 할당의 불공평정도, 정당통제의 정치적 변수를 함께 적용하여 정책산출과의 관계를 분석하였다. 분석결과 정치적 변수는 경제적 변수를 통제하면 정책산출에 영향을 미치지 못하는 것으로 나타나 경제적 변수가 더욱 중요하다는 결론을 내렸다. 이 두 연구의 모형을 제시하면, [그림 4-4]와 같다.

[그림 4-4] 사회경제결정요인 모형

한편, 정치결정요인이론의 대표적 연구자인 톰킨스(Tompkins, 1975)는 산업화, 소득, 인종구성, 정당 간 경쟁, 투표율, 복지지출 등 여섯 개의 변수를 적용하여 경로분석을 실시하였다. 연구결과, 이들 사회경제적 변수와 정치적 변수들이 모두 직·간접적으로 복지비 지출에 영향을 미치는 것으로 밝혀졌다. 이후 루이스 – 벡(Lewis-Beck, 1977)의 연구에서는 사회경제적 변수가 정치적 변수와 정책산출에 각각 독립적으로 영향을 미치며, 정치적 변수도 정책산출에 영향을 미친다는 연구결과를 발표하였다([그림 4-5] 참조).

[그림 4-5] 사회경제 – 정치결정요인 모형

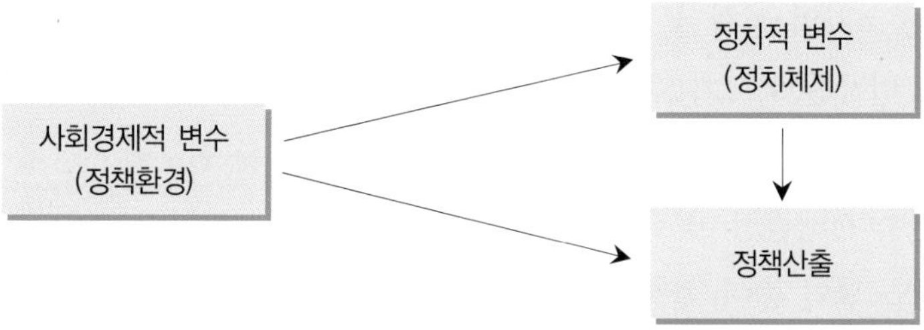

정리하자면, 정책결정요인이론 연구는 정치체제론의 기본모형인 정책환경과 정치체제 간의 투입 – 산출의 관계를 정책환경 – 정치체제 – 정책 간의 인과관계구조모형으로 전환하여 설명한다. 하지만 개념의 변수화, 계량화, 분석기법의 적용 등에서 여러 가지 한계와 오류가 있었던 것이 사실이다. 그럼에도 불구하고, 복잡하고 다양한 정책환경과 정치체제 그리고 정책산출 간의 관계를 대상으로 하여 거시적 수준에서 경험적 이론화를 시도하였다는 점에서 그 의의를 찾을 수 있다.

2. 일반정책 연구

정책결정이론을 적용한 연구가 다양한 정책영역을 대상으로 이루어지고 있다. 방법론적으로는 크게 실증주의 연구와 후기실증주의 연구로 구분된다.

먼저 실증주의 연구에서는 통계지표를 활용한 거시적 접근과 설문조사를 활용한 미시적 접근이 이루어지고 있다. 그 예로, '사회복지비 지출의 결정요인에 관한 연구'(이희선·이동영, 2004), '지방자치단체 역량이 녹색성장추진에 미치는 영향'(박순애 외, 2010), '도시한계론의 핵심가정에 대한 경험적 검증'(유재원, 2011) 등을 들 수 있다. 이들 연구에서는 종속변수로 정부예산 및 지출, 정책선호도, 정책만족도 등이 설정되며, 설명변수로는 사회경제적 요인, 정치적 요인, 정치체제 요인 등이 설정된다.

다음으로 후기실증주의 연구에서는 사례연구법이 적용된다. 연구의 예로, '한국 중소기업 정책 결정요인 분석: 아이디어, 이익 그리고 제도'(김석우 외, 2010), '미국산 쇠고기 수입정책에 관한 정치사회학적 연구 : 한국과 대만 비교분석'(홍순식·노정아, 2010) 등을 들 수 있다. 이들 연구에서는 종속변수로 정책산출(정책결정)이 설정되며, 설명변수로는 경제사회적 요인, 정치적 요인, 제도 요인 등이 설정된다. 이와 함께 비교사례연구가 이루어지고 있다.

3. 관광정책 연구

관광정책 분야에서도 정책결정이론을 적용한 연구가 이루어지고 있다. 방법론적으로는 일반정책 연구와 마찬가지로 실증주의 연구와 후기실증주의 연구가 이루어지고 있다.

먼저, 실증주의 연구에서 통계지표를 활용한 거시적 연구의 예로 이상호 (2015)의 '지방정부의 관광지출결정요인 연구 : 문화관광축제 개최 기초자치단체를 중심으로'를 들 수 있다. 이 연구는 [그림 4-6]에서 보듯이, 관광정책의 고유성을 반영하여 설명변수로 사회경제요인, 행·재정요인, 정치요인 등의 정책환경요인들을 설정하였으며, 이와 함께 전년도 관광예산을 반영한 점증요인, 메가이벤트 및 경제위기 요소들을 포함한 단절요인 등을 포함하였다.

종속변수로는 지방정부의 관광지출(총예산 대비 관광예산 비율)을 설정하였다.

[그림 4-6] 관광지출결정요인 모형

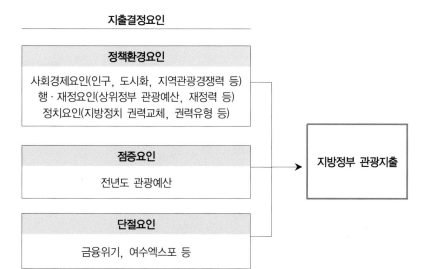

패널회귀분석을 활용한 분석결과, 전체 지방정부 관광지출에 미치는 영향요인으로는 사회경제요인 가운데 인구, 문화인프라, 산업구조 등이 나타났으며, 행·재정요인 가운데는 상위정부관광예산, 점증요인 가운데는 전년도 관광예산이 각각 나타났다. 하지만 정치요인이나 단절요인에서는 유의한 영향요인이 나타나지 않았다. 가설 설정에서 관광정책의 고유성을 반영하여 설정되었던 요인들의 유의성이 나타나지 않았다는 점에서 많은 이론적·실천적 시사점을 제시한다. 참고로 패널회귀분석(Panel Regression)은 패널데이터를 이용하여 시계열 분석과 횡단면 분석을 동시에 수행하는 회귀분석을 말한다.

다음, 사례연구법을 활용한 후기실증주의 연구로 오려려(2014)의 '중국 여유법의 입법과정에 관한 연구: 법정책학적 접근'을 들 수 있다. 이 연구는

2009년 4월부터 2013년 10월까지 약 4년 반에 걸쳐 이루어진 중국 여유법의
제정과정을 사례로 하였으며, 정치체제모형에 기반을 둔 기술적 분석모형을
제시하였다. [그림 4-7]에서 보듯이 분석모형은 크게 환경분석(기본적인 힘), 투
입(선행운동), 전환(정치적 활동), 정책산출(입법화)의 네 단계로 구성되었다.

[그림 4-7] 정책결정체제 모형

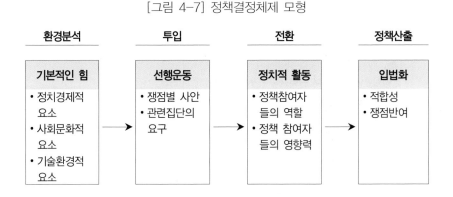

분석결과, 정치경제적 환경이나 사회문화적 환경, 기술환경적 요소 등이
입법화의 기본적인 힘으로 작용하였으며, 선행운동으로는 저가 덤핑상품, 관
광지 입장료, 부당한 상행위 등 쟁점사안의 등장과 관련집단의 요구 등을 확
인할 수 있었다. 정치적 활동으로는 공식적 정책행위자들의 역할과 영향력을
확인할 수 있었으며, 그 가운데 '입법 추진팀'이 핵심역할을 한 것으로 나타났
다. 정책산출 단계에서는 입법목적이나 권리규정, 관광객 권익보호 등이 적
합하게 반영되었으며, 사회 쟁점들이 충분히 반영되어 입법화된 것으로 확인
되었다.

실천적 논의
관광정책과 정책환경

정책환경은 '정치체제에 요구와 지지의 형태로 투입되는 외부의 조건이나 상황'을 말한다. 관광행정조직은 정치, 경제, 사회, 기술, 자연, 국제적 환경 등 다양한 환경요인들로부터 영향을 받는다. 관광정책의 과제는 이러한 변화하는 정책환경으로부터의 요구와 지지를 어떻게 적절하게 정책에 반영하느냐 하는 것이다. 그것이 곧 관광정책의 산출을 결정한다고 할 수 있다. 이러한 현실을 고려하여, 다음 논제들에 대해서 논의해보자.

논제1. 중앙정부 차원에서 최근에 이슈가 되는 정책환경 요인에는 어떠한 것이 있으며, 이를 통해 이루어지는 관광행정조직 혹은 관광정책의 변화는 무엇인가?

논제2. 지방정부(광역 혹은 기초자치단체) 차원에서 최근에 이슈가 되는 정책환경요인에는 어떠한 것이 있으며, 이를 통해 이루어지는 지방관광행정조직 혹은 지방관광정책의 변화는 무엇인가?

요약

정책환경은 '정치체제에 대하여 요구와 지지의 형태로 투입되는 외부의 조건이나 상황'을 말한다. 앞서 정치체제론에서 논의한 바와 같이 정책환경은 정치체제와 투입-산출의 상호교환관계를 형성한다.

정책환경은 거시적 수준에서 정치적 환경, 경제적 환경, 사회적 환경, 기술적 환경, 자연적 환경, 국제적 환경 등이 포함된다.

각 환경요인별로 관광정책과 관련이 있는 주요 세부요소들을 중심으로 하여 정치체제와의 상호관계를 살펴보면, 정치적 환경은 '정치체제에 투입되는 외부의 정치적 조건이나 상황'을 말하며 정치이념, 정권교체, 정치문화 등의 요소들로부터의 요구와 지지가 정치체제에 영향을 미친다고 할 수 있다.

경제적 환경은 '정치체제에 투입되는 외부의 경제적 조건이나 상황'을 말한다. 주요 요소로는 경제체제, 경제성장, 산업구조를 들 수 있으며, 이들로부터의 투입이 정치체제와 정책산출에 크게 영향을 미친다. 정책유형에 있어서 관광산업정책이 이와 관련하여 형성된다.

사회적 환경은 '정치체제에 투입되는 외부의 사회적 조건이나 상황'을 말하며, 인구고령화, 사회자본, 다문화사회, 여가사회 등의 요소들을 들 수 있다. 이들로부터의 투입이 정치체제의 정치활동에 영향을 미치며, 복지관광정책, 다문화정책, 여가관련 정책 등이 이와 관련하여 형성된다.

기술·자연 환경은 '정치체제에 투입되는 외부의 기술적·자연환경적 조건이나 상황'을 말한다. 그 대표적인 예로 정보통신기술, 환경문제 등을 들 수 있다. 정보통신기술의 발달과 관련하여 전자정부 구축 관련정책들이 형성된다. 또한 환경문제와 관련하여 지속가능한 관광정책 등이 형성되고 있다.

국제적 환경은 '정치체제에 투입되는 외부의 대외적 조건이나 상황'을 말한다. 대표적인 요인으로는 외국정책과 국제레짐을 들 수 있다. 이러한 국제적 환경

요인들로부터의 투입으로 정책의 동형화가 이루어지고, 국가간 관광협력이 이루어지며 국제적 규칙과 표준이 정책에 적용된다. 관광분야의 국제레짐 관련 기관으로는 세계관광기구(UNWTO), 세계관광협의회(WTTC), OECD 등을 들 수 있다.

한편, 정책결정요인이론은 정책에 영향을 미치는 결정요인에 대한 이론으로 정치체제론적 접근에 기초하고 있다. 정치체제론은 정책환경과 정치체제 간의 관계를 투입-산출의 상호교환관계로 본다. 정책결정요인이론은 이러한 정책환경과 정치체제와의 관계를 정책환경-정치체제-정책산출 간의 인과관계구조모형으로 전환하여 설명한다. 개념의 변수화 및 분석기법에서의 한계에도 불구하고 거시적 및 미시적 수준에서 실증적 연구가 이루어지고 있으며, 사례연구법을 적용한 후기 실증주의 연구가 이루어지고 있다.

제III부

관광정책과 집단론적 접근

개관

제Ⅲ부에서는 집단론적 관점에서 관광정책과 정책행위자 그리고 권력관계에 대해서 논의한다. 집단론은 공식적·비공식적 정책행위자들의 정치활동과 그들의 권력관계를 조망해주는 정책학의 주요 지식체계인 동시에 기본적인 패러다임이라고 할 수 있다. 이를 자세하게 알아보기 위하여 제5장에서는 관광정책과 정책행위자, 그리고 제6장에서는 관광정책과 권력관계에 대해서 각각 논의한다.

관광정책과 정책행위자

개관

이 장은 집단론적 관점의 첫 번째 장으로서 관광정책과 정책행위자를 주제로 한다. 제1절에서 집단론을 먼저 다루며, 제2절에서는 정책행위자의 개념과 유형을 살펴본다. 이어서 제3절에서는 비공식적 정책행위자들의 활동을 살펴보고, 제4절에서는 관광정책영역의 비공식적 정책행위자들의 활동에 대해서 논의한다. 끝으로 제5절에서는 정책행위자이론과 경험적 연구에 대해서 살펴본다.

제1절 집단론

앞서 제II부 제3장에서 보았듯이 정치체제론적 관점에서 정책산출은 정치체제의 활동에 의해서 이루어진다. 정치체제는 국가기관 혹은 정부를 말하며, 입법부, 대통령, 행정부, 사법부 등이 구성요소로서 활동한다. 이들의 정치활동은 곧 전환과정에 해당되며, 공식적인 권한을 부여받은 국가기관들만의 고유활동이라는 점에서, '블랙박스'(black box) 내에서 진행되는 활동으로까지 비유된다(Birkland, 2005).

하지만 민주화가 고도화되고 다원화가 확대되면서 전환과정이 더 이상 정치체제만의 고유활동으로 진행되지 못하는 한계점에 이르렀으며, 다양한 이익집단들과 NGO들이 전환과정, 달리 말해 정책과정에 참여하기 시작하였다.

이러한 이해관계집단들의 정책과정 참여에 주목하면서 정책학 연구에서 집단론적 접근(group theory approach)이 이루어지기 시작하였다. 집단론(group theory)은 '정책을 정책행위자들 간의 권력관계의 관점에서 설명하는 기본 지식체계'를 말한다. 달리 말해, 정책은 정책행위자들 간의 권력관계의 산물이라는 입장이다(Anderson, 2006).

여기에서 권력(power)은 루크스(Lukes, 1974)가 논의하였듯이 모든 유형의 통제능력을 의미한다. 그 예로서 권한(authority), 강제(coersion), 힘(force), 영향(influence) 등을 들 수 있다. 그런 의미에서 권력은 '정책과정에 참여하는 공식적 · 비공식적 정책행위자들의 통제능력'으로 정의된다(Cairney, 2012).

집단론에서는 정책과정의 참여자를 정치체제, 즉 공식적 정치행위자로 국한시키지 않는다. 정책에 관계되는 이해관계자집단인 비공식적 정치행위자의 참여까지 확대한다. 이러한 공식적 정치행위자와 비공식적 정치행위자의 정치활동과 그들 간의 권력관계에 의해 정책이 산출된다는 관점이다(Adam & Kriesi, 2007). 또한 공식적 정치행위자를 정치체제라고 불렀던 정치체제론과는 달리, 공식적 정책행위자와 비공식적 정책행위자를 함께 포괄하여 정책체계(policy system)라고 부른다(Rhodes, 1996; Sabatier, 1993, 1999). 이러한 정책체계에는 정책영역별로 다양한 형태의 정책하위체계가 존재한다.

 관광정책과정에의 참여를 집단론적 관점에서 볼 때, 관광정책과정에는 공식적 행위자뿐만 아니라 다양한 비공식적 행위자들이 참여하게 되며, 이들은 정책체계의 특정 하위체계인 '관광정책체계'(tourism policy system)를 구성한다.

 이상의 논의를 정리하여 관광정치체제와 관광정책체계를 도식화하여 비교해 보면, [그림 5-1]과 같다.

[그림 5-1] 관광정치체제와 관광정책체계

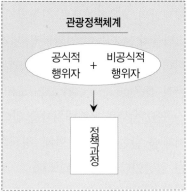

제2절 정책행위자의 개념과 유형

1. 개념

 앞 절에서 논의하였듯이 정책행위자(policy actors)는 집단론적 관점에서 '정책과정에 참여하는 행위자'를 말한다.

여기에서 행위자와 관련된 용어들을 정리해 보면 정치체제론적 관점에서는 정책과정에 참여하는 행위자를 정치체제로 규정하고, 정책과정에 참여하는 이들의 정치활동에 주목하여 공식적 정치행위자(official political actors)로 부른다. 반면에, 집단론적 관점에서는 정책과정에 참여하는 모든 행위자를 정책행위자(policy actors)로 규정한다.

2. 유형

정책행위자는 공식적 정책행위자(official policy actors)와 비공식적 정책행위자(unofficial policy actors)로 구분된다(Birkland, 2005). 국가 혹은 정부기관들이 공식적 정책행위자에 해당되며, 민간부문 조직들이 비공식적 정책행위자에 해당된다.

공식적 정책행위자에는 앞서 제3장 '관광정책과 정치체제'에서 살펴보았듯이 정치체제의 구성요소들이 포함된다. 입법부, 대통령, 행정부, 사법부 등이 그 예가 된다. 이들은 각기 공식적으로 주어진 기능과 권한에 의해서 정책과정에 참여한다. 입법부는 정책결정권과 정책통제권을 가지고 있으며, 대통령과 사법부를 견제하고 행정부를 통제한다. 대통령은 정책결정권과 정책통제권을 가지고 있으며, 입법부와 사법부를 견제하고 행정부를 지휘·감독한다. 사법부는 대통령과 입법부를 견제하며, 판결을 통해 행정부를 통제한다. 행정부는 정책집행권을 가지고 있으며, 다른 기관들의 통제와 지휘·감독을 받는 가운데 부여된 재량권과 전문성을 가지고 실제적인 집행권을 수행한다.

한편, 비공식적 정책행위자에는 다양한 민간부문 참여자들(nongovernmental participants)이 포함된다(Anderson, 2006). 그 예로서, 정당, 이익집단, NGO, 전문가집단, 언론매체, 일반국민 등을 들 수 있다. 이들은 정치체제 밖에서 정책과정에 간접적인 참여를 통해 요구와 지지의 형태로 영향을 미치기도 하며, 정책과정에 직접 참여하기도 한다. 하지만 이들은 공식적 정책행위자들이 정책활동에 대하여 법적 권한을 가지고 있는 반면에 법적 권한을 가지고 있지 않다는 점에서 차이가 있다.

공식적 정책행위자들에 대해서는 제3장에서 논의한 내용들로 가름하기로 하고, 이 장에서는 비공식적 정책행위자들의 활동에 대해서 살펴본다.

제3절 비공식적 정책행위자들의 활동

다음에서는 대표적인 비공식적 정책행위자들이라고 할 수 있는 정당, 이익집단, NGO, 전문가집단, 언론매체, 일반국민의 활동에 대해서 개념, 조건 그리고 참여유형 등을 중심으로 살펴본다(정정길 외, 2011; Anderson, 2006; Birkland, 2005).

1. 정당

정당(political party)은 '합법적인 방법을 통해 정권을 획득하고자 하는 사람들의 집단'을 말한다(Downs, 1957). 정당은 의회정치를 전제로 하고 있으며, 일정한 정치적 견해나 주장 또는 정책을 가지고 국민에게 지지를 호소하고 국민의 지지를 얻음으로써 궁극적으로는 정치권력을 획득하고 정책을 실현하는 것을 목표로 한다. 그러므로 정당은 정책보다는 정치권력(political power)에 더욱 관심이 있는 것이 사실이다(Anderson, 2006).

정책과정의 참여에 있어서 정당은 주로 공식적 행위자와 비공식적 행위자의 중간에 위치한다. 다양한 이해관계자 집단들로부터의 요구를 수렴하여 정책과정에 영향을 미치기도 하며, 때로는 여론에 앞서가며 새로운 쟁점들을 정치이슈화해 간다(Iversen, 1994). 이 가운데 가장 중요한 기능은 역시 이익결집(interest aggregation) 기능이다(Almond & Powell, 1980). 이익결집 기능은
각종 이해관계집단들의 요구를 정책대안으로 전환시키는 것을 말한다([그림
5-2] 참조).

[그림 5-2] 정당 – 정책체계 모형

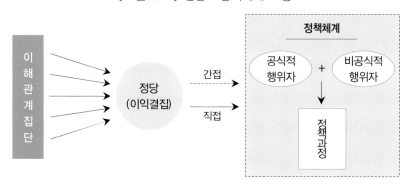

　　정당의 정책참여는 제도 및 정치적 환경요인들과 밀접한 관련이 있다. 우
선, 국가권력구조가 대통령제인지, 의원내각제인지에 따라서 정당의 정책참
여활동은 달라진다. 일반적으로 대통령제보다 의원내각제의 경우 정당의 역
할이 더욱 크다고 할 수 있다. 의원내각제의 경우 집권당의 의원들이 내각을
구성하고, 행정부를 관장하게 된다. 그러므로 정당과 내각 그리고 행정부 사
이의 관계가 매우 밀접하다고 할 수 있다.

　　다음으로 정당의 정책참여는 정당의 집권여부에 따라 달라진다. 흔히 집
권당(ruling party)을 여당이라고 하고 비집권당(opposite party)을 야당이라고
한다. 여당은 제도적 절차에 따라 대통령과 행정부의 정책결정에 지대한 영
향을 미치게 된다. 우리나라의 경우 국무총리훈령에서 정당과 행정부 사이의
협력절차에 대해서 규정하고 있다. 구체적으로는 고위당정·정책조정회의,
부처별 당정협의회의, 정당에 대한 정책설명회 등을 규정하고 있다.

　　또한 정당의 정책참여는 정당정치의 발전 정도에 따라 달라질 수 있다. 정

당이 정책정당으로서 어느 정도 성숙했느냐가 중요한 요소라고 할 수 있다. 정당이 몇몇 정치지도자들에 의해서 사당화되거나 파벌정치로 인해 분열되게 되면, 정당정치의 올바른 발전을 기대하기는 어렵다. 그런 의미에서 정당정치의 발전이 정당의 정책참여에 기본 조건이 된다고 할 수 있다.

정리하자면, 민주주의 정치과정에서 정당은 공공문제를 정책으로 전환시키는 데 핵심적인 역할을 한다. 이러한 역할을 제대로 수행할 때, 정당의 반응성(party responsiveness)이 확보될 수 있으며 이를 통해 정당의 정당성이 확보될 수 있다(정진민, 2002; Pennings, 1998).

2. 이익집단

이익집단(interest group)은 '집단 구성원 간에 공통된 목적을 설정하고, 이를 유지하고 향상시키기 위하여 타 집단에 특정한 요구를 제시하고 관철시키려는 집단'으로 정의된다(Truman, 1960). 특히 정치체제에 대하여 특정한 요구를 대표하는 결사체(association)라는 점에서 정치집단의 성격을 지닌다(Bentley, 1967). 이익집단은 크게 제도적 이익집단과 회원제 이익집단으로 구분된다. 제도적 이익집단은 특정기관의 소속구성원들을 회원으로 하는 형태이며, 회원제 이익집단은 회원이 선택하여 가입한 형태를 말한다. 또한 사익적 이익집단과 공익적 이익집단으로 구분이 이루어진다. 여기서 공익적 이익집단은 NGO를 말한다.

이익집단은 사적 목적을 가지고 있는 동시에 정치적 기능을 가지고 있으며 정책과정에서 매우 적극적인 참여활동을 보여준다. 이익집단은 구성원의 이익을 위해 공동의 이익표출(interest articulation)을 하고 로비활동을 통해 정책과정에 영향을 미친다(Almond & Powell, 1980). 이익집단은 간접적인 정책참여 뿐 아니라 직접적인 정책참여도 전개한다([그림 5-3] 참조). 직접적인 참여형태로 철의 삼각관계, 정책공동체, 이슈네트워크 등이 그 예가 된다. 이

[그림 5-3] 이익집단 – 정책체계 모형

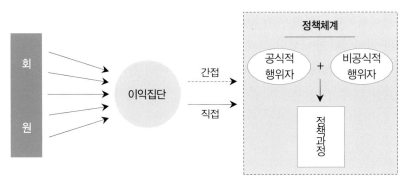

에 대해서는 다음 장에서 다루게 된다.

정책참여에 있어서 이익집단의 영향력을 살펴보면 크게 다음 세 가지 조건으로 정리할 수 있다(남궁근, 2009).

첫째, 이익집단의 정책참여는 이익집단의 전문적인 지식능력에 달려 있다. 이익집단의 영향력은 이익집단이 특정 정책영역에 대한 전문적인 지식능력을 어느 정도 가지고 있느냐에 따라 결정된다. 대개의 경우 공식적인 정책행위자들은 특정 정책영역에 대해 지식이 부족한 경우가 많으며, 이 경우 특정 분야의 이익집단에 의존하게 된다.

둘째, 이익집단의 정책참여는 이익집단의 재원과 규모에 달려 있다. 이익집단의 재정 능력이 크면 클수록 이익집단의 정치적 영향력은 당연히 클 수밖에 없다. 마찬가지로 이익집단의 규모가 클수록 영향력이 커진다. 특히, 이익집단들의 정상연합(peak association) 혹은 연합체의 영향력이 단위 이익집단들보다 크다고 할 수 있다.

셋째, 이익집단의 정책참여는 이익집단의 자율성에 달려 있다. 이익집단의 설립, 운영 등에 있어 법적 · 제도적 자율성에 따라서 이익집단의 활동능력이 결정된다. 권위적인 국가에서 이익집단은 국가조합주의적 입장에서 다루어지는 경향이 있다. 민주주의 정치체제에서 이익집단의 정책참여는 그 영역이나 내용에 있어서 더욱 활성화된다고 할 수 있다.

관광정책에 있어서 이익집단은 중요한 역할을 담당한다. 특히, 관광정책에서의 이익집단은 규모의 크기 보다는 다양성을 그 특징으로 한다. 이에 따라 다양한 이익집단들의 의견수렴과 정책과정에의 참여확대가 관광정책발전에 중요한 과제가 된다.

3. NGO

NGO(Non-Governmental Organization)는 비정부기구 또는 비정부조직을 말한다. 이 외에도 비영리기구(Non-Profit Organization), 자발적 단체(Voluntary Organization), 시민사회단체(Civil Society Organization) 등 다양한 명칭으로 불리고 있다. NGO는 민간단체로서 정부와는 구별된다. 또한 사적 이익이 아닌 공적 이익을 추구한다는 점에서 이익집단(interest group)과도 구별된다.

NGO는 1945년 국제연합(United Nations)의 창설과 함께 활동을 시작한 INGO(International Non-Governmental Organization)의 설립을 그 출발점으로 본다. 그 이후 본격적으로 NGO라는 명칭이 일반화되어 사용되기 시작하였다. INGO는 UN산하 국제연합경제사회이사회의 자문기관으로 활동하고 있으며, 국가 단위에서 해결할 수 없는 문제들을 해결하기 위하여 다양한 활동들을 전개해 오고 있다. 주요 활동으로는 인권문제, 지속가능한 개발, 저개발국 지원, 긴급구호 등을 들 수 있다.

정책과정에서 NGO는 정치적 기능을 수행한다. NGO는 공익을 증진시키기 위해 특정 정책에 대해 시민사회의 요구를 전달하는 기능을 수행하기도 하며, 때로는 직접적으로 정책과정의 행위자로 참여하기도 한다. 또한 최근에는 정책집행의 역할도 수행하게 되면서 NGO의 정책과정 참여가 확대되고 있다([그림 5-4] 참조).

[그림 5-4] NGO – 정책체계 모형

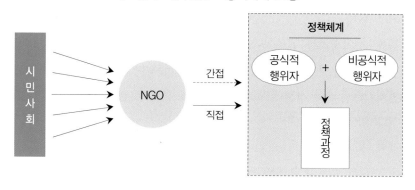

  NGO의 활동 유형은 크게 두 가지로 본다(Almond & Powell, 1980). 하나는 제도적·합법적 방식으로 정책결정자와의 공식적인 접촉, 합의, 비폭력 시위 등을 들 수 있으며, 다른 하나는 강제적·비합법적 방식으로 질서 방해, 폭동, 테러, 비합법적 시위, 파업 등을 들 수 있다. 오커넬(O'Connell, 1994)은 국가와 시장에 대응하는 자치권력(empowerment), 시민의 권익보호와 정책변화를 요구하는 주창활동(advocacy), 그리고 시민을 대상으로 하는 사회서비스(social service) 제공으로 NGO의 역할과 활동을 제시한다. 이외에도 리더십 개발, 공동체 건설, 민주화 활동 등이 제시되기도 한다(Salamon & Anheier, 2000).

  NGO의 영향력은 사실상 정부와의 관계에서 결정된다(주성수, 2011). 이를 설명하는 이론으로 정책 거버넌스(policy governance)이론과 정치적 기회구조(political opportunity structure)이론이 있다. NGO는 정책역량이 있을 때 정책과정에서 영향력을 갖게 되며, 또한 NGO는 정부와의 관계로부터 영향력을 행사할 수 있는 조건과 기회를 갖게 된다는 설명이다(Tarrow, 1994).

  하지만 NGO가 이러한 역할과 활동을 제대로 하기 위해서는 몇 가지 조건이 필요하다. 이를 이바라(Ibarra, 2003)는 세 가지로 제시한다.

  첫째, 비판적 사회자본의 형성이다. 비판적인 입장에서 정책을 판단하고, 이에 대해 입장을 제시할 수 있어야 한다. 그러기 위해서는 NGO의 전문성 확보가 반드시 필요하다. 비판만을 위한 비판이 아니라, 대안 제시의 능력도 있어야 한다.

둘째, 정치적 기회구조의 확대이다. 정책과정에 참여할 수 있는 개방적 거버넌스 구조의 구축이 필요하다. 이를 위해서는 다른 입장을 지니고 있는 이해관계집단들과의 정책네트워크 형성이 요구되며, 참여기회 확대를 위한 공동의 노력이 필요하다.

셋째, 호의적 여론의 조성이다. NGO의 기본은 일반시민의 참여이다. 시민들의 지지가 형성될 수 있도록 신뢰성을 확보해야 한다. 소위 시민 없는 NGO는 NGO라고 할 수 없다. 소수 지식인만의 NGO가 아니라, 일반시민의 호의적인 지지를 받을 수 있을 때 진정한 NGO라고 할 수 있다.

관광정책에 있어서 NGO의 역할이 더욱 중요해지고 있다. 특히 관광개발정책과 관련하여 환경단체와 같은 NGO들의 참여가 정책과정 전과정에 걸쳐서 이루어지고 있다.

4. 전문가집단

전문가(experts)는 개인적으로 혹은 집단적으로 정책과정에서 중요한 영향력을 갖는다(Rich, 2004). 일반적으로 전문가라고 하면, 특정 정책영역의 학자, 연구자들을 말한다. 전문가집단의 대표적인 유형으로는 정책연구기관을 들 수 있다. 정책연구기관은 흔히 싱크탱크(think tanks)라고 한다(Anderson, 2006).

싱크탱크는 정책현안에 대해서 전문지식을 제공하는 역할을 주로 담당하며, 그 유형으로는 정부 산하의 싱크탱크, 민간기업의 싱크탱크, 비영리법인 형태의 싱크탱크 등이 있다. 그 밖에도 정당 산하의 싱크탱크가 있다. 정당 싱크탱크의 예로서 미국 공화당의 '헤리티지재단', 민주당의 '브루킹스 연구소' 등을 들 수 있다.

전문가집단의 주요 역할은 정책과정에 직접 참여하는 정책행위자로서의 역할과 정책과정에 필요한 정책 판단기준을 제공하는 정책분석가로서의 역할을 들 수 있다([그림 5-5] 참조).

[그림 5-5] 전문가집단 – 정책체계 모형

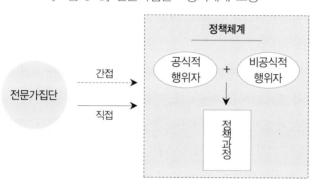

전문가집단은 지식중개자(knowledge broker)의 역할을 담당한다(Kakihara & Sorensen, 2002). 지식중개자는 '지식을 전파, 조정, 연계하며 이를 통해 학습과 혁신을 위한 새로운 기회를 창출하는 개인이나 집단'을 말한다(Wenger, 1998). 또한, 전문가집단은 정책담론을 주도하고 확산하는 역할을 담당한다. 정책담론은 정책에 대한 이야기, 주장, 논리, 설명 등을 포괄한다.

전문가집단이 이처럼 정책행위자로서, 정책분석가로서, 지식중개자로서, 정책담론의 주도자로서 역할을 하는 데는 기본적으로 다음 세 가지 조건들의 구축이 필요하다.

첫째, 정책정보의 공유이다. 정책정보를 소지하고 있는 정부기관이 적극적으로 정보를 공유하지 않는다면, 정책연구의 정확성을 기대하기 어렵다. 또한, 정보공유가 의도적으로 왜곡되는 경우도 있어서 정부기관의 개방성과 투명성이 더욱 요구된다. 전자정부의 구축이 활성화되면서 정책정보의 공유기회가 더욱 커지고 있다.

둘째, 싱크탱크의 자율성이다. 정책연구기관의 독립성과 자율성의 확보가 쉽지 않다. 특히, 정부 산하 정책연구기관의 경우, 인사권이나 예산권에서 자유롭지 못하기 때문에 연구의 독립성을 확보하는 것이 어려울 때가 많다. 이에 따라 정책연구과정에서 연구기관 외부의 심의과정을 거치는 경우도 있으나, 충분한 예방절차로서는 부족하다. 또한, 민간이나 비영리 싱크탱크의 경우에도 정책연구에서 외부의 영향을 받지 않고, 객관성을 유지하는 것이 큰 과제가 되고 있다.

셋째, 전문가 혹은 전문가집단의 책임성이다. 전문가 혹은 전문가집단의 역할이 단지 정책지식을 제공하고, 전문가적 의견을 제시하는데 그치는 것이 아니라, 정책과정의 직접 행위자로 활동하는 경향이 커지고 있다. 이에 따라 전문가의 정책 책임의식이 크게 강조된다. 특히 규범적 기준(normative standards)을 제시할 수 있어야 한다(Simeon, 2009). 그러므로 합리적 논의를 주도해야 할 책임이 있다. 물론, 정책공동체를 구성하는 책임이 정부에게 있겠으나, 정책공동체가 형식적인 활동에만 그치지 않도록 하기 위해서는 정책전문가 혹은 전문가집단의 책임감과 윤리의식이 크게 강조된다.

5. 언론매체

언론매체는 다른 용어로 대중매체 혹은 언론기관이라고 한다. 신문, TV, 라디오, 잡지 등과 같은 매스미디어(mass media)를 말한다. 흔히 언론이라고도 하는데, 이때 언론은 언론매체를 줄여 말하거나, 저널리즘(journalism)을 뜻한다. 저널리즘은 언론매체의 고유 기능으로서 '시민이 자유롭고 자치를 누리는데 필요한 정보를 제공함으로써 공동체 사회를 확립하고 시민권과 민주주의를 수호하는 활동'으로 정의된다. 즉 저널리즘은 '핵심적인 사회적·문화적 동력'이라고 할 수 있다(McNair, 2009).

정책과 관련하여 특히 언론은 여론 형성이라는 관점에서 중요한 의의를 갖는다. 언론매체가 형성하는 뉴스 프레임(frame)은 여론의 방향을 유도한다. 프레임은 뉴스 스토리에 함축되어 있는 담론의 틀을 말하며, '대주제'로 설명할 수 있다(Montani, 2006).

언론매체가 담고 있는 담론의 중요성은 크게 세 가지로 정리된다(강국진·김성해, 2011). 첫째, 미디어 담론은 지적 설득과 동의 생산이 이루어진다는 점이다. 둘째, 객관성과 균형성을 바탕으로 하여 믿을 만한 정보로 인식된다는 점이다. 셋째, 미디어 담론은 언어학적 담론 전략으로서 뿐 아니라, 사회적 실천을 파악하는 과정이라고 할 수 있다.

정리하자면, 정책과정에서 언론매체는 여론조성자로서 간접적인 참여 역할을 담당한다. 언론매체는 대중의 의견을 전달할 뿐만 아니라, 사회문제를 쟁점화하고 확산시킴으로써 정책과정에서 결정적인 역할을 수행한다. 또한, 개인적 차원에서 저널리스트가 직접 정책과정에 참여하기도 한다([그림 5-6] 참조).

[그림 5-6] 언론매체 – 정책체계 모형

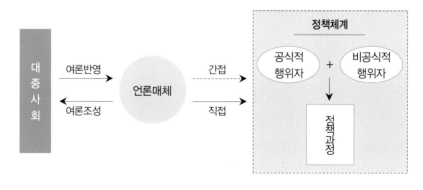

언론매체의 정책참여에서는 언론매체의 고유속성에 대한 고려가 우선적으로 필요하다(이연택, 1993). 이를 기본으로 하여 세 가지 기본 조건을 고려해 볼 수 있다.

첫째, 언론매체의 공익성이다. 현대 언론매체는 사기업에 의해 소유되는 것이 일반적인 추세이다. 그러므로 언론매체가 지닌 고유의 공익성을 유지하기 어려운 경우가 많다. 사기업의 목적상 이윤의 획득으로부터 자유로울 수 없으며, 이에 따라 근대 저널리즘에서 강조되었던 비판적 기능을 유지하는데 현실적 어려움이 있다. 그러므로 언론매체의 정책활동을 위해서 반드시 전제가 되어야 할 것이 언론매체의 공익성이라고 할 수 있다.

둘째, 언론매체의 독립성이다. 언론매체는 정부로부터 자유로워야 한다. 권위적 국가의 경우 언론매체의 편집과 제작방침이 정부와 지배정당에 의해서 통제를 받게 되며, 이에 따라 언론매체의 독립성을 기대하기 어렵다. 언론매체의 고유기능인 환경감시자의 역할보다는 정부 정책의 선전역할로 그 기능이 왜곡되게 된다. 그러므로 진정한 환경감시자로서의 언론기능을 위해서는 언론매체의 독립성이 기본이 된다고 할 수 있다.

셋째, 언론매체의 역량이다. 언론매체의 기능에 새로운 변화가 일어나고 있다. 정보통신기술의 발달과 함께 뉴미디어 혹은 소셜미디어(social media)의 활동이 커지고 있다. 뉴미디어의 특징으로는 다방향성 소통을 들 수 있다. 이를 통해 숙의와 토론이라는 새로운 양식의 사회적 합의과정이 가능해진다. 언론매체 고유의 기능과 함께 새로운 기능과의 조화를 통한 사회적 소통역량의 강화가 과제가 된다.

한편, 관광정책과 관련하여 중앙언론매체 뿐 아니라 지방언론매체와 전문언론매체도 중요한 기능을 담당한다. 특히, 관광정책의 특성상 지역사회와의 관련성이 크다는 점에서 지방언론매체들이 정책과정에 미치는 영향이 매우 크다고 할 수 있다. 또한, 관광분야를 서비스대상으로 하는 전문언론매체들도 매우 중요한 역할을 담당한다. 관광정책연구에서도 언론매체의 담론 기능에 주목하여, 이에 대한 경험적 연구가 이루어지고 있다. 그 예로서 '매스 미디어의 여가 관광 담론 분석'(조광익·박시사, 2006), '동계패키지여행상품 신문광고 분석'(박시사, 2006), '메가이벤트정책에 대한 관광저널리즘의 담론 분석 연구'(성시윤, 2011) 등을 들 수 있다.

6. 일반국민

국민(people)은 국법의 지배를 받는 구성원을 말한다. 우리나라 헌법 제2
조 1항에서는 "국민은 포괄적인 통치권의 지배를 받는다."고 규정하고 있다.
국민은 각 개인을 가리키는 경우와 소속원 전체를 가리키는 경우가 있다. 유
사한 용어로 쓰이고 있는 시민(citizen)이란 도시지역 및 국가구성원으로서
정치적 권리를 갖고 있는 주체를 뜻하는데, 일반적으로는 국민과 동의어로
쓰인다. 또한, 시민은 주민(resident)이란 용어와 같은 의미로 쓰인다. 주민은
지역공동체의 구성원을 말한다(임정빈, 2005). 주로 미국의 학자들은 주민이
라는 용어 보다는 시민이란 용어를 사용하나, 내용적으로는 주민과 시민이
같은 의미를 지닌다고 할 수 있다.

국민과 국가와의 관계에서 국민의 지위는 크게 네 가지로 유형화된다. 첫
째, 소극적 지위이다. 소극적 지위는 국가로부터 자유로운 지위를 말한다. 둘
째, 적극적 지위로서 국가의 적극적 행위를 요구하는 지위를 말한다. 셋째,
능동적 지위로서 국가 활동에 참여하는 지위이다. 넷째, 국민은 수동적 지위
를 지닌다. 수동적 지위는 국법에 따라 의무를 지는 지위를 말한다.

여기에서 일반국민(general public)은 개인이나 조직화되지 않은 국민을 뜻
한다. 일반국민은 이익집단, NGO, 정당 등에 가입할 수 있으며, 이를 통해
집단(group)으로서 정책과정 참여가 가능하다. 또한 동시에, 일반국민은 개
인시민(individual citizens)으로서 정책과정에 참여할 수 있다(Anderson,
2006). 또한 일반국민은 영속적인 집단은 아니나 특별한 쟁점이 발생할 때 정
책과정에서 집단적인 영향력을 갖는다.

일반국민의 정책참여를 모형으로 제시하면, [그림 5-7]과 같다.

[그림 5-7] 일반국민 – 정책체계 모형

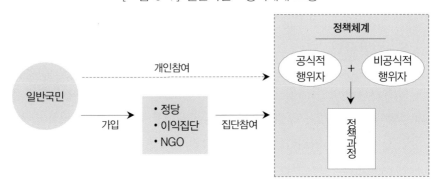

일반국민의 정책참여는 시민참여(citizen participation) 혹은 주민참여 (residents participation)의 개념이 사용된다(오석홍, 2011; 유재원, 2003; 정원 식, 2003). 그 유형은 크게 세 가지로 나누어 볼 수 있다.

첫째, 개인의견 표출이다. 일반국민은 타운미팅, 공청회, 주민자문위원회 등을 통해 자신의 의견을 개진할 수 있다. 최근 전자정부가 확대 실시되면서 일반국민과 정부와의 의사소통이 훨씬 원활해지고 활성화되고 있다. 정책과 정 전반에 걸쳐서 일반국민들의 의견표출을 통한 정책참여가 확대되고 있다.

둘째, 여론이다. 여론(public opinion)은 일반국민들이 어떠한 특정문제에 대하여 가지고 있는 공통의 의견, 즉 국민의사라고 할 수 있다. 일반국민은 이러한 여론을 통해 간접적으로 정책체계에 영향을 미친다. 앞서 살펴보았듯 이 여론조성에는 언론매체의 역할이 중요하다. 참고로 여론은 공론(public judgement)과는 차이가 있다. 공론은 숙의과정, 즉 토론을 거친 여론이라고 할 수 있다 (Yankelovich, 1991). 따라서 여론조사(opinion survey)와 달리, 공 론조사(deli- berative polling)는 1차 여론조사 후, 토론을 거치고 다시 2차 조 사를 하여 토론 전의 1차 조사결과와 토론 후의 2차 조사결과와의 차이를 비 교하는 조사를 말한다. 공론조사는 효과적인 공론장(public sphere)을 형성하 는데 기여할 수 있다(Fishkin, 1991, 1995).

셋째, 국민투표제도(referendum)이다. 국민투표제도는 국가의 의사형성이나 정책결정 또는 국가적 중요사항에 대하여 국민의 의사를 직접 밝히는 절차를 말한다(박인수, 1991). 헌법 제72조에서는 "대통령은 필요하다고 인정할 때에는 외교·국방·통일 기타 국가안위에 관한 주요 정책을 국민투표에 부칠 수 있다."고 규정하고 있다.

또한, 지방자치에서 주민투표제도도 같은 맥락에서 볼 수 있다. 지방자치법 제14조 1항에서 "지방자치단체의 장은 주민에게 과도한 부담을 주거나 중대한 영향을 미치는 지방자치단체의 주요 결정사항 등에 대하여 주민투표에 붙일 수 있다."고 규정하고 있다.

이러한 일반국민의 정책참여는 무엇보다도 참여적 정치문화(participant culture)가 가장 기본적인 조건이라고 할 수 있다. 일반국민들이 정책에 대하여 적극적 태도를 가지고 활발하게 참여하는 의식이 우선적으로 요구된다. 또한 정치문화(political culture)에서는 정부와 시민의 관계에 대한 상호신뢰가 중요하다. 그런 의미에서 참여적 정치문화를 발전시키기 위한 일반국민과 정부 간의 신뢰관계 구축이 필요하다. 이와 관련하여 최근에는 정부와 국민간의 소통과 갈등관계에서 '감정'요소에 대한 새로운 해석이 모색되고 있다. 즉 국민의 감정에 대한 이해가 정부정책에서도 필요하다는 인식이다(김정수, 2011).

관광정책과정에서 일반국민의 정책참여는 주로 주민참여의 개념으로 이루어진다. 또한 일반정책에서의 주민참여보다는 광의의 개념에서 실천적 차원의 정책참여가 포함되고 있다. 즉 의사결정과정의 정책참여 뿐만 아니라, 주민교육과정 그리고 수익창출 과정에서의 정책참여로 참여의 범위가 확대되어 설명된다(이연택, 2004).

제4절 관광정책영역의 비공식적 정책행위자

이 절에서는 관광정책영역에 있어서 정책과정에 참여하는 이익집단과 전문가집단의 활동에 대해서 다룬다. 관광산업은 시스템산업적 속성을 가지고 있으며, 이에 따라서 다양한 생산자 이익집단들이 활동하고 있다. 또한 전문가집단으로 정부산하의 싱크탱크인 관광정책연구기관이 있다.

이들의 활동을 살펴보면 다음과 같다(문화체육관광부, 2015).

1. 생산자 이익집단

1) 한국관광협회중앙회

한국관광협회중앙회는 1963년에 「관광진흥법」에 근거하여 설립되었다. 동협회는 관광산업 이익집단들의 정상연합(peak association)으로서 관광산업의 다양한 업종별 기업들이 회원으로 참여한다. 조직에 있어서는 전국 16개 광역시·도에 설립된 지역관광협회와 8개 업종별 협회와 위원회 그리고 특별위원회 등으로 구성되어 있다. 한편, 주요 기능으로는 정책관련사업, 관광진흥사업, 홍보활동사업 등을 들 수 있다. 정책관련사업에 있어서는 정책현안에 대한 의견제시, 정책대안 발굴, 정부정책에 대한 의견 반영 등의 활동을 함으로써 행정부 및 입법부와의 정치적 관계를 구성한다. 다음으로 관광진흥사업에 있어서는 주로 민관파트너십 차원에서 관광행사, 관광인력교육, 관광전시회 및 컨벤션사업 등을 수행한다. 또한, 홍보활동사업으로는 미디어 및 캠페인 활동 등을 통하여 관광산업의 대외 인지도를 높이는 활동을 수행한다.

2) 한국일반여행업협회

한국일반여행업협회는 1991년에 「관광진흥법」에 근거하여 설립되었다. 동협회는 관광산업의 업종별 이익집단으로서 여행업에 속하는 기업들이 회원으로 참여한다. 주요 기능으로는 여행업 관련 정책사업, 여행업 진흥사업, 여행업 대외관계사업 등을 들 수 있다. 여행업 관련 정책사업으로는 여행업 관련 법규 개정사업, 해외여행 약관개정사업, 여행업 유통구조개선을 위한 정책사업 등을 추진한다. 다음으로 여행업 진흥사업에 있어서는 ASTA, JATA 등 해외의 관련 협회들과 국제교류사업을 수행하고, 인바운드시장 활성화, 여행업 인력교육사업 등을 수행한다. 또한, 여행업 대외관계사업으로는 「관광불편신고센터 운영에 관한 규정」에 근거하여 여행소비자피해 보상업무를 중재·처리하며, 여행정보센터 및 관광통역지원센터 등을 통한 여행서비스 관련 활동업무를 수행한다.

3) 한국관광호텔업협회

한국관광호텔업협회는 1996년에 「관광진흥법」에 근거하여 설립되었다. 동협회는 관광산업의 업종별 이익집단으로 관광호텔업에 속하는 기업들이 회원으로 참여한다. 주요 기능으로는 관광호텔업 관련 정책사업, 관광호텔업 진흥사업, 관광호텔업 대외관계사업 등을 들 수 있다. 관광호텔업 관련 정책사업으로는 관광호텔경영활성화를 위한 제도개선(부가가치세 관련 국회입법 발의, 재산세 감면 및 확대 건의, 상·하수도 요금 감면, 취·등록세 감면 건의 등)과 관련된 활동들을 수행한다. 다음으로, 관광호텔업 진흥사업으로는 관광호텔 종사원 교육훈련, 조사연구사업, 해외 관련기구와의 교류협력활동 등을 수행한다. 또한, 관광호텔업 대외관계사업으로는 관광호텔업에 대한 대국민 홍보, 관광호텔 종합안내소의 설치·운영, 호텔신문 발간사업 등을 들 수 있다.

4) 한국카지노업관광협회

한국카지노업관광협회는 1995년에 「관광진흥법」에 근거하여 설립되었다.

동 협회는 관광산업의 업종별 이익집단으로 카지노업에 속하는 기업들을 회원으로 하고 있다. 주요 기능으로는 카지노업 관련 정책사업, 카지노업 진흥사업, 카지노업 홍보사업 등을 들 수 있다. 카지노업 관련 정책사업으로는 해외 카지노 고객 수요창출을 위한 재외공관 등과 업무 협력, 중국인 우수고객 유치확대를 위해 복수비자 발급 추진업무 등의 정부관계 업무, 카지노업 발전을 위한 정책제안사업 등을 들 수 있다. 다음으로 카지노업 진흥사업으로는 카지노업 서비스 향상을 위한 지도 감독, 카지노업 종사자를 위한 교육사업, 카지노 관련 통계사업 등을 수행한다. 또한, 카지노업 홍보사업으로는 카지노업의 경제가치를 홍보하는 학술세미나 개최, 카지노업 관련 출판물 제작, 카지노업 관련 미디어 홍보사업 등을 수행한다.

5) 한국휴양콘도미니엄경영협회

한국휴양콘도미니엄경영협회는 1998년에 「관광진흥법」에 근거하여 설립되었다. 동 협회는 관광산업의 업종별 이익집단으로 휴양콘도미니엄업에 속하는 기업들을 회원으로 하고 있다. 주요 기능으로는 휴양콘도미니엄업 관련 정책사업, 휴양콘도미니엄업 진흥사업, 휴양콘도미니엄업 홍보사업 등을 들 수 있다. 휴양콘도미니엄업 관련 정책사업으로는 외국인 소비자의 부가가치세 영세율 적용 건의, 산업용 전기요금 적용 등의 산업여건개선사업, 행정인허가 규제개선 및 건의, 중앙정부 및 지방자치단체 관계자와의 워크숍 개최 등의 사업을 추진한다. 다음으로 휴양콘도미니엄업 진흥사업으로는 콘도운영에 관한 조사연구 및 정보교환, 콘도 종사자 교육훈련, 콘도사업 자율규제 등을 수행한다. 또한, 휴양콘도미니엄업 홍보사업에 있어서는 소외계층을 위한 복지관광프로그램 운영, 불법 유사 회원권 근절을 위한 소비자 피해방지 홍보캠페인, 국가위탁사업으로 콘도회원의 권익보호를 위한 회원증 확인사업 등을 수행한다.

6) 한국종합유원시설협회

한국종합유원시설협회는 1985년에 「관광진흥법」에 근거하여 설립되었다. 동 협회는 관광산업의 업종별 이익집단으로 유원시설업에 속하는 기업들이 회원으로 참여한다. 주요 기능으로는 유원시설업 관련 정책사업, 유원시설업 진흥사업, 유원시설업 홍보사업 등을 들 수 있다. 유원시설업 관련 정책사업으로는 유원시설의 안정성 검사 및 안전교육사업 등 정부 위탁사업, 유원시설업 관련 정부유관기관과의 협력사업, 조세특례제한법에 창업중소기업대상 유원시설업 포함에 대한 정책건의 및 정책대안 발굴 등을 수행한다. 다음으로 유원시설업 진흥사업으로는 유원시설업 관련 연구조사, 컨설팅사업, 유원시설 제작수급 및 자원지원, 종사자 안전교육 및 안전관리자 양성사업 등을 수행한다. 또한, 유원시설업 홍보사업으로는 국제유원시설협회(IAAPA) 등과의 국제협력사업, 유원산업협회보 발행, 유원시설업 홍보자료 편찬 및 미디어 홍보사업 등을 들 수 있다.

7) 한국MICE협회

한국MICE협회는 2003년에 「관광진흥법」에 근거하여 설립되었으며, 2004년에 「국제회의 육성에 관한 법률」에 의해 국제회의 관련 전문협회로 지정되었다. 동 협회는 관광산업의 업종별 이익집단으로 MICE업에 속하는 기업들을 회원으로 하고 있다. 주요 기능으로는 MICE업 관련 정책사업, MICE업 진흥사업, MICE업 홍보사업 등을 추진한다. MICE업 관련 정책사업으로는 국제회의 산업 육성 및 진흥과 관련하여 정책제안과 건의, 관련 부처와의 협력사업 등을 들 수 있다. 다음으로 MICE업 진흥사업으로는 국제회의 전문인력의 교육 및 수급, 관리자 양성교육, MICE산업 관련 연구용역사업 등을 수행한다. 또한, MICE업 홍보사업으로는 MICE업계 계간잡지 발간, 국제회의 관련 정보제공, 국제 MICE 관련 기구들과의 교류협력 등을 들 수 있다.

2. 전문가집단

관광정책영역에서의 전문가집단으로는 정부산하 연구기관인 한국문화관광연구원과 학회 및 연구기관을 들 수 있다.

1) 한국문화관광연구원

한국문화관광연구원은 문화체육관광부 산하 연구기관으로서 비영리재단법인의 형태로 설립되었다. 2002년에 한국관광연구원(1996년 설립)과 문화정책개발원을 통합하여 한국문화관광정책연구원으로 발족되었으며, 이후 한국문화관광연구원으로 개칭되었다. 동 연구원은 관광정책연구기능과 문화정책연구기능을 함께 가지고 있다. 관광정책연구기능은 관광정책연구실, 관광산업연구실, 통계정보센터 등의 조직을 통해 이루어진다. 주요 기능으로는 기본연구사업과 수탁연구사업, 종합관광정보시스템 운영, 국제협력사업 등을 들 수 있다. 기본연구사업으로는 정부의 관광정책방향과 추진방안 연구, 정책현안과제 연구, 정책대안개발 연구 등을 들 수 있다. 또한, 수탁연구사업에 있어서는 정부, 지방자치단체, 관광관련 국제기구 등 외부 기관의 위탁에 따라 연구가 이루어진다. 종합관광정보시스템사업에 있어서는 관광지식정보를 제공함으로써 관광사업의 지식기반화를 촉진시키는데 목표를 두고 있으며, 관광자원, 관광통계, 관광법령, 관광개발투자 등의 DB 구축, 관광지리정보체제(TGIS) 구축사업 등을 수행한다. 또한, 국제협력사업으로는 UNWTO 등 국제관광기구들과의 연구협력, 일본과 중국 등의 해외 국가들의 연구기관과의 협력, 각종 국제관광협력회의 등을 수행한다.

2) 학회 및 연구기관

관광정책영역에서 학회 및 연구기관도 전문가집단으로서 중요한 활동을 하고 있다. 「한국관광학회」를 비롯한 다양한 학회들이 정책과정에 전문가집단으로 참여하고 있으며, 대학 부설 연구기관들도 정책분석 및 평가과정 혹은 연구용역과제 수행을 통하여 정책과정에 참여한다. 하지만 아직까지도 적극적 지위에서 정책참여를 주도하는 관광정책 민간 싱크탱크의 역할은 부족한 형편이다.

제5절 정책행위자이론과 경험적 연구

정책행위자이론은 '정책행위자의 활동을 기술·설명하는 지식체계'이다. 정책행위자이론의 경험적 연구에서는 설문조사법이나 내용분석법을 활용한 실증적 연구와 사례연구법을 활용한 후기실증주의 연구가 이루어지고 있다. 이를 일반정책 연구와 관광정책 연구로 구분하여 살펴보면 다음과 같다.

1. 일반정책 연구

일반정책 연구에서 정책행위자는 비공식적 정책행위자로서 정책과정에 참여하는 지역주민, 이익집단, NGO 등을 포함한다.

먼저, 설문조사법을 활용한 미시적 수준의 연구의 경우에는 대부분 지역주민을 대상으로 이루어지고 있다. 연구의 예로, '지방환경정책집행에 대한 주민 참여의지의 영향요인에 관한 연구'(허훈, 2001), '공공정책참여의 활성화를 위한 주민참여 역량·과정·성과평가에 관한 연구'(강인성, 2007), '지방자치단체 홈페이지를 이용한 정치참여의도의 결정요인'(유경화, 2008) 등을 들 수 있다.

다음으로, 사례연구법을 활용한 중위적 수준의 연구의 경우에는 이익집단, NGO 등을 대상으로 이루어지고 있다. 연구의 예로, 김대순(2011)의 '한국의 의료법 개정에 있어서 이익집단의 정부 포획 연구'를 들 수 있다. 이 연구에서는 이익집단의 이익표출행위를 포획(capture)이론의 관점에서 접근한다. 포획이란 이익집단의 정부와의 조정을 통해 자신들의 사적이익을 만족시키거나 정부가 이익집단의 선호에 따라 정책을 추진하는 현상을 말한다(Mitnik, 1980). 분석결과, 2007년에 이루어진 의료행위와 관련된 의료법 개정에 있어 이익집단의 이익표출행위를 통한 정부 포획에 관한 가설이 입증되는 것으로 나타났다.

NGO의 정책과정참여에 관한 연구의 예로는 이민창(2002)의 '환경 NGO의 정책과정 참여' 연구를 들 수 있다. 이 연구에서는 자원의존모형의 정부-NGO 간의 관계 유형을 기준으로 환경 NGO들의 정책참여과정을 분석하였다. 자원의존모형에서의 정부-NGO 간의 관계는 크게 상호의존형, 정부주도관계, NGO주도관계, 상호독립형으로 구분된다(김준기, 2000). 분석결과, 환경 NGO들의 정책과정 참여는 자원의존뿐 아니라 정책이슈, 정책지지, 이해관계 등 다양한 요인들과 NGO들 간의 정책경쟁도 영향을 미치는 것으로 나타났다.

2. 관광정책 연구

관광정책 연구에서 정책행위자는 일반정책 연구와 마찬가지로 지역주민, 이익집단, NGO, 언론 등을 포함한다.

먼저, 설문조사법을 활용한 미시적 수준의 연구로는 '컨벤션산업 정책에 있어서 이해관계의 정책참여에 관한 연구'(주현정, 2008), '관광산업조직에 있어서 비영리사업자단체의 기능에 관한 연구'(김영수, 2007), '지역관광개발정책에 있어서 NGO의 역할에 관한 연구'(조근식, 2007), '컨벤션산업정책 관련 집단의 정책단계별 참여의사에 관한 연구'(이연택·주현정, 2008) 등을 들 수 있다. 또한, 이와 함께 정책행위자 간 커뮤니케이션을 주제로 하는 연구로서 신동재(2013)의 '카지노기업의 사회적 책임에 대한 기업과 이해관계자 간 상

호지향성 분석: 내국인 카지노를 중심으로'를 들 수 있다.

한편, 내용분석법을 활용한 실증적 연구로는 '메가이벤트에 관한 언론 보도의 프레임 분석: 2012 여수 엑스포를 대상으로'(성시윤, 2014), '2018 평창동계올림픽 유치과정에서의 미디어 프레임 분석'(오은비, 2014) 등이 있다.

다음으로, 사례연구법을 적용한 후기실증주의 연구가 이루어지고 있다. 연구의 예로, 이연택(2004)의 '국가관광정책에 있어서 지역주민참여에 관한 연구'에서는 국제자유도시종합계획, 남해안 관광벨트 개발계획, 설악·금강권 관광개발계획 등과 같은 계획 단계에 있는 사례들을 대상으로 주민참여 유형을 분석하였다. 분석 결과 정치적, 경제적, 사회적 참여유형을 확인하였다.

또 다른 예로, 유경화(2009)의 '지역축제와 주민참여과정에 관한 연구: 함평나비축제의 종단적 사례연구'에서는 주민참여유형을 정보제공, 협의, 능동적 참여로 설정하고 정책과정(기획, 집행, 평가)에의 참여 수준을 11년간의 종단적 기간을 통해 분석하였다. 분석결과, 집행과정에서의 주민참여는 자원봉사의 형태로 초기 단계부터 이루어졌으며, 시간이 갈수록 참여하는 폭이 확대되어 능동적인 참여가 이루어졌다. 반면에, 정책기획과정과 정책평가과정에서는 아직까지도 정보제공 수준에 머물러 있는 것으로 나타났다.

실천적 논의
관광정책과 정책행위자

정책행위자는 '정책과정에 참여하는 공식적 · 비공식적 행위자'로 정의된다. 민주화가 고도화되고 다원화가 확대되면서 비공식적 정책행위자, 즉 정책이해관계집단들의 정책참여가 더욱 다양화되고 활성화되고 있다. 관광정책에서도 다양한 비공식적 행위자들의 활동이 활발하게 이루어지고 있다. 특히 비정부조직(NGO)들의 활동이 지역관광개발정책에 지대한 영향을 미친다. 또한, 전문가집단의 역할도 크게 증가하고 있다. 이러한 현실을 고려하면서, 다음 논제들에 대하여 논의해보자.

논제 1. 중앙정부 차원에서 정책과정에 참여하는 비공식적 정책행위자들의 현황은 어떠하며, 향후 발전과제는 무엇인가?

논제 2. 지방정부(광역 혹은 기초자치단체) 차원에서 정책과정에 참여하는 비공식적 정책행위자들의 현황은 어떠하며, 향후 발전과제는 무엇인가?

요약

이 장에서는 제Ⅲ부 '관광정책과 집단론적 접근'의 첫 번째 장으로 '관광정책과 정책행위자'를 주제로 하였다.

제Ⅲ부는 집단론적 관점에서 정책행위자들의 정치활동과 그들의 권력관계를 설명하는데 목적을 두고 있다.

이 장에서는 우선 기본적인 패러다임인 집단론을 다루었다. 집단론은 '정책은 공식적·비공식적 정책행위자들의 권력관계의 산물'이라는 관점 내지는 지식체계를 말한다. 또한 집단론에서 정책체계와 정치체제는 구분되며, 공식적 정책행위자와 비공식적 정책행위자를 포괄하여 정책체계(policy system)로 부른다. 정책체계는 정책영역별로 다양한 형태의 정책하위체계가 존재한다.

다음으로 정책행위자는 '정책과정에 참여하는 공식적·비공식적 행위자'로 정의된다. 공식적 정책행위자에는 입법부, 대통령, 행정부, 사법부 등이 포함되며, 비공식적 정책행위자에는 정당, 이익집단, NGO, 전문가집단, 언론매체, 일반국민 등의 정책이해관계집단들이 포함된다.

공식적 정책행위자들에 대한 논의는 앞장 제3장에서의 논의로 가름하였으며, 이 장에서는 비공식적 정책행위자들의 활동에 대해서 알아보았다.

우선, 정당(political party)은 정권획득을 목적으로 결성된 조직으로 이익결집기능을 수행한다. 그러므로 주로 공식적 행위자와 비공식적 행위자 간의 중간매개 기능을 담당한다. 또한, 정당의 정치활동은 정치제도 및 정치적 환경에 따라서 달라진다.

이익집단(interest group)은 특정문제에 관한 구성원들의 공통의 이익증진을 목적으로 구성된 자발적인 조직으로 압력단체, 이익단체 등으로 불린다. 이익집단은 대체로 매우 적극적인 정책참여활동을 수행한다. 이들의 영향력은 그들이 보유하는 전문지식, 재원과 규모, 자율성 등에 달려 있다.

NGO(Non-Government Organization)는 비정부기구 또는 비정부조직을 말하며,

그 외에도 비영리기구, 자발적 단체, 시민사회단체 등으로 불린다. NGO는 민간단체로서 정부와는 구별되며, 사적이익이 아닌 공익을 추구한다는 점에서 이익집단과도 구별된다. NGO의 정책참여는 매우 적극적이며, 때로는 정치적 성격의 활동을 보여준다.

전문가집단은 특정 정책영역의 학자 혹은 연구자 등의 집단 그리고 공공 혹은 민간 정책연구기관 등을 말한다. 이들은 직접적 혹은 간접적으로 정책과정에 참여한다. 정책환경이 더욱 복잡해지고 정책내용이 전문화되면서 전문가집단의 활동이 더욱 커진다.

언론매체(mass media)는 대중매체 혹은 언론기관을 말한다. 정책과정에서 여론 조성자, 환경감시자로서의 간접적 기능을 수행하며, 직접 참여활동도 수행한다. 이들의 정책참여는 공익성, 독립성, 역량 등에 의해 영향을 받는다. 언론매체는 중앙언론매체 뿐 아니라 지방언론매체, 특정 정책영역을 대상으로 하는 전문매체, 소셜미디어 등으로 그 활동이 더욱 다양하게 확대되고 있다.

일반국민(general public)은 개인이나 조직화되지 않은 국민을 말한다. 국가의 구성원으로 시민, 주민과 동의어로 쓰인다. 일반국민은 이익집단 혹은 NGO, 정당 등에 가입함으로써 정책과정에 집단으로서 직접 참여하며, 개인으로서 정책과정에 간접 혹은 직접 영향을 미친다. 개인으로서 일반국민의 정책참여는 개인의견 표출, 여론, 국민투표를 들 수 있다.

다음으로 관광정책영역에 있어서 비공식적 정책행위자들의 예로는 한국관광협회중앙회, 일반여행업협회, 관광호텔업협회, 카지노업관광협회, 휴양콘도미니엄경영협회, 종합유원시설협회, 한국MICE협회 등의 생산자 이익집단들을 들수 있으며, 정부산하의 싱크탱크로 한국문화관광연구원, 학회 및 연구기관 등을 들 수 있다.

끝으로, 정책행위자이론과 경험적 연구를 논의하였으며, 실증적 연구와 사례연구를 기준으로 일반정책 연구와 관광정책 연구의 사례를 살펴보았다.

관광정책과 권력관계 : 정책네트워크모형

개관

이 장은 집단론적 관점의 두 번째 장으로서 '관광정책과 권력관계 : 정책네트워크모형'을 주제로 다룬다. 제1절에서는 권력관계를 논의한다. 또한 그 이론 틀을 권력모형이라 한다. 이를 기초로 하여 제2절에서는 고전적 권력모형을 다루며, 제3절에서는 현대적 권력모형인 정책네트워크모형에 대해 다룬다. 이어서 제4절에서는 정책네트워크이론과 경험적 연구를 살펴본다.

제1절 권력관계

권력관계는 집단론(group theory)의 또 다른 핵심요소이다. 앞 장에서 살펴 보았듯이 다양한 공식적·비공식적 정책행위자들이 정책과정에 참여한다. 이들의 정책과정 참여활동과 함께 집단론적 접근에서 관심을 두어야 할 부분 이 정책행위자들 간의 권력관계이다.

정책과정에 참여하는 정책행위자들이 모두 같은 크기의 영향력이나 능력 즉, 권력을 가지고 있지는 않다. 과거와 같이 공식적인 권한만으로 통제능력 을 가졌다고 할 수는 없으며, 행위자들 간의 지배, 합의, 조정, 협의, 상호작용 등 여러 가지 형태의 권력관계가 작용하게 된다.

그런 의미에서 권력관계는 '정책과정에 참여하는 정책행위자들의 통제능 력을 기반으로 하는 상호관계'로 정의할 수 있다. 또한 이러한 '정책행위자들 간의 권력관계에 관한 이론적 틀'을 권력모형이라고 한다(남궁근, 2009; 유훈, 2002; 정정길 외 2011).

권력모형에는 크게 두 가지 유형이 존재한다. 하나는 고전적 권력모형(tradi- tional power model)이며, 다른 하나는 현대적 권력모형(contemporary power model)이다(Cairney, 2012).

고전적 권력모형은 전통적 통치논리 혹은 지배논리에 근거한다. 과두지배의 논리, 다원주의, 근대 조합주의 사상 등이 그 논리적 배경이 된다. 고전적 권력 모형의 유형으로는 엘리트모형, 다원주의모형, 조합주의모형 등을 들 수 있다.

반면에, 현대적 권력모형, 즉 정책네트워크모형은 정책행위자들 간의 상호 작용관계를 핵심논리로 한다. 정책과정에서 공식적·비공식적 정책행위자들 이 수평적 네트워크를 형성하고 이들 간의 상호작용을 통해 정책결정이 이루 어지는 것으로 본다. 이러한 정책네트워크모형의 유형으로는 하위정부모형, 정책공동체모형, 이슈네트워크모형 등을 들 수 있다.

제2절 고전적 권력모형

이 절에서는 고전적 권력모형의 유형에 대해서 살펴본다. 대표적인 형태인 엘리트모형, 다원주의모형, 조합주의모형의 순으로 알아본다(권기헌, 2010; 남궁근, 2009; 정정길 외, 2011; Cairney, 2012; Dye, 2008).

1. 엘리트모형

엘리트모형(elite model)은 정책결정이 특정 소수의 엘리트들에 의한 지배적 권력(dominant power)을 통해 이루어지는 것으로 본다([그림 6-1] 참조).

[그림 6-1] 엘리트모형

엘리트모형은 소수의 권력엘리트들(power elites)에 의한 '과두지배의 철칙'(iron law of oligarchy)을 논리의 기반으로 한다. 이는 고전적 자유민주주의 정치철학과는 상반되는 입장이다(Cairney, 2012).

엘리트모형의 이론가인 밀즈(Mills, 1956)는 미국사회의 권력이 신분계급이나 개인의 능력이 아니라 제도적 지위에서 나온다고 보았으며, 이에 근거하여 제도적 엘리트론을 주장하였다. 제도가 소수 엘리트집단의 권력 메커니즘으로 작용한다는 것이다. 또한 같은 맥락에서 헌터(Hunter, 1963)는 지역사회의 권력구조를 명성에 의한 엘리트 구조로 분석하였다. 엘리트 권력구조의 메커니즘으로 명성을 중요하게 다루었다. 이와는 다소 다른 각도에서 바크라크와 바라츠(Bachrach & Baratz, 1970)는 무의사결정(nondecision-making)이라는 개념을 사용하여 보이지 않는 영역에서의 권력엘리트들의 영향력을 설명하였다. 권력엘리트들은 정책결정과정에서 의사결정권에 못지않게 의사결정의 보류, 지연, 무시 등의 무의사결정으로 지대한 영향을 미친다는 것이다.

경제권력에 초점을 맞춘 다이(Dye, 2001)의 연구를 살펴보면, 다이는 밀즈의 제도적 엘리트론을 계승하면서 미국의 권력엘리트들을 사회경제 가치를 배분하는 지위에 있는 소수 엘리트들의 집단으로 보았다. 특히 경제권력의 경우 거대 기업이나 거대 은행 등에 소속되어 있으며, 이들은 세계화와 함께 '글로벌 엘리트'(global elites)로 성장하면서 국가의 통치권에까지 도전하는 것으로 보았다.

일본의 정치엘리트에 관한 연구에서는 일본 중의원들을 대상으로 하여, 이들의 이념 및 정책성향이 의회 내에서의 의사결정과정 및 정부의 정책결정에 직접적인 영향을 미치는지를 분석하였다(이재철 · 진창수, 2011). 분석결과, 외교안보정책에서는 강경파 그룹과 온건파 그룹이 구별되었으며, 경제정책에서는 대부분이 작은 정부를 지향하는 것으로 나타났다. 또한 국내 정치와 사회문화정책에서는 개혁적이고 근대적인 진보적 성향을 보여주는 그룹이 많은 것으로 나타났다.

정치엘리트는 정책행위자로서의 지위를 갖는다. 그러므로 그들이 지니는 이념과 정책성향은 그들의 정치활동뿐 아니라 정책활동에도 지대한 영향을 미친다. 이러한 입장에서 국내 연구에서도 정치엘리트들에 대한 연구가 이루어지고 있으며, 특히 국회의원들을 대상으로 하는 연구가 다양하게 이루어지고 있다(가상준 외, 2009; 김광웅, 1992; 박현숙 · 남궁근, 2003). 또한, 지방화

시대와 함께 지방정치엘리트들에 대한 연구가 이루어지고 있다(유준석, 2012; 현승숙·윤두섭, 2005).

2. 다원주의모형

다원주의모형(pluralist model)은 정책결정이 이익집단들 간의 합의(agreement)를 통하여 이루어지는 것으로 본다([그림 6-2] 참조). 합의는 특정한 사안에 대해 둘 이상의 당사자들 사이에 의견이 일치하는 과정을 말한다.

[그림 6-2] 다원주의모형

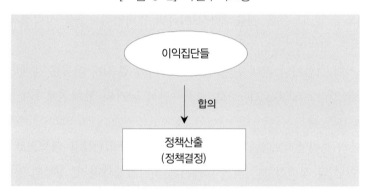

다원주의모형은 이익집단들의 참여를 전제로 하고 있다(Cairney, 2012). 일반국민들이 비슷한 관심과 이해를 가지고 있는 사람들과 모여서 집단을 만들고, 조직을 구성하며, 또한 하나의 집단만이 아닌 여러 다른 집단에도 가입함으로써 사회전체를 구성하게 된다. 그런 의미에서 사회는 집단들의 구성체이며, 집단들의 다양성을 특징으로 한다.

다원주의모형은 다양한 이익집단들의 영향력과 경쟁을 중시한다는 점에서 소수의 지배집단인 엘리트들에 의해 정책이 결정된다고 주장하는 엘리트이론과는 대비된다. 다원주의 이론가인 트루만(Truman, 1951)은 다양한 이익집단들이 경쟁을 하며 조정과 합의를 통해 정책결정에 이르는 과정을 두 가지 점에서 설명한다. 첫째, 잠재집단론이다. 이익집단의 구성원들은 잠재집단의 조직화 가능성을 알고 있기 때문에 어느 특정집단의 이익에 지나치게 좌우되지 않는다. 둘째, 중복회원이다. 이익집단의 구성원들은 다른 집단에도 복수적으로 가입되어 있기 때문에 어느 특정집단의 이해에만 얽매이지 않는다. 그러므로 이익집단들 간의 합의가 곧 다원주의 모형의 핵심 메커니즘이다.

정부와 이익집단 간의 관계에 대한 논의에서 가장 중요한 논의 중에 하나가 다원주의모형(pluralism model)과 조합주의모형(corporatism model)의 구분이다(Golden, 1986). 이를 연속선(continuum)상에서 바라보는 관점에서는, 근본적으로 이 두 모형은 이념형으로만 기능할 뿐이며, 현실적으로 정부와 이익집단 간의 관계는 대칭적인 이 두 모형의 사이에 어딘가에 위치할 것으로 보고 있다. 이념형으로서 다원주의는 순수한 다원주의(pure pluralism)로, 조합주의는 완벽한 조합주의(complete corporatism)로 구분된다(Keeler, 1978).

한편, 다원주의와 조합주의를 정부의 영향력을 기준으로 구분하여 볼 때, 조합주의에서는 설립과정, 조직운영, 정치활동, 재정보조, 경쟁집단의 제한, 국가사무의 위임 등의 영역에서 다원주의보다 더욱 높은 수준으로 작용하는 것으로 인식된다. 정부의 통제력이 다원주의와 조합주의를 구분하는 중요한 기준이라는 관점이다(Collier & Collier, 1979; Gamson, 1968; Wilson, 1982).

다원주의모형 연구의 예로서 달(Dahl, 1961)은 미국 커네티컷주 뉴헤이븐시를 대상으로 하여 1780년부터 1950년까지 약 170년 기간 동안에 이루어진 지역사회의 권력구조 변화를 분석하였다. 분석결과, 뉴헤이븐 시의 권력구조가 과두제로부터 다원주의로 변화하였으며, 정책영역별로 정책결정에 참여한 이익집단들이 모두 달랐다고 밝혔다.

다원주의모형은 크게 세 가지 점에서 비판을 받는다(남궁근, 2009). 첫째, 이익집단 간의 영향력의 차이이다. 이익집단 간의 권력의 크기가 다르기 때문에 상호 합의와 조정에는 한계가 있다는 지적이다. 둘째, 정부의 역할이다. 공식적인 행위자인 정부기관의 역할을 지나치게 제한적으로 보고 있다는 지적이다. 다원주의모형에서 정부는 중립적 행위자로 설정된다(Smith, 2006). 셋째, 현상유지의 경향이다. 집단 간의 합의와 조정으로 변화 보다는 현상유지를 정당화하는 경향이 있다는 지적이다.

3. 조합주의모형

조합주의모형(corporatism model)은 정책결정이 정부와 이익집단들 간의 제도화된 협의(discussion)를 통해 이루어지는 것으로 본다([그림 6-3] 참조). 협의는 특정한 사안에 대해 둘 이상의 당사자들이 상호 의논하는 과정을 말한다. 협의와 함께 자문(consultation)이란 용어가 사용되기도 한다.

[그림 6-3] 조합주의모형

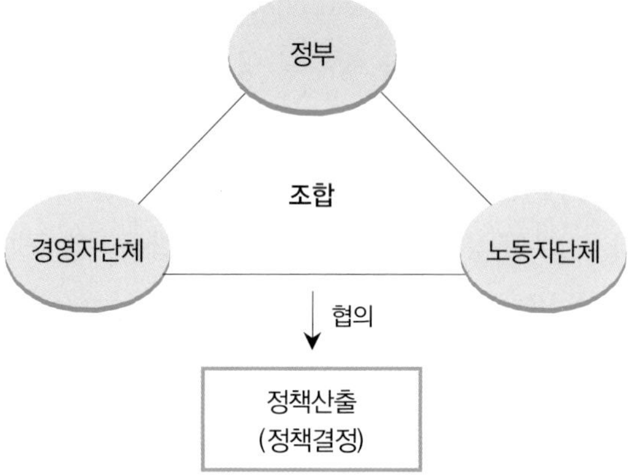

근대 조합주의는 유럽국가들의 경험에서 발전하였다. 1960년대와 70년대 유럽에서는 경영자단체의 대표, 노동자단체의 대표, 정부의 대표가 정책을 결정하는 삼자 연합의 협의체제를 구성하였다. 스웨덴의 국가노동시장위원회, 영국의 국민경제발전평의회 등이 그 예다. 슈미터(Schmitter, 1974)는 이러한 정책과정의 특성을 조합주의 이론으로 발전시켰다.

조합주의는 '사회의 여러 이익이 표출되는 혹은 중계되는 패턴의 체제'라고 할 수 있다(Schmitter, 1979). 조합주의의 형성조건으로는 사회적 파트너십(social partnership) 이념, 중앙집권적인 이익집단, 즉 정점조직(peak organization)의 존재, 협상 및 조정과정의 구축 등을 들 수 있다(Katzenstein, 1985).

조합주의모형은 이익집단들이 강력한 주도권을 행사하며, 이익집단들 간의 합의와 조정을 통하여 정책결정이 이루어진다고 보는 다원주의 이론에 대한 대안적 이론이라고 할 수 있다. 우선, 조합주의 이론에서 이익집단은 경쟁적이기보다는 협력적이다. 기능적 중요성이 서로 다르며, 전문적이고 위계적으로 조직화된다. 둘째, 정부는 자체목적을 가지고 이익집단의 활동을 조정하는 독립적인 실체로 간주된다. 셋째, 사회적 책임, 협의, 사회적 조화 등의 가치가 중시되며, 이익집단은 준정부기구 혹은 확장된 정부의 부분적 기능을 담당한다.

조합주의는 국가의 역할에 따라 국가조합주의(state corporatism)와 사회조합주의(societal corporatism)로 유형화된다. 국가조합주의에서 국가는 조합에 속하는 이익집단을 통제하고, 강력한 주도권을 행사한다. 권위적인 국가의 통제적 정책결정과정을 설명하는 모형이다(Stepan, 1978). 반면에, 사회조합주의에서 조합은 국가에서 공인받은 이익집단들과 국가와의 사이에 집단의 이익표출과 협의가 정치적으로 교환되는 이익대표체제를 의미한다. 그런 의미에서 사회조합주의는 사회적 통합을 목표로 하는 정부의 의도를 반영하며, 민주적 조합주의라고도 한다(Schmitter, 1979).

제3절 현대적 권력모형 : 정책네트워크모형

1. 개념

정책네트워크모형(policy network model)은 현대적 권력모형으로서 정책결정이 공식적·비공식적 정책행위자들 간의 상호작용에 의해서 이루어지는 것으로 설명하는 이론적 틀을 말한다([그림 6-4] 참조). 상호작용(interaction)은 특정한 사안에 대해 둘 이상의 당사자들이 협력적 혹은 경쟁적 관계를 형성하는 과정을 말한다. 이는 기존의 이론모형인 다원주의 및 조합주의와는 전혀 다른 새로운 이익매개양식(mode of interest intermediation)이라고 할 수 있다(김순양, 2010)

[그림 6-4] 정책네트워크모형

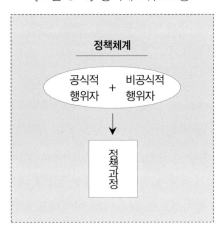

정책네트워크는 정책과정에 참여하는 공식적·비공식적 행위자들의 비공식적·수평적·분권적 구조의 특징을 지닌다. 이러한 관점에서 정책네트워크는 '다수의 조직이나 이해관계자들이 얽혀 있는 관계를 포괄하는 상호의존적 구조 혹은 정책결정배열'로 정의된다(Kennis & Schneider, 1991; O'Toole, 1997). 또한 정책행위자들 간의 비교적 안정적인 '사회적 관계'로 정의되기도 한다(Kickert et al., 1997).

정책네트워크모형은 앞서 살펴보았던 고전적 권력모형들과는 여러 가지 면에서 차이를 보여준다. 엘리트모형이 소수 엘리트들의 지배를 상정하는 전형적인 모형인데 반해, 정책네트워크모형은 다수의 정책행위자를 상정한다.

또한 다원주의모형이 정책결정의 주도권이 민간행위자에 있으며 정부를 중립적 행위자로 설정하는 반면에(Smith, 2006), 정책네트워크모형은 정부와 민간의 상호작용관계에 있는 것으로 본다. 한편, 국가조합주의모형이 공식적인 권한을 가진 정부가 정책결정의 주도권을 가지고 있고, 정부와 민간행위자의 관계를 수직적인 관계로 보는 반면에, 정책네트워크모형은 정부와 민간행위자의 관계를 수평적인 관계로 본다(Dorey, 2005; Williams, 2004). 사회조합주의모형은 사회적 통합을 목표로 하는 정부의 의도가 반영되면서 정부로부터 승인받은 소수의 이익집단들과 정부 간에 폐쇄적 관계를 갖는 반면에(Bochel & Bochel, 2004), 정책네트워크모형에서 정부와 민간 이익집단들 간의 관계는 개방적 관계를 갖는다.

이를 도식화하여 정리하면, [그림 6-5]와 같다.

[그림 6-5] 고전적 권력모형과 정책네트워크모형의 비교

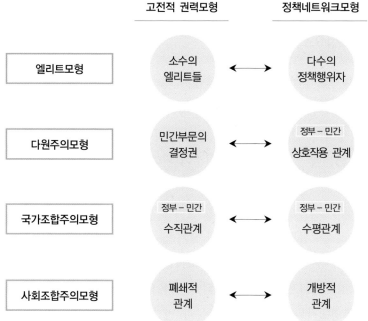

이러한 정책네트워크모형이 등장한 배경에는 정책환경의 변화가 크게 작용했다고 할 수 있다. 1980년대에 들어서면서 조직화된 이익집단들의 수가 크게 증가하기 시작하였으며, 무엇보다도 정책분야별로 다양한 NGO들의 활동이 활발하게 이루어지기 시작하였다. 이에 따라 이들의 정책참여과정을 설명하기 위해 제시된 이론모형이 정책네트워크모형이라고 할 수 있다.

이러한 정책네트워크모형은 미국과 영국을 중심으로 하여 발전하였다. 미국에서는 로우이(Lowi, 1976) 등의 학자들이 다원주의 모형을 비판하면서 하위정부모형에 대한 연구가 이루어지기 시작하였으며(Marsh, 1998), 이후 엘리트주의적 시각에 입각한 하위정부모형에 대한 비판과 함께 헤클러(Heclo, 1978)를 중심으로 하는 다원주의적 학자들에 의해 이슈네트워크모형에 대한 연구가 이루어졌다. 한편, 영국에서는 오랫동안 의회를 중심으로 하여 정책과정을 파악해왔던 한계를 벗어나 로즈(Rhodes, 1986) 등의 학자들에 의해 정책공동체모형에 대한 관심이 일어나기 시작하였다.

2. 구성요소

정책네트워크모형을 구성하는 요소로는 정책행위자, 정책행위자 간의 상호작용, 정책행위자 간의 관계구조, 정책산출 등을 들 수 있다. 이들 구성요소들은 정책네트워크모형의 특징을 설명해주며, 정책네트워크모형의 유형들을 구분하는데 있어서 중요한 기준이 된다.

주요 학자들의 연구들(Dredge, 2006; Jordan & Schubert, 1992; Marsh & Rhodes, 1992; Schneider, 1992)을 종합하여 정리해 보면 다음과 같다(〈표 6-1〉 참조).

우선 정책행위자는 정책과정에 참여하는 공식적·비공식적 정책행위자들을 말하며, 중위수준의 집단 혹은 조직들이 해당된다. 정책행위자의 세부요소로는 정책행위자의 수가 포함되며, 다음으로 정책행위자의 유형이 포함된다. 정책행위자의 유형은 공공부문과 민간부문으로 구분된다.

다음으로, 정책행위자 간의 상호작용이다. 상호작용의 세부요소로는 상호
작용의 빈도, 연속성, 성격, 행위기준 등이 포함된다. 상호작용의 빈도는 행
위자 간의 접촉빈도나 강도를 말하며, 연속성은 행위자 간 상호작용의 지속
성 여부를 파악하는 기준이 된다. 또한 상호작용의 성격은 협력적 관계 혹은
갈등적 관계로 구분된다. 행위기준은 행위자 간에 공유하는 행위기준의 유무
를 말한다.

다음으로, 정책행위자 간의 관계구조이다. 관계구조의 세부요소로는 형성
동기, 네트워크 경계, 연계유형 등이 포함된다. 형성동기는 행위자들 간의 자
원 배분정도에 따라서 상호의존성을 파악하게 된다. 네트워크 경계는 관계의
개방성과 폐쇄성을 말한다. 연계유형은 국가와 이익집단 간, 공식적 조직과
비공식 조직 간의 권력관계의 구조를 말하며, 수직적 구조인지, 수평적 구조
인지, 혹은 균형적 구조인지, 불균형적 구조인지를 파악하게 된다.

끝으로, 정책산출은 정책변동의 유무 및 정도를 말한다. 다양한 정책행위
자들이 참여하게 되면서 정책내용에 영향을 미치게 된다. 이에 따라서 처음
에 의도한 정책내용과 다른 결과를 가져올 수도 있으며, 그 결과를 예상하는

〈표 6-1〉 정책네트워크모형의 구성요소

구성요소	세부요소	내 용
정책행위자	수 유형	소수 / 다수 공공 / 민간
정책행위자간 상호작용	빈도 연속성 성격 행위기준	접촉빈도 / 강도 지속성 / 불연속성 협력적 / 갈등적(경쟁적) 가치 및 행위기준 공유 유 / 무
정책행위자간 관계구조	형성동기(자원) 네트워크 경계 연계 유형	상호의존성 여부 개방적 / 폐쇄적 수직적 / 수평적, 균형적 / 불균형적
정책산출	정책변동	정책변동 유 / 무, 정도

데에도 큰 영향을 미치게 된다. 그러므로 정책산출은 정책행위자들 간의 상호작용관계의 결과를 파악하는데 중요한 기준이 된다.

3. 유형

정책네트워크모형의 대표적인 유형으로는 하위정부모형, 정책공동체모형, 이슈네트워크모형 등을 들 수 있다(권기헌, 2010; 남궁근, 2009; 정정길 외, 2011; Bella & Wright, 2001; Berry, 1989, 1997; Heclo, 1978; Jordan, 1981; Rhodes & Marsh, 2002). 앞에서 논의한 구성요소를 기준으로 유형별 특징을 살펴보면 다음과 같다.

1) 하위정부모형

하위정부모형(subgovernment model)은 정책결정이 비공식적 행위자인 이익집단과 공식적 행위자인 의회와 행정부 등 삼자 간의 상호작용을 통해 이루어지는 것으로 설명하는 이론적 틀을 말한다([그림 6-6] 참조).

[그림 6-6] 하위정부모형

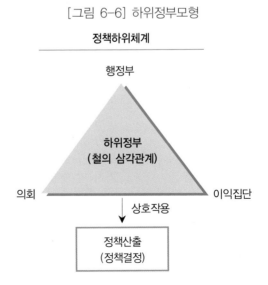

하위정부모형은 1960년대 미국의 정책결정과정을 보여주는 전형적인 모형
으로 알려져 있다(Lowi, 1976; Marsh, 1998; Ripley & Franklin, 1976; Smith, 1993).
그 당시 미국에서는 개별 정책분야별로 정책결정권을 공유하는 소규모의 네
트워크가 존재하였으며, 이익집단, 의회, 행정부로 구성되는 소규모의 3자 연
합이 정책결정에 있어서 실질적인 권한을 가지고 있었다.

이들 3자 연합은 각 정책영역별로 독립적인 정책하위체계를 형성하고, 상
호간에 밀접한 관계를 유지하며 결정권을 공유하였다. 이들의 이러한 관계를
소위 '철의 삼각관계'(iron triangles)라고 부른다(Birkland, 2005).

이러한 하위정부모형에 있어서 정책행위자 간의 관계구조는 행위자 간 이
해관계의 확보를 위하여 수평적 관계를 유지하며, 조직간 권력관계에 있어서
도 협력적인 관계를 유지하는 것으로 볼 수 있다. 그러므로 정책결정에 있어
서도 3자 연합이 결정권을 공유하게 되며, 정책산출도 사전에 충분히 예상할
수 있다.

하지만 하위정부모형은 정책환경의 새로운 변화와 함께 등장한 다양한 비
공식적 정책행위자들 간의 상호작용관계를 설명하는 데에는 한계를 보여주
었다. 우선, 이익집단의 수가 급증하고 유형이 다양해지면서 이익집단 행위
자들 간의 상호협력적 관계를 공유하는 것이 쉽지 않게 되었으며, 정책의 기
능도 다기능화 되면서 예전처럼 독립적이고 폐쇄적인 정책하위체계를 유지
하는 것이 현실적으로 어렵게 되었다.

2) 정책공동체모형

정책공동체모형(policy community model)은 정책결정이 공식적 정책행위
자인 의회와 행정부, 그리고 비공식적 정책행위자인 이익집단과 전문가집단
간의 상호작용을 통해 이루어지는 것으로 설명하는 이론적 틀이라고 할 수
있다([그림 6-7] 참조).

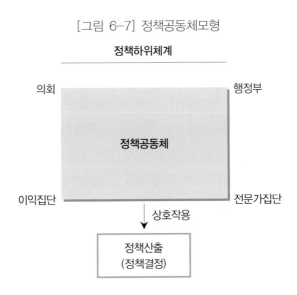

[그림 6-7] 정책공동체모형

정책하위체계

의회   행정부

정책공동체

이익집단   전문가집단

↓ 상호작용

정책산출
(정책결정)

정책공동체모형은 영국을 배경으로 하여 소개된 이론으로 그동안 주로 의회
와 정당을 중심으로 이루어진 권력관계 모형의 한계를 벗어나 다양한 정책행위
자들의 활동을 연구대상으로 확대하면서 발전되었다(Rhodes, 1986; Rhodes &
Marsh, 1992; Richardson & Jordan, 1979). 정책공동체모형은 그 특징에 있어서
하위정부모형과 앞으로 소개될 이슈네트워크모형과는 대비된다.

정책공동체모형은 정책행위자의 범위를 의회, 행정부, 이익집단, 전문가집
단으로 하고 있다. 따라서 앞서 살펴보았던 하위정부모형보다는 개방적이지
만, 이슈네트워크보다는 폐쇄적이라고 할 수 있다. 정책공동체를 구성하는
정책행위자들은 서로 인정받기 위하여 상호교환 할 수 있는 자원을 가지고
있으며, 안정적이고 지속적인 상호관계를 유지하면서 정책가치와 행위의 기
준을 공유한다.

정책공동체의 행위자들 간의 관계구조를 보면, 정책행위자들은 자원의 상
호의존성에 기인하여 수평적 관계를 상정하고 있으며 행위자들 간의 권력관
계는 대체로 균형적인 관계를 가진다. 정책산출에 있어서는 하위정부모형 보

다는 폐쇄성이 견고하지는 않으나 상호협력적 관계를 유지하고 있기 때문에 정책변화가 크지 않다. 따라서 정책산출을 예측하는 데에도 어려움이 없다.

3) 이슈네트워크모형

이슈네트워크모형(issue network model)은 정책결정이 특정 이슈를 중심으로 형성된 의회, 행정부, 이익집단, 전문가집단, NGO 등의 다양한 공식적·비공식적 정책행위자들 간의 상호작용을 통해 이루어지는 것으로 설명하는 이론적 틀을 말한다([그림 6-8] 참조).

[그림 6-8] 이슈네트워크모형

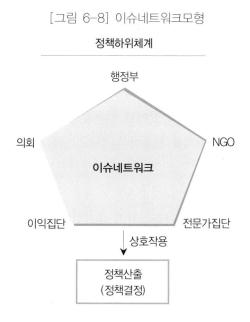

초기 이슈네트워크모형은 하위정부모형의 폐쇄성에 대한 비판으로부터 출발하였으며 정책결정과정에 있어서 하위정부보다 훨씬 많은 다양한 행위자들의 구성체가 관계하고 있는 것으로 상정하였다(Dorey, 2005; Heclo, 1978; Rhodes & Marsh, 2002). 그 이후 이슈네트워크모형은 하위정부모형보다는 확

대된 모형인 정책공동체모형과 대비되는 이론으로 발전하게 되었다.

이슈네트워크모형과 정책공동체모형과의 차이를 구성요소를 기준으로 하여 살펴보면, 우선 이슈네트워크는 공식적 행위자와 이익집단, NGO, 전문가집단 등의 다양한 비공식적 정책행위자들을 포함한다. 또한 이슈네트워크 행위자는 집단으로만 구성되지 않는다. 때로는 전문가, 언론인, 일반국민들이 개별 행위자로서 구성체에 포함된다. 그러므로 이슈네트워크 행위자는 정책공동체보다 광범위하고, 이슈에 따라서 주요 행위자들이 수시로 변하게 된다. 또한 이해관계유형에 있어서 공통의 기술적 전문성을 가진 행위자들을 연합하는 지식공유집단의 성격을 갖는다.

행위자들 간의 상호작용에 있어서 이슈네트워크 행위자들은 정책공동체 행위자들과 비교하여 불연속적이고 상호경쟁적이며, 이슈에 따라서 다른 행위자들을 수시로 상대하게 된다. 또한 행위의 기준이나 합의를 공유하지 않기 때문에 서로 다른 전략과 방식으로 상호작용을 하게 된다.

행위자들 간의 관계구조에 있어서 정책공동체 행위자들은 자원의존성에 기인하여 균형적 상호관계를 형성한다. 하지만 이슈네트워크 행위자들은 불균형적 상호관계를 갖는다. 같은 맥락에서 정책공동체의 경우 조직간 권력관계에 있어서 비교적 균형적인 결정권을 가지고 있는데 반해, 이슈네트워크의 경우 정책결정에 있어서 불균형적이며 네거티브섬(negative sum) 게임의 성격이 강하다.

또한 정책산출에 있어서 이슈네트워크의 경우 정책공동체와 차이를 보여준다. 정책공동체의 경우 정책과정에서 거의 동일한 정책행위자들이 활동을 하고, 정책목표를 공유하고 있기 때문에 정책산출의 변화를 가져올 가능성이 낮다. 반면에 이슈공동체의 경우 행위자가 수시로 달라지기 때문에 정책산출을 예측하기 어렵다. 대체로 전문지식과 자원의 크기가 중요한 변수가 되며, 개별행위자들의 연합형성 전략이 정책산출에 크게 영향을 미친다.

이상의 논의를 정리해 보면, [그림 6-9]와 같다.

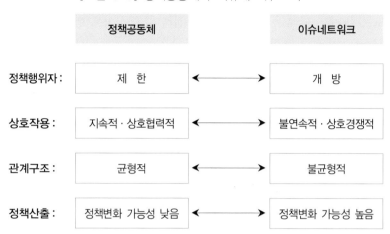

[그림 6-9] 정책공동체와 이슈네트워크 비교

	정책공동체		이슈네트워크
정책행위자 :	제 한	← →	개 방
상호작용 :	지속적 · 상호협력적	← →	불연속적 · 상호경쟁적
관계구조 :	균형적	← →	불균형적
정책산출 :	정책변화 가능성 낮음	← →	정책변화 가능성 높음

제4절 정책네트워크이론과 경험적 연구

정책네트워크이론은 '정책네트워크와 정책산출과의 관계를 설명하는 지식 체계'를 말한다(Bulkeley, 2000). 정책네트워크이론의 경험적 연구는 사회연 결망분석과 설문조사법을 활용한 실증적 연구와 사례연구법을 활용한 후기 실증주의 연구가 이루어지고 있다. 이를 일반정책 연구와 관광정책 연구로 구분하여 살펴보면 다음과 같다.

1. 일반정책 연구

먼저, 사회연결망분석을 적용한 정책네트워크 연구에는 김옥일(2008a), 한진이 · 윤순진(2011) 등의 연구를 들 수 있다. 사회연결망분석(social network analysis)은 네트워크의 구조를 체계적으로 분석할 수 있는 기법으로 중위수준에서 네트워크의 밀도, 중심성, 구조적 공백 등을 측정한다(김용학, 2011). 밀도는 행위자 간의 응집력 정도를 측정하며, 중심성은 행위자 가운데 중심 적인 지위를 지닌 행위자를 파악하는 기준이다. 중심성에는 연결정도 중심 성, 인접중심성, 매개중심성 등이 포함된다.

다음으로, 사례연구법을 적용한 연구로는 기술적 사례연구와 설명적 사례 연구가 이루어진다. 기술적 사례연구는 정책네트워크의 유형화 연구에 적용 된다. 분석기준으로는 정책행위자, 상호작용, 관계구조, 정책산출 등이 포함 되며, 분석결과에 근거하여 정책네트워크의 유형화가 이루어진다(나찬영·유재원, 2008; 류영아, 2006; 안선회, 2011; 여관현 외, 2011). 정책네트워크 유 형화 연구의 모형은 다음과 같다([그림 6-10] 참조).

[그림 6-10] 정책네트워크 유형화 연구모형

다음으로, 설명적 사례연구는 정책환경-정책네트워크-정책산출의 관계구 조를 기반으로 하여 연구가 이루어진다(김영종, 2006, 2007; 김옥일, 2008b; 박 용성, 2004; 황동현·서순탁, 2011). 설명적 사례연구에서는 정책환경의 변화 가 어떻게 정책네트워크의 변화를 가져왔는지, 그리고 정책네트워크의 변화 가 어떻게 정책산출의 변화를 가져왔는지가 분석의 초점이 된다. 정책환경

요인으로는 거시적 환경인 정치적 요인, 경제적 요인, 사회적 요인, 기술·자연적 요인, 국제적 요인 등이 설정되며, 정책네트워크 요인으로는 행위자, 상호작용, 관계구조 등이 설정된다. 정책산출은 정책변동의 유무와 정도가 설정된다([그림 6-11] 참조).

[그림 6-11] 정책네트워크 관계구조 연구모형

2. 관광정책 연구

관광정책 연구에서 정책네트워크이론 연구는 사회연결망분석, 설문조사법, 사례연구법 등이 적용된다.

먼저, 사회연결망분석을 적용한 연구로는 '사회연결망분석을 이용한 한국관광산업 이익집단의 정책네트워크 분석'(심원섭·이연택, 2008), '의료관광의 정책네트워크 특성과 성과요인 간의 관계분석'(심원섭·이인재, 2009), '사회연결망분석을 이용한 지역의료관광산업의 이해관계자 네트워크 분석'(김정하, 2012) 등을 들 수 있다.

이 가운데 김정하(2012)의 사회연결망분석 연구를 살펴보면, 이 연구는 의료관광이 활발하게 이루어지고 있는 서울시 강남구를 조사대상지로 하여 지역 내 이해관계자집단을 선정하고, 조사결과에 기초하여 중위적 수준의 네트워크 분석을 실시하였다.

이해관계집단으로는 공공기관과 민간부문에서 모두 12개의 기관 내지는 업종 대표업체가 선정되었으며, 그 결과 보건복지부, 문화체육관광부, 보건산업진흥원, 한국관광공사, 서울시, 강남구청, 서울관광마케팅주식회사, 코트라, 병원, 의원, 에이전시, 여행사, 특급호텔 등이 구성되었다.

네트워크 영역으로는 전반적인 업무영역 부문, 의료관광상품개발 부문, 전문인력양성 부문, 해외홍보활동 부문, 정보시스템 구축 부문 등이 대상 영역으로 설정되었다.

한편, 분석기준으로는 밀도, 중심성(연결정도 중심성, 인접 중심성, 매개 중심성) 등이 적용되었다.

분석결과, 전반적인 업무영역 부분에 있어서 밀도 분석의 결과, 포괄성은 1.0으로 12개 이해관계자 모두가 연결되어 있는 것으로 나타났으며 연결망 밀도는 0.404로 보통수준으로 나타났다. 이를 NETMINE 4.0 프로그램으로 도식화한 결과는 [그림 6-12]와 같다.

중심성 분석에서는, 우선 연결정도 중심성에 있어서 내향 중심성에는 병원이, 외향 중심성에는 서울관광마케팅 주식회사가 가장 높게 나타났으며, 인접 중심성에 있어서 내향 인접중심성에는 병원이, 외향 인접중심성에는 서울시가 가장 높게 나타났다. 매개 중심성에서는 의원이 가장 높게 나타났다.

각 부문별로 네트워크 분석결과를 정리해 보면, 의료관광상품개발 부문에서는 병원, 의원, 에이전시, 여행사, 코트라 등이 핵심적인 역할을 하는 것으로 나타났으며, 전문인력양성 부문에서는 병원, 의원, 에이전시, 숙박시설, 한국관광공사 등으로 나타났다. 또한 해외홍보활동 부문에서는 병원, 의원, 에이전시, 숙박시설, 한국관광공사 등이, 정보시스템구축 부문에서는 병원, 의원, 에이전시, 숙박시설, 한국관광공사 등이 핵심적인 역할을 하는 것으로 나타났다.

[그림 6-12] 의료관광 이해관계자 네트워크

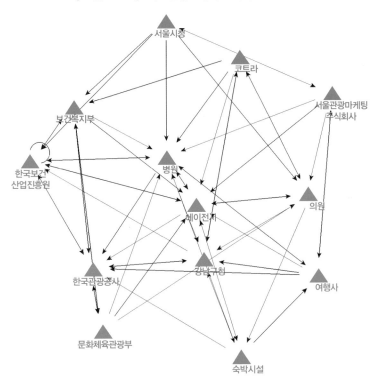

　　다음으로, 설문조사법을 적용한 연구로는 박양우(2007)의 '영상관광정책의 네트워크 체계에 관한 연구', 이연택·김경희(2010)의 '의료관광정책의 정책 네트워크 특성과 성과요인 간의 관계분석' 등이 있다. 이 가운데 이연택·김 경희(2010)의 연구를 살펴보면, 이 연구는 의료관광 정책네트워크라는 정책 하위체계의 특성이 네트워크 정책성과에 미치는 영향관계를 분석하는데 연 구의 목적을 두었다. 연구방법으로는 미시적 접근에서 설문조사법을 적용하 였다. 분석결과, 정책네트워크 구성요인 중에는 '상호작용', '관계구조' 요인이 정책네트워크 만족도와 성취도에 유의한 영향을 미치는 것으로 나타났으며, 정책네트워크 관계요인 중에는 '상호존중도'와 '상호이해도'가 만족도에, '상호존중도'가 성취도에 유의한 영향을 미치는 것으로 나타났다.

이 연구의 연구모형은 [그림 6-13]과 같다.

[그림 6-13] 정책네트워크 특성 – 성과 관계 연구모형

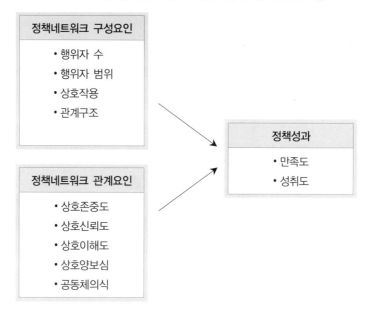

관광정책 연구에서 사례연구법을 적용한 연구로는 이연택·공은숙(2011)의 '지역메가이벤트 정책환경과 정책네트워크 변화의 관계 분석 연구'를 들수 있다. 이 연구는 지역메가이벤트를 정책영역으로 하는 정책하위체계에 초점을 맞추어 정책환경이 정책네트워크 유형변화에 미치는 영향관계를 설명하는데 연구의 목적을 두었다. 연구방법으로는 설명적 사례연구법을 적용하였으며, 연구사례로는 '2009 인천세계도시축전'이 대상이 되었다. 분석결과, 지역메가이벤트 정책과정에서 단계별로 정책환경이 매우 중요한 영향관계를 갖고 있음을 확인할 수 있었다. 의제형성과정에서 정치적 요인이 크게 작용하였으며, 이후 추진과정에서 국제적 환경요인과 사회적 환경요인이 정책하

위체계에 크게 영향을 미쳤다. 그 결과 정책네트워크 유형이 초기 폐쇄적 정책공동체 모형으로부터 정책조정기에 들어서면서 개방적 이슈네트워크 모형으로 변화됨을 확인할 수 있었다. 이는 관련 선행연구결과들과도 일치하는 것으로 정책환경-정책네트워크 유형변화 관계의 설명적 인과관계를 지지하는 것으로 나타났다. 또한 연구의 시사점으로 지역메가이벤트 정책과정에 있어서 정책네트워크 관리자로서 중앙정부의 역할이 중요한 것으로 제시되었다.

이 연구의 연구모형은 [그림 6-14]와 같다.

[그림 6-14] 정책환경 – 정책네트워크 변화관계 연구모형

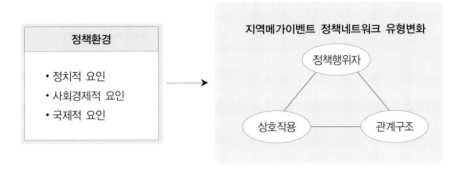

실천적 논의
관광정책네트워크

권력관계는 '정책과정에 참여하는 정책행위자들의 통제능력을 기반으로 하는 상호관계'로 정의된다. 민주화, 다원화와 함께 권력관계를 설명하는 이론이 고전적 권력모형에서 현대적 권력모형인 정책네트워크모형으로 변화되고 있다. 또한, 그 세부유형인 정책공동체모형 내지는 이슈네트워크모형에 초점이 모아진다. 관광정책에서도 다양한 형태의 정책네트워크가 형성되어 정책결정에 참여한다. 또한 이러한 정책네트워크는 정책환경의 변화에 따라서 그 유형이 변화한다. 이러한 현실을 고려하면서 다음 문제들에 대하여 논의해 보자.

논제 1. 최근 중앙정부 차원에서 추진되고 있는 관광정책 가운데 현대적 권력모형(정책네트워크모형)을 형성한 사례는 어떤 것이 있으며, 그 특징은 무엇인가?

논제 2. 최근 지방정부 차원에서 추진되고 있는 관광정책 가운데 현대적 권력모형(정책네트워크모형)을 형성한 사례는 어떤 것이 있으며, 그 특징은 무엇인가?

요약

이 장은 집단론적 관점의 두 번째 장으로서 '관광정책과 권력관계 : 정책네트워크모형'을 주제로 다루었다.

우선, 권력관계는 '정책과정에 참여하는 정책행위자들의 통제능력을 기반으로 하는 상호관계'로 정의된다. 또한 이러한 정책행위자들의 권력관계에 관한 이론적 틀을 권력모형이라고 한다.

권력모형은 크게 고전적 권력모형과 현대적 권력모형으로 구분된다.

고전적 권력모형은 전통적 통치논리 혹은 지배논리에 근거하며, 과두지배의 논리, 근대 조합주의사상 등이 그 논리적 배경이 된다. 고전적 권력모형의 유형에는 엘리트모형, 다원주의모형, 조합주의모형 등이 있다.

엘리트모형은 정책결정이 특정 소수의 권력집단에 의해 이루어지는 것으로 본다. 엘리트 모형의 이론가인 밀즈(Mills)는 엘리트집단의 권력이 제도로부터 나오는 것으로 보았다. 같은 맥락에서 다이(Dye)는 미국의 권력엘리트들이 경제적 가치를 배분하는 지위에 있는 것으로 보았으며, 이들이 세계화와 함께 글로벌 엘리트(global elites)로 성장하는 것으로 보았다.

다원주의모형은 정책결정이 이익집단들 간의 합의와 조정을 통해 이루어지는 것으로 본다. 다원주의모형은 다양한 이익집단들이 참여한다는 점에서 엘리트모형과 대비된다. 다원주의모형은 지나치게 정부의 역할을 제한적으로 보고 있다는 점에서 지적을 받고 있으며, 이익집단들 간의 영향력의 차이 때문에 상호 합의와 조정에는 한계가 있다는 지적을 받는다.

조합주의모형은 정책결정을 정부와 이익집단 간의 제도화된 협의과정으로 본다. 조합주의에는 국가조합주의와 사회조합주의가 있다. 국가조합주의에서는 국가가 이익집단을 통제하며 주도권을 행사한다. 반면에, 사회조합주의에서는 사회적 통합을 목적으로 각각의 대표들이 이익대표체제를 구성한다.

한편, 현대적 권력모형은 정책네트워크모형을 말한다. 정책네트워크모형은 정책행위자들 간의 상호작용관계를 핵심논리로 한다. 정책과정에서 공식적 · 비공식적 정책행위자들이 형성하는 상호작용관계에 의해서 정책결정이 이루어지는 것으로 본다. 정책네트워크모형에는 하위정부모형, 정책공동체모형, 이슈네트워크모형 등이 있다.

하위정부모형은 비공식적 행위자인 이익집단과 공식적 행위자인 의회와 행정부 등 삼자 간의 상호작용을 통해 정책결정이 이루어지는 것으로 본다. 이들은 매우 폐쇄적인 구조를 가지고 있으며, 철의 삼각관계(iron triangles)라고 까지 불린다. 권력구조에 있어서 수평적이고 균형적인 관계를 유지하며, 삼자 간의 결정권 공유가 이루어진다.

정책공동체모형은 공식적 행위자인 의회와 행정부, 비공식적 행위자인 이익집단과 전문가집단 간의 상호작용을 통해 정책결정이 이루어지는 것으로 본다. 정책공동체모형은 하위정부모형보다 개방적 구조를 지니고 있으며, 권력구조에 있어서도 대체로 수평적이고 균형적인 관계를 가진다. 이에 따라서 정책산출에 있어서 정책변동의 내용이나 정도에 크게 변화가 오지 않는다.

이슈네트워크모형은 특정 이슈를 중심으로 구성된 의회, 행정부, 이익집단, 전문가집단, NGO 등의 다양한 공식적 · 비공식적 행위자들 간의 상호작용을 통해 정책결정이 이루어지는 것으로 본다. 이슈네트워크 모형은 경계구조가 매우 개방적이며, 많은 수의 비공식적 행위자들이 참여한다. 또한 상호작용에 있어서는 정책공동체모형보다 갈등적이며 권력구조에 있어서도 불균형적 관계를 갖는다. 이로 인해 정책변동을 예측하기도 어렵다.

제 IV 부

관광정책과
정책과정론적 접근

개관

제Ⅳ부에서는 정책과정론적 관점에서 정책과정의 단계모형과 정책과정의 영향요인 그리고 경험적 이론 등에 대해서 논의한다. 정책과정론은 정책과정에 관한 지식체계로서 합리적·분석적 기준에서 정책과정을 설명하며, 또한 이를 제한하는 정치성에 대해서 설명한다. 정책과정을 단계별로 자세하게 알아보기 위하여 제7장에서는 관광정책과 정책의제설정, 제8장에서는 관광정책과 정책결정, 제9장에서는 관광정책과 정책집행, 제10장에서는 관광정책과 정책평가, 그리고 제11장에서는 관광정책과 정책변동에 대해서 각각 논의한다.

관광정책과 정책의제설정

개관

이 장은 정책과정론적 접근의 첫 번째 장으로서 정책과정론의 기본적 이론요소와 정책과정의 첫 번째 단계인 정책의제설정 단계에 대해서 논의한다. 제1절에서는 정책과정론에 대해서 다루며, 제2절에서는 정책과정의 개념과 특성에 대해서 논의한다. 이어서 제3절에서는 정책의 제설정의 개념과 의의를 다루며, 제4절에서는 정책의제설정과정에 대해서 알아본다. 또한 제5절에서는 합리적 정책의제설정의 영향요인을 살펴보고, 제6절에서는 정책의제설정이론과 경험적 연구에 대해서 논의한다.

제1절 정책과정론

정책과정론은 정책학의 가장 고전적이고 기본적이며 중심적인 패러다임이라 할 수 있다(Dye, 2008). 앞서 논의한 바와 같이 정치체제론의 핵심 내용은 개방체제로서의 정치체제이다. 그러므로 정책환경과 정치체제 간의 투입-산출의 관계에 초점이 놓여진다.

이와는 달리, 정책과정론에서는 투입과 산출의 전환과정, 즉 정책과정에 초점이 맞추어진다. 과연 정책의 성공적인 실현을 위해서는 어떠한 단계를 거쳐야 하는지가 주 관심사가 된다. 즉 합리적 정책과정이 성공적인 정책을 가져온다는 전제가 있다. 하지만 현실적으로 정책과정에는 다양한 이해관계집단들이 참여한다. 이들은 정책네트워크 혹은 정책옹호연합을 형성하며, 권력관계 내지는 정치적 관계를 구성한다. 그러므로 정책과정은 합리적 과정이라기보다는 정치적 과정이라는 입장이 존재한다(Dye, 2008). 크게 보면, 정책과정은 절차적 합리성을 기반으로 하는 합리적 과정인 동시에 제한된 합리성을 기반으로 하는 경험적 과정이라고 할 수 있다. 이에 따라 정책과정 연구에서는 경험적, 처방적, 규범적 연구가 모두 적용된다.

정리하자면, 정책과정론(policy process theory)은 '정책을 정책과정과의 관계로 설명하는 기본 지식체계'라고 할 수 있다. 정책은 곧 정책과정의 산물이라는 입장이다(Anderson, 2006; Dye, 2008). 이를 설명하는 주요 논리에는 정책과정의 합리성과 동시에 이를 제한하는 정치성이 있다(권기헌, 2010; Anderson, 2006). 또한, 기본적인 지식체계에는 정책과정의 단계모형, 영향요인, 경험적 이론 등이 포함된다.

제2절 정책과정의 개념과 특징

1. 개념

정책을 바라보는 관점은 크게 산출론과 과정론으로 구분된다(안해균, 1997). 산출론의 관점에서 정책은 정부에 의해서 결정된 정책산출물, 즉 계획, 방침, 지침, 법률이나 규정 등을 말한다. 반면에 과정론의 관점에서 정책은 정책이 이루어지는 과정을 말한다. 정책이 일정한 단계를 거쳐 생성되고, 실현되고, 소멸된다는 관점이다.

정책과정의 단계에 대해서 처음으로 논의한 학자는 현대 정책학의 창시자인 라스웰이다(Lasswell, 1956, 1971). 그는 사회문제 해결이라는 규범적 측면에서 정책과정의 단계를 제시하였다. 그는 성공적인 정책실현을 위한 단계로서 정보수집, 건의, 처방, 행동화, 적용, 종결 그리고 평가 등의 일곱 단계를 제시하였다.

이후 경험적 근거에 기초하는 다양한 단계모형(stage model)들이 소개되었으며, 대개는 단계적 구성을 기술적 방식으로 제시하였다(〈표 7-1〉 참조).

앤더슨(Anderson, 1975, 2002)은 정책과정의 단계를 문제형성, 정책대안형성, 정책대안채택, 정책집행, 정책평가 등의 다섯 단계로 제시하였다. 라스웰의 단계모형보다 간단하면서도 실제로 정책이 진행되는 과정을 기술적으로 제시했다고 할 수 있다. 또한 다이(Dye, 1972, 2008)도 거의 유사하게 다섯 단계의 정책과정을 제시하였으며, 존스(Jones, 1984)는 정책문제, 정부행동, 정부문제해결, 정책재검토의 네 단계를 제시하였다. 국내 학자로는 안해균(1998)이 정책형성, 정책결정, 정책집행, 정책평가의 네 단계를 제시하였다.

한편, 초기 이후의 학자들은 정책과정을 정책평가 이후 단계인 정책변동으로까지 그 범위를 확장시키는 경향을 보인다. 대표적인 예로서 리플리와 프

〈표 7-1〉 정책과정의 단계모형

구 분	단 계
Anderson (1975, 2002)	① 문제형성 ② 정책대안형성 ③ 정책대안채택 ④ 정책집행 ⑤ 정책평가
Dunn(2008)	① 의제설정 ② 정책형성 ③ 정책채택 ④ 정책집행 ⑤ 정책평가 ⑥ 정책적응 ⑦ 정책승계 ⑧ 정책종결
Dye(1972, 2008)	① 문제확인 ② 정책대안형성 ③ 정책합법화 ④ 정책집행 ⑤ 정책평가
Jones(1984)	① 정책문제 ② 정부행동 ③ 정부문제해결 ④ 정책재검토
Lasswell (1956, 1971)	① 정보수집 ② 건의 ③ 처방 ④ 행동화 ⑤ 적용 ⑥ 종결 ⑦ 평가
Ripley & Franklin (1986)	① 형성 · 합법화 단계 ② 집행단계 ③ 평가단계 ④ 정책변동단계
권기헌(2010)	① 정책의제설정 ② 정책결정 ③ 정책집행 ④ 정책평가 ⑤ 정책환류
남궁근(2009)	① 의제설정 ② 정책형성 ③ 정책집행 ④ 정책평가와 정책변동
안해균(1998)	① 정책형성 ② 정책결정 ③ 정책집행 ④ 정책평가

랭클린(Ripley & Franklin, 1986)은 정책평가단계 이후 정책변동단계를 포함시켰으며, 던(Dunn, 2008)은 정책평가단계 이후 정책적응, 정책승계, 정책종결의 단계를 포함시키고 있다. 국내 연구에서도 이와 비슷한 관점이 늘어나고 있으며, 정책환류 혹은 정책변동단계가 포함된다(권기헌, 2010; 남궁근, 2009). 이는 정책과정의 생성으로부터 소멸에까지 이르는 생애주기적 관점이 반영된 결과라고 할 수 있다(남궁근, 2009).

이러한 선행연구들에 기초하여 이 책에서는 정책과정의 단계(stages)를 [그림 7-1]에서 보듯이, 정책의제설정, 정책결정, 정책집행, 정책평가, 정책변동의 다섯 단계로 구성한다. 또한 정책과정(policy process)을 '정책의제설정, 정책결정, 정책집행, 정책평가, 정책변동 등 정책이 실현되는 단계적 절차'로 정의한다.

여기에서 한 가지 짚고 넘어가야 할 점은 이러한 정책과정의 단계론(stage theory)에 대한 비판이다(Sabatier, 1999). 정책과정이 실제로는 단계론에서 명시하는 바와 같이 순서대로 진행되는 것은 아니며, 단계 간의 구분도 명확하지 않다는 지적을 받는다. 또한 전제가 되고 있는 단계 간의 인과관계는 물론 단계적 과정과 정책산출 간의 인과관계도 경험적으로는 확인되지 않는다는 지적이다. 한마디로, 정책과정의 단계론은 단계모형일 뿐 그 자체가 인과모형은 아니라는 지적이다.

그럼에도 불구하고 정책과정의 단계론은 정책과정의 각 단계별로 정책목표 달성의 극대화를 위한 합리적인 기준과 방향 그리고 정책관리의 원칙을 제공해 준다는 점에서 매우 중요한 의의를 지닌다고 할 수 있다(Anderson, 2006).

[그림 7-1] 정책과정모형

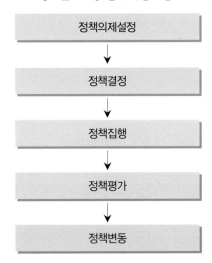

2. 특징

정책과정은 앞서도 잠시 언급된 바와 같이 합리적 과정으로서의 특징과 제한된 합리적 과정으로서의 특징을 지닌다.

우선, 정책과정은 성공적인 정책실현을 목표로 한다는 점에서 합리성을 지닌다. 정책목표의 성공적인 달성을 위한 규범적인 접근이 이루어지며, 분석적 접근을 통해 최선의 정책대안을 선택하기 위한 방법이 모색된다.

반면에, 정책과정의 합리성은 현실적으로 제한을 받는다. 앞서 집단론적 관점에서 논의한 바와 같이 정책과정은 공식적인 권한을 가진 정치체제 혹은 정책행위자들만의 영역이라고 할 수 없으며, 다양한 비공식적 정책행위자들이 참여하여 권력관계를 형성한다. 이러한 권력관계에 의해 정책과정의 합리성은 제한을 받는다. 이를 설명하기 위해 경험적 접근이 이루어진다.

정리하자면, 정책과정은 합리성과 함께 이를 제한하는 정치성을 동시에 지닌다고 할 수 있다. 다만, 정책과정론의 논리적 구성과 전개에 있어서는 먼저 합리적 정책과정을 기본적인 축으로 하여 논의하고, 이어서 현실적인 면에서 제한된 합리적 과정, 즉 경험적 과정을 논의하는 것이 일반적인 순서이다.

제3절 정책의제설정의 개념과 의의

1. 개념

정책의제설정(policy agenda setting)은 '사회문제를 정책의제로 채택하는 정부의 활동'을 말한다(Downs, 1972; Dye, 2008; Kingdon, 1995). 모든 사회문제가 정책문제로 다루어지지는 않는다. 그렇기 때문에 일단 정책의제로 채택되기 위해서는 문제의 중요성뿐만 아니라, 해당 문제를 심각하게 인식하고 있는 이해관계집단의 정치적 활동도 크게 작용한다. 그러므로 정책의제설정 단계에서의 주요 관심은 과연 어떠한 사회문제가 정책문제로 채택되는지, 또한 어떠한 과정을 거쳐 이루어져야 하는지, 여기에 영향을 미치는 주요 요인으로는 어떠한 것이 있는지 등의 문제에 놓여진다. 넓은 의미에서 정책의제설정은 문제의 쟁점사항과 관련된 원인, 범위, 해결책이 모두 논의되는 과정이라고 할 수 있다(Kingdon, 1995).

2. 의의

정책의제설정은 크게 두 가지 점에서 그 중요성을 정리할 수 있다([그림 7-2] 참조).

첫째, 정책의제설정은 정책과정의 첫 번째 단계이다. 정부의 입장에서 보면, 정책의제설정은 정부가 사회문제를 정부가 해결해야 할 정책과제로 인식하는 단계라고 할 수 있다(Jones, 1984). 그러므로 이 단계가 성공적으로 이루어져야 다음 단계인 정책결정, 정책집행, 정책평가, 정책변동으로 이동하게 된다. 따라서 정책의제설정단계에서의 합리적인 결정이 전반적인 정책과정의 합리화를 이끈다고 할 수 있다.

둘째, 정책의제설정은 외부로부터의 투입이 반영되는 과정이다. 정책의제설정단계는 정책환경으로부터의 요구와 지지가 정책활동에 투입되는 과정이다. 또한 비공식적 정책행위자, 즉 이해관계집단들이 정책의제설정에 직접·

[그림 7-2] 정책의제설정단계

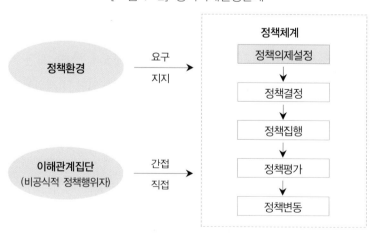

간접적으로 참여하게 된다. 해당의제와 관련된 집단들이 정치적 협력, 갈등, 투쟁을 통하여 서로 간의 관계를 형성하는 복잡하고 동적인 과정이라고 할 수 있다(정정길, 1997).

제4절 정책의제설정과정

다음에서는 정책의제설정의 단계와 유형에 대해서 살펴본다.

1. 단계

정책의제설정과정(policy agenda setting process)은 여러 하위단계들로 구성된다. 크게 네 단계로 나누어 설명된다(Cobb & Elder, 1972). 이러한 단계적 과정은 절차적 합리성을 지니고 있다는 점에서 합리적 정책의제설정과정으로서의 의의를 지닌다. 이를 살펴보면 다음과 같다([그림 7-3] 참조.)

[그림 7-3] 정책의제설정과정

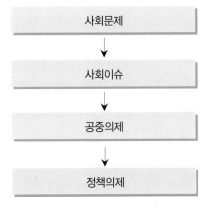

203

1) 사회문제 단계

첫 번째 단계는 사회문제가 확산되는 과정이다. 사회문제(social problem)는 특정한 사안에 대하여 사회 구성원들이 불만을 느끼는 상태를 말한다. 특히 사회문제는 다수의 사람들이 관련되어 있고 사회구조 속에서 발생하는 문제라는 점에서 개인적 문제와는 구별된다. 관계된 사람들의 수나 문제의 속성에 따라 사회문제는 부분적인 영역으로부터 전 영역으로 확산되고 사회적 관심을 받게 된다.

2) 사회이슈 단계

두 번째 단계는 사회문제가 사회이슈로 전환되는 과정이다. 사회이슈(social issue)는 사회문제들 중에서 사회집단 간에 의견이 엇갈리고 논쟁이 되는 사회적 쟁점을 말한다. 사회문제에 대해서 모든 사람들이 일치된 인식을 갖기는 어렵다. 사회문제는 계층 간에, 혹은 집단 간에 각기 다른 관점에서 인식된다. 그 결과 사회문제는 사회집단 간에 토론과 논쟁의 대상이 되며, 그러한 과정을 거쳐서 사회이슈로 대두되게 된다. 특히 이 과정에서는 주도자(initiator)와 점화장치(triggering device)가 중요하다. 주도자는 주로 매스미디어를 이용하여 사회이슈화를 시도한다.

3) 공중의제 단계

세 번째 단계는 사회이슈가 공중의제로 전환되는 과정이다. 공중의제(public agenda)는 사회이슈에 대한 논쟁이 확산되면서 일반 대중의 관심을 받게 되는 사회문제를 말한다. 공공의제가 되기 위해서는 일반 대중의 여론이 필요하다. 사회문제에 대해 많은 사회집단들의 관심이 모아지고, 일반 대중으로부터 공감이 확산되어야 한다. 또한 사회이슈가 정부가 해결해야 할 적법한 문제라고 여겨질 때 공중의제로 전환되게 된다. 이 과정에서 관련자들 간의 숙의 과정이 이루어진다. 소위 공론화의 과정을 말한다.

4) 정책의제 단계

네 번째 단계는 공중의제가 정책의제로 채택되는 과정이다. 정책의제(policy agenda)는 정부의 공식 안건으로 선택된 사회문제를 말한다. 그런 의미에서 정책의제는 공식의제(official agenda)라고도 한다. 정부의 문제해결 능력의 한계로 인하여 모든 공중의제가 정책의제로 채택되는 것은 아니다(Birkland, 2005). 이를 위하여 합리적 의제화 과정이 이루어지며, 전문가집단 등으로부터의 의견 수렴과 설문조사 그리고 AHP(Analytic Hierarchy Process)기법과 같은 분석기법을 활용한 접근이 이루어진다.

2. 유형

정책의제설정은 앞서도 보았듯이 다양한 정책행위자들에 의해서 영향을 받는다(Atkinson & Coleman, 1992; Sabatier & Smith, 1994). 이들 정책행위자들 가운데 누가 주도적인 행위자인가에 따라서 크게 세 가지 유형의 정책의제설정과정이 제시된다(Cobb et al., 1976). 이를 살펴보면 다음과 같다([그림 7-4] 참조).

1) 외부주도모형

외부주도모형(outside initiative model)은 정부 외부의 민간 영역, 주로 이해관계집단들에 의해 사회문제가 정책의제로 채택되는 방식의 모형이다. 다이(Dye, 2008)는 이러한 방식을 상향적 방식(bottom up)으로 설명한다. 외부주도모형의 경우 사회문제의 이슈화와 공중의제화의 과정을 거쳐서 정책의제화에 이르는 경우가 일반적이라고 할 수 있다.

정책환경이 민주화되고, 다원화되면서 외부주도모형에 의한 정책의제설정이 더욱 증가하고 있다. 여기에서 한 가지 고려할 점은 정책의제설정이 주도적 행위자들 간의 정치적 타협에 의한 산물이라는 점에서 정책과정이 진행되는 과정에서도 지속적인 논쟁이 불가피하다는 것이다.

한편, 인터넷의 발달과 함께 온라인을 통한 정책의제형성이 이루어지고 있다. 이때 중요한 참여자는 시민이다. 일반적으로 시민의 정책참여는 주로 집단을 통해 이루어지나, 온라인을 통한 시민참여는 자발적인 개인 참여라는 점에서 그 의의가 있다. 이와 관련하여 경험적 연구사례를 살펴보면, '온라인상의 정책의제형성과정에 관한 연구'(홍성운, 2009)에서 네티즌들에 의한 외부주도형 정책의제형성이 이루어지는 것을 확인할 수 있었다. 즉 사이버커뮤니티가 새로운 공론장이 될 수 있다는 가능성을 보여주고 있다.

2) 동원모형

동원모형(mobilization model)은 정부 내부에서 대통령이나 정치각료 등 정치집행부에 의해 사회문제가 정책의제로 채택되고, 이후에 대중의 지지 확보를 위해 공중의제로 확산시키는 방식의 모형이다. 다이(Dye, 2008)는 이러한 방식을 하향적 방식(top down)으로 설명한다. 정책결정자가 주도적 행위자라는 점에서 정책의제화의 속도가 빠를 수 있으나, 공론화의 과제가 여전히 남게 된다. 최근에는 정책결정자가 주도했다고 하더라도 진행과정에서 이해관계집단의 반대나 대중적 지지를 받지 못해 정책의제가 변경되거나 취소되는 경우가 흔히 발생한다. 특히, 정치적 의도에 의해 추진되는 사업의 경우에는 더욱 그렇게 될 가능성이 크다.

한편, 이러한 동원모형에서 대표적인 의제형성 방식이 선거공약이라고 할 수 있다. 특히, 선거 이벤트가 주기적으로, 연속적으로 이루어지면서 선거공약에 의한 정책의제 형성이 매우 심각한 정책갈등을 초래하기도 한다. 예를 들어, '지역개발의제 선거공약과 정책갈등에 관한 연구'(정주용, 2011)에서는 선거공약과 그 이행과정에서 갈등이 발생하고, 이는 곧 정책갈등으로 확산될 수 있음을 확인하고 있다. 그 중에서도 지역개발의제는 한정된 자원배분의 문제를 초래하며, 정책갈등 심화에 직·간접적인 영향을 줄 수 있음을 보여준다. 관광정책의제에서 많은 부분이 지역개발의제라는 점에서 이 연구의 결과가 시사하는 바가 크다고 할 수 있다.

3) 내부접근모형

내부접근모형(inside access model)은 정부 내부의 관료집단에 의해 사회문제가 정책의제로 곧바로 채택되는 방식의 모형이다. 이 모형에서는 주도적 행위자인 관료집단에 의해서 공중의제화의 과정을 의도적으로 제한하는 행위가 이루어진다. 대개의 경우 특정 이해집단과의 연계에 의해 이루어지는 경우가 많으며, 하위정부모형의 경우 그렇게 될 가능성이 더욱 크다고 하겠다. 하지만 정책정보 공개에 대한 사회적 요구가 더욱 커지면서, 내부접근모형에 의한 정책의제설정은 더욱 어려워졌다고 할 수 있다.

그 결과로 대두되는 방식이 정책공동체모형이라고 할 수 있다. 특히, 전문가집단의 참여가 정책의제형성에서 중요한 역할을 담당한다. 전문가집단이 참여하면서 내부접근모형에서 합리적 과정의 절충이 이루어진다고 할 수 있다. 이와 관련하여 관광정책연구의 예를 보면, '미래 한국 관광정책의 전망과 과제' 연구(김향자 · 김영준, 2007)에서 전문가집단을 대상으로 하는 의견조사를 통하여 향후 관광정책 아젠더가 제시되고 있다. 이러한 전문가 의견조사가 내부접근모형에서 가장 일반화된 의제형성방식이라고 할 수 있다. 또한 전문가집단으로서 앞서 제5장 '관광정책과 정책행위자'에서 살펴본 바와 같이 공공정책싱크탱크인 '한국문화관광연구원'의 참여가 내부접근모형에서 중요한 역할을 담당한다.

3. 관광정책에의 적용

관광정책에 있어서 정책의제설정은 일반정책과 마찬가지로 단계적 절차를 거치게 된다. 하지만 일반적인 정치, 경제, 교육, 환경 등의 문제들과 비교하여 관광문제는 대상범위가 부분적이고 파급효과가 특정영역에 제한적으로 적용된다는 점 등의 문제의 속성으로 인해 사회이슈화가 이루어지는 데는 상대적으로 한계를 보여준다.

하지만 관광산업에 대한 사회적 관심이 증가하고, 이해관계집단의 수가 증가하면서 정책의제화 과정에서의 이해관계집단 간의 숙의와 토론, 사회여론과 지지는 중요한 과정적 요소로서 인식되며, 이 과정에서 언론매체의 역할이 매우 중요하다.

한편 정책의제설정 유형에 있어서 정책이해관계집단들에 의한 외부주도모형보다는 관료집단에 의한 내부접근모형 혹은 대통령이나 정치각료들에 의한 동원모형이 더욱 일반적으로 채택되는 유형이라고 할 수 있다.

그러므로 관광정책의제형성에 있어서 정책갈등이 발생할 소지가 크다고 할 수 있다. 그런 점에서 합리적인 정책의제설정이 이루어지기 위해서는 공론화과정을 거쳐 정책의제를 채택하려는 정부의 노력과 정책이해관계집단들의 정책의제설정과정 참여를 활성화하기 위한 장치가 필요하다고 하겠다.

제5절 정책의제설정의 영향요인

정책의제설정에 영향을 미치는 여러 가지 요인들이 제시되고 있다. 정책의제설정은 사회문제 자체의 속성에 의해서 영향을 받으며, 정치체제의 특성에 의해서 영향을 받는다. 또한 환경적 요인으로서 거시환경 요인과 비공식 행위자 요인 등에 의해서 영향을 받는다. 이러한 요인들이 합리적 정책의제설정을 제한하는 요인들로 작용한다.

다음에서는 그 내용을 영향요인별로 살펴보고 관광정책에의 적용을 논의해 본다.

1. 영향요인

1) 문제의 속성

사회문제가 지니는 문제 자체의 속성이 정책의제화에 영향을 미친다. 콥과 엘더(Cobb & Elder, 1972)는 이러한 문제의 속성으로 사회적 유의성과 문제의 지속성을 제시한다. 사회적 유의성은 문제가 지니는 사회적 중대성과 관심을 말한다. 사회적으로 문제의 영향력이 크고, 사회적 관심이 큰 문제일수록 정책의제로 채택될 가능성이 크다고 할 수 있다. 또한 문제의 지속성에 있어서는 일시적인 문제보다는 근본적이고 지속적인 문제가 정책의제로 채택될 가능성이 크다고 할 수 있다.

2) 공식적 행위자

정책의제설정은 공식적 행위자의 특성에 의해서 영향을 받는다. 주요 특성으로는 공무원의 태도, 정부조직의 구성요소, 구조적 특징 등을 들 수 있다. 공무원의 태도는 정책담당자가 특정 사회문제에 대해 지니는 태도를 말하며, 방관적 태도, 후원적 태도, 주도적 태도 등의 유형을 들 수 있다(Jones, 1977). 정부의 운영방식도 주요한 영향요인이다. 크게 정부관료제 모형과 거버넌스로 나누어 볼 수 있는데, 정부관료제 모형의 운영방식에서는 정부 내부의 주도적 행위자에 의한 내부접근모형이나 동원모형의 의제설정 과정이 이루어질 가능성이 크며, 거버넌스 모형의 운영방식에서는 외부주도모형의 의제설정 과정이 이루어질 가능성이 크다고 할 수 있다.

3) 거시환경

정책의제설정은 거시환경 요인들에 의해서 영향을 받는다. 정치적 환경, 경제적 환경, 사회적 환경, 자연·기술적 환경, 국제적 환경 등이 정책의제설정에 영향을 미치게 된다. 예를 들어, 기술환경 요인에서는 인터넷이 정책의제설정에 크게 영향을 미친다(박치성·명성준, 2009). 이러한 환경적 영향을 설명하는 이론 가운데 최근에 부각되고 있는 관점으로 촉발메커니즘(triggering mechanism)을 들 수 있다. 촉발메커니즘은 일상적인 사회문제를 정책문제로 급속히 전환시키는 결정적인 사건 또는 사건의 집합을 말한다(Gerston, 2004). 이러한 촉발메커니즘이 정책의제설정의 촉매제로 작용한다. 여기에는 태풍, 지진 등의 자연적 재해 뿐 아니라, 경제위기, 전쟁, 테러, 질병 등 예견할 수 없는 사건 혹은 사고들이 포함된다.

4) 비공식 행위자

정책의제설정은 다양한 비공식 행위자들에 의해서 영향을 받는다. 앞서 정책의제설정 유형에서 살펴본 바와 같이 외부주도모형에 의한 정책의제설정이 더욱 확대되는 경향을 보여준다. 또한 비공식 행위자들은 자신들의 지지 혹은 반대의견을 제시함으로써 정책의제의 공론화에 큰 영향을 미친다. 이러한 관련자들 간의 쟁점화 과정을 숙의과정이라고 한다(Cobb et al., 1976). 최근에는 쟁점주도자들이 이익집단 뿐 아니라 NGO로 범위가 확대되면서, 비공식 행위자의 직접 참여가 더욱 증가하고 있다.

5) 시민참여

인터넷의 발달과 함께 전자거버넌스(e-governance)시대가 열리면서 온라인을 통한 개별 시민참여가 확대되고 있다. 전자정부사이트에서 시민들의 참여를 통한 정책제안이 이루어지고 있으며, 이를 통해 정책의제설정이 이루어지게 된다. 이와 관련하여 최근의 한 사례 연구에서도 전자정부사이트에서의 정책제안과 정책의제설정 간의 관계를 조사한 바 있다(황성수, 2011). 연구결과 서울시의 온라인 주민참여에 있어서 주민 정책제안이 주민의 눈높이에 맞는 정책프로그램의 채택과 기존 정책의 개선에도 크게 영향을 미친 것으로 나타났다.

2. 관광정책에의 적용

관광정책의제설정에 있어서도 일반 정책의제설정과 마찬가지로 여러 요인들에 의해서 영향을 받는다. 관광문제의 속성이 특정영역에 해당된다는 점에서 일반 사회문제에 비해 우선적으로 정책의제화 되지 못하는 경우가 흔히 있다. 또한 관광정책담당자의 개인적인 정책성향에 의해서도 정책의제설정은 영향을 받으며, 정부조직의 관리체계에 의해서도 영향을 받는다. 촉발메커니즘으로 설명되는 급격한 환경변화는 관광정책의제설정에 그 영향력이 크다. 자연재해, 경제위기, 테러, 질병 등 급격한 환경변화가 관광정책의제설정을 촉발한다고 할 수 있다. 비공식 행위자들의 활동도 관광정책의제설정에 크게 영향을 미친다. 국립공원의 케이블카 설치 문제, 관광리조트시설의 환경문제, 복합관광시설의 교통문제 등이 사회이슈화 되는 예가 여기에 해당된다.

제6절 정책의제설정이론과 경험적 연구

정책의제설정이론은 정책과정론적 관점에서 '정책의제설정과정을 기술하고 설명하는 지식체계'를 말한다. 주요 경험적 이론으로는 이슈관심주기모형, 공공광장모형, 정책흐름모형, 동형화모형 등을 들 수 있다.

다음에서는 정책의제설정론의 주요 이론과 연구사례를 살펴보고, 관광정책연구에의 적용에 대해서 논의한다.

1. 주요 이론

1) 이슈관심주기모형

이슈관심주기모형(issue attention cycle model)은 사회문제에 대한 일반 대중의 관심이 시간의 흐름에 따라 변화하는 과정을 설명한다(Downs, 1972). 어느 특정의 사회이슈가 공공의 관심을 끄는 시간은 매우 한시적이며, 일정한 기간 내에 정책의제가 되지 못하면 일반 대중의 관심은 사라지게 된다는 것이다. 다운스(Downs)는 이러한 이슈의 시간적 흐름을 대중의 관심을 기준으로 하여 크게 다섯 단계를 거치는 생애주기(life cycle)로 보았다.

[그림 7-4]에서 보는 바와 같이, 이슈관심주기의 첫 번째 단계는 이슈잠복의 단계로, 사회문제가 아직까지 일반대중의 관심을 끌지 못하는 시기이다. 오직 소수의 관련자들만이 그 문제에 관심을 갖고 있을 뿐이다. 두 번째 단계는 이슈의 발견과 표면화의 단계로 일반 대중이 이슈를 발견하는 시기이다. 세 번째 단계는 일반 대중의 관심이 최고조에 도달하는 단계이다. 이 시기에는 문제에 대한 일반대중의 관심과 함께 문제 해결에 소요되는 비용과 그로 인한 부작용에 대해서도 인식하게 된다. 네 번째 단계는 대중의 관심이 점진적으로 감소하는 시기라고 할 수 있다. 많은 사람들이 문제에 대하여 지

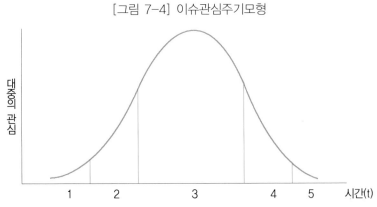

[그림 7-4] 이슈관심주기모형

1단계 : 이슈 잠복 단계
2단계 : 이슈 발견 및 표면화 단계
3단계 : 관심의 증가 및 비용 인식 단계
4단계 : 점진적 관심 감소 단계
5단계 : 관심 쇠퇴 단계

루함을 느끼고, 새로운 관심사항을 찾게 되는 시기이다. 다섯 번째 단계는 대중의 관심으로부터 멀어지면서 공공의제에서 제외되는 시기이다. 하지만 일반 대중의 관심을 새롭게 받을 수 있는 개연성이 잠복된 시기라고도 할 수 있다.

이슈관심주기모형은 사회문제에 대한 대중의 관심도와 시간적 경과와의 관계를 보여줌으로써 정책의제설정 과정에 대한 이해와 설명력을 높여준다. 동시에 정책의제설정을 위한 실행전략 차원에 있어서도 생애주기적 접근의 설명은 많은 시사점을 제공한다.

국내 연구의 예로는 '사회갈등의 확산메커니즘에 관한 연구 : 촛불시위를 중심으로'(임도민·허준영, 2010)를 들 수 있다. 이 연구에서는 위험이슈(risk issue)의 확산과 이로 인한 사회적 갈등의 양태를 다운스의 이슈관심주기모형을 적용하여 분석하였다. 분석결과, 식품안전 이슈가 갖는 특성상 갈등맥락의 변화, 주요 참여자의 변화, 정부의 갈등관리 방식 등과 결부되면서 통제 불가능한 상황으로 확산되었음을 밝히고 있다.

2) 공공광장모형

공공광장모형(public arenas model)은 사회문제가 정책의제로 진입하는 과정을 공공광장이라는 조건과 상황에서 설명한다(Hilgartner & Bosk, 1988). [그림 7-5]에서 보듯이, 공공광장에서 사회문제는 대중의 관심을 확보해야 하며, 대중이 그 문제에 대해 관심을 보여야 한다. 공공광장에서 대중의 관심은 희소자원이다. 또한 공공광장의 수용능력은 제한되어 있으며, 이에 따라 주어진 기간 내에 다룰 수 있는 사회문제의 수에도 한계가 있다. 공공광장에는 입법부, 행정부, 사법부와 같은 공식적 정책행위자와 이익집단, 시민단체 등 비공식적 정책행위자들이 활동을 한다. 가장 일반적인 공공광장이 언론매체이다. 언론매체는 매체의 성격에 따라 전달 시간이나 지면에 한계가 있다. 그러므로 사회문제들은 매체의 관심을 확보하기 위해 서로 경쟁을 하게 된다.

[그림 7-5] 공공광장모형

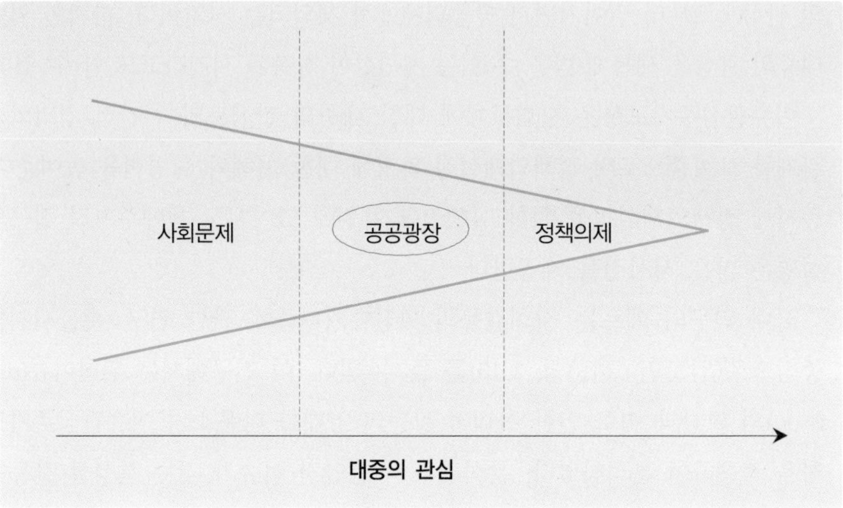

이처럼 공공광장모형은 사회문제가 정책의제로 채택되는 과정에서 어떠한 사회문제는 정책의제화에 성공하고, 어떠한 사회문제는 성공하지 못하는지를 공공광장이라는 경쟁조건을 통해 제시해 준다. 이를 통해 정책의제설정과정에서 사회집단들의 정책의제화 전략에 필요한 지식과 그 과정에 대한 경험적 이해를 제공해 준다는 점에서 공공광장모형의 의의가 있다.

3) 정책흐름모형

정책흐름모형(Policy Stream Framework)은 사회문제가 정책의제로 진입하는 과정을 세 가지 흐름으로 설명한다(Kingdon, 1995). 킹돈은 정책결정모형 중에 하나인 쓰레기통모형에 기반을 두고 있다. 킹돈의 정책흐름모형은 정책의 창(Policy Window)모형 혹은 다중흐름모형(Multiple Stream Framework)으로도 부른다. 킹돈이 제시하는 세 가지 흐름은 서로 독립적이며, 각각의 흐름에 있어서 주도적 참여자가 다르다는 점을 밝혀준다([그림 7-6] 참조).

[그림 7-6] 킹돈의 정책흐름모형

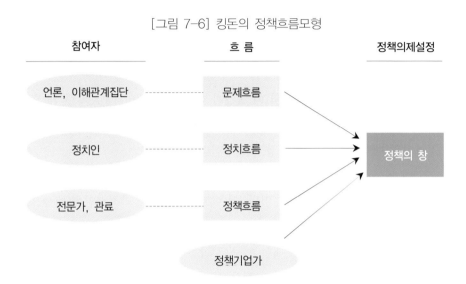

첫 번째 흐름은 문제흐름(Problem Stream)이다. 문제흐름은 사회문제들과 이에 대한 비공식적 정책행위자들 혹은 이해관계자들의 입장에 의해 형성된다. 문제흐름의 주도자는 언론매체와 정책이해관계집단들이다.

두 번째 흐름은 정치흐름(Politics Stream)이다. 정치흐름은 여론의 변화, 정권교체, 입법부 내의 경선 등 주로 정치적 요인에 의해 형성된다. 정치흐름의 주도적 행위자는 대통령, 국회 및 지방의회의 의원, 정당의 지도부 등이다.

세 번째 흐름은 정책흐름(Policy Stream)이다. 정책흐름은 정책문제에 대한 분석, 정책결과에 대한 예측 등 정책분석에 의해 형성된다. 정책흐름의 주도적 행위자는 주로 전문가집단과 관료집단으로 학자, 연구원, 공무원들로 구성된다. 이들은 정책공동체를 구성하여 영향력을 행사한다.

킹돈에 의하면, 이 세 가지 흐름은 서로 독립적인 경로를 따라서 진행하다가 어느 특정시점에 서로 합류하게 되면서 '정책의 창'이 열린다. 정책의 창은 주로 문제흐름과 정치흐름이 서로 합류하면서 열리는 경우가 많은데, 정책흐름에 의해 닫히는 경우도 있다. 또한 이러한 정책의 창이 열리는 데는 정책기업가(policy entrepreneurs)의 역할이 중요하다(Kingdon, 1995). 정책기업가는 정책아이디어와 리더십을 가지고 있는 정책주체로서 공식적 정책행위자뿐만 아니라 비공식적 정책행위자들 가운데서도 나올 수 있다. 정책의 창이 세 가지 흐름에 의해서 열릴 때 막강한 힘을 갖게 되며, 때로는 한 개 혹은 두 개의 흐름에 의해서 정책의 창이 열릴 수 있다. 정책의 창은 정책의제설정과정뿐 아니라 정책결정과정도 설명한다.

국내 연구에서도 킹돈의 정책흐름모형을 적용한 연구가 다양한 정책영역을 대상으로 하여 이루어지고 있다. 그 예로서, '새만금 간척사업을 대상으로 한 연구'(유홍림 · 양승일, 2009), '사학정책변동에 대한 연구'(양승일 · 한종희, 2011), '비축임대주택정책에 대한 연구'(김상봉 · 이명혁, 2011), '기초노령연금정책에 대한 연구'(이지호, 2012) 등을 들 수 있다. 이들의 연구에서는 특히 정치흐름에 초점이 맞추어지고 있다. 또한 정책흐름의 중요성에도 관심이 모아진다.

4) 동형화모형

동형화모형(isomorphism model)은 정책 아이디어가 다른 정부조직으로 전달되어 정책전이(policy transfer)가 일어나는 현상을 설명하는 이론이다(DiMaggio & Powell, 1983). 최근 정부 간 교류가 활성화되고, 국제기구들의 활동이 커지면서 정책의제설정과정에서의 동형화모형의 설명이 더욱 설득력을 얻고 있다.

동형화모형은 크게 세 가지를 들 수 있다. 첫 번째 유형은 모방적 동형화이다. 이는 더 나은 정책으로 보이거나, 성공적으로 보이는 정책을 모방하는 경우이다. 대부분의 정책전이가 모방적 동형화로 설명된다. 두 번째 유형은 강압적 동형화이다. 중앙정부가 주도적으로 지방정부의 정책모형을 강요해서 나타나는 경우가 있을 수 있으며, IMF와 같은 국제기구 등에 의해서 강압적으로 정책동형화가 추진되는 경우 등이 여기에 해당된다. 세 번째 유형은 규범적 동형화이다. 이는 전문성에 기초해서 정책의 모범 형태가 설정되고, 이를 모방하는 경우이다.

정책의 동형화가 반드시 명확한 인과관계가 있거나, 정책성과가 크게 향상된다는 근거가 있어서 이루어지는 것은 아니다. 그보다는 이미 다른 국가들에서 널리 채택되었거나, 성공사례로 인정을 받고 있는 경우, 사회적 정당성을 쉽게 확보할 수 있다는 차원에서 정책의 동형화가 이루어진다고 할 수 있다.

2. 관광정책 연구

관광정책 연구에서 정책의제설정과정에 대한 연구는 앞서 제5절에서 다루었던 정책의제설정의 영향요인을 적용한 모형을 통해 이루어지고 있다. 이러한 연구의 예로 야스모토 아츠코(2015)의 '일본 복합리조트정책 추진과정 분석 : 정책의제설정과정을 중심으로'를 들 수 있다.

이 연구는 일본 복합리조트개발정책을 사례로 하여 정책의제설정과정을 분석하는 데 연구의 목적을 두었다. 분석모형으로는 [그림 7-7]에서 보는 바와 같이 상황적 요인-정책의제설정과정-정책산출의 관계로 구성된 설명적 논리모형을 제시하였다.

[그림 7-7] 복합리조트개발정책 의제설정과정 분석 모형

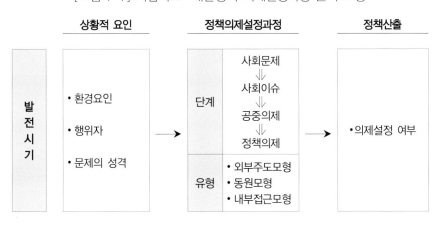

상황적 요인에는 환경요인, 행위자요인, 문제의 성격요인이 포함되었으며, 정책의제설정과정에는 정책의제설정 단계와 유형이 포함되었다. 또한 정책 산출은 정책의제설정 여부로 설정되었다.

분석결과, 일본 복합리조트개발정책의 정책의제설정과정은 발전시기에 따라 상황적 요인의 변화, 특히 그 중에서도 영향력이 큰 이슈 제기자(아베 총리)가 등장하고, 정책의제설정 유형에서도 동원모형에서 동원모형과 내부접근모형의 복합형으로의 변화가 일어난 것을 확인할 수 있었으며, 그 결과 정책의제설정('특정복합 관광시설지역 정비 추진에 관한 법률안' 제출)이 결정된 것으로 나타났다. 결과적으로, 정책의제설정과정 모형에서 상황적 요인이 중요하며, 정책의제설정과정의 변화에 따라 정책산출(정책의제설정 여부)이 이루어진다는 것을 확인하였다.

실천적 논의
관광정책의제설정

정책의제설정은 '사회문제를 정책의제로 채택하는 정부의 행동'을 말한다. 정책의제설정은 주도적 정책행위자의 유형에 따라서 외부주도모형, 동원모형, 내부접근모형으로 구분된다. 그동안 관광정책의제설정은 정치공약, 정책이해관계집단들의 요구, 혹은 전문가집단들의 자문 등 다양한 경로를 통해서 형성되어왔다. 하지만, 이러한 의제설정과정이 과연 합리적 과정이었느냐 하는 점에서는 여러 가지 논쟁의 소지가 있다. 이러한 인식에서 다음 논제들에 대하여 논의해보자.

논제1. 최근 관광정책의제설정 사례 가운데 외부주도모형의 예는 어떠한 것이 있으며, 그 과정에서 이해관계집단들(비공식 정책행위자)의 활동은 어떠한가?

논제2. 최근 관광정책의제설정 사례 가운데 동원모형 혹은 내부접근모형의 예에는 어떠한 것이 있으며, 그 과정에서 정책결정자들(대통령, 정치각료 등의 정치집행부) 혹은 관료들의 활동은 어떠한가?

요약

이 장은 정책과정론적 접근의 첫 번째 장으로서 정책과정론에 대해서 먼저 다룬다.

정책과정론은 정책과정에 관한 기본적 지식체계로서 앞서 제Ⅱ부와 제Ⅲ부에서 논의되었던 정치체제론이나 집단론과는 대비된다.

정책과정론은 정책과정의 단계모형, 영향요인, 경험적 이론 등이 기본적인 지식체계를 구성한다.

정책과정은 '정책이 실현되는 단계적 절차'로 정의된다. 정책과정의 단계는 라스웰이 제시한 규범적 단계모형과 앤더슨 등이 제시하는 기술적 단계모형 등이 있다. 이들에 기초하여 이 책에서는 정책과정의 단계를 정책의제설정, 정책결정, 정책집행, 정책평가, 정책변동의 다섯 단계로 구성한다.

정책과정은 합리적 과정으로서의 특징과 제한된 합리적 과정으로서의 특징을 지닌다. 합리적 과정으로서 정책과정을 이해하기 위해서는 처방적 지식과 규범적 지식이 요구된다. 또한 제한된 합리적 과정으로서 정책과정을 이해하기 위해서는 경험적 지식이 요구된다.

정책과정의 지식체계에는 이 두 가지 특성이 모두 반영된다. 다만, 이에 대한 논리적 구성과 전개에 있어서는 합리적 과정을 기본 축으로 하며, 다음으로 제한된 합리적 과정을 고려하는 것이 일반적인 순서다.

정책의제설정은 정책과정의 첫 번째 단계이며, '사회문제를 정책의제로 채택하는 정부의 활동'으로 정의된다. 정책의제설정단계는 이를 실현하는 하위단계들로 구성된 또 하나의 과정이다. 정책의제설정의 과정은 사회이슈화, 공중의제화, 정책의제화의 하위단계로 구성된다. 또한 정책의제설정 유형은 주도적 정책행위자의 유형에 따라 외부주도모형, 동원모형, 내부접근모형 등으로 구분된다.

정책의제설정의 영향요인으로는 문제의 속성, 공식적 행위자, 거시환경, 비공식적 행위자, 시민참여 등을 들 수 있다.

문제의 속성에는 사회적 유의성, 문제의 시간성 등이 포함된다. 또한 공식적 행위자 요인으로는 공무원의 태도, 정부조직, 구조적 특징 등을 들 수 있다. 거시환경요인으로는 정치적 환경, 사회경제적 환경, 국제환경 요인 등을 들 수 있으며, 비공식적 행위자 요인으로는 다양한 이해관계집단들의 요구, 지지 등이 포함된다.

정책의제설정이론의 주요 이론으로는 이슈관심주기모형, 공공광장모형, 정책흐름모형, 동형화모형 등을 들 수 있다.

이슈관심주기모형은 사회문제에 대한 대중의 관심과 시간적 경과와의 관계를 보여줌으로써 정책의제설정과정에 대한 이해와 설명력을 제공한다.

공공광장모형은 사회문제가 정책의제로 진입하는 과정을 공공광장이라는 조건과 상황에서 설명한다. 주요 변수로 대중의 관심과 공공광장의 수용능력의 한계를 들고 있다. 특히 언론매체의 관심을 확보하는 것이 중요하다.

정책흐름모형은 사회문제가 정책의제로 진입하는 과정을 세 가지 흐름 모형으로 설명한다. 킹돈이 제시한 세 흐름에는 문제흐름, 정치흐름, 정책흐름 등이 있으며, 이들 세 흐름이 만남으로써 정책의 창이 열리고 정책의제가 형성된다. 또한 이러한 정책의 창이 열리는 데는 정책기업가의 역할이 중요하다. 정책기업가는 정책아이디어와 정책리더십을 갖춘 정책주체로서 공식적 정책행위자뿐 아니라 비공식적 정책행위자 가운데서도 나올 수 있다.

동형화모형은 정책전이에 의해 정책이 유사해지는 과정을 설명하는 모형으로서 크게 세 가지 유형을 들 수 있다. 모방적 동형화, 강압적 동형화, 규범적 동형화 등의 유형이 있으며, 이들은 각각 정책의제의 동형화 현상을 설명해준다.

관광정책 연구에서는 경험적 이론을 적용하여 관광정책의제형성과정을 설명하는 연구가 이루어지고 있다. 대표적 예로 정책의제설정의 영향요인 연구를 들 수 있다.

관광정책과 정책결정

개관

이 장에서는 정책과정의 두 번째 단계인 정책결정에 대해서 논의한다. 먼저, 제1절에서는 정책결정의 개념과 의의에 대해서 알아보고, 제2절에서는 정책결정의 과정에 대해서 다룬다. 다음으로 제3절에서는 합리적 정책결정의 제한요인에 대해서 알아보고, 제4절에서는 정책결정모형에 대해서 논의한다. 합리모형과 제한된 합리모형·비합리모형 그리고 합리모형과 비단일체제모형으로 구분하고, 각 결정모형들의 특징을 알아본다.

제1절 정책결정의 개념과 의의

1. 개념

정책결정(policy making)은 '정책문제를 해결하기 위하여 최선의 정책대안을 선택하는 정부의 활동'으로 정의된다(권기헌, 2010; 안해균, 1998). 학자에 따라서는 정책결정을 정책형성(policy formulation)으로 규정하거나(남궁근, 2009; Dye, 2008), 정책채택(policy adoption)으로 규정하기도 한다(Anderson, 2006). 여기에서 정책대안은 정책목표와 수단을 말한다. 한편, 정책결정에서는 합리성이 중심 개념이 된다. 그런 의미에서 합리적 정책결정에 대한 논의와 함께 제한된 합리적 정책결정에 대한 논의가 중심 주제로 다루어진다. 이와 함께 과연 합리적인 정책결정을 위해서는 어떠한 단계를 거쳐야 하는지, 현실적으로 합리적 결정을 제한하는 요인에는 어떠한 것들이 있는지, 그리고 합리성의 한계를 극복할 수 있는 대안적 정책결정모형에는 어떠한 것들이 있는지 등의 문제들이 다루어진다.

2. 의의

정책결정은 정책과정의 두 번째 단계이며, 크게 세 가지 점에서 중요성을 갖는다([그림 8-1] 참조).

첫째, 정책결정은 합리적 과정이다. 정책과정의 첫 번째 단계인 정책의제형성단계에서 채택된 정책의제를 정책문제로 규정하고, 단계적 절차를 거쳐 정책대안을 선택하게 된다. 이 과정에서 정책분석이 중요한 도구적 지식이 된다. 정책결정의 합리성이 정책분석을 통하여 확보된다고 할 수 있다.

둘째, 정책결정은 정치적 과정이다. 정책결정은 정책환경으로부터의 투입을 반영한다. 또한 이해관계집단, 즉 비공식적 정책행위자들이 직·간접으로 정책결정과정에 참여한다. 특히 이들의 직접 참여 활동은 권력관계를 형성하며 정책결정의 합리성을 제한할 수 있다.

셋째, 정책결정은 가치판단의 과정이다. 정책결정단계에서는 정책결정자의 가치적 판단이 매우 중요하다. 소망성을 기준으로 할 때 효과성, 능률성, 형평성의 기준 가운데 어디에 우선순위를 두어야 할지를 판단해야 한다. 나아가서 참여성, 숙의성, 합의성 등 절차적 소망성에 대한 고려도 필요하다.

[그림 8-1] 정책결정 단계

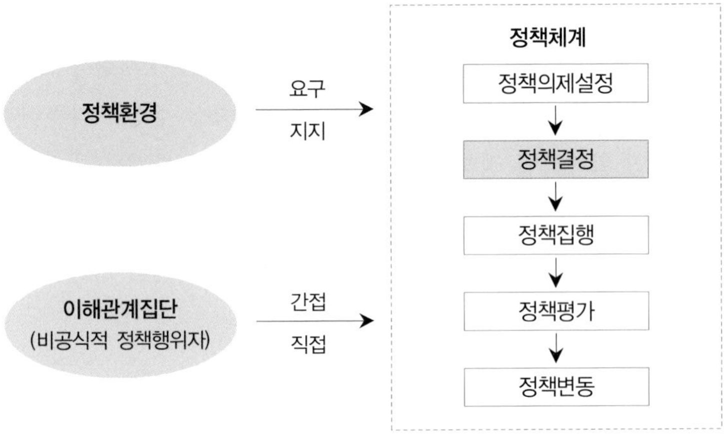

제2절 정책결정과정

1. 개념

정책결정과정(policy making process)은 여러 단계들로 구성된다. 아직까지

합의된 단계적 절차가 마련되어 있지는 못하다. 연구의 관점에 따라서 부분적인 단계가 강조되거나 생략되고 있다. 다음에서는 기존 문헌들에 근거를 두고(Dunn, 1981, 2008; Hogwood & Gunn, 1984; Mayer & Greenwood, 1980), 정책결정의 과정을 정책문제 분석, 정책목표 설정, 정책대안 탐색 및 결과예측, 정책대안의 비교·평가, 최선의 정책대안 선택의 다섯 단계로 제시한다([그림 8-2] 참조).

[그림 8-2] 정책결정과정

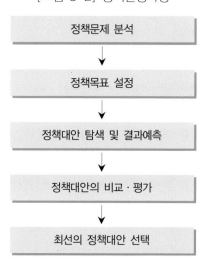

2. 단계

1) 정책문제 분석

정책문제 분석은 정책결정의 첫 번째 단계이다. 우선 정책문제를 정확하게 파악하는 것이 필요하고, 이를 정책문제로 명확하게 정의해야 한다.

(1) 정책문제의 분석

정책문제는 이전 단계인 정책의제설정과정에서 채택된 정책의제(policy agenda)를 말한다. 바람직한 정책결정을 위해서는 정책문제가 과연 무엇인지를 정확하게 파악하는 것이 우선적으로 필요하다. 이를 위한 분석기법으로 크게 세 가지를 들 수 있다(Dunn, 1981).

① 경계분석(boundary analysis)

경계분석은 문제의 범위를 구체화하는 기법이다. 세부기준으로는 공간적 범위, 시간적 범위 그리고 내용적 범위가 적용된다. 문제의 범위를 명확하게 함으로써 문제의 정의가 가능해진다.

② 분류분석(classificational analysis)

분류분석은 문제의 추상적 개념을 구체적 대상으로 분류하는 기법이다. 복잡다단한 정책문제를 파악하기 위해서는 문제의 상황을 부분적으로 분해하거나 보다 큰 구성부분으로 결합시키는 작업이 필요하다. 이러한 과정이 체계적으로 이루어지기 위해서는 분류의 실체적 적실성, 총망라성, 상호배타성, 일관성 등의 분류기준이 명확히 설정되어야 한다.

③ 계층분석(hierarchical analysis)

계층분석은 정책문제의 원인을 발견하기 위한 기법이다. 이 분석은 정책문제의 근본적인 해결방안을 제시하는데 도움을 준다. 앞서 설명한 분류분석이 정책문제의 개념적 분류라고 한다면, 계층분석은 문제발생의 개연성 있는 원인을 구성하고, 이를 토대로 하여 정책문제의 인과구조적 관계를 구축해 준다고 할 수 있다.

(2) 정책문제의 정의

다음 단계는 정책문제의 정의이다. 정책문제의 분석을 통해 얻어진 문제의 범위, 유형, 인과관계 등을 기초로 하여, 정책문제를 명확하게 규정하는 과정이다. 이 과정에서 유의할 점은 주관성의 개입문제이다. 특정집단의 이익 혹은 정책결정자의 선입견이 내재될 경우 객관적인 문제 정의는 이루어질 수 없다. 보다 근본적인 문제점을 정확하게 도출하고, 이를 객관적으로 명확하게 기술하는 과정이 필요하다. 정책문제의 정의가 곧 정책내용을 결정한다는 점에서 그 중요성이 더욱 강조된다.

이와 관련하여 문제의 인과구조화 과정에서 정책문제가 원래의 문제상황으로부터 차이가 있는 오류가 발생할 수 있다. 참고로 오류에는 문제의 구조화를 잘못해서 완전히 틀린 문제의 해답을 찾는 제3종 오류(error of the third type)가 있으며, 또한 맞는 가설을 기각시키는 제1종 오류 그리고 틀린 가설을 채택하는 제2종 오류가 있다(오석홍, 2011).

(3) 관광정책에의 적용

여기에서 이해를 돕기 위해 관광정책과제를 예로 들어 정책문제를 분석하고 정의해 보고자 한다. 우선 '중국 관광객 유치 활성화를 위한 관광수용태세 확충 문제'를 정책문제로 상정해보자. 이에 대한 문제분석으로써 먼저 경계분석을 적용해 보면, 관광수용태세 확충의 문제를 '대도시권(공간), 최근 3년간 계절 성수기(시간), 중국관광객을 위한 관광수용태세 확충 문제(내용)'로 구체화시킬 수 있다. 또한 분류분석을 통해 '중국관광객 관광수용태세 확충 문제'를 '관광서비스 문제'와 '관광숙박시설 부족'으로 분류할 수 있으며, 다시 '관광숙박시설 부족'을 '고품격 관광숙박시설 부족'과 '테마형 관광숙박시설 부족'으로 세분류할 수 있다. 이러한 분류분석결과를 계층분석기법을 적용하여 [그림 8-3]과 같이 인과구조 모형으로 구성할 수 있다.

[그림 8-3] '관광정책문제'의 분류 · 계층분석(예시)

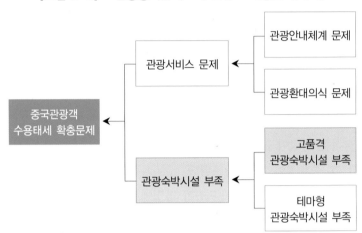

위의 문제분석 결과에 기초하여 정책문제를 가정적으로 정리해 보면, '중국관광객을 위한 관광수용태세 확충 문제'를 '고품격관광시설 부족'에 근본적인 원인이 있는 것으로 파악하고, 여기에 초점을 맞추어서 정책문제로서 '대도시권 계절 성수기 중국관광객 유치 확대를 위한 고품격 관광숙박시설 부족문제'로 구체화시켜 정의할 수 있다. 하지만 분석결과에 따라서는 '중국관광객 수용태세 미비'의 근본적인 원인을 '관광숙박시설 부족'이 아닌 '관광서비스 문제'로 파악할 수도 있다. 이렇게 분석결과가 다른 경우 정책내용이 완전히 달라지게 된다. 그러므로 정책문제에 대한 정확한 분석과 명확한 문제정의가 반드시 필요하다고 할 수 있다.

2) 정책목표 설정

두 번째 단계는 정책목표 설정이다. 정책목표는 '정책의 실현을 통해 달성하고자 하는 방향 혹은 바람직한 상태'를 말한다(정정길 외, 2011; Anderson, 2006). 정책목표의 설정 단계에서는 크게 네 가지 기준이 적용된다.

(1) 설정기준

첫째, 타당성(validity)이다. 정책문제 해결에 적합한 정책목표를 설정함으로써 정책목표의 타당성을 확보할 수 있어야 한다. 이를 위해서는 앞서 정의된 정책문제를 정확하게 파악할 수 있어야 하며, 이를 통해 제3종 오류로부터 벗어나야 한다.

둘째, 적정성(adequacy)이다. 정책목표는 정책문제, 곧 정책수요에 대한 정확한 파악을 통해 적정수준의 목표를 설정하여야 한다. 과도한 정책목표의 설정은 오히려 정책비용의 과도한 집행을 초래하게 된다.

셋째, 일관성(consistency)이다. 정책목표에는 수직적 위계에 따라 상위목표와 하위목표가 있고, 수평적 관계에서 유사 혹은 상반된 정책목표가 있다. 이들 정책목표들과의 관계에서 정책목표의 내적인 일관성이 유지될 수 있어야 한다.

넷째, 구체성(specification)이다. 정책목표는 달성하고자 하는 미래 상태에 대하여 구체적으로 규정해야 한다. 그 기준으로는 목표의 시간적 범위, 성과목표의 계량화, 설정된 목표에 의한 변화 정도와 방향 등이 적용된다(Deep, 1978).

(2) 관광정책에의 적용

앞서 예시했던 관광정책문제를 기준으로 정책목표를 제시해 보면, '고품격 관광숙박시설 부족'에 대한 해결책으로서 위에서 논의한 타당성, 적정성, 일관성, 구체성 등의 정책목표 설정기준에 근거하여 '향후 5년 이내 대도시권 고품격 관광숙박시설 신규 확충(신규객실 10,000실)'으로 정책목표를 설정할 수 있다.

3) 정책대안 탐색 및 결과예측

세 번째 단계는 정책대안 탐색 및 결과예측이다. 정책대안은 정책목표와 정책수단으로 구성된다. 합리적인 정책결정을 위해서는 정책목표를 달성할 수 있는 다양한 정책수단들을 탐색하고, 그 결과를 예측하는 과정이 필요하다.

(1) 정책대안의 탐색

정책대안을 탐색하기 위해서는 크게 네 가지 유형의 방법이 적용된다(Hog-wood & Gunn, 1984; Mood, 1994).

① 경험과 학습

이전 정책이나 유사정책으로부터의 정보와 다른 정부의 정책 경험에 대한 분석이 중요하다. 특히 정책환류를 통한 새로운 정책 대안의 개발은 정책학습의 중요한 과정이다. 지방정부의 수준에서는 한 국가 내 다른 지방정부의 정책이 학습 대상이 될 수 있고, 중앙정부의 수준에서는 다른 국가의 정부 정책이 학습 대상이 된다.

② 이론 모형

과학적 연구의 결과를 토대로 하여 정책문제의 원인과 결과의 인과관계를 설명하는 이론 모형에서 정책대안을 개발할 수 있다. 이론 모형에서는 인과관계의 설명뿐 아니라, 원인요인들의 영향력을 검증함으로써 다양한 정책대안들의 상대적 중요성을 파악할 수 있다.

③ 이해관계집단

정책문제와 직·간접으로 관계를 맺고 있는 이해관계집단들이 제기하는 요구를 통해 정책대안 개발을 위한 아이디어를 찾을 수 있다. 각종 이익집단이나 NGO 등이 주장하는 의견들이 정책대안 개발의 원천이 된다.

④ 의견분석 방법

정책전문가 내지는 실무관계자들로부터 주관적인 의견들을 모아서 정책대안을 개발하는 과정을 말한다. 대표적인 방법으로는 의견토의 방식인 브레인스토밍(brainstorming), 전문가대상 의견조사기법인 AHP기법 등이 있다. 관광정책연구에서는 주로 AHP기법을 적용한 정책대안 탐색연구가 이루어진다.

그 예로서, '요트관광 정책개선 과제도출 및 우선순위 분석' 연구(최승담 · 성보현, 2012), '서남해안관광레저도시 활성화 전략의 우선 순위 도출' 연구(김대관 외, 2011) 등을 들 수 있다.

(2) 정책대안의 결과예측

다음 단계는 정책대안의 결과예측(prediction) 과정이다. 개발된 정책대안들이 정책으로 선택되고, 집행된 이후에 나타날 결과를 미리 예측해 보는 과정을 말한다. 결과예측에서는 미래환경의 불확실성이 가장 어려운 문제라고 할 수 있다(Quade, 1989). 결과예측을 위한 주요 정책분석 기법들은 다음과 같다(Dunn, 1981).

① 시계열분석

시계열분석은 추세 연장에 의한 미래예측방법을 말한다. 시계열분석은 과거로부터 지속되어온 역사적 경향을 투사하여 미래를 예측하는 방법으로서 관측된 경향에 대하여 세 가지 가정을 두고 있다. 하나는 관측된 경향의 지속성이며, 다른 하나는 관측된 경향의 규칙성이다. 또 다른 하나는 자료의 신뢰성과 타당성이다.

② 선형계획법

선형계획법(linear programming)은 선형계획 문제를 형성한 뒤 최적해를 구하는 방법이다. 대표적인 기법이 회귀분석방법이다. 일정한 제약조건 하에서 여러 독립변수들이 종속변수에 미치는 영향력을 분석하고자 할 때 사용된다. 분석의 한계로는 변수들 간의 비선형성의 문제이다. 특히 미래의 위험이나 불확실성을 반영할 수 없다는 한계를 지닌다.

③ 미래예측 델파이

델파이(delphi)는 미래예측을 위하여 전문가들의 주관적 판단을 존중하고,

이를 통해 예측결과를 추정하는 집단적 의사결정 방식이다. 델파이는 가까운 미래보다는 장기적인 미래를 예측하는데 사용된다. 분석의 한계로는 역시 주관적 판단에 의한 객관성의 문제를 들 수 있다.

(3) 관광정책에의 적용

앞에서 예시했던 관광정책문제를 대상으로 하여 정책대안 탐색 및 결과예측을 가정적으로 정리해보면, 〈표 8-1〉과 같이 크게 세 가지 유형으로 구성할

〈표 8-1〉 관광정책대안의 개발(예시)

	정책대안 1	정책대안 2	정책대안 3

목표 :	• 세계적 수준의 다국적 체인호텔 투자유치	• 국내기업 체인화 지원 및 시설 고급화
		  - 신규 호텔 10개(객실 4,000실)
		  - 시설 고급화 20개(객실 4,000실)
			• 세계적 체인호텔 유치 : 신규 10개(객실 8,000실)
			• 국내호텔 시설 고급화 : 대상 10개 호텔(객실 2,000실)

수단 :	• 관광 투자유치단 구성 • 국제관광업무지구 지정 • 세제 : 법인세, 소득세, 등록·취득세 감면 • 금융 : PF사업 보증 • 행정 : 인허가 원스톱 서비스	• 관광 투자지원단 구성 • 「관광진흥개발기금」 지원 확대 • 세제 : 등록·취득세 감면 • 행정 : 인허가 원스톱 서비스	• 관광 투자사업단 구성 • 국제관광업무지구(해외 체인호텔 유치) • 세제 : 등록·취득세(해외) 감면 • 행정 : 인허가 원스톱 서비스 • 관광진흥개발기금 지원 확대(시설 확충)
결과 예측 :	2012~2016년 • 중국관광객 연 15% 성장 (고급숙박수요 연 7% 성장) • 신규 호텔20개(객실12,000실) 확충 예상	2012~2016년 • 중국관광객 연 10% 성장 (고급숙박수요 연 4% 성장) • 신규 객실 8,000실 확충 예상	2012~2016년 • 중국관광객 연 12% 성장 (고급숙박수요 연 5% 성장) • 신규 객실 10,000실 확충 예상

수 있다. 정책대안1은 세계적 수준의 다국적 체인호텔 투자유치에 정책목표를 두고, 토지이용 및 세제·금융 등에 대한 지원을 정책수단을 구성함으로써 중국관광객 연평균 15% 성장에 맞추어 신규호텔 20개(객실 12,000개)를 확충할 수 있을 것으로 결과예측을 하고 있다.

반면에, 정책대안2는 국내호텔기업에 초점을 맞추어 국내호텔 체인화로 신규 호텔 10개(객실 4,000개), 시설고급화로 20개 호텔(객실 4,000개)을 확충하는 것을 정책목표로 삼고 있으며, 이를 실현하기 위한 정책수단으로 「관광진흥개발기금」 지원, 세제 및 행정 지원 등을 구성하고 있다. 결과 예측으로는 중국관광객 연평균 10% 성장에 맞추어 신규객실 8,000개를 확충할 수 있을 것으로 기대하고 있다.

또한 정책대안3은 정책대안1과 정책대안2의 절충형으로 세계적 수준의 다국적 호텔 유치와 국내호텔 고급화에 정책목표를 두고 있으며, 정책수단으로는 다국적 체인 투자유치를 위해 '국제관광업무지구' 지정 및 세제지원, 국내호텔을 위한 「관광진흥개발기금」 확대 등을 구성하고 있다. 결과 예측으로는 중국관광객 연평균 12% 성장에 맞추어 신규 객실 10,000개를 확충할 수 있을 것으로 기대한다.

4) 정책대안의 비교·평가

네 번째 단계는 정책대안의 비교·평가이다. 정책대안들이 개발되고, 결과예측과정을 마치게 되면, 정책대안들에 대한 비교·평가가 이루어진다. 과연 어떠한 정책대안이 바람직한가를 평가하는 것이다.

정책대안을 비교·평가하는 분석기준으로는 크게 두 가지를 들 수 있다. 하나는 소망성(desirability)의 기준이고, 다른 하나는 실현가능성(feasibility)의 기준이다(Dunn, 2008).

(1) 소망성(desirability)

소망성은 정책대안이 과연 얼마나 바람직한가를 평가하는 기준이다. 세부 기준으로는 효과성, 능률성, 형평성, 대응성, 적합성, 적정성 등이 적용된다. 이 가운데 가장 일반적으로 적용되는 기준으로는 효과성, 능률성, 형평성을 들 수 있다.

① 효과성

효과성(effectiveness)은 정책목표의 달성정도를 말한다. 즉 달성이 예상되는 목표와 계획된 목표와의 비율정도를 말한다. 정책목표 달성을 극대화할 수 있는 정책대안을 선택할 수 있는 기준이 된다. 비록 정책비용을 고려하지 않는다는 점에서 한계는 있으나 정책목표 달성이라는 성과적 기준에서 정책 대안을 선택할 수 있는 장점을 지닌다(〈표 8-2〉 참조).

② 능률성

능률성(efficiency)은 '정책목표 달성에 들어가는 투입비용과 이러한 정책집 행으로부터 발생하게 될 산출과의 비율정도'를 말한다. 흔히 투입된 비용(cost)과 산출된 편익(benefit)의 비율정도로 설명된다. 한편, 효율성을 능률성과 같은 의미로도 사용하고 있으나, 엄밀하게 말하자면 효율성은 효과성과 능률성을 포괄하는 복합개념이라는 점에서 능률성과 차이가 있다. 능률성을 적용한 구체적인 기준으로는 파레토 최적화 기준을 들 수 있다. 파레토 최적(Pareto optimum)은 자원의 최적 이용상태 혹은 최적배분을 말하는데(김홍배, 2003), 이 기준에 따르면 정책집행에 의해 정책비용이 발생하지 않고 한 사람이라도 더 좋은 상태로 만들 수 있을 때를 최적으로 본다. 〈표 8-2〉와 같이 능률성 분석은 비용 – 편익분석(cost-benefit analysis)이 적용된다. 비용 – 편익 분석은 비용과 편익을 금전적으로 환산해서 측정하고 비교·평가함으로써 정책대안을 선택하는데 있어서 매우 효율적이라는 장점이 있다. 반면에, 모든 정책활동의 비용과 편익이 화폐가치로 환산될 수 없다는 점에서 한계를 지닌다.

〈표 8-2〉 효과성과 능률성 비교

$$효과성 = \frac{달성된(예상) \ 목표}{계획된 \ 목표} \qquad 예) \ \frac{달성(객실 \ 12,000개)}{계획(객실 \ 10,000개)} = 120\%$$

* 효과성 : 목표의 120% 달성

$$능률성 = \frac{산출}{투입(비용)} = \frac{편익(benefit)}{비용(cost)}$$

③ 형평성

형평성(equity)은 배분적 정의(distributive justice)의 정도를 말한다. 정책비용이나 정책효과가 어느 정책대상에게 얼마나 영향을 미치느냐 하는 문제가 정책 대안 평가의 기준이 된다. 흔히 형평성은 공평성(fairness)과 같은 뜻으로 사용된다. 효과성이나 능률성의 기준이 주로 경제적 측면의 가치를 강조하고 있는 반면에 형평성의 기준은 정치적 측면의 가치를 강조한다.

(2) 실현가능성

실현가능성은 정책대안이 성공적으로 집행될 가능성을 말한다. 소망성의 기준에서 바람직한 정책대안으로 평가된 경우에도 성공적인 집행이 불가능한 대안이라면 최선의 대안이 될 수 없다.

정책대안의 실현가능성의 기준으로는 크게 다섯 가지의 기준이 적용된다(Dunn, 2008).

① 정치적 실현가능성

정치적 실현가능성(political feasibility)은 정책대안이 선택되고, 집행되는 과정에서 정치적 지지를 받을 가능성을 말한다. 정치적 지지는 정책에 대한 의회로부터의 지지뿐 아니라, 각종 이해관계집단으로부터의 지지를 포함한다. 정책대안의 선택은 결국 정치적 과정이라고 할 수 있으며, 정책결정에 따라 집단 간의 이해가 달라질 수 있다. 그러므로 특정 이해를 대표하는 정치세력으로부터 지지를 받지 못할 경우 정책대안의 정치적 실현가능성은 적다고 할 수 있다.

② 경제적 실현가능성

경제적 실현가능성(economic feasibility)은 재정적 실현가능성과 같은 뜻으로 쓰인다. 즉 정책대안의 집행을 위해 필요한 재원(예산)이 충분히 확보되었는지가 중요한 평가기준이 된다. 아무리 바람직한 정책대안이라고 하더라도 이를 집행할 수 있는 경제적 자원이 확보되지 않는다면 정책대안의 집행은 불가능해진다.

③ 행정적 실현가능성

행정적 실현가능성(administrative feasibility)은 정책대안의 집행을 위해 필요한 집행조직, 인력 등의 행정적 지원이 확보될 가능성을 말한다. 새로운 정책대안의 집행이 기존의 행정조직이나 인력의 행정능력으로 감당할 수 없을 때 신규 혹은 추가적인 행정적 지원은 반드시 필요하다. 이를 확보하지 못할 경우 정책대안의 행정적 실현가능성은 낮아지게 된다.

④ 법적 · 윤리적 실현가능성

법적 실현가능성(legal feasibility)은 정책대안의 집행에 있어서 법적으로 제약을 받지 않을 가능성을 말한다. 정책대안의 내용이 법적으로 제한을 받을 사업내용이 포함되어 있거나 법적 장치가 마련되어 있지 않은 사업내용이 포함되어 있을 경우 정책대안의 법적 실현가능성은 적다고 할 수 있다.

윤리적 실현가능성(ethical feasibility)은 정책대안의 집행에 있어서 윤리적으로 제약을 받지 않을 가능성을 말한다. 정책대안의 사업내용이 사회적 인정을 받지 못할 경우 정책대안의 실현가능성은 적다고 할 수 있다.

⑤ 기술적 실현가능성

기술적 실현가능성(technical feasibility)은 정책대안의 집행에 있어서 기술적으로 그 실현이 가능한 정도를 말한다. 아무리 좋은 비전을 담고 있는 정책대안이라고 하더라도 기술적으로 제한이 있는 사업이라면 정책대안의 실현가능성은 적다고 할 수 있다.

(3) 관광정책에의 적용

앞서 예시했던 관광정책대안들을 대상으로 하여 비교·평가해 볼 수 있다. 실제 평가에서는 실현가능성을 먼저 평가하고, 이어서 소망성을 평가한다. 이를 적용하여 앞서 다루어졌던 관광정책과제의 예를 평가해 보면, 〈표 8-3〉에서 보는 바와 같이 실현가능성 기준에서는 행정적·기술적 실현가능성에서는 차이가 없으나, 정치적·경제적·법적 실현가능성에서는 대안들 간에 차이를 보여주며, 소망성 기준에서는 효과성과 형평성에서 대안들 간에 차이를 보여주는 것을 알 수 있다.

이를 대안별로 살펴보면, 정책대안1(세계적 체인 호텔 유치)은 지원제도 도입과 관련하여 이해관계집단 및 지역주민의 민원소지가 있으며, 해외경제 불확실성 우려, 법제화의 문제 등이 실현가능성과 관련하여 문제점으로 제기된다. 반면에, 소망성에 있어서는 국내호텔기업에 대한 역차별이라는 형평성의 문제점이 있으나, 효과성에 있어서는 높은 목표달성률(120%)이 기대된다.

다음으로, 정책대안2(국내 호텔기업 체인화 및 고급화)는 국내 중소호텔기업 반발, 국내 호텔기업 경쟁력의 한계, 관광진흥개발기금 관련 규정 개정 등이 실현가능성과 관련하여 문제점으로 제기된다. 소망성에 있어서는 형평성

에서 국내호텔기업 간에 차등지원이라는 점에서 문제점이 제기되며, 효과성
에서는 상대적으로 낮은 목표달성률(80%)이 기대된다.

또한 정책대안3(세계적 체인호텔 유치·국내호텔 육성)은 지구지정관련 민
원소지, 국내호텔기업 경쟁력의 한계, 관련법규 제정 등이 실현가능성과 관
련하여 문제점으로 제기된다. 소망성에 있어서는 형평성에서 국내호텔기업
역차별 문제 및 국내호텔기업 간 차등지원 문제 등이 문제점으로 제기되며,
효과성에 있어서는 상대적으로 중간정도의 목표달성률(100%)이 기대된다.

〈표 8-3〉 관광정책대안의 비교 · 평가(예시)

		정책대안 1 (세계적 체인호텔 유치)	정책대안 2 (국내 호텔기업 체인화 및 고급화)	정책대안 3 (세계적 체인호텔 유치 / 국내호텔육성)
실 현 가 능 성	정치적	국내호텔기업 반발 지구지정 대상주민 반 발 및 민원소지	국내 중소호텔 기업 반발	지구지정 관련 민원소 지
	경제적	해외 경제 불확실성	국내 호텔기업 경쟁 력 한계	국내 호텔기업 경쟁력 한계
	법 적	지구지정 및 세제·금 융 관계 법제정 부담	관광진흥개발기금 관 련 규정 개정	지구지정 및 세제·금 융관련 법제정 부담
소 망 성	효과성	높은 목표달성률(120%) 기대	상대적으로 낮은 목 표달성률(80%) 기대	중간 목표달성률(100%) 기대
	형평성	국내 호텔기업 역차별	국내 호텔기업 간 차 등지원	국내 호텔기업 간 역 차별 / 국내 호텔기업 차등지원

5) 최선의 정책대안 선택

(1) 선택과정

정책결정과정의 마지막 단계이다. 앞서 이루어진 정책대안의 비교·평가

결과에 기초하여 최선의 정책대안을 선택하는 과정이다. 실현가능성에 있어서 정치적, 경제적, 행정적, 법적·윤리적, 기술적 기준 가운데 어느 기준에 중요성을 두어야 할지, 그리고 소망성에 있어서 효과성, 능률성, 형평성의 기준 가운데 어디에 우선순위를 두어야 할지를 결정해야 한다.

그런 의미에서 정책결정자의 정책대안 선택은 곧 정책결정자의 가치판단의 문제라고 할 수 있다. 만일 정책결정자의 판단이 지나치게 주관적이거나, 대중으로부터의 지지를 받지 못할 경우, 심각한 부작용을 초래할 수 있다. 따라서 정책결정자의 최종 선택 과정에서의 검증이 필요하다(Newman & Summer, 1961). 이를 위한 절차로는 시험적 시행을 통한 타당성 검증, 공청회를 통한 지지 확보, 정책토론을 통한 설득 등이 제시된다. 특히, 사회가 다원화되면서 정책결정과정에서의 절차적 과정이 매우 중요한 요소로 등장한다. 이와 관련하여 권기헌(2007)은 앞서 기술하였던 던(Dunn, 2008)의 정책분석 기준에 참여성, 숙의성, 합의성 등의 절차적 소망성을 추가하여 소망성을 실체적 소망성과 절차적 소망성으로 구분하여 제시한다([그림 8-4] 참조).

[그림 8-4] 정책분석 기준

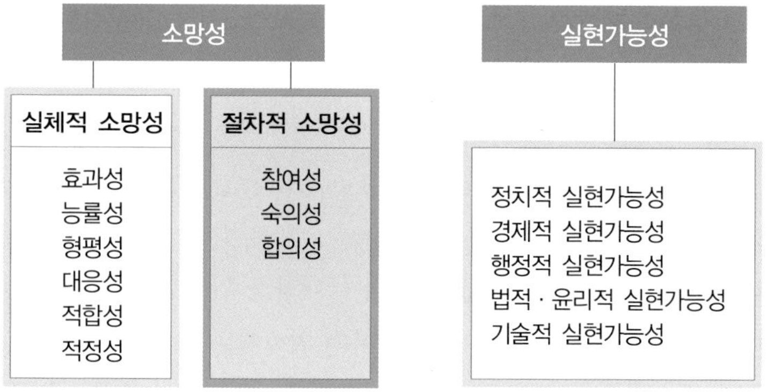

출처 : 권기헌(2007).

(2) 관광정책에의 적용

앞서 예시되었던 관광정책에의 적용의 예로 돌아가 보자. 이제 정책대안의 비교·평가 결과에 기초하여 최선의 정책대안을 선택하여야 한다. 이는 가치판단의 문제라고 할 수 있으며, 소망성과 실현가능성이 중요한 기준으로 작용한다. 관광정책결정자의 판단이 중요하다. 효과성에 우선을 둘 것인지, 형평성에 우선을 둘 것인지를 결정해야 할 것이다. 또한 참여성, 숙의성, 합의성의 절차적 소망성이 고려되어야 할 것이다.

여러분의 판단은 어떠한가? 정책대안1(세계적 체인호텔 유치), 정책대안2(국내호텔기업 체인화 및 고급화), 정책대안3(세계적 체인호텔 유치 / 국내호텔육성) 이들 가운데 과연 어떠한 대안을 선택할 것인가?

여러분의 대안선택에 대한 정책결정이론적 설명은 제4절 '정책결정모형과 경험적 연구'에서 소개된다.

제3절 합리적 정책결정의 제한요인

다음에서는 정책결정에서의 합리성과 이를 제한하는 요인들을 살펴본다.

1. 합리성

합리적 정책결정은 정책목표 달성의 극대화를 위해 가장 적합한 정책수단을 선택하는 활동이라고 할 수 있다. 이를 위해서는 정책분석이 매우 유용하다. 그런 의미에서 정책분석을 합리적 정책결정을 위한 도구적 지식이라고도 한다. 또한 일반적으로는 그 내용적 일치성으로 인해 합리적 정책결정과 분석적 정책결정이 같은 뜻으로 쓰인다.

합리성의 개념을 좀 더 살펴보면, 사이먼(Simon, 1978)은 합리성의 개념을 실질적 합리성(substantive rationality)과 절차적 합리성(procedural rationality)으로 구분한다. 실질적 합리성은 목표달성을 위해 적합한 행동이 선택되는 정도를 말한다. 사이먼은 실질적 합리성에는 두 가지 가정이 존재하는 것으로 본다. 하나는 목표의 존재이고, 다른 하나는 행위자의 실질적 선택을 위한 인지능력이다. 하지만 사이먼은 이러한 행위자의 인지능력에 의문을 제기하며, 실질적 합리성에 대비되는 절차적 합리성의 개념을 제안하였다. 절차적 합리성은 정책결정자의 인지적 능력의 한계를 인정하고, 목표달성을 위해 적합한 행동이 선택되는 결과가 아닌 과정을 중시한다. 그러므로 절차적 합리성은 목표달성의 극대화가 아니라, 만족할 만한 대안을 선택하는 과정을 의미하는 것으로 정의한다.

이 같은 사이먼의 주장은 정책결정에 있어서 합리모형의 한계를 보여주는 논리적 근거가 되었으며, 대안적 정책결정모형들이 발전하는 계기가 되었다고 할 수 있다. 대안적 정책결정모형들에 대해서는 다음 절에서 다룬다.

2. 제한요인

1) 정책결정자의 능력

합리적 정책결정을 위해서는 정책결정자의 능력이 중요하다. 정책결정자는 정책결정을 위한 전문지식 및 분석능력과 가치판단의 능력을 가지고 있어야 한다. 하지만 정책결정자의 인지능력에는 한계가 있다. 모든 정책대안들을 개발하고, 그 가운데 최적의 정책대안을 선택하는 것이 현실적으로는 어렵다. 또한 정책결정자에게 자신의 주관적 가치를 배제하고 합리적 판단을 요구하는데도 한계가 있다.

2) 정치체제

합리적 정책결정은 정치체제의 구조적 특성에 의해서도 제약을 받는다. 우선, 정부조직의 경우 관료제적 특성에 따라서 정부조직 간 전문화와 분업화가 이루어지면서, 조직이해가 서로 다르게 나타나며, 이에 따라 합리적 정책결정이 제한되는 경우가 발생한다. 또한 의회의 경우에도 의원들이 지역주민들의 정책수요에 민감하게 반응하며, 이로 인해 합리적 정책결정보다는 정치적 정책결정이 이루어지는 경우가 흔히 발생한다.

3) 정책환경

정책환경도 합리적 정책결정을 제약한다. 거시적 측면에서 정치적 환경은 물론이고, 사회경제적 환경도 정책결정의 판단에 영향을 미친다.

또한 최근 들어 더욱 크게 부각되고 있는 제약요인이 각종 위기상황이다 (Rosenthal, 1986). 자연재해로부터의 위기, 기술적인 위기, 경제적 위기, 국제적 분쟁으로부터의 위기 등 다양한 위기요인들이 의사결정에 크게 영향을 미친다. 따라서 합리적 정책결정을 위해서는 위기상황에 대비하여 단계별로 대응할 수 있는 정책대안의 구성이 요구된다.

또한 예측할 수 없는 혼란 현상도 합리적 정책결정을 제한한다. 혼란현상은 카오스(chaos)를 말한다(Stacey, 1995). 카오스는 질서가 없는 혼돈상태로서 일정한 규칙성을 찾아내기가 어렵다. 그 특징이 나비효과(초기의 민감한 변화가 큰 위기를 불러오는 현상)와 비선형적 변화이다. 이러한 혼란 속에서 질서를 찾는 과정을 카오스 이론에서는 자기조직화(self-organizing)와 공진화(coevolution)로 설명한다.

자기조직화는 혼돈상태에서 자기 스스로 구조와 질서를 찾아가는 과정을 말한다. 또한 공진화는 혼돈상태에서 각 개체가 끊임없이 서로에게 적응하며 변화하는 과정을 말한다. 카오스 이론은 정책결정에 있어서 새로운 관점을 제시한다. 불확실성을 새로운 변화의 기회로 인식할 수 있게 하며, 복잡성을 자기 조직화와 공진화의 관점에서 바라볼 수 있게 해준다. 하지만 카오스 이론이 구체적인 정책결정의 절차나 기준을 제시하지는 못한다는 점에서 한계가 있다.

4) 비공식적 정책행위자

이익집단, NGO, 언론매체, 전문가집단 등의 이해관계집단들이 비공식적 정책행위자로서 정책결정과정에 직·간접으로 참여하면서 집단의 이해 내지는 이익을 반영하려고 시도한다. 그 결과 정책결정과정이 정치적 과정으로 변질되기 쉽다. 정책네트워크모형에서 설명한 바와 같이 하위정부모형 뿐 아니라 정책공동체모형, 혹은 이슈네트워크모형으로 이해관계집단들의 정책참여 형태가 다양해지고 있으며, 정책영역별로 정책하위체계를 형성하게 되면서 합리적 정책결정이 더욱 제약을 받게 된다.

제4절 정책결정모형

정책결정모형은 '정책결정과정을 설명하는 이론적 틀'을 말한다. 정책결정모형은 크게 합리모형과 절충모형 그리고 경험적 모형으로 구분된다. 이를 살펴보면 다음과 같다.

1. 합리모형과 절충모형

합리모형은 절차적 합리성을 기반으로 하는 정책결정모형을 말하며, 절충모형은 합리모형의 현실적 한계를 보완하는 정책결정모형을 말한다. 이를 살펴보면 다음과 같다(〈표 8-4〉 참조).

<표 8-4> 합리모형 - 절충모형

구 분	합리모형	만족모형	점증모형	혼합탐사모형	최적모형
정책결정자 (정부)	합리성	제한된 합리성	제한된 합리성	제한된 합리성	초합리성
결정기준	목표극대화	만족화	기존목표	혼합기준	최적화
결정과정	분석적 결정과정	개인적· 행태론적 의사결정	점증적인 방식	근본적 결정·세부적 결정의 교환작용	구조적 틀
유형적 특징	규범적/ 처방적	경험적	경험적/ 규범적	절충모형 (합리모형+점 증모형)	규범적

1) 합리모형

합리모형(rational model)은 목표달성의 극대화와 과업의 최적화를 추구하는 행동의 논리와 절차를 제시하는 이론이다. 그런 의미에서 합리모형은 실제 정책결정 현상을 기술하는 경험적 모형이라기보다는 정책결정의 절차논리를 중시하는 규범적·처방적 모형이라고 할 수 있다. 합리모형에서 정부의 정책결정은 분석적 정책결정을 따른다.

합리모형은 크게 두 가지 전제를 두고 있다. 하나는 정책결정자는 목표달성의 극대화를 도모하는 합리적 경제인이라는 가정이다. 다른 하나는 정책결정자는 합리적 결정에 필요한 인지적 능력을 가지고 있다는 가정이다. 그러나 앞서 사이먼(Simon, 1978)이 지적한 바와 같이 이러한 전제는 실제 정책결정과정에서는 기대하기가 어렵다.

정리하자면, 합리모형은 현실적 적용에 있어서 분명히 한계를 지니고 있다. 그럼에도 불구하고, 합리모형은 규범·처방적 측면에서 그 유용성을 인정받고 있다. 정책분석 기법이 계속해서 발전하면서, 현실 적용 가능성도 더욱 확대될 수 있을 것으로 보인다.

2) 만족모형

만족모형(satisficing model)은 합리모형의 현실적 한계를 극복하기 위한 대안모형으로서 제시되었다. 사이먼(Simon, 1997)은 합리모형의 한계를 제한된 합리성(bounded rationality)의 개념으로 설명한다. 그는 제한된 합리성을 완벽한 합리성과 비합리성의 중간지점에 위치하는 것으로 보았으며, 제한된 합리성의 개념을 통해 오히려 제한된 범위 내에서 합리성을 추구할 수 있을 것으로 보았다. 또한 정책결정은 개인적·행태론적 의사결정모형을 따르는 것으로 보았다.

정리하면, 만족모형에서는 정책결정 기준을 목표달성의 극대화(maximization)에 두는 대신에 만족화(satisficing)에 두고 있다. 만족화란 정책결정자가 선택하는 최소한의 기준으로서 만족(satisfactory)하는 것과 충분(suffice)한 것을 결합하여 만족할 만한(satisficing) 선택을 하는 것을 말한다(Mingus, 2007).

정리하자면, 만족모형은 규범적·처방적 모형으로서는 한계를 지니고 있다. 하지만 정책결정의 실제 현상을 반영하는 절충모형으로서 기여하는 바가 크다.

3) 점증모형

점증모형(incremental model)은 합리모형이 지닌 비현실성을 비판하며 그 대안으로 제시된 결정이론이다. 여러 학자들에 의해서 발전된 점증모형은 정책결정이 점증적인 방식으로 이루어지고 있으며, 또한 바람직한 정책결정을 위해서는 점증적인 방식으로 이루어져야 한다고 주장한다(Hayes, 2007; Lindblom, 1979).

점증모형은 정책결정이 이루어지는 상황적 특성을 고려하면서, 정책결정은 기존의 정책에서 크게 이탈하여 완전히 새롭게 이루어지는 것이 아니라, 부분적으로, 순차적으로 이루어지는 것으로 보았다. 그런 의미에서 매우 현실적인 모형으로 평가받는다.

점증모형은 경험적 모형으로서 실제의 정책결정 현상을 설명하는 데 기여한 것으로 평가된다. 또한 규범적 모형으로서도 점증적 결정을 위한 타협과 합의를 기준으로 제시했다는 점에서 기여한 바가 크다. 하지만 지나치게 보수적이고 타성에 젖은 정책결정방식을 정당화시킨다는 점에서 비판을 받는다.

국내 연구의 예로는 점증모형과 정책결정요인이론을 통합하여 정부연구개발예산의 결정요인을 분석한 연구(엄익천 외, 2011)를 들 수 있다.

4) 혼합탐사모형

혼합탐사모형(mixed scanning model)은 앞서 살펴보았던 합리모형과 점증모형의 절충모형이라고 할 수 있다. 혼합탐사모형을 주창한 에치오니(Etzioni, 1967)는 합리모형은 비현실적인 한계를 지니고 있으며, 반면에 점증모형은 지극히 보수적인 결정모형을 정당화시킨다는 점에서 양비론적 입장을 취한다.

혼합탐사모형은 정책결정이 근본적인 결정(fundamental decision)과 세부적인 결정(item decision)으로 이루어지는 것으로 본다. 근본적인 결정은 전반적인 결정방향을 합리적으로 설정하려는 목적을 지닌 것으로 보고 있으며, 세부적인 결정은 근본적인 결정에서 설정된 맥락(contextual decision) 하에서 점증적으로 결정되는 것으로 본다.

정리하자면, 혼합탐사모형은 규범적인 모형으로서 합리모형이 지닌 엄격한 분석적 접근을 극복하고, 점증모형에서 나타난 현상유지적 결정모형에 대한 대안모형을 제시했다는 점에서 기여가 있다. 하지만 새로운 이론모형의 제시보다는 두 대립모형의 단순한 혼합형태에 지나지 않는다는 지적도 받고 있다.

국내 연구의 예로는 혼합탐사모형을 적용하여 국민연금개혁안의 정책결정과정을 분석한 연구(윤은기, 2009)를 들 수 있다.

5) 최적모형

최적모형(optimal model)은 혼합탐사모형과 마찬가지로 합리모형과 점증모형에 대하여 비판적인 입장을 가지고 있다. 최적모형을 주창한 드로어(Dror, 1967)는 특히 점증모형이 지나치게 현실주의적인 타성을 정당화시킨다는 점에서 문제점을 제기하였다. 또한 이를 극복하기 위한 방안으로 최적모형은 합리모형이 제시하는 목표달성의 극대화(maximization) 대신에 목표달성의 최적화(optimization)를 제시한다.

이러한 관점에서 최적모형은 정책결정과정에서 메타 정책결정 단계를 설정하였으며, 정책결정의 환류과정을 포함시켰다는 점에서 그 특징이 있다. 또한 정책결정의 최적화를 위해서는 초합리적 요소가 결정과정에 포함되어야 하며, 정책결정 체제의 적절한 구조적 틀을 구축하는 것이 중요하다는 점을 부각시켰다.

최적모형은 규범적 모형으로서 합리모형의 분석적 과정을 더욱 체계화시켰다는 점에서 그 의의가 있다. 하지만 최적화의 개념이 분명하지 않으며, 초합리적 요소, 즉 정책결정자의 직관적 판단을 지나치게 강조했다는 비판을 받는다.

2. 경험적 모형

경험적 모형은 합리모형과 대비되는 정책결정모형으로 여러 현실적 요인에 의해 영향을 받는 제한된 합리적 결정모형을 말한다. 연합모형, 공공선택모형, 앨리슨모형, 쓰레기통모형 등이 포함된다. 이를 살펴보면 다음과 같다 (〈표 8-5〉 참조).

<표 8-5> 경험적 모형

구 분	연합모형	공공선택모형	앨리슨모형	쓰레기통모형
정책결정자 (정부)	하위조직들의 연합체	개인(개별 정책 행위자)	복합체(유기체, 연합체, 개별 행위자)	무정부 상태
결정기준	조직이익의 극대화	사익의 극대화	통합적 기준(공익, 조직이익, 사익)	비합리적 기준
결정방식	연합적 결정방식 (협의와 조정)	정치적 결정방식 (협상과 합의)	통합적 방식(분석, 연합, 정치)	우연한 결합

1) 연합모형

연합모형(coalition model)은 회사모형이라고도 한다. 연합모형은 정부가 하나의 유기체로 구성되어 있는 것을 전제로 하고 있는 합리모형에 대하여 비판적 입장을 취한다. 대신에 연합모형에서는 정부를 하나의 단일체제가 아닌 서로 다른 하위조직들의 연합체로 본다. 따라서 연합체로서의 정부는 하위조직들 사이의 상이한 목표로 인해 갈등을 겪게 되며, 이들 간의 협의와 조정을 통해 정책이 결정된다(Allan, 1966, 1971).

연합모형이 제시하는 결정모형의 특징은 각 하위조직들이 조직 이익의 극대화를 위해서 행동하는 것으로 본다. 또한 그러한 행동의 기준으로서 표준운영절차(Standard Operating Procedure)의 역할을 중시한다. 표준운영절차는 조직이 존속해 오면서 습득하게 되는 행동규칙으로서 직무수행규칙, 보고규칙, 정보처리에 관한 규칙, 계획 및 기획에 관한 규칙 등을 말한다.

정리하자면, 연합모형은 경험적 모형으로서 정부조직 간의 협의와 조정에 의한 정책결정 방식을 보여준다. 하지만 상호간 정치적 이해관계가 첨예한 정책결정의 경우 연합모형이 설명력을 갖기에는 한계가 있으며, 또한 결정권이 최고위층에 집중되어 있는 권위주의 국가에서는 적용되기가 어렵다는 비판을 받는다.

2) 공공선택모형

공공선택모형(public choice model)은 정치적 정책결정방식에 초점을 맞춘다. 공공선택모형은 뷰캐넌(Buchanan et al., 1980; Ostrom, 1990) 등의 학자들에 의해 주창된 이론으로서 공공부문에 경제학적 시장논리를 도입했다는 점에서 의의가 있다. 공공선택이론은 합리적 선택이론(rational choice theory), 사회선택이론(social choice theory) 등과 같은 의미로 쓰인다(Anderson, 2006). 공공선택이론의 연구는 크게 두 가지로 나누어진다. 하나는 제도에 대한 연구로 독점적 정부관료제에 시장원리를 도입시킬 것을 주장한다. 다른 하나는 정책결정에 대한 연구로 개인의 선호와 이익을 극대화하려는 정치적 정책결정과정을 설명한다.

공공선택모형에는 두 가지 기본 전제가 있다. 첫째 정책결정주체로서 개개인을 가정한다. 정책결정자 개개인이 주체라는 것이다. 이 점에서 결정주체를 하나의 단일체제로 보는 합리모형이나 하위정부들의 연합체로 보는 연합모형과는 차이를 보여준다. 둘째, 정책결정자는 합리적 경제인이라는 가정이다. 개인을 자신의 선호와 이익을 극대화하는 경제인으로 본다. 이러한 전제 하에서 공공선택모형은 정책결정을 개별 정책행위자 간의 협상과 합의에 의한 정치적 게임의 결과로 설명한다.

정리하자면, 공공선택모형은 경험적 모형으로서 전통적 정치학이나 행정학에서 관료나 정치가가 공익을 추구하는 것으로 전제해왔던 것과는 달리 개별 정책행위자의 이익 극대화를 추구한다는 시각에서 바라봄으로써 정책결정 과정의 새로운 관점을 제시해 주었다는 점에 그 의의가 있다. 하지만 후속 경험적 연구들에서 밝혀진 바와 같이 현실에서의 정책결정을 완전하게 설명하지는 못하는 한계가 있다(Dunleavy, 1991). 또한 지나치게 경제적 선택만을 중시함으로써 현실적합성이 적다는 비판을 받는다.

국내 연구에서 공공선택모형을 적용한 연구의 예로는 관료제의 효율성 측정을 위하여 공공선택모형을 응용한 연구(유금록, 2009) 등을 들 수 있다.

3) 앨리슨모형

앨리슨모형(Allison's model)은 앞서 살펴보았던 합리모형, 연합모형, 공공선택모형 등을 통합적으로 바라보는 복합적 관점의 모형이라는 특징을 지닌다. 앨리슨(Allison, 1971)은 1962년 쿠바 미사일 위기에 대한 케네디 행정부의 대응과정을 설명하기 위하여 통합적 결정모형을 설정하였으며, 합리모형, 조직모형, 정치모형의 세 가지 모형을 복합적으로 제시하였다.

우선 합리모형에서는 정책결정자를 하나의 단일체제로 본다. 또한 정책결정은 국익의 극대화를 위해 최선의 대안을 선택하는 합리적 결정으로 본다. 두 번째 조직모형은 연합모형과 마찬가지로 정책결정자인 정부를 하위조직들의 연합체로 본다. 또한 정책결정은 이들 하위조직들 간의 협의와 조정에 의해서 결정되는 것으로 본다. 세 번째 정치모형은 공공선택모형과 마찬가지로 정책결정자를 단일 주체로서의 정부 혹은 하위조직들의 연합체로 보는 것이 아니라, 정책결정과정의 정책참여자 개개인으로 본다. 또한 정책결정은 개별 정책행위자 간의 정치적 게임의 결과물로 본다.

분석결과를 살펴보면, 합리모형에서는 소련에 대한 여러 가지 대응방안 중에서 해상봉쇄가 가장 효과적인 대안이라는 결정이 케네디 대통령, 즉 케네디 행정부의 판단이라는 설명이다. 다음 조직모형에서는 공군의 공습과 해군의 해상봉쇄라는 대응방안의 선택에 있어서 각 조직이 각기 다른 방법으로 접근하였으나, 협의 결과 해군의 전략이 공군보다 더욱 설득력이 있는 것으로 판단했다는 설명이 가능하다. 한편 정치모형에 있어서는 정책결정과정의 참여자들 중에서 온건파와 강경파 간의 협상 결과, 비교적 위험성이 적은 해상봉쇄안이 채택되었다는 설명이다.

종합해 보면, 앨리슨모형은 서로 다른 이론모형들을 복합적으로 적용함으로써 정책결정과정의 설명력을 높여주었다는 점에서 경험적 모형으로서의 큰 의의를 갖는다. 특히 다양한 관점에서 정책결정과정을 설명함으로써 정책결정과정을 종합적으로 볼 수 있게 해준다는 장점을 지닌다고 할 수 있다. 반면에 정책결정과정을 지나치게 복잡 구조화시킴으로써 결정모형의 단순화에는 한계가 있다는 지적이다.

국내 연구에서 앨리슨모형을 적용한 연구로는 사립학교법 개정과정을 대상으로 앨리슨모형을 적용한 연구(김덕근, 2011)가 있으며, 한국 전쟁시 미국의 대한반도 군사정책결정과정을 대상으로 앨리슨모형을 적용한 연구(허출, 2004) 등이 있다.

4) 쓰레기통모형

쓰레기통모형(garbage can process model)은 앞서 논의했던 이론모형들과 달리, 비합리적 조직상황에서의 정책결정이론을 제시하였다는 점에 그 의의가 있다. 쓰레기통모형은 '조직화된 무정부 상태'(organized anarchies), 즉 매우 혼란하고 불확실한 상태에 있는 조직상황을 상정하며, 이러한 비합리적 상황에서 정책결정이 어떻게 이루어지는지를 기술하는 경험적 모형이라고 할 수 있다.

쓰레기통모형을 주창한 코헨 외(Cohen et al., 1972)는 의사결정이 이루어지는 요소를 문제의 흐름, 해결방안의 흐름, 참여자의 흐름, 선택기회의 흐름 네 가지 흐름으로 보았으며, 이 흐름들이 쓰레기통 속에서 우연하게 상호결합하게 되면 정책결정이 이루어지는 것으로 보았다. 이러한 관점에서 정책결정은 논리적 단계를 거치는 것이 아니라 불명확한 무작위적 성격을 지니게 되며, 끼워넣기(by oversight), 미뤄두기(by flight) 등의 비합리적 의사결정 방식이 나타나는 것으로 보았다.

쓰레기통모형은 혼란한 상태의 조직에서 비합리적으로 이루어지는 정책결정과정을 기술하고 있다는 점에 그 의의가 있다. 하지만 혼란한 상태의 조직

에서의 정책결정과정을 일상적인 조직의 정책결정과정으로 일반화시키는 데
는 한계가 있다는 지적이 있다. 또한 지나치게 비합리적인 결정요소들을 규
범화시킬 수 있다는 점에서도 비판을 받는다. 쓰레기통모형은 이후 킹돈
(Kingdon, 1995)에 의해 정책흐름모형으로 발전하게 된다.

국내 연구에서 쓰레기통모형을 적용한 연구로는 철도산업의 구조개혁과정
을 대상으로 한 연구(모창환, 2005)와 복잡한 조직을 대상으로 하여 학습요인
을 시뮬레이션에 포함시켜 분석한 연구(오영민·정경호, 2008) 등이 있다.

3. 관광정책에의 적용

관광정책에 있어서 정책결정모형은 공식적 행위자인 정부의 관광정책결정
에 관한 지식체계로서 그 의미가 있다.

합리모형과 절충모형에서는 관광정책결정의 합리성을 기준으로 하여 다양
한 결정유형을 제시한다. 이들 유형들을 앞서 제시하였던 관광정책에의 적용
의 예로 돌아가서 비교해 보면 다음과 같다.

우선 예시되었던 정부의 정책결정이 정책대안1(세계적 체인 호텔 유치)이
었다면, 이는 정책결정기준을 목표극대화 혹은 최적화로 하고 있다는 점에서
합리모형 혹은 최적모형의 정책결정모형을 채택한 것으로 볼 수 있다.

반면에, 정부의 정책결정이 정책대안2(국내호텔기업 체인화 및 고급화)이
었다면, 이는 정책결정기준이 만족화 내지는 기존 정책의 연장선에 있다는
점에서 만족모형 혹은 점증모형에 해당된다고 할 수 있다.

또한 정부의 정책결정이 정책대안3(세계적 체인 호텔 유치·국내호텔 육
성)이었다면, 이는 정책결정기준이 목표극대화와 점증적 목표의 절충적 기준
이라는 점에서 혼합탐사모형을 채택한 것으로 볼 수 있다.

다음으로, 경험적 모형으로는 연합모형, 공공선택모형, 앨리슨모형, 쓰레
기통모형이 제시되었다. 주로, 이론적 측면에서 관광정책결정에 관한 유용한

지식을 제공해준다.

다시 앞의 예로 돌아가서 정책대안의 결정을 둘러싸고 관련 부처 간에, 부처 내 하위조직 간에, 그리고 지방자치단체 간에 갈등이 발생할 수 있다. 토지이용과 관련하여 국토해양부의 의견과 관광정책 조직인 문화체육관광부의 의견이 다를 수 있으며, 세제 및 금융지원과 관련하여 기획재정부와 문화체육관광부의 의견이 다를 수 있다. 또한 문화체육관광부의 하위조직인 국내호텔진흥부서와 외국관광객유치부서와의 의견이 다를 수 있다. 이러한 갈등과정을 거쳐 협의를 통해 정부가 하나의 정책대안을 선택하였다면, 이는 곧 연합모형의 정책결정에 해당된다고 할 수 있다.

또한 정책대안의 결정에 있어서 정책결정참여자들이 성장개발론자와 점진적 개발론자로 나누어져 양자 간에 대립과 갈등이 발생하고 이를 정치적 협상을 통하여 해결하였다면, 이는 곧 공공선택모형에 의한 정치적 정책결정에 해당된다고 할 수 있다.

한편, 정부가 혼란한 상황에서 어느 하나의 대안을 선택하지 못하고 계속해서 결정을 미루거나 적절하고 명확한 결정기준의 설정이나 결정과정을 거치지 않고 하나의 정책대안을 끼워넣기 식으로 선택하였다면 쓰레기통모형의 정책결정을 한 것으로 볼 수 있다.

관광정책 연구에서 경험적 모형을 활용한 연구로는 이연택·진보라(2014)의 '정책흐름모형을 적용한 지역전문관광통역안내사 자격제도 도입과정 분석'을 들 수 있다. 이 연구는 쓰레기통모형의 확장모형인 Kingdon(1984; 1995; 2011)의 정책흐름모형(PSM : Policy Streams Model)을 적용한 연구이다. 정책흐름모형은 모호한 상태에서 이루어지는 제한된 합리적 결정모형으로 정책흐름들의 우연한 결합과 정책기업가의 자기이해적인 역할에 의해 정책결정이 이루어지는 것으로 설명한다.

이 연구는 제주도의 '지역 맞춤형 관광통역안내사 자격제도'의 결정과정을 사례로 하였으며, 정책흐름모형을 기본 틀로 하여 기술적 분석모형을 제시하였다. 주요 분석요인으로는 정책흐름, 정책기업가, 정책의 창, 정책산출을 포함하였다([그림 8-5] 참조).

[그림 8-5] 자격제도 도입과정 분석 모형

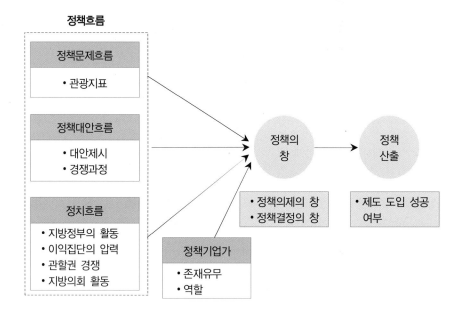

분석결과, 중국인 관광객의 급증으로 인한 관광지표의 급격한 변화로 정책문제흐름이 형성되었으며, 정책대안흐름에서는 제주특별자치도와 제주발전연구원에 의해 대안이 제시되었으나 반대집단과의 대안경쟁으로 부분적으로 형성되는데 그쳤다. 정치흐름에서는 제주도지사 선거시 공약사항으로 제시되어 부분적으로 형성되었으나 이익집단의 반대, 중앙정부와의 관할권 경쟁, 지방의회의 반대로 완전형성에는 이르지 못했다. 또한 정책기업가의 역할에서 제주도지사가 정책의제의 창은 열었으나 정책결정의 창은 열지 못하였다. 결과적으로 제주도의 '지역 맞춤형 관광통역안내사 자격제도'의 도입은 정책흐름모형에서 정책의제의 창을 여는 데는 성공하였으나 정책결정의 창을 열지는 못함으로써 정책결정에 실패하였다.

실천적 논의
관광정책결정

정책결정은 '정책문제를 해결하기 위하여 최선의 정책대안을 선택하는 정부의 행동'을 말한다. 이를 위해서는 합리적·분석적 접근이 매우 중요하다. 하지만 현실적으로는 여러 가지 제약요인들이 작용한다. 그동안의 관광정책결정은 합리적 결정(합리모형)이라기보다는 절충모형 내지는 경험적 모형으로 정책결정이 이루어지는 경우가 많았다. 이러한 현실인식에서 다음 논제들에 대하여 논의해 보자.

논제 1. 최근 중앙정부 차원에서 이루어진 관광정책결정 사례 가운데 합리모형 혹은 절충모형으로 결정된 사례는 어떠한 것이 있으며, 그 과정은 어떠한가?

논제 2. 최근 중앙정부 차원에서 이루어진 관광정책결정 사례 가운데 경험적 모형으로 결정된 사례는 어떠한 것이 있으며, 그 과정은 어떠한가?

요약

이 장에서는 정책과정의 두 번째 단계인 정책결정에 대해서 논의하였다.

정책결정은 '정책문제를 해결하기 위하여 최선의 정책대안을 선택하는 정부의 활동'을 말한다. 정책결정의 중요성은 크게 세 가지 점에서 찾을 수 있다. 정책결정은 합리적 과정이며, 정치적 과정인 동시에 가치판단의 과정이라고 할 수 있다.

정책결정은 여러 하위단계들로 이루어지는데 이는 크게 다섯 단계로 정리된다.

첫째, 정책문제 분석의 단계이다. 정책문제를 정확하게 파악하는 것이 필요하며, 이를 명확하게 정의할 수 있어야 한다.

둘째, 정책목표 설정의 단계이다. 정책의 실현을 통해 달성하고자 하는 바람직한 상태를 설정하는 단계를 말한다.

셋째, 정책대안탐색 및 결과예측의 단계이다. 합리적인 정책결정을 위해서는 정책목표를 달성할 수 있는 다양한 정책수단들을 개발하고, 그 결과를 예측하는 과정이 필요하다.

넷째, 정책대안의 비교·평가의 단계이다. 정책대안들에 대하여 소망성과 실현가능성을 기준으로 비교와 평가가 이루어지는 단계이다. 소망성은 정책대안이 과연 얼마나 바람직한가를 평가하는 기준을 말하며 효과성, 능률성, 형평성 등이 포함된다. 실현가능성은 정책대안이 성공적으로 집행될 가능성을 말하며, 정치적 실현가능성, 경제적 실현가능성, 행정적 실현가능성, 법적·윤리적 실현가능성, 기술적 실현가능성 등이 포함된다.

다섯째, 최선의 정책대안 선택의 단계이다. 정책결정과정의 마지막 단계로서 정책결정자의 가치판단이 중요하다. 이를 검증하기 위하여 타당성조사, 공청회, 정책토론 등이 제시되며 절차적 소망성의 기준이 중요하게 다루어진다.

한편, 현실적으로 합리적 정책결정에는 여러 가지 제한요인들이 있다. 먼저, 정책결정자의 한계를 들 수 있으며, 정치체제의 구조적 한계, 정책환경으로부터의 한계, 비공식적 정책행위자로부터의 한계를 들 수 있다.

정책결정모형은 정책결정과정을 설명하는 이론적 틀을 말한다. 정책결정모형의 유형은 크게 정책결정자의 합리성을 기준으로 하는 합리모형과 절충모형이 있으며, 다른 한편으로는 경험적 모형이 있다.

합리모형과 절충모형은 합리성을 전제로 이루어지고 있는 정책결정모형이다. 이 가운데 절충모형에는 만족모형, 점증모형, 혼합탐사모형, 최적모형이 포함된다.

다음으로 경험적 모형을 들 수 있다. 연합모형, 공공선택모형, 앨리슨모형, 쓰레기통모형이 여기에 해당된다. 연합모형에서는 정책결정자인 정부를 하위조직들의 연합체로 본다. 또한 공공선택모형에서는 정책결정자인 정부를 정책결정과정에 참여하는 개별정책행위자로 본다. 앨리슨모형은 통합모형으로서 합리모형, 조직모형, 정치모형의 결정모형들이 결합하여 정책결정에 이르는 것으로 본다. 쓰레기통모형은 무정부상태에서 우연한 결합으로 이루어지는 정책결정과정을 설명해준다.

관광정책과 정책집행

개관

이 장에서는 관광정책과 정책집행에 대해서 논의한다. 먼저, 제1절에서는 정책집행의 개념과 의의에 대해서 다루고, 제2절에서는 정책집행과정에 대해서 알아본다. 성공적인 정책집행을 위해 합리적인 정책집행과정의 단계가 제시된다. 다음으로 제3절에서는 정책집행행위자와 집행유형에 대해서 살펴보고, 제4절에서는 정책집행의 순응과 불응에 대해서 알아본다. 이어서 제5절에서는 성공적인 정책집행의 영향요인에 대해서 살펴본다. 끝으로, 제6절에서는 정책집행의 이론모형들을 하향적 모형, 상향적 모형 그리고 통합모형으로 구분하여 알아본다.

제1절 정책집행의 개념과 의의

1. 개념

정책집행(policy implementation)은 '결정된 정책대안을 실현하는 정부의 활동'으로 정의된다(정정길 외, 2011; Anderson, 2006). 정책집행에서는 프레스먼과 윌다브스키(Pressman & Wildavsky, 1973)가 설파하였듯이, 목표지향성과 실행성이 중요하며 이 두 특성을 기준으로 상호작용이 이루어진다. 협의적 관점에서는 정책집행을 정책목표를 달성하기 위하여 정책수단을 구체화하는 과정으로 그 범위를 좁혀서 보기도 한다(Williams, 1980). 정책집행과정에서 중심과제는 성공적인 정책집행이다. 그러므로 과연 성공적인 정책집행을 위한 합리적인 과정은 어떠한 단계가 있는지, 정책집행의 순응과 불응의 원인은 무엇인지, 성공적인 정책집행에 미치는 영향요인은 무엇인지 등에 관심이 놓여진다.

2. 의의

정책집행은 정책과정의 세 번째 단계이며, 크게 세 가지 점에서 중요성을 갖는다([그림 9-1] 참조).

첫째, 정책집행은 실행적 과정이다. 앞서 정책결정에서 살펴보았듯이 정책결정은 정책목표와 정책수단을 선택하는 활동을 말한다. 이때 선택된 정책목표는 정책수단의 실행을 통해서 비로소 달성된다. 즉 정책목표는 정책수단의 집행 없이 실현될 수 없다.

둘째, 정책집행은 순환적 과정이다. 정책결정과정에서 선택된 정책목표와 정책수단이 정책집행단계에서 구체화된다. 정책목표 간의 우선순위 결정, 정책수단의 실현가능성 검토 및 투입, 정책환경의 분석 등 정책집행단계에서 실질적인 정책내용이 결정된다. 그런 의미에서 정책집행은 정책결정과 서로 영향을 주고받는 순환적 성격을 갖는다.

셋째, 정책집행은 정치적 과정이다. 정책이 전환과정을 거쳐 외부에 산출되며, 비로소 정책대상집단과의 직접적인 접촉이 이루어진다. 이 과정에서 정책대상집단의 순응과 불응이 발생하며, 갈등과 협력의 정치적 과정이 이루어진다. 또한 정책이해관계집단들도 반대와 지지의 형태로 정책집행에 영향을 미치며 정치적 관계를 갖는다.

[그림 9-1] 정책집행단계

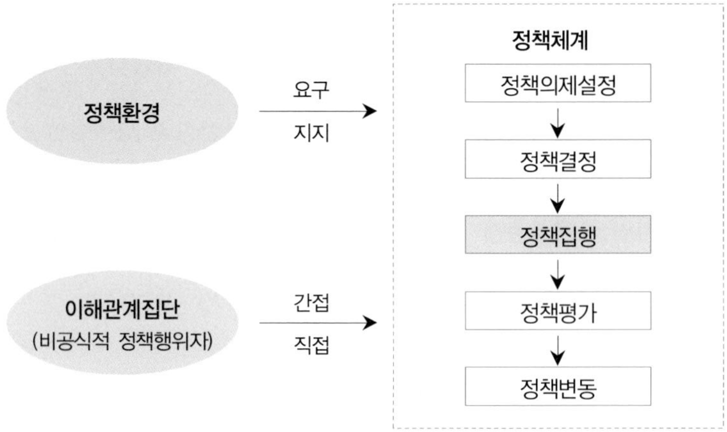

제2절 정책집행과정

1. 개념

정책집행과정(policy implementation process)은 여러 하위단계들로 구성된다. 학자들에 따라서 다양한 단계적 절차가 제시된다(안해균, 1997). 예를 들어,

존스(Jones, 1984)는 정책집행의 단계를 조직(organization), 해석(interpretation), 적용(application)의 세 단계로 제시하였다. 이와는 달리, 레인과 라비노비츠(Rein & Rabinovitz, 1978)는 지침개발(guide development), 자원배분(resources distribution), 감독(oversight)의 세 단계로 제시하였다.

다음에서는 선행연구들에 근거하여 합리적 정책집행의 과정을 다섯 단계로 구성하여 제시한다([그림 9-2] 참조).

[그림 9-2] 정책집행과정

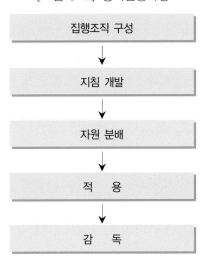

집행조직 구성

↓

지침 개발

↓

자원 분배

↓

적 용

↓

감 독

2. 단계

1) 집행조직 구성

첫 번째 단계는 집행조직의 구성(organization)이다. 집행조직은 '결정된 정책을 실현하는 조직'을 말한다. 정책결정자는 입법부, 대통령, 정치각료 등 정책을 결정하는 공식적인 행위자를 말하며 집행에 필요한 인력, 예산, 권한 등을 지원해 줄 수 있는 지배기관이다. 정책집행자는 이러한 정책결정자로부터 공식적인 집행권을 부여받은 행정부의 행정기관을 말한다. 집행 형태는 중앙정부의 직접집행, 지방위임, 민간위탁 등으로 구분된다. 그러므로 넓은 의미에서 집행행위자는 정책집행자인 중앙정부부처와 집행자로부터 위임 혹은 위탁받은 지방행정기관, 공기업, 민간부문조직 등을 포함한다. 집행조직의 구성은 정책집행 행위자를 지정한다는 의미에서 집행과정과 정책결과에 지대한 영향을 미친다.

2) 지침 개발

두 번째 단계는 지침의 개발(guide development)이다. 정책내용을 해석하며 이를 실현가능한 지침으로 구체화하는 단계이다. 지침은 이른바 표준운영절차(Standard Operating Procedure)를 말한다. 지침 개발을 통해 기대하는 바는 정책집행의 효율화와 명료화를 들 수 있다. 반면에, 지나치게 획일적인 규정으로 인해 정책의 개별적 특수성을 감안하지 못하는 문제가 발생할 수 있다.

3) 자원의 확보와 배분

세 번째 단계는 자원배분(resources distribution)이다. 자원에는 인적·물적 자원, 정보 및 기술, 정치적 지지 등이 포함된다. 이들 자원 중에서 가장 중요한 부분이 재원이다. 재원확보 방법에는 정부예산확보, 차입금 및 공채발행에 의한 정부 신용 차입, 수익자 부담 원칙에 의한 민간자원 동원 등이 있다. 한편, 정책집행에 필요한 자금 배분방법으로는 품목별 예산, 성과주의 예산, 계획 예산 등에 의한 배분방식을 들 수 있다.

4) 적용

네 번째 단계는 적용(application)이다. 적용은 집행조직이 정해진 지침에 따라서 확보된 자원을 이용하여 정책대안을 실행하는 단계이다. 주로 집행조직의 일선관료(street-level bureaucracy)가 담당하며, 이 과정에서 정책대상집단과의 직접적인 접촉이 이루어진다. 그런 의미에서 일선집행관료 혹은 일선집행담당자가 정책집행에서 매우 중요하다고 할 수 있다.

5) 감독

다섯 번째 단계는 감독(oversight)이다. 정책집행은 위의 단계에서 보았듯이 집행조직의 구성, 지침의 개발, 자원의 배분, 적용 등 단계별로 진행되면서 많은 변화와 조정이 있을 수 있다. 이 점에서 정책집행이 바람직한 방향으로 가고 있는지를 확인하고 지도하고 교정하는 활동이 필요하다. 감독은 그런 의미에서 평가 보다는 더욱 직접적이고 능동적인 활동이라고 할 수 있다. 감독은 정책결정자 혹은 정책집행기관 자체적으로 이루어진다. 정책집행자가 정책집행을 위임 혹은 위탁한 경우, 정책집행자는 관련 집행행위자들에 대해서 감독을 수행한다. 또한 감독 유형은 정책결정자와 정책집행자 간의 관계에 따라서 달라진다.

3. 관광정책에의 적용

관광정책에 있어서 합리적인 정책집행단계는 매우 중요하다. 특히 관광정책사업은 대규모 장기사업의 성격이 강하고, 민간부문과의 협력이 필요하다는 점에서 성공적인 정책집행이 무엇보다도 중요하다. 관광정책에 있어서 집행조직은 중앙관광행정기관인 문화체육관광부, 지방관광행정기관인 광역 및 기초자치단체, 준관광정부조직으로서의 관광공기업 및 지방관광공기업 등을 들 수 있으며, 이익단체인 한국관광협회중앙회 및 지역·업종별 협회, 정책연구기관, NGO 등이 포함된다. 또한 최근에는 목적사업을 위한 한시적인 조직으로서 조직 내 TF팀이나 사업단을 구성하기도 하고, 별도의 법인을 설립하기도 한다. 한 예로서, 2010－2012년 한국방문의 해 사업의 경우, 정부는 사업목적의 수행을 위해 2008년에 재단법인 「한국방문의해위원회」를 설립하였으며, 동 위원회를 통하여 사업집행을 추진하였다. 동 위원회는 한시적 목적법인의 성격을 갖고 있으며, 특히 위원회의 구성에 있어서 민간위원장을 중심으로 하는 민간위원회로서의 특징을 갖는다. 이러한 한시적 목적법인의 경우 정책집행의 효율성과 전문성 확보라는 차원에서 장점을 갖는 반면에, 정책성과의 지속성 유지 및 책무성 확보 차원에서는 단점을 지닌다.

제3절 정책집행행위자와 집행유형

1. 집행행위자

집행행위자(implementation actors)는 정책집행에 참여하는 모든 행위자들을 말한다. 여기에는 정책결정자, 정책집행자, 중간집행자, 유권자집단, 정책수혜자, 미디어, 평가자 등이 포함된다(Nakamura & Smallwood, 1980). 이 책에서는 집행행위자를 크게 정책집행자, 중간매개집단, 정책대상집단으로 구분한다. 그리고 [그림 9-3]에서 보듯이 넓은 의미에서는 집행행위자를 이들 세 유형을 모두 포함하는 것으로 보며, 좁은 의미에서는 정책집행자와 중간매개집단만을 집행행위자로 본다.

[그림 9-3] 집행행위자의 구성

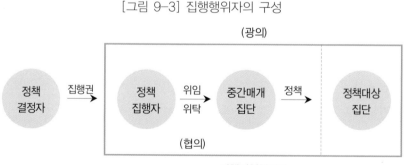

1) 정책집행자

정책집행자는 '공식적으로 집행권을 부여받은 행위자'를 말한다. 정책집행자에는 행정부의 부처조직 그리고 이를 구성하는 공무원들이 포함된다. 관광정책집행에서는 문화체육관광부가 여기에 해당된다.

정책집행자는 결정된 정책목표를 달성하기 위해 집행과정을 효율적으로 운영하고 조정해야 할 책임을 부여받고 있다. 그러므로 정책집행자의 활동이 정책집행의 성공을 위해서 필수적인 요건이라고 할 수 있다.

2) 중간매개집단

중간매개집단(intermediaries)은 '공식적인 정책집행자로부터 위임 혹은 위탁을 받아 정책을 집행하는 조직 혹은 조직을 구성하는 개인들'을 말한다. 중간매개집단은 정책의 내용이나 유형에 따라서 달라진다. 중앙정부가 추진하는 정책의 경우, 중간매개집단은 집행권을 위임 혹은 위탁 받은 지방정부, 준정부조직, 민간조직 등이 해당된다. 관광정책집행에서 대표적인 중간매개집단이 한국관광공사라고 할 수 있다.

한편, 지방정부가 추진하는 정책의 경우에는 지방정부가 정책집행자가 되고, 지방공공조직, 민간조직 등이 중간매개집단이 된다.

일반적으로 중간매개집단이 많아지면, 집행조직의 수직적 구조의 특성으로 인해 연계점이 많아지고, 그만큼 정책집행에 대한 불응 혹은 거부점이 발생할 가능성이 커진다고 할 수 있다.

3) 정책대상집단

정책대상집단은 '정책의 적용을 받는 집단이나 개인들'을 말한다. 관광정책집행에 있어서 관광개발지의 지역주민, 여행바우처제도 수혜대상자, 관광사업자 등을 들 수 있다.

배분정책, 규제정책, 재분배정책 등의 정책유형에 따라서 정책대상집단의 태도는 달라진다. 정책집행에서는 이들 정책대상집단의 순응이 정책집행의 성공을 위해서 반드시 확보해야 할 요소라고 할 수 있다.

특히 관광정책에서는 집행행위자의 개념이 광의적으로 해석되는 경우가 많으며, 이로 인해 불응과 거부점이 발생할 소지도 크다고 할 수 있다. 예를 들어, 코리아 그랜드세일 정책의 경우 집행행위자에는 정책집행자인 문화체육관광부, 중간매개집단인 지방정부 혹은 한국관광공사, 정책대상집단인 관광사업체들이 포함된다. 이 가운데 관광사업체들은 정책의 대상집단인 동시에 최종대상자인 관광소비자들과의 접점에 위치하는 최일선의 정책집행행위자라고 할 수 있다. 그러므로 이처럼 다양하고 광범위한 정책집행행위자들의 순응확보와 불응대비책의 마련이 관광정책집행에 있어서 중요한 정책과제가 된다.

2. 집행관계 유형

정책집행은 학자에 따라서 여러 가지 유형으로 분류되는데 가장 일반적인 유형분류로 소개되는 것이 나카무라와 스몰우드(Nakamura & Smallwood, 1980)의 연구이다. 나카무라와 스몰우드는 정책결정자와 정책집행자 간의 관계를 기준으로 정책집행의 유형을 분류한다. 그 내용은 다음과 같다([그림 9-4] 참조).

[그림 9-4] 정책집행관계 유형

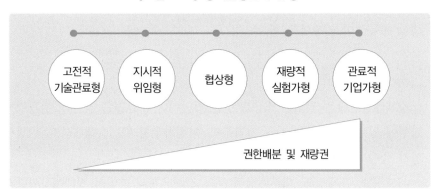

1) 고전적 기술관료형

고전적 기술관료형(classical technocracy)은 정책결정자와 정책집행자의 역할이 분명하게 구분되어 있으며, 정책집행자는 정책결정자가 결정한 정책내용을 충실하게 집행하는 유형을 말한다. 이 유형에는 크게 세 가지 전제조건이 있다. 첫째, 정책결정자는 정책목표를 결정하고, 정책집행자는 이를 지지한다. 둘째, 정책결정자는 계층적 통제구조를 구축하고 정책집행자가 그 범위 내에서 정책집행을 수행하게 한다. 셋째, 정책집행자는 기술적 역량을 가지고 있다. 이 유형은 정책집행자에게 가장 최소한의 권한 배분과 재량권이 부여된 형태라고 할 수 있다. 정책집행의 통제가 수월한 반면에, 정책집행의 경직성이 문제점으로 제기된다.

2) 지시적 위임형

지시적 위임형(instructed delegation)은 정책결정자가 정책목표를 실현하는 데 요구되는 관리적 권한을 정책집행자에게 위임하여 집행하는 유형을 말한다. 이 유형에는 세 가지 전제조건이 있다. 첫째, 정책결정자는 정책목표를 결정하고, 정책집행자는 설정된 목표의 소망성을 지지한다. 둘째, 정책결정자는 정책집행자에게 정책목표를 집행할 것을 지시하고, 관리적 권한을 위임한다. 셋째, 정책집행자는 기술적, 관리적 역량을 가지고 있다. 이 유형은 정책집행자에게 정책수단을 결정할 수 있는 재량권이 부여된 형태라고 할 수 있다. 따라서 정책집행의 원활한 수행이 기대되는 반면에, 정책수단의 선택에 있어서 정책결정자와 정책집행자 간의 갈등이 발생할 소지가 있다.

3) 협상형

협상형(bargaining)은 정책결정자와 정책집행자가 정책목표와 정책수단에 대하여 협상을 통하여 정책을 집행하는 유형을 말한다. 이 유형에는 크게 세 가지 전제조건이 있다. 첫째, 정책결정자가 정책목표를 결정한다. 둘째, 정책결정자와 정책집행자가 정책목표의 소망성에 대하여 의견이 일치하고 있지 않다. 셋째, 정책집행자와 정책결정자는 정책목표와 정책수단에 대하여 협상이 이루어진다. 이 유형은 정책결정자와 정책집행자 간의 권한 배분이 정해지지 않은 형태라고 할 수 있다. 따라서 권한 배분이 어느 쪽에 있느냐에 따라서 정책집행의 결과가 달라진다. 특히, 양자 간에 협상이 이루어지지 못할 경우 정책집행은 실패하게 된다.

4) 재량적 실험가형

재량적 실험가형(discretionary experimentation)은 정책결정자가 정책집행자에게 재량권을 광범위하게 위임하여 집행하는 유형이다. 이 유형에는 크게 세 가지 전제조건이 있다. 첫째, 정책결정자는 추상적인 정책목표를 수립한다. 둘째, 정책결정자는 정책집행자에게 정책목표를 구체화하고 정책수단을 결정할 수 있는 광범위한 재량권을 위임한다. 셋째, 정책집행자는 필요한 능력을 보유한다. 이 유형은 정책집행자가 광범위한 재량을 가지고 집행하는 형태라고 할 수 있다. 정책결정자가 전반적인 정책방향만 제시하고, 정책집행자가 구체적인 내용을 결정하여 집행함으로써 원활한 집행을 기대할 수 있는 반면에, 책임의 분산으로 인해 갈등이 발생할 소지가 있다.

5) 관료적 기업가형

관료적 기업가형(bureaucratic entrepreneurship)은 고전적 기술관료형의 정반대 유형으로 정책집행자가 정책결정 및 집행 전반에 걸쳐 권한과 재량을 가지고 집행하는 유형이다. 이 유형에는 세 가지 전제조건이 있다. 첫째, 정책집행자가 정책목표를 결정하고 정책결정자가 이를 지지한다. 둘째, 정책집행자는 정책목표를 달성하기 위한 정책수단을 확보하기 위하여 정책결정자와 협상한다. 셋째, 정책집행자는 정책집행에 필요한 능력을 보유한다. 이 유형은 한마디로 정책집행자가 정책과정을 지배하는 형태라고 할 수 있다. 정책집행자의 전문성과 능력으로 정책집행의 원활한 수행을 기대할 수 있는 반면에, 정책집행자에게 권한이 집중되면서 적절한 균형과 견제가 이루어지기 어렵다는 문제점이 지적된다.

3. 관광정책에의 적용

합리적인 관광정책집행을 위해서는 집행행위자의 지정, 즉 집행조직의 구성과 집행관계 유형의 설정이 매우 중요하다. 관광행정기구에서 보았듯이 중앙관광행정기관과 지방관광행정기관 간의 집행관계 유형의 설정이 중요하며, 준관광정부조직과의 집행관계 유형 설정도 중요하다. 예를 들어, 문화체육관광부와 한국관광공사 간의 집행관계 유형에 있어서 지시적 위임형을 선택하느냐 혹은 재량적 실험가형을 선택하느냐에 따라서 정책집행의 성과는 크게 영향을 받게 된다.

제4절 정책집행의 순응과 불응

앞에서 논의한 바와 같이 정책집행에는 다양한 행위자들이 포함되며 이들 간의 상호관계가 합리적인 정책집행에 영향을 미친다. 그러한 의미에서 정책집행은 정치적 과정이라고 할 수 있다.

다음에서는 정책집행의 순응과 불응의 개념과 원인 그리고 순응 확보 수단에 대해서 살펴본다.

1. 개념

정책집행에서 순응(compliance)은 '정책결정자 혹은 정책결정자의 집행지침을 지지하고 따르는 집행행위자의 행동'을 말하며, 불응(non-compliance)은 '정책결정자 혹은 정책결정자의 집행지침에 지지하지 않고 따르지 않는 집행행위자의 행동'을 말한다(Young, 1979). 여기서 집행행위자는 광의적으로 정책집행자, 중간매개집단, 정책대상집단을 포괄하는 개념이다.

순응의 유사개념으로는 수용(acceptance)과 복종(obedience)이 있다. 순응이 주로 외면적인 행동의 변화라고 한다면, 수용은 외면적인 행동과 내면적인 가치까지의 변화를 의미한다는 점에서 차이를 보여준다(Duncan, 1981). 복종은 단순한 지침이나 규정에 대한 반응이 아니라, 절대적인 권위로부터 오는 명령에 대한 반응이라는 점에서 차이를 보여준다. 그러므로 복종은 순응보다 더욱 강압적이고 타율적인 반응이라고 할 수 있다. 권위적인 정치체제의 경우, 혹은 군대와 같은 특정 정책체계의 경우에서 볼 수 있는 집행 행동이라고 할 수 있다.

한편, 일반적인 불응형태로는 집행의 지연, 고의적인 변경, 형식적인 순응, 취소 시도 등을 들 수 있으며, 또 다른 유형으로는 부집행(non-implementation)을 들 수 있다. 부집행은 집행자가 정책지침을 무시하고 정책을 아예 집행하지 않는 불응행동을 말한다(Hogwood & Gunn, 1984).

2. 불응의 원인

쿰즈(Coombs, 1981)는 불응의 원인을 여러 가지 각도에서 제시하였다. 이를 정리해 보면, 다음과 같다(백승기, 2010; Anderson, 2006; Coombs, 1981).

첫째, 불명확한 의사전달이다. 정책내용이 정책집행행위자에게 명확하게 전달되지 못할 경우 불응이 발생할 수 있다. 따라서 정책지침서의 작성이 매우 중요하다. 또한 정책결정자의 의도가 충분히 전달될 수 있는 정책커뮤니케이션의 중요성이 강조된다.

둘째, 부족한 자원이다. 자원확보가 충분하지 못한 경우 정책집행자의 불응이 발생한다. 자원에는 인적자원, 물적자원, 정보 및 기술, 그리고 정책결정 자의 지지 등이 포함된다. 자원확보계획 없이 정책결정이 이루어지고 집행될 경우 정책집행과정에서의 불응은 피할 수 없게 된다. 그러므로 보다 현실적인 접근을 통해 정책집행의 순응을 확보하는 것이 필요하다.

셋째, 정책내용에 대한 회의이다. 정책내용에 있어서 소망성에 대한 회의가 정책집행에 대한 불응의 주요한 원인이 된다. 여기에는 정책목표에 대한 회의와 정책목표 달성을 위한 정책수단에 대한 회의가 포함된다. 정책대상집단이 정책내용에 대해서 동의하지 않을 경우 매우 어려운 상황에 처하게 된다. 대중의 지지를 받지 못할 경우에도 시민불복종(civil disobedience)의 형태로 불응이 나타날 수 있다.

넷째, 정책비용부담이다. 정책집행으로부터 발생하는 비용부담이 발생하는 경우에도 정책집행에 대한 불응이 나타날 수 있다. 정책대상집단 중에서 비용부담집단의 경우, 정책집행에 대한 순응이 경제적 비용부담을 가져오게 되는데, 이로 인해 불응이 발생한다. 이를 설명하는 논리로서 합리적 선택 모형(rational choice model)이 소개되는데, 순응으로부터 오는 비용부담과 불응시 지불해야 할 벌금과의 비교에 의해서 정책대상집단의 행동이 결정된다는 것이다. 그러므로 정책대상집단의 순응을 확보하기 위해서는 적정한 수준의 제제와 보상 수단을 갖추는 것이 필요하다고 할 수 있다.

다섯째, 권위에 대한 불신이다. 정책집행에 대한 불응은 정책 자체의 내용이나 과정으로부터 오는 문제 외에 정치체제에 대한 불신으로부터 오는 경우가 있다. 이른바 정치체제에 대한 신뢰성의 문제이다. 이는 정권의 정통성과도 밀접한 관련이 있다. 정통성이 없는 정권이 집행하는 정책에 대해서 정책대상집단은 구체적인 이유 없이 불응을 선택한다. 그러므로 정책집행에 대한 순응을 확보하기 위해서는 정치체제의 신뢰성, 정통성, 권위 등의 확보가 우선적인 과제가 된다.

3. 순응 확보 수단

집행행위자의 순응을 확보하기 위한 전략적 수단으로 크게 세 가지 방안이 제시된다(정정길 외, 2011; Etzioni, 1968).

첫째, 설득(persuasion)이다. 설득은 집행행위자에게 정책내용에 대하여 도덕적으로, 논리적으로 설명하여 긍정적인 방향으로 인식시키는 방법을 말한다. 구체적인 수단으로는 정책홍보, 토론회, 간담회 등을 들 수 있다. 설득 수단이 성공하기 위해서는 중요한 전제조건이 있다. 정책결정자가 집행행위자로부터 정통성과 신뢰성을 인정받을 수 있어야 한다. 집행행위자가 정책결정자에 대하여 정통성을 인정하지 않고 신뢰를 하지 못할 경우 집행행위자로부터의 순응 확보는 실패하게 된다.

둘째, 유인(incentives)이다. 유인은 집행행위자에게 일정한 혜택을 제공함으로서 순응을 이끌어내는 방법이다. 혜택에는 행정적 편의와 같은 비경제적인 수단과 세금 감면, 금융지원, 보상과 같은 경제적인 수단이 포함된다. 이 중에서 경제적 수단이 가장 중요한 유인전략이 된다. 유인은 강압(coercion)과는 달리 자율적인 방법이라는 점에서 장점을 지닌다. 하지만 경제적 유인의 경우 순응확보를 위한 정책비용이 부담으로 작용한다. 그러므로 별도의 재원이 확보되지 못할 경우에는 한계를 갖게 된다.

셋째, 강압(coercion)이다. 강압은 순응하지 않은 행위에 대하여 벌금이나 기타 행정조치를 통해 집행행위자의 순응을 유도하는 방법을 말한다. 행정조치에는 사업 인·허가 혹은 영업정지와 같이 정책대상집단에 대하여 실질적인 비용을 부과하거나, 인사상의 불이익을 통해 집행 관료들의 불응에 대하여 처벌을 내리는 경우 등이 포함된다. 강압은 앞서 제시한 유인과는 달리 강제적인 방법이라는 점에서 효과성이 기대되며, 특히 별도의 비용이 발생하지 않는다는 장점이 있다. 반면에, 강압 수단을 적용하는데 있어서 정당성, 공정성 등을 확보하는 것이 전제되어야 한다. 불응으로 인한 처벌이 정당하다고 인식되지 않을 때, 또한 공정성에 대한 사회적 인식이 형성되지 않을 때 집행행위자의 순응을 확보하는 데는 한계가 있다.

제5절 정책집행의 영향요인

앞서도 언급하였듯이 정책집행에서 중요한 주제는 정책집행의 성공이다. 이에 따라 집행성과를 결과변수로 하는 다양한 연구들이 이루어지고 있으며, 그 결과에 기초하여 성공적인 정책집행의 영향요인들이 제시된다. 예로서, 사바티어와 매즈마니언(Sabatier & Mazmanion, 1983)은 경험적 연구에 기초하여 집행성과에 미치는 영향요인으로 문제의 추적가능성, 정책결정의 집행구조화 능력, 비법률적 요인을 제시한다. 문제의 추적가능성은 정책내용과 관련하여 대상집단의 변화, 타당한 이론 등을 포함한다. 집행구조화 능력은 집행기관의 내부구조, 상호관계 등 집행관련 변수들이 포함된다. 비법률적 요인으로는 환경 요인들과 관련단체 및 기관들의 지원, 적극성 등이 포함된다. 같은 맥락에서 알렉산더(Alexander, 1985)는 정책관련 요인, 문제관련 요인, 집행관련 요인, 환경 및 맥락 관련 요인 등 네 가지 요인들을 제시한다.

다음에서는 이러한 연구들에 기초하여 성공적인 정책집행의 영향요인을 정책내용 요인, 집행조직 요인, 정책환경 요인, 정책대상집단 요인으로 구분하여 제시한다. 요인별 내용은 다음과 같다.

1. 영향요인

1) 정책내용

정책집행이 정책대안을 실현하는 정부의 활동이라는 점에서 정책내용 그 자체가 성공적인 정책집행에 지대한 영향을 미친다. 정책내용 요인은 정책설계 요인이라고도 한다. 이와 관련된 세부조건들을 제시해 보면, 다음과 같다.

(1) 정책내용의 소망성

정책내용의 소망성(desirability)이 정책집행에 영향을 미친다. 정책결정자, 정책집행자, 정책대상집단이 모두 정책내용을 바람직한 것으로 인식하게 되면, 정책집행의 성공 가능성은 커진다고 할 수 있다. 반면에 이들 정책집행관계자들이 정책내용을 바람직하지 않게 인식할 경우 정책집행관계자들은 정책집행에 순응하지 않을 가능성이 커지고 정책집행은 실패할 가능성이 커진다.

(2) 정책내용의 구체성

정책내용의 구체성이 정책집행에 영향을 미친다. 정책목표와 수단이 정확하고 구체적으로 제시되어야 정책집행행위자들이 정책집행에 순응하고, 이에 따라 정책집행이 성공할 가능성이 커진다. 물론 너무 지나치게 구체성을 가질 경우 정책집행자의 재량권을 제한하여 오히려 정책집행이 원활하게 수행되지 못하게 되는 문제를 가져올 가능성도 제기된다.

2) 집행조직

(1) 집행행위자

집행행위자가 정책집행에 영향을 미친다. 집행행위자는 좁은 의미에서 정책집행자와 중간매개집단을 말한다. 집행행위자가 전문지식과 업무수행능력을 가지고 있을 경우 정책집행의 성공가능성은 커진다. 또한 집행행위자가 정책집행에서 보여주는 긍정적이고 적극적인 태도는 정책대상집단의 순응을 확보하는데 도움을 주며, 이에 따라 정책집행의 성공을 가져올 가능성이 커진다고 할 수 있다.

(2) 집행조직의 구조

집행조직의 구조적 특성이 정책집행에 영향을 미친다. 집행조직의 구조는 수평적 구조와 수직적 구조로 구분되며, 그 특성이 정책집행에 영향을 미친다.

첫째, 수평적 구조의 특성이다. 수평적 구조는 동일한 지위에 있는 정책집행 조직들 간의 관계를 말한다. 행정부 내의 부처들의 관계에서 흔히 볼 수 있다. 이들 조직 간 협조와 조정이 원활하게 이루어질 경우 정책집행의 성공가능성은 커진다. 반면에, 이들 조직 간의 갈등이 커지고, 파벌주의(parochialism)가 발생할 경우 정책집행은 실패하게 된다.

둘째, 수직적 구조의 특성이다. 수직적 구조는 정부조직의 위계상 상하관계에 있는 중앙정부, 지방정부, 준정부조직 등의 관계를 말한다. 이들의 연계구조가 단단한 통제관계인가, 아니면 느슨한 연계관계인가에 따라서 정책집행의 성공가능성은 달라진다. 특히, 지방분권제가 도입되면서 수직적 구조로부터 느슨한 연계구조로 변화할 가능성이 커지고 있으며, 이들 연계점에서 거부점(veto points)이 발생할 소지가 커진다.

(3) 정책수단의 확보

정책수단의 확보가 정책집행에 영향을 미친다. 예산, 인력, 정보, 권한 등 정책목표 달성을 위해 필요한 정책수단을 확보하는 것이 무엇보다도 중요하다. 예산은 정책집행의 동력이라고 할 수 있다. 예산이 확보되지 않고서는 정책집행의 성공을 기대할 수 없다. 인력과 정보도 마찬가지이다. 또한 정책대상집단의 순응을 확보하기 위한 권한이 부여되어야 한다. 권한에는 설득(persuasion), 유인(incentives), 강압(coercion) 등이 있다.

3) 정책환경

(1) 일반 환경 요인

정치적 요인, 사회경제적 요인들이 정책집행에 영향을 미친다. 우선, 정치적 환경에 따라서 정책집행 전략이 달라진다. 권위적인 정치체제 하에서는 중앙통제적 집행전략이나 고전적 기술관료형 집행 유형이 지배적이라고 할 수 있겠으나, 민주적·분권적 정치제체 하에서는 정책집행자에게 보다 많은 권한과 재량권을 두는 재량적 실험가형이나 관료적 기업가형과 같은 정책집행 유형이 더욱 부합된다고 할 수 있다. 그러므로 정치 환경에 적합한 정책집행 전략의 구축이 정책집행의 성공에 있어서 매우 중요하다.

다음으로, 사회경제적 환경도 정책집행에 크게 영향을 미친다. 예를 들어, 환경정책이나 조세정책과 같은 규제정책은 정책대상집단의 사회경제적 여건에 따라서 정책집행의 결과가 달라진다. 정책대상집단의 사회경제적 여건이 열악할 경우 과도한 규제정책의 집행은 정책대상집단의 정책 불응을 불러올 가능성이 커진다.

(2) 이해관계집단 요인

언론매체, 이익집단, NGO, 전문가집단 등이 정책집행에 미치는 영향이 매우 크다. 특히 언론 매체는 일반 대중과 정치집단에게 정책집행의 문제점을 인식시키는 중요한 매개장치로서의 기능을 가지고 있다. 그러므로 언론매체가 정책집행에 대해 어떠한 태도를 지니고 있는지가 정책집행에 있어서 중요한 과제가 된다. 정책집행 과정에서 대중이 갖고 있는 비판적 여론은 정책실패의 원인이 되며, 반면에 대중의 지지는 정책집행의 성공에 영향을 미친다.

4) 정책대상집단

정책대상집단의 태도가 정책집행에 영향을 미친다. 정책대상집단은 정책수혜집단과 비용부담집단으로 구분된다. 정책집행이 성공하기 위해서는 수혜집단의 지지는 물론 비용부담집단의 지지를 받는 것이 매우 중요하다. 배분정책에 있어서 수혜집단의 지지를 받는 것은 매우 쉬운 일이 될 수 있겠으나, 비용부담집단으로부터는 저항을 받기 쉽다. 또한 규제정책에 있어서 비용부담집단의 저항을 받기 쉬운 반면에, 수혜집단의 지지는 미약할 수 있다. 그러므로 정책대상집단의 지지를 확보하는 것이 성공적인 정책집행을 위해서 중요한 과제라고 할 수 있다.

2. 관광정책에의 적용

관광정책에서도 앞서 살펴 본 다양한 요인들이 관광정책집행의 성공에 영향을 미친다.

먼저, 정책내용 요인이 관광정책집행의 성공에 영향을 미친다. 관광정책이 선심성 내지는 정치적 목적으로 결정될 경우 정책내용의 인과관계와 구체성이 결여되어 정책실패의 가능성이 커질 수 있다.

또한 집행조직 요인도 관광정책집행의 성공에 영향을 미친다. 집행행위자의 태도는 물론, 집행조직의 구조적 특성도 관광정책집행에 영향을 미친다. 협업적·지원적 특성을 지닌 관광정책에 있어서 행정부 내 부처 간 협력이 매우 중요하며, 중앙관광행정기관, 지방관광행정기관, 준관광정부조직 간의 연계관계도 매우 중요하다.

정책환경에 있어서도 정권교체와 같은 정치적 환경이 관광정책집행의 성공에 영향을 미치며, 사회경제환경 요인의 변화도 관광정책집행에 영향을 미친다. 특히 경제위기와 같은 경제환경의 변화는 사업성 정책집행에 지대한 영향을 미친다. 또한 이해관계집단 요인들 가운데 최근 들어 NGO가 관광정책집행에 미치는 영향력이 커지고 있다. 환경보호 혹은 문화재 보전 등의 이슈와 관련하여 NGO들의 압력이 커지면서 관광정책집행이 크게 영향을 받는다.

정책대상집단의 태도도 관광정책집행에 영향을 미친다. 흔히 지역사회에서 나타나는 님비현상(NIMBY : Not in My Backyard) 혹은 핌비현상(PIMBY : Please in My Backyard)도 관광정책집행의 성공 혹은 실패에 지대한 영향을 미친다.

이와 관련하여 관광개발정책과정에서의 정책대상집단인 주민을 대상으로 한 주민 저항 영향요인에 대한 연구에서는 정책신뢰도 및 이행도, 정책과정의 민주성, 사회·환경적 비용, 경제적 피해 등이 주민저항에 유의한 영향을 미치는 것으로 나타났다(심진범·최승담, 2007).

제6절 정책집행이론과 경험적 연구

이 절에서는 정책집행이론과 경험적 연구에 대하여 살펴본다.

이를 위해 먼저 정책집행의 이론적 접근을 집행관을 기준으로 하여 살펴보고, 이어서 경험적 연구에 대해서 알아본다.

1. 정책집행관

정책집행을 바라보는 관점은 1973년 프레스먼과 윌다브스키의 「집행론(Implementation)」의 출간을 기점으로 하여 구분된다(Pressman & Wildavsky, 1973). 일반적으로 그 이전의 관점을 고전적 집행관으로, 그 이후의 관점을 현대적 집행관으로 구분한다(남궁근, 2009; 정정길 외, 2011).

1) 고전적 집행관

고전적 집행관에서는 정치적 영역에서 정책이 결정되면 집행은 자동적으로 이루어지는 것으로 보았다. 앞서 정책집행의 유형 가운데 고전적 기술관료형이 여기에 해당된다고 할 수 있다. 그러므로 고전적 기술관료형의 전제조건이 그대로 적용된다. 즉 정책결정자는 정책을 결정하며, 정책집행자는 계통적 명령체계에 따라 정책을 집행한다. 정책결정과 정책집행이 구분되어 있고, 결정과 집행이 단일 방향으로 진행되는 것으로 보았다. 이러한 고전적 집행관은 고전적 행정모형에 논리적 근거를 두고 있다(Nakamura & Smallwood, 1980). 이는 크게 세 가지 기본 이론으로 설명된다.

첫째, 계층제적 조직구조이다. 막스베버(Max Weber)의 관료제 이론이 그 기초가 된다. 관료제 이론은 계층제, 중앙집권제, 합법적 지배 등을 주요 개념으로 하고 있으며, 조직구조의 기본 틀을 제시한다. 그러므로 결정과 집행의 단일 방향적 과정이 곧 베버의 이념형 관료제에 근거를 두고 있다고 할 수 있다.

둘째, 정치·행정 이원론이다. 정치·행정 이원론은 윌슨(Wilson, 1887)의 논문 「행정학 연구(A Study of Administration)」에 근거를 두고 있다. 윌슨은 정치와 행정을 별개로 구분되어야 하는 활동으로 보았다. 그의 이러한 관점으로부터 행정은 가치중립적, 비정치적, 전문적 활동으로 발전하게 되었다. 그러므로 정책결정과 집행의 구분은 바로 정치·행정 이원론에 기초한다고 할 수 있다.

셋째, 과학적 관리이다. 고전적 행정모형에서 행정은 객관적, 과학적 합리성에 기초한 관리활동을 중시한다. 테일러(Taylor, 1911)의 과학적 관리기법을 적용함으로써 행정관리자의 관리적 기능을 강조하였다. 그러므로 정책집행자는 정책집행에 필요한 능력을 보유해야 한다는 고전적 집행관이 바로 과학적 관리관에 기초한다.

2) 현대적 집행관

현대적 집행관은 고전적 집행관에 대한 비판으로부터 출발한다. 특히, 1970년대에 들어서면서 많은 정책들이 정책집행에 실패하면서, 집행과정에 대한 관심이 늘어나기 시작했다. 하그로브(Hargrove, 1975)는 이러한 집행과정의 실패를 강조하면서 집행과정을 '잃어버린 고리'(missing link)로까지 표현했다.

현대적 집행관이 들어서는데 이론적 근거를 제공했던 프레스먼과 윌다브스키(Pressman & Wildavsky, 1973)는 그들의 연구에서 고전적 집행관에서 제시했던 정책결정과 정책집행의 단일 방향적 진행과는 달리, 집행과정에서 다양한 문제점들이 있는 것을 발견하였으며, 이에 대한 처방적 방안들을 제시하였다. 특히, 그들은 행위자의 수와 의사결정점 그리고 인과이론의 타당성에 주목하였다.

현대적 집행관에 기반을 두고 있는 정책연구는 크게 세 가지 접근모형으로 발전해오고 있다. 하향적 접근모형, 상향적 접근모형, 통합적 접근모형이 그것이다.

또한 현대적 집행관에서는 정책결정과 정책집행과의 관계를 크게 두 가지 관점에서 바라본다. 하나는 정책집행이 정책결정과 마찬가지로, 과정상 많은 정책행위자들이 참여하는 정치적 과정이라는 점이다. 다른 하나는 결정과 집행은 서로 영향을 주고받는 순환적 과정이라는 점이다. 고전적 집행관에서 결정과 집행을 단계적으로 단일 방향으로 진행하는 것으로 보았던 것과는 차이를 보여준다.

2. 일반정책 연구

정책집행모형은 정책과정론적 관점에서 '정책집행의 과정을 설명하는 기본 이론적 틀'을 말한다. 정책집행모형의 경험적 연구는 하향적 접근모형, 상향적 접근모형, 통합적 접근모형의 순서로 발전해 오고 있다(Birkland, 2005). 주로 미시적 접근의 실증적 연구가 이루어진다.

다음에서는 접근모형별로 그 내용을 살펴본다.

1) 하향적 접근모형

하향적 접근모형(top-down model)은 정책결정자 중심의 연구로서 정책설계(policy design)모형의 중요성을 강조한다. 하향적 접근은 주로 정책목표가 달성되는데 있어서 문제가 되는 요인들이 무엇인가를 찾아내는데 초점이 맞추어져 있으며, 이를 해결하기 위한 조건과 전략을 제시한다.

하향적 접근모형의 주요 연구로 밴 메터와 밴 호른(Van Meter & Van Horn, 1975)의 연구를 들 수 있다. 이들은 정책집행을 정책결정 – 정책집행 – 산출로 이어지는 연속과정으로 파악하고, 정책집행의 하향적 영향요인과 집행성과 간의 인과관계 모형을 제시하였다. 구체적인 영향요인으로는, 정책의 목표와 기준, 가용자원, 조직간 관계, 집행기관의 특성, 정책환경, 집행자의 성향과 반응 등이 설정되었다([그림 9-5] 참조).

[그림 9-5] 밴 메터와 밴 혼의 하향적 모형

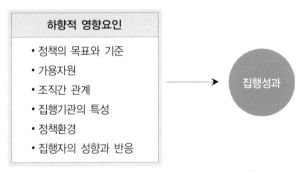

또 다른 연구로 매즈마니언과 사바티어(Mazmanianr & Sabatier, 1981)의 연구를 들 수 있다([그림 9-6] 참조). 이들의 연구는 하향적 접근모형의 대표적인 연구라는 평가를 받고 있다. 이들은 정책집행과정모형을 구축하고, 정책집행과정과 영향요인 간의 관계를 설명하였다. 영향요인은 크게 세 가지 범주로 제시되었는데, 첫 번째 범주는 문제의 추적 가능성으로 정책문제의 용이성에 초점을 맞추었다. 두 번째 범주는 집행구조화 능력으로 정책내용에 관한 것이다. 정책내용이 잘 갖추어지면 집행의 성공가능성이 높은 것으로 보았다. 세 번째 범주는 비법률적 변수로 정책집행에 영향을 미치는 외부변

[그림 9-6] 매즈마니언과 사바티어의 하향적 모형

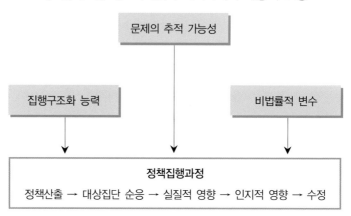

수들을 주로 포함하였다. 사회·경제적 상황과 기술, 일반대중의 지지, 유권자의 지지, 집행관료의 헌신과 기술 등이 세부변수로 포함되었다.

국내 연구에서도 하향적 접근모형이 실증연구에 적용되고 있다. 이규환·한형교(2012)는 새 주소사업을 사례로 하여 정책집행 영향요인을 조사하였으며, 영향요인으로 환경변수, 정책변수, 집행변수를 설정하였다. 앞서 제5절 성공적인 정책집행의 영향요인도 이러한 하향적 접근모형에 기반을 두고 제시되었다.

하향적 접근모형이 기여한 공로는 세 가지 점으로 정리된다(Birkland, 2005). 첫째, 정책집행의 전체적인 틀을 체계적으로 파악할 수 있다. 둘째, 집행과정을 점검할 수 있는 체크리스트를 제공한다. 셋째, 정책목표와 그 달성을 중시함으로써 객관적 정책평가를 가능하게 해준다. 하지만 이러한 기여에도 불구하고 실제로 정책집행이 이루어지는 집행 현실을 간과하였다는 지적을 받고 있다. 이러한 비판적 관점으로부터 상향적 접근모형이 시작되었다.

2) 상향적 접근모형

상향적 접근모형(bottom-up model)은 일선집행자에 초점을 맞춘다. 앞서 언급하였듯이 하향적 접근모형은 정책집행을 정책결정자 중심으로 바라보기 때문에 일선관료와 정책대상집단의 영향을 간과하였다는 점을 지적하며, 집행현상을 실질적으로 보기 위해서는 일선집행관료와 정책대상집단의 행태를 관찰해야 한다고 주장한다.

대표적인 연구로는 립스키(Lipsky, 1980)의 연구를 들 수 있다. 립스키는 집행과정에서 일선관료들의 행태를 중심으로 연구하였는데([그림 9-7] 참조), 그가 밝힌 바로는 일선관료들은 그들의 업무에 적응하기 위한 메커니즘으로서 업무를 단순화(simplication)하고 상례화(routinization)한다는 것이다. 또한 집행행태에서 가장 중요한 요소가 고객에 대한 고정관념(stereotypes)이라고 보았다. 또한 그는 정책집행에서 일선관료들이 중요한 역할을 담당하는 것으로 보았으며, 실제의 정책결정은 일선관료들에 의해서 집행과정에서 구체화되는 것으로 보았다.

[그림 9-7] 립스키의 일선관료제 모형(상향적 모형)

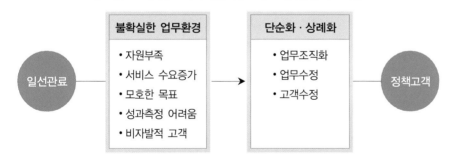

국내 연구의 사례를 보면, 김이배(2010)는 립스키의 일선관료제 모형을 적용하여 국민기초생활 보장제도의 집행과정을 연구하였다. 연구결과, 기초생활보장 집행과정을 분석하는데 있어서 일선관료제 모형의 유용성을 확인하였으며, 부분적으로는 모형의 획일성의 한계가 있음을 지적하였다.

상향적 접근모형이 기여한 공로는 무엇보다도 정책집행과정에서의 실질적인 상황을 파악할 수 있도록 하였다는 점을 들 수 있다. 하지만 일선관료의 영향력을 지나치게 강조함으로써 집행의 거시적 틀을 경시하였다는 지적과 함께 정책결정자의 정책결정권과 책임이 가볍게 다루어졌다는 지적을 받는다.

3) 통합적 접근모형

통합적 접근모형(integrated model)은 하향적 접근모형과 상향적 접근모형의 절충이론적 특징을 지닌다. 하향적 접근모형의 이론적 요소와 상향적 접근모형의 이론적 요소를 포함하는 통합모형의 구축을 시도한다.

대표적인 연구로는 엘모어(Elmore, 1985)의 연구를 들 수 있다. 그는 정책집행의 성공은 두 가지 요소를 종합하는데 달려 있다고 주장하였다. 하나는 정책결정자를 중심으로 하는 전방향적 요소이고, 다른 하나는 일선집행자와 대상집단을 중심으로 하는 후방향적 요소이다. 구체적으로 전방향적 접근에서는 정책결정자의 정책수단과 가용자원을 고려해야 하며, 후방향적 접근에서는 집행자와 대상집단의 인센티브 구조를 고려하는 것이 정책집행의 성공요인으로 보았다.

또 다른 연구로는 윈터(Winter, 1986)의 정책결정 – 집행연계모형(policy decision-implementation model) 연구이다([그림 9-8] 참조). 윈터는 집행성과에 미치는 요소들을 크게 두 가지 범주로 묶었다. 하나는 정책결정과정이고, 다른 하나는 정책집행과정이다. 정책결정과정에는 갈등, 인과이론, 상징적 행동, 주의 등의 요소들이 포함되었으며, 정책집행과정에는 조직내 및 조직간 집행, 일선집행관료 행태, 대상집단 행태 등의 요소들이 포함되었다. 이들 요소들이 집행결과에 어떻게 영향을 미치는가가 주된 관심사항이다.

특히 윈터는 결정모형으로서 합리모형, 갈등 – 협상 모형, 쓰레기통 모형을 설정하고 이들 각각의 정책결정모형의 특징이 정책집행결과에 어떻게 영향을 미치는지를 알아보기 위한 가설을 설정하였다.

첫째, 합리적인 모형을 충족시키지 못한 정책결정은 정책실패를 초래할 수 있

다는 가설을 제시하였으며, 둘째 갈등과 협상에 의한 정책결정은 정책실패의 가
능성이 있다는 가설을 설정하였다. 셋째, 우연성에 의한 비합리적 정책결정, 즉
쓰레기통 모형의 정책결정은 정책실패를 초래할 수 있다는 가설을 설정하였다.

분석결과, 비합리적 정책결정이 정책실패를 가져오는 것으로 나타났으며,
유형 간의 관계에서는 갈등－협상과 쓰레기통 모형의 정책결정이 비합리적
정책결정이 이루어지는 이유를 설명하는 것으로 나타났다. 정리하자면, 정책
결정과정이 정책집행의 성패에 결정적인 영향을 미친다고 할 수 있다.

[그림 9-8] 윈터의 통합집행모형

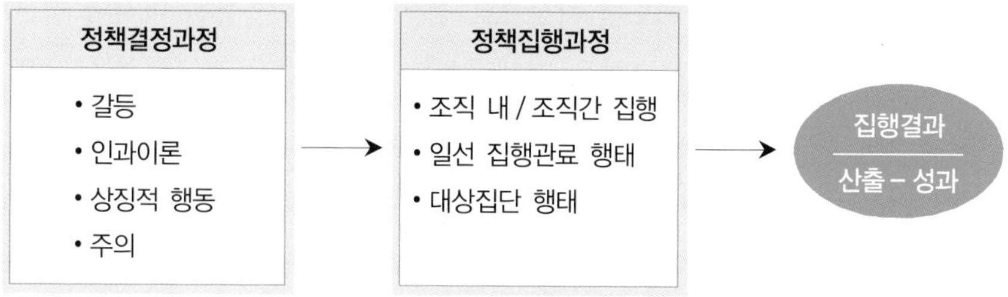

이러한 윈터의 결정－집행연계모형은 국내 연구에서도 적용이 이루어지
고 있다. 모창환(2006)은 철도구조개혁을 사례로 하여 윈터의 결정－집행연
계모형 연구를 수행하였다. 분석결과, 윈터의 결정－집행연계모형이 국내 철
도구조개혁 사례에서는 적용되지 않는 것으로 나타났다. 갈등－협상에 의한
정책결정의 경우에도 정책실패가 나타나지 않았으며, 쓰레기통 모형에 의한
정책결정에서도 정책실패가 나타나지 않았다.

통합적 접근모형이 기여한 공로는 무엇보다도 하향적 접근모형과 상향적
접근모형으로 양극화된 집행이론을 통합하여 양 이론의 절충적 모델을 제시
하였다는 점이다. 또한 정책결정과정과 정책집행과정을 분리해서 분석하는
것이 아니라 연계 과정으로 분석하였다는 점을 들 수 있다. 이에 대한 비판
적 시각에서는 하향적 접근모형과 상향적 접근모형이 각기 다른 논리에 입각

해 있기 때문에 완벽한 통합을 시도하는 것은 사실상 어렵다고 지적한다. 하향적 접근모형에서는 정책결정자의 정책집행과정을 중시하지만, 상향적 접근모형에서는 특정 집행현장의 실질적인 문제에 초점을 맞춘다는 점에서 이들은 기본적으로 상이한 유형의 논리적 구조를 가지고 있다는 것이다.

3. 관광정책 연구

관광정책 연구에서 정책집행모형을 적용한 연구로는 이연택·김형준(2014a)의 '관광경찰제도의 정책집행영향요인 연구'를 들 수 있다. 이 연구는 협업관광정책유형인 관광경찰제도를 대상으로 설문조사법을 활용한 미시적 접근의 연구를 수행하였다. 연구모형은 정책집행모형의 하향적 접근모형을 적용하여 정책설계모형을 강조하였다. 주요 설명변수로는 정책내용, 집행조직, 정책환경을 설정하였으며, 종속변수로는 집행성과를 설정하였다. 연구모형은 다음 [그림 9-9]와 같다.

[그림 9-9] 관광경찰제도 집행영향요인 연구모형

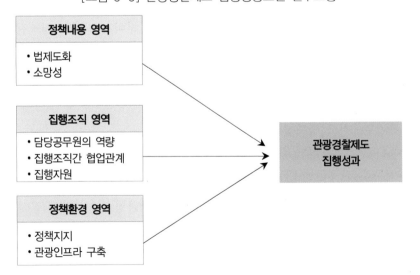

분석결과, 요인별 영향관계 분석에서는 정책내용 요인 가운데는 적용성, 소망성, 법제도화가 집행성과에 긍정적인 영향을 미치는 것으로 나타났으며, 집행조직 요인 가운데는 집행조직간 협업관계, 집행자원, 담당공무원의 업무 역량이 영향을 미치는 것으로 나타났다. 정책환경 요인 가운데는 정책대상집 단의 지지, 이해관계집단의 지지, 관광인프라 구축이 영향요인으로 나타났 다. 통합분석에서는 담당공무원의 업무역량이 집행성과에 미치는 영향력이 가장 큰 것으로 나타났으며, 그 다음으로 정책대상집단의 지지, 적용성, 관광 인프라 구축, 소망성의 순으로 나타났다. 결과적으로, 관광경찰제도의 집행 성과를 높이기 위해서는 정책내용, 집행조직, 정책환경에 대한 종합적인 설 계와 관리가 필요하다고 할 수 있다.

실천적 논의
관광정책집행

정책집행은 '결정된 정책내용을 실현하는 정부의 행동'을 말한다. 정책은 정책집행으로 실현된다. 하지만 관광정책집행이 늘 성공적인 것은 아니다. 특히 대규모 관광개발정책의 경우 정책집행과정에서 정책실패가 발생할 가능성이 크다. 이러한 현실 인식에서 다음 논제들에 대하여 논의해 보자.

논제 1. 최근 중앙정부 차원에서 관광정책집행의 성공 혹은 실패사례는 어떠한 것이 있으며, 그 원인은 무엇인가?

논제 2. 최근 지방정부(광역 혹은 기초자치단체) 차원에서 관광정책집행의 성공 혹은 실패사례는 어떠한 것이 있으며, 그 원인은 무엇인가?

요약

이 장에서는 정책과정의 세 번째 단계인 정책집행단계에 대해서 논의하였다.

정책집행은 '결정된 정책대안을 실현하는 정부의 활동'을 말한다. 정책집행의 중요성은 세 가지 점에서 찾을 수 있다. 첫째, 정책집행은 정책목표가 실현되는 과정이다. 둘째, 정책집행은 순환과정으로서 정책결정과정에서 선택된 정책내용이 정책집행과정에서 구체화된다. 셋째, 정책집행은 정치적 과정으로서 정책이해관계집단과 정책대상집단의 반응이 나타나게 된다.

정책집행과정은 다섯 단계로 구성된다.

첫 번째 단계는 집행조직 구성의 단계이다. 정책집행자와 정책집행자로부터 위임 혹은 위탁받은 지방행정기관, 공기업, 민간부문조직 등이 포함된다.

두 번째 단계는 지침개발의 단계이다. 정책내용을 운영규정으로 구체화하는 단계이다.

세 번째 단계는 자원배분의 단계이다. 자원에는 인적·물리적 자원, 정보 및 기술, 정치적 지지 등이 포함된다. 자금 배분방법에는 품목별 예산, 성과주의 예산, 계획 예산 등이 있다.

네 번째 단계는 적용의 단계이다. 실현활동은 집행조직이 정해진 정책지침에 따라서 확보된 자원을 이용하여 정책내용을 실현하는 단계이다.

다섯 번째 단계는 감독의 단계이다. 감독은 정책집행이 바람직한 방향으로 가고 있는지를 확인하고 지도하고 교정하는 활동을 말한다.

한편, 정책집행관계 유형은 정책결정자와 정책집행자 간의 관계에 따라서 구분된다.

고전적 기술관료형은 정책집행자에게 가장 최소한의 권한 배분과 재량권이 부여된 형태이다. 정책집행의 통제가 수월한 반면에, 정책집행의 경직성에 문제가 있다.

지시적 위임형은 정책결정자가 정책목표를 실현하는데 요구되는 관리적 권한을 정책집행자에게 위임하여 집행하는 유형이다. 정책집행의 원활한 수행이 기대되는 반면에, 정책수단의 선택에 있어서 정책결정자와 정책집행자 간의 갈등이 발생할 수 있다.

협상형은 정책결정자와 정책집행자가 정책목표와 정책수단에 대하여 협상을 통하여 정책을 집행하는 유형이다. 권한 배분에 따라서 정책집행의 결과가 달라지며, 양자 간의 협상이 실패할 경우 정책실패로 이어진다.

재량적 실험가형은 정책집행자가 광범위한 재량을 가지고 집행하는 형태를 말한다. 정책의 원활한 집행을 기대할 수 있는 반면에, 책임의 분산으로 인한 갈등의 소지가 있다.

관료적 기업가형은 한마디로 정책집행자가 정책집행과정을 지배하는 형태이다. 정책집행자의 전문성으로 정책집행의 원활한 수행을 기대할 수 있는 반면에, 정책집행에 대한 적절한 균형과 견제가 이루어지기 어렵다.

정책집행의 순응과 불응에 있어서 순응은 '정책결정자 혹은 정책결정자의 집행지침을 지지하고 따르는 집행행위자의 행동'을 말하며, 불응은 이와는 반대로 '정책결정자 혹은 정책결정자의 집행지침을 지지하지 않고 따르지 않는 행동'을 말한다.

정책집행의 순응과 불응의 주체는 정책집행과정에 참여하는 모든 집행행위자들이 포함된다. 넓은 의미에서는 정책집행자, 중간매개집단, 정책대상집단이 포함되며, 좁은 의미에서는 정책집행자와 중간매개집단만이 포함된다. 정책불응의 원인으로는 불명확한 의사전달, 부족한 자원, 정책내용에 대한 회의, 정책비용부담, 권위에 대한 불신 등을 들 수 있다.

정책집행의 성과에 미치는 영향요인으로는 정책내용 요인, 집행조직 요인, 정책환경 요인, 정책대상집단 요인 등을 들 수 있다. 정책내용 요인에는 정책내용의 소망성, 구체성, 정책수단의 확보 등이 포함된다. 집행조직 요인에는 집행행위자의 전문성, 업무수행능력, 집행태도 등이 포함되며, 집행조직의 구조 등이 포함된다. 정책환경 요인에는 정치적 요인, 사회경제적 요인 등의 거시적 요인들이 포함되며, 이해관계집단 요인인 언론매체, 이익집단, NGO, 전문가집단 등의 영향력이 포함된다. 정책대상집단 요인에는 정책수혜집단 혹은 비용부담집단의 태도가 크게 영향을 미친다.

정책집행에 대한 관점은 고전적 집행관과 현대적 집행관으로 구분된다. 고전적 집행관은 고전적 행정모형에 논리적 근거를 두고 있으며, 계층제적 조직구조, 정치·행정 이원론, 과학적 관리 등이 그 핵심을 이룬다. 이에 반해 현대적 집행관은 집행을 다양한 정책집행행위자들과 이해관계집단들이 참여하는 정치적 과정으로 본다.

현대적 집행관에 기초하고 있는 집행이론은 크게 세 가지 접근모형으로 구분되며, 유형별로 경험적 연구가 이루어진다. 첫째, 하향적 접근모형은 정책결정자 중심의 연구로 성공적인 집행을 위한 조건과 전략을 제시하는데 초점을 맞춘다. 둘째, 상향적 접근모형은 일선집행자에 중심을 두고, 일선관료들의 행태와 집행과정의 인과관계에 초점을 맞춘다. 셋째, 통합적 접근모형은 하향적 접근모형과 상향적 접근모형의 이론적 요소를 절충하는 통합모형의 구축을 시도한다. 양 이론의 절충적 모델을 제시하였다는 점에서 의의가 있겠으나 상이한 유형의 논리적 구조를 결합하는데서 오는 한계점이 지적된다.

관광정책과 정책평가

개관

이 장에서는 관광정책과 정책평가에 대해서 다룬다. 정책평가단계는 정책과정의 네 번째 단계이며 차기 정책과정, 즉 정책변동으로 환류가 시작되는 단계이다. 제1절에서는 정책평가의 개념과 의의를 논하며, 정책과정에서의 정책평가단계의 의의를 알아본다. 제2절에서는 정책평가의 과정을 다루며, 제3절에서는 정책평가의 목적과 유형에 대해서 알아본다. 제4절에서는 합리적 정책평가의 제한요인에 대해서 살펴보며, 제5절에서는 정책평가제도의 발전과정과 정부업무평가제도, 그리고 관광정책평가제도 사례에 대해서 알아본다. 끝으로 제6절에서는 정책평가이론과 경험적 연구에 대해서 논의한다.

제1절 정책평가의 개념과 의의

1. 개념

정책평가(policy evaluation)는 '정책집행의 결과와 과정을 분석하고 판단하는 정부의 활동'을 말한다(Anderson, 2006; Dye, 2008). 비덩(Vedung, 2006)의 경우에는 정책평가를 '정책의 가치를 판단하는 활동'으로 넓은 의미의 정의를 내리고 있으나, 대부분의 학자들은 정책과정상 정책집행단계 이후에 일어나는 회고적인 과정으로서 정책집행의 결과와 과정에 대한 평가로 그 범위를 제한한다(Chelimsky, 1985; Fisher, 1995; Wholey et al., 1994). 정책평가에서 중심이 되는 주제는 타당성이다. 이에 따라 정책평가의 유형과 방법에 대한 논의가 이루어지고, 합리적인 정책평가의 과정이 제시되며, 이를 제한하는 영향요인들에 대해서 논의한다. 또한 실질적인 정부의 정책평가제도가 중요한 논의의 주제가 된다.

2. 의의

정책평가는 정책과정의 네 번째 단계이며, 다음 두 가지 점에서 중요성을 갖는다([그림 10-1] 참조).

첫째, 정책평가는 정책집행 이후에 이루어지는 사후적 평가로서의 특징을 지닌다. 정책평가를 정책과정 전과정에 대한 평가나 과정 중의 평가로 확대할 수도 있으나 정책평가의 기본적인 특징은 정책집행 이후의 평가라는 데 있다. 또한 이 점에서 정책결정을 위한 사전적 분석을 기본으로 하는 정책분석(policy analysis)과는 분명히 구분된다.

둘째, 정책평가는 차기 정책과정을 위한 정책환류가 시작되는 단계이다. 정책평가결과는 정책환류를 통해 차기 정책과정에 재투입된다. 이 과정에서 정책학습이 이루어지고 차기 과정의 정책결정, 즉 정책변동이 이루어진다. 그러므로 과정상으로 보면 정책평가단계는 하나의 정책과정이 마무리되는 단계라는 점에서 그 의의가 있다. 하지만 생애주기적 관점에서 볼 때는 정책변동이라는 최종 단계의 이전 단계로서의 의미를 갖는다.

[그림 10-1] 정책평가단계

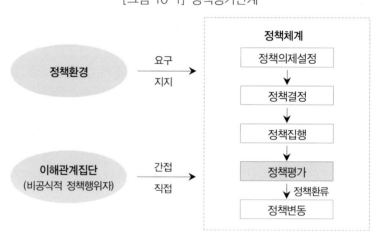

제2절 정책평가과정

1. 개념

정책평가과정(policy evaluation process)은 여러 하위단계들로 이루어지는 하나의 과정이다. 이러한 단계적 구성과 관련하여 학자들마다 견해가 다르다. 예를 들어, 프랭클린과 드래셔(Franklin & Thrasher, 1976)의 경우에는 정책평가과정을 평가결과의 적용단계까지로 확대시키고 있다. 하지만 대개의 경우에는 계획 – 측정 · 분석 – 보고의 형식을 기본으로 한다(노화준, 2007; 이윤식, 2010; 정정길 외, 2011; Grause, 1999).

이들의 연구에 기초하여 다섯 단계의 정책평가과정을 제시한다([그림 10-2] 참조).

[그림 10-2] 정책평가과정

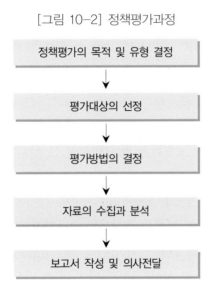

2. 단계

1) 정책평가의 목적 및 유형 결정

정책평가과정에서 첫 번째 단계는 정책평가의 목적을 규정하는 단계이다. 그 이유는 정책평가의 목적에 따라서 정책평가의 대상과 방법이 결정되기 때문이다. 정책평가의 목적은 크게 정책정보의 환류, 책무성의 확보, 정책지식의 축적 등이 있다. 또한 평가목적에 따라서 평가유형이 결정된다. 평가유형에는 총괄평가와 과정평가를 들 수 있다. 평가유형에 따라서 평가대상의 선정 및 평가방법이 결정된다.

2) 평가대상의 선정

정책평가의 목적과 유형이 규정되면, 정책평가의 대상을 선정하는 것이 그 다음 순서이다. 평가대상을 명확하게 규정하기 위해서는 두 단계의 작업이 필요하다. 첫 번째 단계는 정책사업의 범위를 파악하는 일이고, 두 번째 단계는 정책사업의 인과관계구조모형을 파악하는 일이다. 정책사업의 범위를 명확하게 설정해야 정확한 평가를 기대할 수 있다. 또한 인과관계구조는 정책목표와 수단 간의 관계를 말하며, 곧 정책내용의 구조라고 할 수 있다.

3) 평가방법의 결정

정책평가의 목적이 규정되고, 평가대상이 선정되고 나면, 그 다음 단계로 평가방법을 결정해야 한다. 평가방법은 평가유형에 따라서 달라진다. 총괄평가는 주로 양적인 방법을 활용하고, 과정평가는 질적인 방법을 주로 활용한다. 특히 정책집행의 결과를 측정하는 총괄평가의 경우, 정책수단과 정책효과 간의 인과관계를 밝히기 위하여 양적인 방법을 활용하며, 통제정도와 실행가능성을 기준으로 하여 실험적 방법 혹은 비실험적 방법을 선택하게 된다.

4) 자료의 수집과 분석

평가방법이 결정되고 나면, 자료의 수집과 분석이 이루어지게 된다. 양적 자료는 설문조사 혹은 실험적 방법에 의해서 자료의 확보가 이루어지며, 계량분석기법을 통해서 분석이 이루어진다. 반면에 질적 자료는 문헌자료 혹은 인터뷰에 의해서 자료의 확보가 이루어지며, 주로 해석적 기법으로 분석이 이루어진다.

5) 보고서 작성 및 의사전달

평가결과는 공정하게 작성되어야 하며, 적절한 방식으로 전달되어야 한다. 주요 내용으로는 정책평가의 목적, 대상, 평가방법, 자료의 수집 및 분석결과가 포함되어야 하며, 특히 최종의 평가결과가 분명하고 객관적으로 기술되어야 한다. 또한 평가과정과 결과분석에서 제기된 평가의 한계에 대해서도 정확하게 기술하여야 한다. 평가결과가 정책환류를 통해 정책학습과 정책변동의 기본자료가 될 수 있도록 정확하고 객관적인 의사전달이 이루어져야 한다.

3. 관광정책에의 적용

관광정책평가에 있어서 정책평가의 단계적 과정은 정책평가의 합리적 접근이라는 점에서 그 의의가 있다. 하지만 현실적으로는 이러한 단계적 과정을 거치는 경우가 많지 않으며 정책집행실적, 즉 정책산출을 근거로 하여 정책평가를 약식으로 처리하는 경우가 흔히 있다. 예를 들어, 축제의 해외홍보사업의 경우 축제의 해외홍보를 위한 활동으로서 국제관광박람회 참가, 해외로드쇼 주최, 해외광고비 지출 등의 집행실적만을 기준으로 하여 정책평가가 이루어진다. 그 결과 정책성과에 대한 적정한 평가가 이루어지지 못하고, 그 인과관계도 밝히지 못함으로써 합리적인 정책평가정보가 산출되지 못하는 경우가 발생한다. 이를 극복하기 위해서는 관광정책평가과정에 있어서 정책평가 목적 및 유형 결정, 평가대상 선정, 평가방법 결정, 자료수집 분석, 보고서 작성 및 의사전달에 이르는 일련의 단계적 과정의 적용이 반드시 필요하다고 할 수 있다.

제3절 정책평가의 목적과 유형

다음에서는 정책평가의 목적과 유형에 대해서 살펴본다. 정책평가의 유형에 대해서는 평가주체, 평가단위, 평가시점, 책무성, 평가대상을 기준으로 하여 살펴본다.

1. 정책평가의 목적

앞서 정책평가과정의 단계에서 보았듯이 정책평가의 목적을 규정하는 일이 정책평가의 시작이다. 즉 정책평가를 통해 달성하고자 하는 목표의 설정을 말한다. 일반적으로 목표는 달성하려는 성과로 정의되며(Dunn, 1981), 목적은 목표를 달성하기 위한 활동으로 정의된다(Hall & Jenkins, 1995). 하지만 여기에서는 목적을 광의적으로 개념화하여 목표를 포함하는 것으로 본다.

정책평가의 목적과 관련하여 아비드선(Arvidson, 1986)은 책임 파악, 정책관리, 지식축적의 세 가지 목적을 제시하였다. 이 밖에도 전략적인 목적, 프로그램 개선 등이 제시된다(Hudson et al., 1982; Vedung, 1997).

다음에서는 선행연구들에 기초하여 정책평가의 목적을 크게 정책정보의 환류, 책무성의 확보, 정책지식의 축적으로 구분하여 제시한다(남궁근, 2009).

1) 정책정보의 환류

정책집행의 결과와 과정에 관한 정책평가 결과는 정책환류를 통해 정책학습과 정책변동의 중요한 자료가 된다. 그러므로 정책결정자와 정책집행자에게 있어서 정책평가는 중요한 정책정보를 확보하기 위한 합리적인 목적의 정책활동이라고 할 수 있다. 특히, 정책결정자에 있어서 정책평가결과는 다음 시기의 정책과정의 정책결정을 위한 판단근거가 되며, 이를 토대로 하여 정책종결, 정책유지, 정책승계, 정책혁신 등 정책변동이 이루어지게 된다. 또한 정책집행자는 집행과정에서 감독하고 조정해야 될 사항, 집행의 효율성을 제고할 수 있는 전략 방안, 중간매개집단의 관리에 관한 사항 등 정책의 집행관리 및 감독에 필요한 정책정보를 확보할 수 있게 된다.

정책정보를 확보하기 위한 또 다른 목적으로는 정책결정자와 정책집행자들이 자신들의 지위와 권한을 유지하거나 확대하기 위한 정치적 목적을 들 수 있다. 정책결정자와 정책집행자들은 정책과정에서 다양한 정치적 이해관계를 가지고 있다(노화준, 2006). 그러므로 이들은 정책평가를 자신들의 권력관계를 유지하고 확대시키는데 필요한 수단으로 본다.

정리하자면, '정책정보의 환류'는 정책결정자와 정책집행자에게 있어서 합리적 목적에서 뿐 아니라 정치적 목적에서 정책평가를 수행하는 중요한 이유가 된다.

2) 책무성의 확보

정책평가를 수행하는 또 다른 목적 중에 하나가 책무성의 확보이다. 책무성(accountability)은 '정책집행자가 정책집행의 결과와 과정에 대해 정당성을 입증할 의무'를 말한다(Scriven, 1981). 달리 말해, 정부의 국민에 대한 책임을 말한다. 이는 곧 정부가 자신의 활동이 과연 정당한 것인지 국민에게 입증해야할 책임을 말한다. 이러한 책무성에는 행정적 책무성, 사법적 책무성, 정치적 책무성 등이 있다. 그러므로 정책평가는 정책결정자와 정책집행자의 정책과정에서의 책임을 물을 수 있는 중요한 판단 자료를 제공해 준다고 할 수 있다.

3) 정책지식의 축적

정책내용은 정책목표와 정책수단으로 구성된다. 정책목표를 '달성하려는 성과'로 보고, 정책수단을 '이를 달성하기 위한 수단'으로 볼 때, 정책목표와 정책수단의 관계를 일종의 인과관계로 볼 수 있다(Pressman & Wildavsky, 1973). 그러므로 정책평가는 목표(목표의 달성정도) - 수단의 인과관계를 검증하는 중요한 절차라고 할 수 있다. 예를 들어, 지역경제 활성화를 위하여 지역축제를 개최하기로 하였다고 가정할 경우, 이때 정책목표는 '지역경제 활성화'가 되고 '지역축제'는 정책수단이 된다. 지역축제가 개최된 이후 정책평가를 통하여 지역축제가 지역경제 활성화에 얼마나 효과를 가져왔는지를 측정하게 된다. 측정결과, 지역축제로 인하여 기대했던 목표 이상으로 지역경제 활성화에 효과가 있었다면, '지역축제는 수단으로서 지역경제 활성화라는 목표를 달성한다'는 인과관계이론이 성립하게 된다.

그러한 의미에서 정책평가는 목표-수단의 관계라는 인과관계 이론을 축적하는 중요한 과정이라고 할 수 있으며, 이를 통하여 기초지식의 증진에 도움이 된다(Anderson & Ball, 1978). 그러므로 '정책지식의 축적'이라는 정책평가의 목적은 정책실무자에게 뿐 아니라 정책연구자에게 있어서도 매우 중요하다.

2. 정책평가의 유형

정책평가에는 다양한 유형들이 존재한다. 이를 분류하기 위해서는 평가 주체, 평가 단위, 평가 시점, 책무성 평가, 평가 대상 등의 평가기준이 적용된다(남궁근, 2009; 정정길 외, 2011).

다음에서는 기준별로 정책평가 유형을 살펴본다(〈표 10-1〉 참조).

〈표 10-1〉 정책평가 유형

기 준	평 가 유 형
평가주체	내부 평가 / 외부 평가
평가단위	기관 평가 / 정책 평가 / 프로그램 평가
평가시점	사전 평가 / 진행 평가 / 사후 평가
책 무 성	행정적 평가 / 사법적 평가 / 정치적 평가
평가대상	• 총괄 평가 - 효과성 평가, 능률성 평가, 형평성 평가, 대응성 평가, 적절성 평가, 적정성 평가 • 과정 평가

1) 평가 주체

평가 주체는 '평가를 수행하는 평가자'를 말한다. 평가자는 내부평가자와 외부평가자로 구분되며, 이에 따라 평가유형도 내부평가와 외부평가로 구분된다(Wollman, 2007).

(1) 내부평가

내부평가(internal evaluation)는 '정책집행기관 내부에 소속된 평가자에 의한 평가'를 말한다(Wollman, 2007). 소속기관에 의한 평가라는 점에서 자체평가라고도 한다. 내부평가자는 중앙부처의 경우 부처 내 기획관리실 또는 감사실이 된다. 또한 정책업무별로 하위 집행조직이 자체적으로 사업평가를 실시하기도 한다. 최근에는 내부평가의 경우에도 외부의 전문가 혹은 연구자를 평가위원으로 위촉하여 평가하는 경우가 늘고 있다. 하지만 이러한 경우에도 평가 주체가 집행기관 자체라는 점에서 여전히 내부평가로 분류된다.

(2) 외부평가

외부평가(external evaluation)는 '정책집행기관 외부에 소속된 평가자에 의한 평가'를 말한다(Wollman, 2007). 외부평가자는 정부 내 외부기관과 외부평가 전문가 집단으로 구분된다. 정부 내 외부기관으로는 의회와 감사원을 들 수 있다. 또한 행정부 내에서는 정책집행기관이 아닌 국무총리실 또는 정부 예산부처 등이 여기에 해당된다. 한편, 외부평가 전문가집단에는 위탁계약을 맺고 평가를 담당하는 외부연구기관이나 학회 등이 포함된다. 최근에는 NGO들에 의해서 자발적인 정책평가가 이루어지기도 한다. 마찬가지로 이들도 외부평가자라고 할 수 있다.

2) 평가 단위

평가 단위(evaluation unit)는 '평가의 범위를 판단하는 기준'을 말한다. 흔히,

평가단위로는 기관, 정책, 프로그램 혹은 사업 등을 들 수 있다. 따라서 이러한 단위를 기준으로 하여 기관평가(agency evaluation), 정책평가(policy evaluation), 프로그램평가(program evaluation) 등으로 구분된다.

(1) 기관 평가

기관 평가는 '집행조직에 대한 평가'를 말한다. 정책집행기관으로는 중앙행정기관인 정부부처 혹은 부처 내 국단위의 조직들을 들 수 있으며, 정부로부터 위임 혹은 위탁을 받아 정책을 집행하는 지방정부, 공기업, 민간부문조직 등의 중간매개집단이 포함된다. 기관평가는 하나의 조직 전체를 대상으로 하여 기관이 추진하는 전략목표와 이를 실현하는 주요 정책들에 대한 집행결과들을 종합하여 평가한다. 예를 들어, 기관 평가의 대상으로 관광정책부서인 문화체육관광부가 될 수 있으며, 위임 혹은 위탁업무를 담당하는 한국관광공사가 기관평가의 대상이 될 수 있다.

(2) 정책 평가

정책 평가는 앞서 본 기관평가와는 달리, '기관에서 추진하는 개별 정책을 단위로 하여 이루어지는 평가'이다. 예를 들어, '관광인력선진화', '세계적 수준의 호텔체인 유치', '관광정보시스템 구축' 등의 개별 정책이 평가 대상이 될 수 있다.

(3) 프로그램 평가

프로그램 평가는 '정책평가 단위에서 가장 기본적인 단위인 프로그램(program) 혹은 사업(project)을 단위로 하여 이루어지는 평가'를 말한다. 프로그램은 정책평가를 구성하는 세부단위라고 할 수 있다. 예를 들어, '관광인력 선진화'를 개별정책으로 가정한다면, 프로그램은 이를 구성하는 세부사업으로서 '의료관광인력 양성사업', '중국관광통역안내사 확충사업', '관광스토리텔링 전문가

양성사업' 등을 들 수 있다. 이들 세부 프로그램 혹은 사업들에 대한 평가가 바로 프로그램 평가이다.

3) 평가 시점

평가 시점(evaluation time)은 '평가가 이루어지는 단계적 시점'을 말한다. 이러한 단계적 시점에 따라서 정책평가는 사전평가(ex-ante evaluation), 진행평가(ongoing evaluation), 사후평가(ex-post facto evaluation)로 구분된다.

(1) 사전평가

사전평가는 '정책결정이 이루어지기 이전에 이루어지는 평가'를 말한다. 정책결정과정에서 최종 정책대안이 선택되기 이전에 정책대안의 개발과 결과예측단계에서 평가가 이루어지게 된다. 정책대안은 정책목표와 정책수단으로 구성되며, 합리적인 정책결정을 위해서는 정책목표를 달성할 수 있는 정책수단들을 개발하고 그 결과를 미리 추정하는 것이 필요하다. 이러한 과정을 사전평가라고 하는데, 사실상 정책분석과 같은 의미를 갖는다(이윤식, 2010).

(2) 진행평가

진행평가는 '정책이 집행되는 중간에 이루어지는 평가'이다. 정책의 집행과정에서 진행 중인 활동의 효과를 측정하고자 하는 것이 주된 목적이다. 그러므로 집행과정에서 진행평가의 결과에 따라서 조정 및 수정 등이 이루어지게 된다. 진행평가는 그런 의미에서 형성평가(formative evaluation), 동반평가(accompanying evaluation)라고도 한다. 한편, 진행 중인 사업의 중간점검에 가장 일반적으로 활용되는 모니터링(monitoring)도 일종의 진행평가라고 할 수 있다.

(3) 사후평가

사후평가는 '정책의 집행과정 종료 후에 이루어지는 평가'를 말한다. 정책집행이 이루어진 이후에 정책성과를 정책산출, 정책결과, 정책영향으로 구분하고, 이에 대한 효과를 측정한다. 가장 일반적인 정책평가의 형태가 바로 사후평가라고 할 수 있다.

4) 책무성

책무성(accountability)은 앞서 '정책평가의 목적' 부분에서 정의한 바와 같이 정책집행자의 정책활동에 대한 책임을 말한다. 이러한 책무성은 행정적 책무성, 사법적 책무성, 정치적 책무성으로 구분되며(남궁근, 2009; Howlett & Ramesh, 2003), 이를 기준으로 하여 정책평가도 행정적 평가, 사법적 평가, 정치적 평가로 유형화된다.

(1) 행정적 평가

행정적 평가(administrative policy evaluation)는 '행정적 책무성을 중심으로 이루어지는 평가'를 말한다. 행정적 책무성(administrative accountability)은 '정책집행자의 정책활동에 대한 행정적 책임'을 의미한다. 다시 말해, 정부는 집행과정에서 어떻게 직무수행을 효율적으로 하였는지 자신의 활동을 정당화할 수 있어야 한다. 이러한 점에서 행정적 평가는 정책집행 후에 나타난 정책성과를 평가하며, 또한 정책의 집행과정을 관리적 측면에서 평가한다. 그런 의미에서, 일반적으로 정책평가라고 하면 곧 행정적 평가를 말한다.

(2) 사법적 평가

사법적 책무성(judicial accountability)은 '정책집행자의 정책활동에 대한 사법적 책임'을 말한다. 사법적 평가(judicial policy evaluation)의 주 관심사는 정책집행자의 활동이 법규와 회계규칙에 얼마나 일치했는지를 평가하는 것이다. 그러므로 사법적 평가는 궁극적으로 사법부가 담당하게 된다. 사법부는 개인 또는 조직이 행정기관에 대해 소송을 제기할 때 비로소 정부행위를 판단할 수 있는 권한을 부여받게 된다. 사법부는 정부의 정책집행이 승인된 법규와 회계규칙에 따라 적합하게 이루어졌는지를 평가한다. 이러한 평가결과는 곧 판결을 의미한다. 따라서 사법적 평가는 엄밀한 의미에서 정책평가의 범주를 넘어서며 사법부의 재판권 및 정책통제권을 말한다.

(3) 정치적 평가

정치적 평가(political policy evaluation)는 '정치적 책무성을 기준으로 이루어지는 평가'를 말한다. 또한 정치적 책무성(political accountability)은 '정책집행자의 정책활동에 대한 정치적 책임'을 의미한다. 정치적 평가는 정치적인 방법으로 평가한다. 대표적인 방법이 레퍼렌덤(referendum), 즉 국민투표 혹은 주민투표이다. 정부의 정책활동에 대하여 투표의 결과로 평가하는 것이다. 하지만 투표방식은 특정 정책에 대한 평가보다는 정부의 전반적인 활동에 대하여 집합적으로 판단하는 경향이 크다는 점에서 정책평가로서는 한계를 갖는다. 한편, 정치적 평가를 위한 제도로서 입법부의 국정감사를 들 수 있다. 국정감사를 통하여 정책집행자의 정책활동에 대한 정치적 평가가 이루어진다. 하지만 정치적 평가도 엄밀한 의미에서는 사법적 평가와 마찬가지로 정책평가의 범주를 넘어서며 의회의 견제 및 정책통제권을 의미한다고 할 수 있다.

5) 평가 대상

평가 대상(evaluation target)은 '평가의 목표가 되는 범위'를 말한다. 정책평가에서 평가의 목표가 되는 범위는 정책집행의 결과와 과정이다. 따라서 이를 기준으로 하여 정책평가는 총괄평가와 과정평가로 구분된다(정정길 외, 2011).

(1) 총괄평가

총괄평가 (summative evaluation)는 '정책집행의 결과에 대한 평가'를 말한다. 집행결과(implementation result)는 정책의 집행 후에 나타난 결과를 말하며, 세부적으로는 정책산출(policy output), 정책성과(policy outcomes), 정책영향(policy impact)으로 구분된다.

정책산출이란 '정책집행의 일차적 결과'를 말한다. 한편, 정책성과는 '정책산출로 인해 정책대상집단에게 실제로 일어난 직접적인 변화'를 말한다. 또한 정책영향은 '정책집행에서 의도된 효과(intended effects)와 부수적 효과(side-effects)'를 말한다. 의도된 효과는 정책집행으로 기대되는 간접적인 변화로서 정책대상집단 뿐 아니라 전체 공동체 혹은 사회에 미치는 영향을 말한다. 반면에 부수적 효과는 정책집행에서 기대하지 않았던 효과로서 부정적인 성격을 갖는 경우가 많다.

예를 들어, 관광특구 지역에 관광안내정보가 부족한 문제를 해결하기 위하여 관광안내센터를 설치하기로 하였다고 가정할 경우, 관광안내센터 2곳(설치·운영 비용, 담당인력 6명) 설치는 정책산출이 되고, 정책성과로는 관광센터 이용자 연 10만명, 방문 만족도 10% 증가 등을 들 수 있다. 또한 정책영향으로는 의도된 효과로서 관광특구지역 재방문율의 증가, 이미지 개선 등을 들 수 있으며, 부수적 효과로는 지역 내 관광사업자들이 부정확한 정보를 제공하고 정보관리를 적절하게 수행하지 않는 문제 등으로 인해 오히려 관광객의 불편이 증가하고 불만이 늘어나는 부정적 효과를 들 수 있다.

한편, 총괄평가에서는 이들 세 가지 정책결과(정책산출, 정책성과, 정책영향) 중에서 주로 정책성과를 평가대상으로 다룬다. 따라서 정책집행의 실질적인 효과 또는 직접적인 변화를 측정하는 과정이 핵심적인 활동이라고 할 수 있다. 총괄평가는 평가기준에 따라서 효과성 평가, 능률성 평가, 형평성 평가, 대응성 평가, 적합성 평가, 적정성 평가로 구분된다. 이러한 기준들은 앞서 제8장에서 논의되었던 정책분석의 기준에서 소망성 분석기준과 같은 기준이 적용된다. 이를 살펴보면 다음과 같다(권기헌, 2010; Dunn, 2008).

① 효과성 평가

효과성 평가(effectiveness evaluation)는 정책목표의 달성정도를 측정하는 활동을 말한다. 정책수단의 집행으로 인해 설정된 정책목표가 어느 정도 달성되었는지를 측정하는 것으로, 그 결과에 따라서 정책집행의 효과를 판단하게 된다. 효과성 평가에서 주로 다루어지는 내용은 크게 두 가지로 요약된다. 첫째, 정책집행 효과의 크기이다. 기대했던 목표와 달성된 목표를 비교하여 그 정도를 파악한다. 둘째, 나타난 정책효과는 과연 순수하게 정책집행에 의해서 발생했는지에 대한 판단이다. 타당성 검증에 대한 것으로 정책효과에 영향을 미치는 허위변수(spurious variables)와 혼란변수(confounding variables)를 통제해야 한다. 허위변수는 두 변수 간에 관계가 없는데도 있는 것처럼 나타나게 하는 제3의 변수를 말하며, 혼란변수는 두 변수 간의 관계를 과장 또는 축소시키는 제3의 변수를 말한다. 한편, 시계열 분석을 통해 정책 효과성 평가가 이루어지기도 한다. 예를 들어, 이훈(2006)의 '문화관광부 축제지원시스템과 정책에 대한 평가' 연구에서는 축제정책의 성과를 지난 10년간의 관광객 수와 경제적 파급효과를 기준으로 하여 측정하고 있다.

② 능률성 평가

능률성 평가(efficiency evaluation)는 정책집행의 성과를 정책집행의 비용과 대비하여 측정하는 활동을 말한다. 능률성 평가는 경제학적 접근에 기초하고 있으며, 비용 - 편익분석(cost-benefit analysis)에 의존한다. 그러므로 비경제적 효과를 측정하는 데는 한계를 보여준다. 예를 들어, 한국 관광브랜드 홍보사업에 1,500억 원의 예산을 집행하였을 경우 세계 주요매체에 노출된 기사, 영상 등 정책성과를 기준으로 정책효과성을 평가하는 것은 가능하나, 이를 통한 브랜드 이미지 향상 효과를 화폐가치로 환산하여 비용 - 편익 분석으로 능률

313

성을 평가하는 데는 한계가 있다.

③ 형평성 평가

형평성 평가(equity evaluation)는 정책성과와 정책비용의 사회집단 간의 배분이 공평한지를 측정하는 활동을 말한다. 효과성 평가와 능률성 평가에서는 정책대상집단을 대상으로 하여 정책효과와 정책비용을 측정한다. 반면에, 형평성 평가에서는 효과와 비용의 배분에 있어서 사회 전체를 대상으로 하여 사회집단 간에 차이가 얼마나 있는지가 주요 내용으로 다루어진다.

④ 대응성 평가

대응성 평가(responsiveness evaluation)는 정책대상집단의 요구에 대한 만족화(satisficing) 정도를 측정하는 활동을 말한다. 대응성 평가에서는 정책대상집단을 대상으로 하여 정책성과를 측정한다. 한편, 측정의 정확성을 위해서는 정책이 실시되기 이전에 대상집단의 요구도를 조사하고, 정책실시 후의 평가결과와의 차이를 비교하여 분석하는 비교측정방법이 적용될 수 있다.

⑤ 적합성 평가

적합성 평가(appropriateness evaluation)는 정책에 내포된 가치의 바람직한 정도를 측정하는 활동을 말한다. 즉 규범성에 관한 문제를 평가대상으로 한다. 규범성의 기준으로는 기본적으로 자유, 평등, 정의 등이 있으며, 최근에는 환경보전, 복지, 공정성, 인권 등으로 그 기준이 더욱 다양해지고 있다.

⑥ 적정성 평가

적정성 평가(adequacy evaluation)는 정책문제의 해결정도를 측정하는 활동을 말한다. 정책의 목표실현을 통하여 실제로 특정의 정책문제가 어느 정도나 해결되었는지가 판단의 기준이 된다. 이러한 적정성에는 시간의 적정성과 문제해결 정도의 적정성이 있다.

(2) 과정평가

과정평가(process evaluation)는 '정책집행의 과정에 대한 평가'를 말한다. 이러한 과정평가는 집행 중에 이루어지는 형성평가와 집행 후에 이루어지는 사후적 과정평가로 구분된다. 일반적으로 과정평가라고 하면 사후적 과정평가를 말한다.

사후적 과정평가는 정책집행의 관리절차, 관리전략, 인과관계 및 경로 등에 대한 평가를 주 대상으로 한다. 우선, 관리절차와 관리전략과 관련하여서는 다음과 같은 세부주제들이 다루어진다.

- 집행계획에 따라서 집행활동들이 이루어졌는가?
- 계획된 자원은 적시에 투입되었는가?
- 원래 계획된 정책대상집단에게 집행되었는가?
- 집행활동은 관련 법률 및 규정을 적절하게 따랐나?

한편, 인과관계 및 경로와 관련된 세부 주제들은 다음과 같다.

- 정책성과는 어떠한 인과관계 및 경로를 거쳐서 발생하였는가?
- 정책성과가 발생하지 않았을 경우, 어떠한 인과관계 및 경로에 잘못이 있었는가?
- 정해진 인과관계 및 경로보다 더욱 크게 영향을 미치는 인과관계 및 경로는 없었는가?

과정평가는 집행과정의 관리적 측면에 기여하는 바가 크다. 집행과정에서 발생하는 절차적 문제점을 찾아냄으로써 바람직한 집행전략을 수립하는데 큰 도움이 된다. 또한 인과관계의 경로를 평가함으로써 정책성과를 높일 수 있는 정보를 제공해 준다는 점에서도 그 중요성이 크다. 또한 정책집행자의 책무성을 확보하는데도 기여하는 바가 크다고 할 수 있다.

제4절 합리적 정책평가의 제한요인

합리적 정책평가를 제한하는 다양한 요인들이 있다. 예를 들어, 사용자의 저항 혹은 평가결과의 신뢰성 등이 문제가 된다(Leviton & Hughes, 1981). 다음에서는 제한요인을 정책행위자 요인과 평가기술적 요인으로 구분하여 살펴보고, 관광정책에의 적용을 논의한다.

1. 제한요인

1) 정책행위자 요인

(1) 정책결정자

정책평가에서 주도적인 평가결정권은 정책결정자에게 있다. 정치적으로 민감한 정책사업의 경우 정책결정자는 정치적인 판단을 하게 된다. 그러므로 이를 은폐하려는 목적으로 정책결정자는 정책평가에 개입할 수 있다. 이에 따라 정책결정자 스스로 합리적 평가에 장애요인이 되는 경우가 발생한다.

또한 관료집단의 저항도 합리적 평가과정에 장애가 된다. 정책집행의 실책이 노출되는 것을 꺼리거나, 자신들의 이해관계가 얽혀있는 경우 관료집단은 정책평가과정을 교란시키거나, 자신들이 의도하는 방향으로 평가결과를 유도하는 경우가 있다.

정책평가가 외부기관에 위탁되는 경우에도 평가집행기관이 자신들의 의도에 맞추어 평가과정이 이루어질 수 있도록 영향력을 발휘하는 경우가 있으며, 위탁기관도 자신들의 사업적 목적에 의해서 평가집행기관의 의도에 스스로 맞추어 가는 경우가 있을 수 있다.

(2) 이해관계집단

이해관계집단들의 압력도 정책평가를 제한하는 장애요인이 된다. 평가결과가 자신들의 이해에 부정적인 영향을 미칠 것으로 예상되는 경우 이해관계자들은 평가과정에 압력을 행사하려 한다. 또한 여론을 통해 사회적 압력을 행사하는 경우도 있다.

2) 평가기술적 요인

(1) 정책목표

정책목표가 불확실하거나 명료하지 않을 경우 정책평가가 어려워진다. 정책목표의 설정과정에서 명확하지 않거나, 일관성이 없는 목표가 설정될 경우, 정책효과를 측정하기 위한 기준을 규정하기가 어려운 경우가 발생한다.

(2) 평가자료

정책평가를 어렵게 하는 기본적인 문제 중에 하나가 평가에 필요한 자료가 부족하거나 자료공개를 하지 않는 경우이다. 특히, 기록정보에 대한 관리가 소홀하게 이루어질 경우, 정책평가는 한계를 갖게 된다. 관리과정에 초점을 맞추는 과정평가가 제대로 이루어지지 못하는 가장 큰 원인이 바로 평가자료 및 정보의 불충분에 있다.

(3) 평가기법

정책평가의 합리적 과정을 제한하는 요인 중에 하나가 평가기법의 한계이다. 정책평가에서 사실상 정책수단과 정책성과 사이의 인과관계를 밝히기가 어려운 경우가 많다. 정책성과가 장기간에 걸쳐 나타나는 경우, 시간적 범위를 정하기가 어렵다. 또한 정책성과가 광범위하게 영향을 미치는 경우도 마찬가지이다. 또한 정책성과의 계량화가 어려운 경우 정책효과의 계량적 측정 기법을 적용하는데 한계가 있다.

2. 관광정책에의 적용

관광정책평가에 있어서도 일반정책과 마찬가지로 합리적 정책평가를 제한 하는 여러 요인들이 작용한다. 정책행위자 요인에 있어서는 정책결정자와 관 료집단이 정책평가에 장애요인으로 작용할 수 있으며, 외부평가기관도 적합 한 역할을 못하는 경우가 발생할 수 있다. 이를 극복하기 위해서는 정부의 정책평가에 대한 체계적인 제도화가 필요하다고 할 수 있다. 「정부업무평가 제도」에 대해서는 다음 절에서 다루게 되지만, 보다 구체적으로 정책영역별 로 정책집행에 대한 평가제도가 마련되어야 할 것이다. 정책평가 대상과 주 체, 평가방법, 평가시기 그리고 정책변동과의 연계확보 방안들이 명확하게 규정되어야 한다. 한편, 평가기술적 요인과 관련하여서도 관광정책평가기술 의 확보가 요구된다. 이를 위해서는 정책결정단계에서부터 정책목표와 정책 수단의 설정에 있어서 평가기준을 고려하는 것이 필요하며, 평가에 필요한 자료 축적 및 공개가 매우 중요하다. 또한 관광정책평가에 적합한 평가기법 의 개발이 필요하다고 할 수 있다.

제5절 정책평가제도

1. 발전과정

우리나라 정부의 정책평가제도는 크게 세 단계로 구분하여, 그 발전과정을 살펴볼 수 있다. 우선, 첫 번째 단계는 조성기로서 심사분석제도의 도입을 들수 있다. 1963년에 제3공화국의 출범과 함께 국무총리실 산하 기획조정실 주관으로 심사분석제도가 운영되었다. 심사분석제도는 사업추진에 대한 전반적인 과정분석으로서 정책평가라는 용어는 사용되지 않았다. 하지만 일종의 정책평가제도의 도입으로서 그 의미가 있다고 할 수 있다.

두 번째 단계는 정비기로서 정책평가제도가 정착되는 시기라고 할 수 있다. 1990년 4월에 「정부 주요 정책평가 및 조정에 관한 규정」이 총리령으로 공표되었으며, 이를 계기로 하여 정책평가라는 용어가 제도적으로 사용되기 시작하였다. 이후 2001년 1월에 「정부업무 등의 평가에 관한 기본법」이 제정되었으며, 중앙행정기관과 지방자치단체에 대한 평가제도가 강화되었다.

세 번째 단계는 발전기로서 본격적으로 정부업무평가제도가 운영되기 시작하였다. 2006년 4월에 「정부업무 등의 평가에 관한 기본법」을 대체하는 「정부업무평가기본법」이 제정되었다. 이 법은 정부업무평가를 통합·체계화시키고 자체평가를 강화했다는 점에서 그 의의가 있다. 특히 정책평가의 활용 측면이 개선되었다.

2. 정부업무평가제도

현행 정부업무평가제도를 「정부업무평가기본법」에 기초하여 그 주요 내용을 살펴보면 다음과 같다.

1) 의의

정부업무평가제도는 중앙행정기관, 지방자치단체, 공공기관 등 정부기관의 통합적인 성과관리체제를 구축하고 자체평가를 통한 자율적인 평가역량을 강화시키기 위한 제도로서 국정운영의 능률성, 효과성 및 책무성을 향상시키는 것을 목적으로 하고 있다.

정부업무평가제도에서 평가는 '정부가 수행하는 정책, 사업, 업무 등에 관하여 그 계획의 수립과 집행과정 및 결과 등을 점검·분석·평정하는 활동'으로 정의된다. 평가단위를 계층적으로 구분하여 정책, 사업, 업무로 나누고 있으며, 평가대상에 있어서 과정평가와 총괄평가를 모두 적용하고 있다.

또한 정부업무평가의 성과관리가 강조되고 있다. 성과관리는 정책 등의 계획수립과 집행과정에 대하여 정부에 자율성을 주고, 그 결과에 대하여 책임을 지는 것을 원칙으로 하고 있다. 자율성과 책무성이 중심이 된다고 할 수 있다.

또한 평가결과의 활용과 관련하여 평가결과에 따라서 정책, 사업, 업무의 집행중단, 축소 등의 시정조치를 취할 것을 명시하고 있다. 따라서 정책환류를 통한 정책변동의 제도화가 이루어졌다는 점에서 그 중요성이 있다고 할 수 있다.

종합해 보면, 정부업무평가제도는 평가주체, 대상, 방법, 성과관리 등 평가업무를 포괄적으로 다루고 있으며, 정책변동 등 평가결과의 합리적 활용을 제도화하고 있다는 점에서 그 의의를 갖는다.

2) 유형과 절차

정부업무평가제도에서 평가유형은 평가대상기관과 평가주체에 따라서 구분된다. 평가유형별 내용과 절차는 다음과 같다.

(1) 중앙행정기관 자체평가

중앙행정기관은 그 소속기관의 정책 등에 대하여 자체평가를 실시하도록 되어 있다. 자체평가위원회는 평가의 공정성과 객관성을 확보하기 위하여 평가위원의 3분의 2 이상을 민간위원으로 구성해야 한다. 또한 자체평가의 결과는 국무총리의 확인·점검을 받도록 되어 있으며, 문제가 있을시 재평가를 받도록 되어 있다.

(2) 지방자치단체 자체평가

지방자치단체는 그 소속기관의 정책 등에 대하여 자체평가를 실시하도록 되어 있다. 중앙행정기관과 마찬가지로 지방자치단체는 자체평가위원회를 구성하여 전년도 정책, 사업, 업무 등의 추진실적을 기준으로 자체평가를 실시하며, 평가위원의 3분의 2 이상을 민간위원으로 구성해야 한다.

(3) 특정평가

두 개 기관 이상의 중앙행정기관이 공동으로 시행하는 정책 등에 대하여 국무총리는 특정평가를 실시하도록 되어 있다. 특정평가는 하향식 평가로 특정평가의 대상기관은 평가에 필요한 지원을 하도록 되어 있으며, 평가결과는 정부업무평가위원회의 심의·의결을 거쳐 확정되며, 이후 일반에 공개하도록 되어 있다.

(4) 합동평가

합동평가는 지방자치단체가 시행하는 국가위임사무 등에 대하여 행정안전부 장관이 중앙행정기관들과 공동으로 실시하는 평가를 말한다. 이를 실시하기 위해서 행정안전부 장관은 정부업무평가위원회의 심의·의결을 거쳐야 하며, 그 평가결과를 정부업무평가위원회에 보고하도록 되어 있다.

(5) 공공기관 평가

공공기관은 평가의 객관성 및 공정성을 확보하기 위하여 공공기관 외부의 기관으로부터 평가를 받도록 되어 있다. 외부의 평가기관은 평가계획을 미리 정부업무평가위원회에 제출하여야 하며, 그 평가결과를 위원회에 제출하도록 되어 있다.

3) 평가결과의 활용

평가결과는 크게 정책변동 차원의 정보와 보상 차원의 정보로 활용된다.

(1) 정책변동 활용

정부업무평가의 결과는 인터넷 홈페이지 등을 통해 일반에게 공개하고, 국회에 보고하도록 되어 있다. 또한 중앙행정기관의 장은 평가결과를 조직, 예산, 인사 및 보수체계에 반영하고, 다음 해 예산요구시 반영하도록 되어 있다. 또한 평가결과에 따라 정책 등에 문제점이 발견될 때에는 당해정책 등의 집행중단, 축소 등 정책변동차원의 시정조치를 하거나 이에 대해 자체감사를 실시하고 그 결과를 정부업무평가위원회에 제출하도록 되어 있다.

(2) 보상 활용

평가결과에 의하여 이루어지는 보상관리에 있어서 중앙행정기관의 장은 평가 결과에 따라서 우수사례로 인정되는 소속 부서, 기관 또는 공무원에게 성과보상을 하도록 하고 있다. 표창수여, 포상금 지급, 인사적 혜택 등의 우대조치를 실시함으로써 평가업무의 활성화를 도모한다.

3. 관광정책평가제도 사례

관광정책평가에 있어서 평가 단위를 정책으로 하고 있는 대표적인 유형인 문화관광축제 평가제도를 살펴보면(문화체육관광부, 2015), 다음과 같다(〈표 10-2〉 참조).

1) 개요

문화체육관광부는 지역축제를 대상으로 하여 정책평가제도를 운영하고 있다. 핵심내용으로는 지역축제들을 대상으로 평가체계를 구축하고, 평가결과에 따라서 차등적 지원시스템을 적용한다.

평가체계는 문화체육관광부 참관평가, 지방자치단체 자체평가, 그리고 유관기관협조에 의한 실적평가 등 크게 세 가지 평가 유형으로 구성된다. 이러한 평가결과들을 종합하여 평가하는 복합적 평가체계를 갖추고 있다.

또한 평가 결과를 활용하여 정책을 조정하고 보상관리를 위한 기초자료를 구축함으로써 평가제도의 완성도를 높이고 있다.

2) 유형과 절차

(1) 참관 평가

참관평가는 문화체육관광부의 자체평가로서 축제기간 중에 직접 현장을 방문하여 사전에 준비된 참관평가표에 기초하여 평가를 한다(〈표 10-2〉 참조). 참관 평가자는 외부민간전문가(15인)와 문화체육관광부 담당공무원으로 구성되며, 축제별로 3인(민간전문가 2인 + 공무원 1인)이 참관평가에 참여한다.

〈표 10-2〉 문화관광축제 참관평가표

평가항목	세 부 내 용	배점	비고
1. 축제의 특성 / 축제 콘텐츠	• 축제 주제(소재)관련 대표 프로그램(killer contents) 의 완성도 • 축제 소재의 특이성과 매력성 - 그 축제만의 독특한 소재와 자원으로 관광객의 유인 · 몰입 가능성 • 타 축제와의 프로그램 차별성 - 축제 방문객을 위한 특색 있는 참여 · 체험 프로그램 / 축제 캐릭터 개발 등 • 지역 문화 · 관광자원과 연관된 프로그램 개발 - 연계투어 / 체류형 야간프로그램 등	70	
2. 축제의 운영	• 자원봉사자 교육시스템 등 행사장 내 운영 효율성 • 접근성 · 공간배치 등 행사장 환경 및 주차장 · 화장실 등 편의시설 운영 적절성 등 • 축제 기획 · 운영 전문성 및 평가결과의 활용정도 • 축제 홍보의 효율성과 적절성 • 관람객 안전관리 체계 확립 등	10	

평가항목	세 부 내 용	배점	비고
3. 축제발전성	• 광역·기초단체의 예산·행정 지원규모 등 육성의지 • 지역주민의 참여의지 및 협조수준 -지역주민참여시스템, 지역주민 호응도 등 • 축제 재정자립도 • 독립적인 축제조직체 구성 여부	10	
4. 축제의 성과	• 축제를 통한 관광객 유발 정도 및 지역경제 파급효과 - 관광객 수(외국인 포함), 관광객 비용지출, 지역 홍보효과, 재방문 가능성 등	10	
계		100	

출처 : 문화체육관광부(2015).

(2) 지방자치단체 자체평가

지방자치단체의 자체평가로는 방문객 만족도 조사와 축제 관람객 수 및 경제효과 조사가 있다. 방문객 만족도 조사는 축제기간중 방문객을 대상으로 하여 지방자치단체가 직접 조사를 담당한다. 조사항목은 축제 방문객에 대한 공통조사항목을 사용하도록 하고 있으며, 유효표본 수는 200명 이상으로 하고 있다.

한편, 축제 관람객 수 및 경제효과 조사는 축제에 참가한 주민 관람객과 외부로 부터의 관광객을 대상으로 하여 이루어진다. 지방자치단체에서 수행하는 자체평가는 외부의 전문평가기관에 위탁을 주어 실시함으로써 보다 정확한 통계가 산출될 수 있도록 추진한다.

(3) 유관기관 협조에 의한 실적 평가

특별히 외국인 단체관광객 모객 및 해외 매체 기사화 실적은 한국관광공사 해외지사의 협조를 받아서 집계하고 있다.

3) 평가결과의 활용

앞서 살펴본 참관평가, 지방자치단체 자체평가, 유관기관 협조에 의한 실적 평가의 결과를 종합하고, 시·도 추천순위를 감안하여 종합 평가결과를 산출한다. 종합평가결과는 크게 정책변동 차원의 정보와 보상 차원의 정보로 활용된다.

(1) 정책변동 차원의 활용

평가결과는 종합평가보고서로 작성되어 제작·배포된다. 이를 통해 해당 지방자치단체들의 축제사업에 있어서 정책변동차원의 정보로 활용될 수 있도록 한다. 또한 평가 결과로서 개선이 필요한 사항에 대해서는 개선계획을 수립하여 시행하도록 하고, 그 결과를 차기 평가에 반영한다. 또한 평가결과가 일정 점수 이하의 축제는 퇴출하도록 한다.

(2) 보상 차원의 활용

종합평가결과에 기초하여 축제선정회의를 통해 평가대상 축제를 심사·선정한다. 심사결과에 따라서 대표 축제, 최우수 축제, 우수 축제, 유망 축제를 각각 선정하고, 등급별로 정부지원금을 차등 지원한다.

제6절 정책평가이론과 경험적 연구

정책평가이론은 정책과정론적 관점에서 '정책평가의 과정을 설명하는 지식체계'를 말한다. 정책평가과정에 참여하는 개인 행위자, 평가제도 등을 대상으로 경험적 연구가 이루어진다.

다음에서는 정책평가이론에서의 일반정책 연구와 관광정책 연구를 살펴본다.

1. 일반정책 연구

일반정책 연구는 실증적 연구와 사례연구가 이루어진다.

1) 실증적 연구

실증적 연구에서는 미시적 접근에서 정책대상집단의 개인 행위자를 대상으로 설문조사법이 적용된다.

연구의 예로는 '정책성과평가에 대한 일반국민 혹은 주민 만족도' 연구(임만석, 2011), '정책전문가집단을 대상으로 한 정책성과 평가 지표 개발에 대한 델파이 조사 연구'(오연풍, 2008) 등을 들 수 있다.

이 가운데 윤수재(2005)는 공공부문의 정책평가 수용도에 미치는 영향요인에 대한 연구에서 중앙정부의 정책평가자와 정책피평가자를 대상으로 하여 설문조사를 실시하였다.

연구모형에서는 정책평가 수용도를 종속변수로 설정하고, 독립변수로 정책평가자의 능력, 정책평가 도구의 합리성, 정책평가과정의 효율성을 설정하였다([그림 10-3] 참조).

[그림 10-3] 정책수용도 연구모형

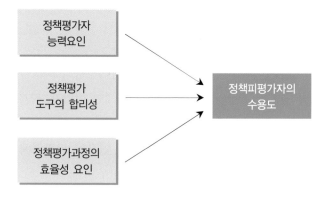

분석 결과, 이들 세 가지 요인 모두 정책평가 수용도에 긍정적인 영향을 미치는 것으로 나타났으며, 세부 변수에서는 정책평가과정의 효율성 요인 가운데 '평가결과처리 촉진 유인제도 구비'가 가장 영향력이 큰 것으로 나타났다.

2) 사례연구

정책평가과정에서의 사례연구는 크게 단일사례연구와 비교사례연구로 구분된다.

단일사례연구의 예로, 서진완·윤상오(2007)는 테마 마을 정책사업을 대상으로 하여 정책평가와 정책조정의 변화에 대하여 관료정치모형(bureaucratic politics model)을 활용하여 사례연구를 실시하였다. 분석결과 정책평가결과에 따른 정책조정과정에서 관련 정부 부처들은 자기 조직의 이익을 위해 조정과정에 다양한 방식으로 참여하였으며, 그 결과 평가위원회의 객관적인 평가·조정방안이 크게 왜곡되고 변질된 것으로 나타났다. 이를 통해 볼 때, 정책평가와 정책조정과정에서 합리적·분석적 조정에 대하여 이해관계자들의 상호작용과 타협에 의한 정치적 조정이 크게 영향을 미치는 것을 확인할 수 있었다.

다음, 비교사례연구의 예로 이광희·윤수재(2012)는 거시수준의 사례연구로서 성과관리와 평가체계의 관계에 관한 캐나다와 한국의 평가제도를 분석하였다. 분석모형으로는 성과관리의 관리단계와 목표체계 그리고 사업평가 – 기관평가 – 국정평가로 이어지는 평가제도와의 체계적 관계를 설정하였다. 분석결과 한국의 성과관리 및 평가제도의 개선 방안으로서 성과관리단계의 완결성 확보, 성과목표와 국정목표의 연계, 사업평가와 성과관리의 상호 보완적 연계 방안 등이 제시되었다.

2. 관광정책 연구

관광정책 연구에서는 주로 미시적 접근의 실증적 연구가 이루어지고 있다. 조사대상자에는 관광사업종사자, 전문가, 관련 공무원, 지역주민 등이 포함된다. 연구의 예로는, '관광호텔업 지원제도 평가에 관한 연구'(조민호·윤동환, 2008), '문화관광축제 지원정책 분석: 축제 실무자 의견을 중심으로'(이훈 외, 2011), '한국의 여행업 관련정책의 효과성에 관한 실증적 연구'(한성호, 2000) 등을 들 수 있다.

이 가운데 한진아(2007)의 '컨벤션 기획사 자격제도의 정책대응성 평가: 컨벤션업 실무자를 대상으로' 연구에서는 설문조사법을 적용하여 관련종사자들의 정책대응성 평가요인과 자격제도 성과요인 간의 인과관계를 분석하였다. 연구모형은 다음과 같다([그림 10-4] 참조).

[그림 10-4] 정책대응성 평가요인 모형

분석결과, 가치성 요인과 보장성 요인이 자격제도에 대한 전반적인 평가(만족도, 호응도)에 유의한 영향을 미치는 것으로 나타났다. 여기서 가치성 요인은 컨벤션산업의 성장, 컨벤션기획사에 대한 이미지 제고, 컨벤션 기획 업무의 질적 향상, 관련업 경력자들의 전문화, 미취업자의 전문성 향상요소 등으로 설정되었으며, 보장성 요인은 자격증 취득자의 관련업종의 대우, 자격증 취득자의 취업보장, 업계내의 보상요소 등으로 구성되었다. 한편, 전문성 요인은 컨벤션산업의 생산성, 업무경쟁력 확보요소 등으로 설정되었다.

결과적으로, 본 자격제도는 가치성이나 보장성 부분에서는 긍정적 평가를 받고 있으나 전문성 부분에서는 그렇지 못한 것으로 확인되었다.

또 다른 예로 김성경(2015)의 '메가 스포츠이벤트에 대한 지역주민의 영향지각이 주민 지지에 미치는 영향: 정부신뢰의 조절효과를 중심으로' 연구에서는 설문조사법을 적용하여 지역주민을 대상으로 정책영향에 대한 평가가 정책성과(정책지지)에 미치는 영향관계를 분석하였다. 정책결과에 대한 평가를 정책성과(policy outcome)가 아닌 정책영향(policy impact)으로 확대하였다는 점에 의의가 있다. 연구모형은 다음과 같다[그림 10-5] 참조).

[그림 10-5] 정책영향평가 영향관계 모형

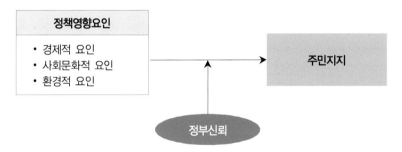

연구모형은 정책영향요인에 대한 지각이 주민지지에 미치는 영향관계를 중심축으로 하였으며, 이에 영향을 미치는 조절효과 변수로 정부신뢰를 설정하였다. 분석결과, 경제적 요인과 환경적 요인은 주민지지에 유의한 영향을 미치는 것으로 나타났으며, 사회문화적 요인은 부분적으로 유의한 영향을 미치는 것으로 나타났다. 한편, 조절효과에서는 경제적 요인과 주민지지와의 관계에서는 유의한 영향관계가 있는 것으로 나타났으며, 사회문화적 요인에서는 부분적인 효과가 있는 것으로 나타났다. 결과적으로, 메가 이벤트정책에 대한 주민지지를 획득하기 위해서는 정책영향요인에 대한 주민인식이 중요하며, 이를 위한 정책홍보의 필요성이 제기된다고 할 수 있다.

실천적 논의
관광정책평가

정책평가는 '정책집행의 결과와 과정을 분석하고 판단하는 정부의 행동'을 말한다. 정책평가에서 가장 중요한 개념은 타당성이다. 얼마나 정확하게 정책성과를 측정하느냐 하는 것이 관건이다. 이를 위해서는 합리적인 평가과정이 중요하다. 정부는 그동안 문화관광축제 평가, 관광지개발사업 평가, 남해안벨트사업 평가 등의 정책평가를 실시해왔다. 하지만 현실적으로는 합리적인 정책평가를 제한하는 요인들이 작용하는 것 또한 사실이다. 이러한 현실인식에서 다음 논제들에 대하여 논의해 보자.

논제1. 중앙정부차원에서 최근에 이루어진 관광정책평가 사례에는 어떠한 것이 있으며, 그 평가는 어떠한 과정으로 이루어졌는가?

논제2. 지방정부차원에서 최근에 이루어진 관광정책평가 사례에는 어떠한 것이 있으며, 그 평가는 어떠한 과정으로 이루어졌는가?

요약

정책평가는 넓은 의미에서는 '정책의 가치를 판단하는 정부의 활동'으로, 좁은 의미에서는 '정책집행의 결과와 과정을 분석하고 판단하는 활동'으로 정의된다. 일반적으로 정책평가는 좁은 의미의 개념을 말한다.

정책평가의 의의는 두 가지 점에서 정리된다. 우선, 정책평가는 정책집행에 대한 평가과정으로서 정책분석과는 구분된다. 다른 하나는 정책평가는 정책과정의 네 번째 단계로서 차기 정책과정을 위한 정책환류가 시작되는 단계이다. 정책평가결과는 정책변동을 위한 중요한 자료가 된다.

정책평가과정은 다섯 단계로 이루어진다.

첫 번째 단계는 정책평가의 목적 및 유형 결정의 단계이다. 정책평가의 목적을 정하고, 그에 따라서 정책평가의 유형을 결정하게 된다.

두 번째 단계는 평가 대상의 선정 단계이다. 정책사업의 범위를 파악하고, 정책의 집행효과를 측정할 수 있는 인과관계 모형을 작성하는 작업이다.

세 번째 단계는 평가방법의 결정 단계이다. 평가유형으로는 총괄평가와 과정평가를 들 수 있으며, 그 유형에 따라서 계량적 평가 혹은 질적 평가를 결정하게 된다. 또한 계량적 평가는 실험적 혹은 비실험적 방법을 선택하게 된다.

네 번째 단계는 자료의 수집과 분석 단계이다. 계량적 평가에서는 양적 자료인 통계자료 혹은 설문조사 자료 등이 수집되고 이에 대한 계량분석이 이루어진다. 질적인 평가에서는 주로 해석적 분석이 이루어진다.

다섯 번째 단계는 보고서 작성 및 의사전달 단계이다. 평가 결과는 정책환류를 통해 정책학습과 정책변동의 기초 자료가 된다는 점에서 공정하게 작성되어야 한다.

다음으로 정책평가의 목적과 유형을 살펴보면 다음과 같다.

331

우선, 정책평가의 목적으로는 정책정보의 환류, 책무성의 확보, 정책지식의 축적 등을 들 수 있다.

다음으로 정책평가의 유형은 평가 주체, 평가 단위, 평가 시점, 책무성, 평가 대상 등을 기준으로 하여 구분된다.

평가 주체는 평가자를 말하며, 평가자를 기준으로 하여 내부평가와 외부평가로 구분된다. 평가 단위에 따라서는 기관 평가, 정책 평가, 프로그램 평가로 나누어지며, 이들은 일종의 계층구조적 특징을 지닌다.

평가시점에 따라서는 사전평가, 진행평가, 사후평가로 나누어진다. 진행평가의 대표적인 유형이 모니터링이다. 사후평가는 정책산출, 정책결과, 정책영향에 대한 평가를 말한다.

책무성을 기준으로 하여 행정적 평가, 사법적 평가, 정치적 평가로 구분된다. 가장 일반적인 평가 유형이 행정적 평가이다. 평가 대상을 기준으로 총괄평가와 과정평가로 구분된다. 총괄평가는 정책분석의 소망성 분석기준과 같은 기준이 적용되며, 효과성, 능률성, 형평성, 대응성, 적합성, 적정성에 대한 평가가 이루어진다. 과정평가는 정책의 집행과정을 검증·확인하는 활동으로 집행 중에 이루어지는 형성평가와 집행 후에 이루어지는 사후적 과정평가로 나누어진다. 일반적으로 과정평가는 사후적 과정평가를 말한다.

합리적 정책평가의 제한요인으로는 크게 정책행위자 요인과 평가기술적 요인을 들 수 있다. 정책행위자 요인에는 정책결정자, 이해관계집단 등을 들 수 있다. 평가기술적 요인에는 정책목표, 평가자료, 평가기법 등이 있다.

정부의 정책평가제도는 크게 세 단계의 과정을 거쳐서 발전하였다.

첫 번째 단계는 조성기로 1960년대 심사분석제도의 도입을 들 수 있다. 두 번째 단계는 정비기로 1990년에 「정부 주요 정책평가 및 조정에 관한 규정」이 총리령으로 제정되었으며, 2001년에 「정부 업무 등의 평가에 관한 기본법」이 제정되었다. 세 번째 단계는 발전기로 2006년에 「정부업무평가 기본법」이 제정되었다.

한편, 관광정책평가제도 사례로서 문화관광축제평가제도를 살펴보았다. 이는 정책을 평가단위로 하는 전형적인 유형이라고 할 수 있다. 평가 대상은 지방자치단체들의 축제 사업이며, 평가결과를 통해 매년 우수축제를 선정하고, 정책변동 차원의 정보를 제공한다.

끝으로, 정책평가이론과 경험적 연구에 대해서 살펴보았다. 경험적 연구는 크게 실증적 연구와 사례연구로 구분된다. 이와 관련하여 관광정책연구의 적용에 대해서 논의하였다.

관광정책과 정책변동

개관

이 장에서는 관광정책과 정책변동에 대해서 논의한다. 정책변동은 정책과정에 있어서 정책환류를 통한 정책변화를 말한다. 우선 제1절에서는 정책변동의 개념과 과정을 정리한다. 이어서 제2절에서는 정책환류의 개념과 의의를 다루며, 제3절에서는 정책학습의 개념, 유형 그리고 과정을 살펴본다. 제4절에서는 정책변동의 유형을 논의하고, 제5절에서는 합리적 정책변동의 제한요인과 극복전략에 대해서 다룬다. 제6절에서는 정책변동이론과 경험적 연구에 대해서 살펴본다.

제1절 정책변동의 개념과 과정

1. 개념

정책변동(policy change)은 '기존 정책의 전환을 결정하는 정부의 활동'으로 정의된다(Anderson, 2006; Hogwood & Peters, 1983; Peters, 2007; Ripley & Franklin, 1986). 물론, 넓은 의미의 정책변동에는 정책결정단계에서 발생하는 정책의 수정·종결은 물론 정책집행단계에서의 수정·종결도 포함된다고 할 수 있다(정정길, 2000). 같은 맥락에서 유훈(2009 : 135)은 정책변동을 '특정한 정책을 수정하거나 종결시키는 것'이라는 광의의 정의를 내린다.

이 책에서는 이러한 개념의 혼란에도 불구하고 정책과정에서 가장 중요한 정책변동이 정책평가단계 이후에 발생하는 정책변동이란 점에서 정책변동을 [그림 11-1]에서 보듯이 정책평가단계 이후 단계에서의 개념으로 협의적으로 정의한다.

[그림 11-1] 정책변동단계

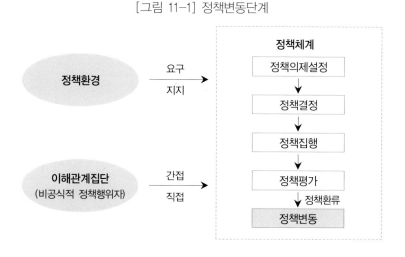

즉, 정책변동단계는 정책과정의 생애주기적 관점에서 정책과정의 마지막 단계이며, 동시에 새로운 정책과정이 다시 시작되는 단계이다.

또한, 정책변동단계는 정책환류에 의한 합리적인 정책조정이 이루어지는 동시에, 다양한 이해관계집단의 정책참여가 이루어지는 정치적 과정이다.

2. 과정

정책변동의 과정에 대해서는 크게 두 가지 관점이 있다(유훈, 2006). 하나는 갈등모형(conflict-based model)으로 홀(Hall, 1993), 사바티어(Sabatier, 1988), 킹돈(Kingdon, 1984) 등의 학자들이 주장하는 바와 같이 행위자들의 활동과 권력관계에 의한 정치적 갈등으로 인하여 정책변동이 이루어지는 것으로 본다. 제한된 합리적 과정을 말한다. 다른 하나는 학습모형(learning model)으로 지식의 습득과 활용에 의하여 정책변동이 이루어지는 것으로 설명한다(Heclo, 1974; May, 1992). 합리적 과정을 말한다.

이 책에서는 이 두 가지 관점을 모두 수용하되, 합리적 과정인 학습모형을 기본모형으로 설정한다. 다음에서는 합리적 정책변동의 과정을 [그림 11-2]와 같이 제시한다.

[그림 11-2] 정책변동과정

비고: t: 기존의 정책과정, t+1: 다음 시기의 정책과정

우선, 정책평가단계로부터 정책환류가 이루어지며 이후 정책학습 그리고 정책변동이 이루어지게 된다(남궁근, 2009). 이때 이루어진 정책변동은 사실상 다음 시기의 새로운 정책결정이라고 할 수 있다. 정리하자면, 정책변동단계는 정책환류 – 정책학습 – 정책변동의 순차적 과정으로 형성된다고 할 수 있다.

제2절 정책환류

다음에서는 정책변동과정의 첫 번째 단계인 정책환류에 대해서 살펴본다.

1. 개념

정책환류(policy feedback)는 '정책평가단계에서 확보된 평가결과가 정책학습에 다시 투입되는 과정'을 말한다. 사실상 정책환류는 정책과정에서 각 단계마다 이루어진다. 정책결정단계에서의 정책정보가 이전 단계인 의제설정단계로 환류되어 정책의제설정에 조정을 가져오며, 정책집행단계에서의 정책정보가 이전 단계인 정책결정단계로 환류되어 정책내용에 조정을 가져온다. 하지만 이 가운데 가장 중요한 정책환류가 정책평가단계 이후에 이루어지는 정책환류라고 할 수 있다(정정길 외, 2011). 정책평가단계 이후에 이루어지는 정책환류는 어느 특정시기의 정책과정의 사후적 환류로서 차기 정책과정의 정책결정단계로 정책정보를 투입하게 된다.

한편, 정책환류는 정치체제모형에서의 환류(feedback)와는 구별된다. 정책환류가 정책과정을 통해 이루어지는 환류인 반면에, 정치체제모형에서의 환류는 투입 – 전환 – 산출 – 환류의 과정, 즉 정치체제와 정책환경과의 관계에서의 환류를 의미한다. 정책결과에 대한 정책대상집단 및 일반국민들의 반응이

환류되어 정책환경의 변화요인과 함께 요구와 지지로 정치체제에 다시 투입되게 된다. 그러므로 정책과정에서의 정책환류가 정치체제 혹은 특정의 정책하위체계의 정책활동 내부에서 이루어지는 환류라고 한다면, 정치체제모형에서의 환류는 정치체제의 외부 정책환경에서 이루어지는 환류라고 할 수 있다.

2. 의의

정책환류의 중요성은 정책과정상의 위치에 있다. 정책환류는 어느 특정시기의 정책과정에서 다음 시기의 정책과정으로 연결되는 중간단계로서 정책평가결과가 전달되는 통로의 역할을 담당한다. 정책평가단계에서 획득된 정책평가정보가 정책학습의 토대가 되며, 정책학습을 통해 정책변동이 결정된다. 물론, 이러한 과정이 반드시 순차적으로 이루어지는 것은 아니며, 때로는 정책평가와 정책변동이 동시에 이루어지기도 한다. 그런 의미에서 정책환류 - 정책학습 - 정책변동의 과정은 기본적으로 규범적 성격을 갖는다고 할 수 있다.

제3절 정책학습

다음에서는 정책변동의 전환 단계인 정책학습에 대해서 다룬다. 정책학습의 개념, 유형 그리고 과정을 살펴보고, 관광정책에의 적용을 논의한다.

1. 개념

정책학습(policy learning)은 '정책평가결과를 토대로 하여 새로운 정보와 아이디어를 습득하고 이를 정책결정에 적용하는 과정'을 말한다(Busenberg,

2001). 일반적으로 행동주의 이론에서 학습은 경험에 의한 행동변화를 말하며, 인지이론에서 학습은 문제를 분석하고 이를 통해 새로운 것을 습득하는 사고과정을 말한다. 정책학습은 이 두 접근이 모두 적용된다.

정책학습에서 중요한 개념요소는 학습주체이다. 학습주체는 일차적으로 정책과정에 참여하는 공식적인 정책행위자라고 할 수 있다. 그 중에서도 정책결정자가 가장 중요한 학습주체가 된다. 또한, 비공식적인 정책행위자도 정책과정에 직접 참여하면서 학습주체가 된다. 한마디로, 학습주체는 곧 정책행위자라고 할 수 있다.

정책학습의 개념을 보다 명확하게 정리하기 위해서는 유사개념들과의 비교가 필요하다. 우선, 정책수렴(policy convergence)을 들 수 있다. 정책수렴은 산업화의 과정과 그 결과로 인해서 정책이 유사해지는 경향을 말한다(Bennett, 1991). 물론, 이러한 정책의 유사성이 산업화라고 하는 정책환경에 의해서 결정되는 부산물인지, 정치체제에 의해서 결정되는 결과물인지에 대한 논란이 있을 수 있으나, 산업화라고 하는 정책환경의 변화와 이에 적응하는 정책의 변화를 설명해준다는 점에서 그 의의가 있다.

다음으로, 정책확산(policy diffusion)이다. 정책확산은 한 국가의 정책 및 정책프로그램을 다른 국가에서 후속하여 채택하는 전이(transfer) 활동을 말한다. 정책확산은 동형화모형(isomorphism model)의 개념과 유사하다. 정책확산의 유형으로는 크게 세 가지를 들 수 있다(Dolowitz & Marsh, 2000). 첫째, 자발적 확산(voluntary diffusion)으로 스스로 다른 국가의 정책을 받아들이는 활동을 말한다. 둘째, 직접적 강압전이(direct coercive transfer)는 국제기구나 초국가기구에 의해서 정책프로그램이 의무적으로 받아들여지는 경우를 말한다. 셋째, 간접적 강압전이(indirect coercive transfer)를 들 수 있는데, 이는 의무적인 것은 아니나 NGO, 연구집단 등 이해관계집단의 영향으로 인해 정책전이가 일어나는 경우를 말한다.

위의 두 개념과 정책학습의 차이를 정리해보면, 정책수렴이 외부환경인 산업화에 의해서 정책변화가 일어나는 것으로 보는 반면에, 정책학습은 정책행위자 스스로의 학습에 의해서 정책변화를 만들어가는 과정이라고 할 수 있다. 또한, 정책확산이 다른 국가의 정책 혹은 정책프로그램을 학습대상으로 하고 있는 반면에, 정책학습은 평가결과, 즉 자체의 정책활동의 평가결과를 학습대상으로 하고 있다는 점을 들 수 있다.

2. 유형

정책학습은 학습주체, 학습내용 등을 기준으로 하여 그 유형이 구분된다.

1) 학습주체

학습주체를 기준으로 하여 정책학습은 내생적 학습과 외생적 학습으로 구분된다(Howlett & Ramesh, 2003).

(1) 내생적 학습

내생적 학습은 정치체제 혹은 특정의 정책하위체계 내에서 이루어지는 정책학습을 말한다. 정책결정자와 정책집행자 그리고 비공식적 행위자들이 그들의 정책과정에서의 활동들, 특히 평가결과를 대상으로 학습함으로써 새로운 정책대안을 모색한다. 내생적 학습은 정책학습의 전형적인 유형이라고 할 수 있다.

(2) 외생적 학습

외생적 학습은 규모가 큰 정책커뮤니티(policy community)가 학습의 주체가 된다. 정책커뮤니티에는 정책대상집단들을 포함하여 일반국민들도 참여하게 된다. 이들은 평가결과에 대한 내용 뿐 아니라 정책환경의 변화, 정책집행에 대한 반응 등 정책과 관련하여 광범위한 내용들을 정책학습의 대상으로 삼는다. 이들의 학습결과가 차기 정책과정에 투입되게 된다.

2) 학습내용

학습내용을 기준으로 하여 정책학습은 기술적, 개념적, 사회적 학습으로 구분된다(Fiorino, 2001).

(1) 기술적 학습

기술적 학습(technical learning)은 '정책행위자가 주어진 정책목표의 범위 내에서 부분적으로 새로운 정책수단을 모색하는 활동'을 말한다. 정책실패의 원인이나 정책성공의 조건을 대상으로 하여 관련된 세부적인 조건과 원인요소들에 대하여 학습하는 활동이다. 기술적 학습을 통해서 정책유지의 방법을 주로 모색하게 된다.

(2) 개념적 학습

개념적 학습(conceptual learning)은 '정책목표를 유지하는 가운데 전면적으로, 새로운 정책수단과 정책실행 방법의 변화를 모색하는 활동'을 말한다. 정책문제를 해결하는데 있어서 목표와 수단의 인과관계에 대한 기본적인 정책지식이 필요하다. 개념적 학습을 통해서 정책승계의 방법을 주로 모색하게 된다.

(3) 사회적 학습

사회적 학습(social learning)은 '정책행위자 뿐 아니라 정책커뮤니티 전체가 정책의 기본문제에 대해서 학습하는 활동'이다. 정책목표나 수단의 범위를 넘어서서 정책의 기본 맥락을 학습의 대상으로 한다. 이러한 사회적 학습의 효과는 패러다임 전환(paradigm shift)으로 나타난다. 사회적 학습을 통하여 정책혁신의 방법을 주로 모색하게 된다.

3. 과정

정책학습의 과정은 학습조건의 형성에서부터 학습활동의 결과에 이르기까지 여러 단계들로 구성된다. 메이(May, 1992)는 정책학습과정을 네 단계로 구분한다. 그 내용은 다음과 같다([그림 11-3] 참조).

1) 정책실패의 인정

메이는 정책학습이 이루어지는 출발점으로 정책실패의 인정을 꼽는다. 정책의 성공도 정책성공의 조건을 추적한다는 점에서 의미가 있을 수 있겠으나, 정책의 실패와 그에 대한 인정이 정책학습의 계기를 제공한다고 주장한다. 한편, 정책실패의 인정과 관련해서는 정책환경의 맥락도 중요한 영향을 미치는 것으로 본다. 또한, 사회적 관심을 불러일으키는 중요한 사건(focusing event)도 상황적 맥락을 제공한다고 본다. 정리하자면 정책학습의 시작은 정책실패의 인정과 상황적 맥락에 의해서 이루어진다고 할 수 있다.

2) 새로운 대안의 모색

두 번째 단계는 새로운 대안의 모색이다. 새로운 대안의 모색은 앞서 정책학습의 유형에서 살펴보았듯이, 기술적 학습, 개념적 학습, 사회적 학습 등 다양한 유형의 정책학습 활동으로 이루어진다. 이를 통해 새로운 정책패러다임의 정립, 정책목표와 정책수단의 변화, 정책집행방법의 변화 등이 모색된다.

3) 새로운 대안의 실험 · 채택

새로운 대안의 모색 단계와 새로운 대안의 실험 · 채택 단계의 구분은 명확하지 않다. 하지만 새로운 대안의 모색이 개념적 구상의 단계라고 한다면, 새로운 대안의 실험과 채택은 실제적 행동방안의 구상단계라는 점에서 차이가 있다. 새로운 대안의 실험과 채택에서 가장 중요한 활동은 시행착오의 과정이다. 이를 메이는 시행착오적 학습(trial-and-error learning)이라고 부른다. 시행과 착오의 반복적 과정을 통하여 새로운 대안의 채택이 이루어진다는 점을 강조한다.

4) 새로운 정책의 확정

정책학습과정의 마지막 단계이다. 정책학습과정이 정책실패의 인정, 새로운 대안의 모색, 새로운 대안의 실험·채택 단계를 거쳐 새로운 정책의 확정 단계에 도달하게 된다. 새로운 정책의 확정은 정책변동을 말한다. 새로운 정책은 정책패러다임의 변화뿐 아니라 정책목표와 수단의 변화, 정책집행 방법의 변화 등을 포함하는 포괄적인 정책변화를 의미한다.

[그림 11-3] 정책학습 과정

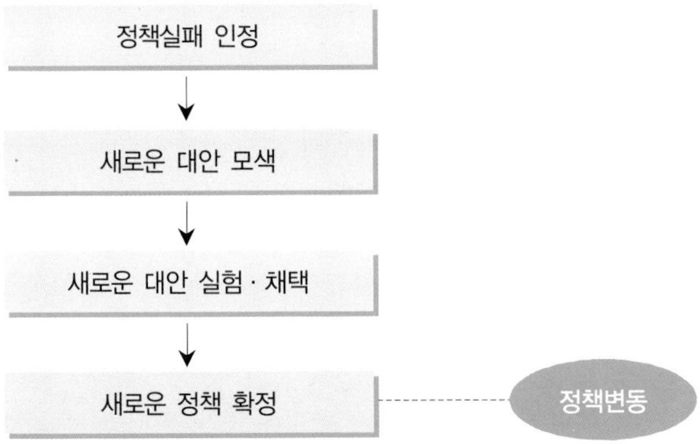

4. 관광정책에의 적용

관광정책에서 정책학습은 앞서도 보았듯이 정책평가로부터의 정책환류를 통하여 이루어진다. 이러한 정책학습이 단계적 과정을 거쳐 이루어질 때 관광정책의 정책변동은 합리성을 가질 수 있다. 그러나 현실적으로 관광정책변동은 적절한 절차적 학습과정을 거치지 못하는 경우가 흔히 발생한다. 그 이유로는 무엇보다도 과정상의 문제를 지적할 수 있다.

정책집행 이후 정책평가과정을 거치는 데에는 상당한 시간을 필요로 하며, 이에 따라 충분한 정책평가 없이 다음 시기의 정책과정이 시작되게 된다. 그런 점에서 정책환류 – 정책학습 – 정책변동의 과정은 지극히 규범적인 성격을 갖는다는 것을 부인할 수 없다. 그럼에도 불구하고 관광정책의 합리적인 정책변동을 위해서는 이러한 현실적 문제를 극복할 수 있도록 정책결정단계에서부터 정책평가 – 정책학습 – 정책변동의 과정이 실현될 수 있도록 사전에 계획하고 제도화하는 관광정책설계가 필요하다고 할 수 있다.

제4절 정책변동

정책변동(policy change)은 정책학습과정의 산출이라고 할 수 있다. 그 유형과 관광정책에의 적용을 살펴보면 다음과 같다.

1. 유형

정책변동(policy change)의 유형은 호그우드와 피터스(Hogwood & Peters, 1983)의 유형분류를 따라서 대체로 네 가지 유형으로 나누어진다. 이를 살펴보면 다음과 같다(〈표 11-1〉 참조).

1) 정책혁신

정책혁신(policy innovation)은 지금까지와는 다른 새로운 정책을 도입하는 정책변화를 말한다. 새로운 정책결정은 정책의제설정에서부터 정책내용의 결정, 집행에 이르는 새로운 정책과정의 시작을 말한다. 그런 의미에서 정책변동이 아니라 새로운 정책결정이라는 설명이 더욱 적절할 수도 있다. 하지만 정책학습을 통한 정책변화의 한 유형이라는 점에서 정책유지, 정책승계, 정책종결 등의 정책변동 유형들과 함께 비교 제시된다.

한편, 정책혁신은 유사 용어인 정책창안(policy invention)과는 구별된다. 정책창안은 완전히 새로운 정책아이디어를 개발하고, 이를 최초로 정책화시킨다는 의미를 지니고 있다. 반면에, 정책혁신은 사회문제를 해결하기 위해 정책을 새롭게 시도한다는 의미를 지닌다. 그러므로 다른 국가의 성공적인 정책을 후속하여 채택하는 경우도 정책혁신에 포함된다. 한마디로 정책혁신은 넓은 의미의 새로운 정책변화라고 할 수 있다.

2) 정책유지

정책유지(policy maintenance)는 현재의 정책내용을 그대로 유지하면서 정책수단의 부분적인 변화만 이루어지는 정책변화를 말한다. 정책유지는 정책변동 가운데 가장 일반적인 유형이라고 할 수 있다. 특히, 역사적 신제도주의에서 주장하는 바와 같이 대부분의 정책결정은 경로의존성(path dependency)을 따르게 되며, 이로 인해 정책은 새로운 변화가 아닌 점진적인 변화를 유지한다. 비점진적인 대규모 변화가 일어날 가능성은 희박하다고 할 수 있다.

3) 정책승계

정책승계(policy succession)는 현재의 정책내용에 있어서 정책목표는 그대로 유지되지만, 정책수단이 전면적으로 바뀌는 정책변화를 말한다. 정책의 기본목표가 그대로 유지된다는 점에서 정책유지와 유사하나, 정책수단이 새로운 것으로 대체된다는 점에서 정책유지와는 차이를 보여준다. 정책승계는 그 내용에 따라서 세 가지 형태로 구분된다.

첫째, 선형승계(linear succession)이다. 선형승계는 가장 일반적인 정책승계의 형태이다. 기존의 목표를 유지하는 가운데 정책수단, 정책 프로그램, 정책 집행방식 등에서 새로운 것으로 대체되는 변화가 이루어진다.

둘째, 정책통합(policy consolidation)이다. 기존의 정책목표는 그대로 유지한 가운데 정책수단들의 통폐합이 이루어지는 경우이다. 이 경우 정책실패로 판단되는 정책 프로그램을 폐지하거나, 부분적으로 회생시켜 비교적 성공적인 프로그램에 통합시키는 경우가 여기에 해당된다.

셋째, 정책분할(policy splitting)이다. 정책분할은 기존의 정책목표는 그대로 유지한 가운데 정책수단 혹은 정책 프로그램을 두 개 이상으로 분리하는 것으로 정책통합과는 반대의 경우이다. 기존의 정책목표를 그대로 유지하지만 정책분할에 따라 기존의 정책 성격이 크게 변화를 겪을 수도 있다.

4) 정책종결

정책종결(policy termination)은 기존의 정책을 완전히 종료시키는 정책변화를 말한다. 따라서 정책종결은 정책목표, 정책수단, 정책집행방식 등 모든 정책결정 및 집행요소가 폐지되는 것을 의미한다. 그러므로 정책종결은 정책의 종결 뿐 아니라, 정책조직의 폐지, 정책서비스기능의 종결, 정책사업의 종결을 의미한다는 점에서 정부의 집행조직 및 이해관계집단으로부터 크게 저항을 받게 된다. 그러한 의미에서 정책종결은 현실적으로 가장 어려운 정책변동이라고 할 수 있다.

〈표 11-1〉 정책변동 유형 비교

구 분	정책 목표	정책 수단
정책혁신	새로운 목표	새로운 수단
정책유지	유 지	부분적인 변화
정책승계	유 지	전면적인 변화
정책종결	폐 지	폐 지

2. 관광정책에의 적용

관광정책에 있어서 정책변동은 일반 정책과 마찬가지로 정책혁신, 정책유지, 정책승계, 정책종결의 형태로 이루어진다. 이 가운데 가장 흔히 볼 수 있는 정책변동이 정책유지라고 할 수 있다. 예를 들어,「코리아 그랜드 세일」정책의 경우, 정책목표는 그대로 유지하면서, 정책집행방식에서 집행조직을「한국관광공사」에서「한국관광협회」로, 또 다시「한국방문의 해 위원회」로의 변경이 이루어지고 있다.「코리아 그랜드 세일」사업의 성격상 민간부문의 참여가 중요하며, 이를 강화시키기 위한 대책으로 정책집행조직을 변경한다고도 볼 수 있으나, 잦은 집행조직의 변경은 사업경험의 축적이라는 측면에서는 문제점이 제기된다. 그러므로 합리적인 정책변동을 위해서는 정책환류를 통한 체계적인 정책학습과정이 매우 중요하다고 할 수 있다.

제5절 합리적 정책변동의 제한요인과 극복전략

합리적 정책변동을 위해서는 정책평가가 먼저 이루어져야 한다(Hogwood & Peters, 1983). 정책평가로 얻어진 정책정보가 환류되어야 하며, 이러한 정책정보를 토대로 하여 정책학습이 이루어져야 한다. 이렇게 정책환류를 통한 정책학습의 결과로 정책변동이 적절하게 이루어질 때, 합리적인 정책변동이라는 표현을 쓸 수 있다. 하지만 현실적으로 정책변동이 합리적으로 이루어지는 데에는 여러 제한요인들이 있다. 특히 정책종결을 저해하는 요인으로 드롱(DeLeon, 1979)은 심리적 저항, 조직의 항구성, 동태적 보수주의, 정치적 연합, 법적인 제약, 고비용 등을 제시한 바 있다.

다음에서는 합리적 정책변동의 제한요인과 극복전략을 살펴보고, 관광정책에의 적용을 논의한다.

1. 제한요인

합리적 정책변동의 제한요인에는 크게 정책행위자 요인과 정책환경 요인이 있다. 이를 살펴보면 다음과 같다.

1) 정책행위자 요인

(1) 정책결정자

정책결정자가 합리적 정책변동을 저해하는 요인으로 등장한다. 정책결정자는 경우에 따라서 정책변동이 정책실패로 보일 수 있다는 점에서 정책변동을 회피하는 경우가 있다. 특히, 정책종결의 경우 의회의 의원, 대통령, 정치집행부가 지지세력의 압력, 정치적 저항 등으로 인해 쉽게 정책결정을 내리지 못하게 된다. 이에 따라서 정책결정이 상당기간 지연되는 현상이 발생하게 된다. 소위 정책표류(policy drift) 현상이 나타난다.

(2) 정책집행자

정책변동에 영향을 미치는 주요 요인으로 정책집행자를 들 수 있다. 정책집행자는 정책집행조직의 유지를 위해 정책변동을 회피하려고 한다. 앞서 보았듯이, 특히 정책종결의 경우에는 정책결정자와 마찬가지로 정책변동을 저해하는 작용을 한다. 정책변동으로 인한 조직의 축소, 인원의 감축, 권한의 축소 등 집행조직의 위축을 막기 위해 다양한 방법으로 정책변동에 영향을 미친다.

특히 다부처 간에 연관이 되어 있는 정책조정에 있어서는 합리적인 조정이 어려우며 부처 간에 역학관계에 의한 정치적인 조정과정이 전개된다. 이를 설명하는 이론이 관료정치모형(bureaucratic politics model)이다. 즉 정책을 관료들의 권력게임의 산물로 바라보는 입장이다(Allison, 1971; Kozak & Keagle, 1988).

(3) 비공식적 행위자

비공식적 행위자는 정책과정에 참여하는 이해관계집단으로서 자신들의 이해관계에 따라서 정책변동에 영향을 미치려고 한다. 그러므로 평가결과에 기초하는 합리적인 정책결정이 어려워지며, 정책학습과정에서도 자신들에게 유리한 입장에서 새로운 대안 모색을 제한하거나, 대안 선택을 방해하는 경우가 발생한다. 이러한 이유에서 공식적·비공식적 행위자들의 상호작용관계를 기반으로 하는 정책네트워크모형이 지나치게 합리화되고 있다는 지적도 일고 있다.

2) 정책환경 요인

개방체제 하에서 정책변동은 정책환경으로부터 영향을 받는다. 정치적, 사회경제적 환경요인들이 정치체제 내지는 특정의 정책하위체계에 영향을 미치며 합리적 정책변동을 제한할 수 있다. 그 중에서도 예상하지 못한 갑작스러운 정책환경의 변화는 정책변동에 크게 영향을 미친다. 지진이나 홍수와 같은 자연적 재해나 기술적 재해, 세계경제위기, 전쟁 등의 위기상황이 급격한 정책변동을 야기하게 된다. 이와 관련하여 버크랜드(Birkland, 2006)는 초점사건(focusing event)이라는 용어를 사용하여 재난, 사고 등의 사건 뿐 아니라 언론에 집중적으로 보도되는 대규모 시위 혹은 정부 스캔들을 포함하는 모든 사건들을 설명하고 있으며, 이러한 초점사건이 정책변동을 가져오는 것으로 본다.

2. 극복전략

합리적 정책변동을 제한하는 요인들을 극복할 수 있는 전략으로는 크게 관리적 전략과 제도적 전략을 들 수 있다(유훈, 2009; 허범, 1981; Breser, 1978; Hogwood & Peters, 1983).

1) 관리적 전략

(1) 정책홍보

관리적 전략의 첫 번째는 정책홍보(policy PR)이다. 정책변동과정에서 정치체제 혹은 특정의 정책하위체계의 영향력이 매우 크다. 따라서 정책변동에 저항하는 정책행위자들의 세력에 대응하기 위해서는 일반국민들의 폭넓은 이해와 지지를 받아낼 수 있도록 정책평가정보와 정책변동 내용에 대한 충분한 정책홍보가 필요하다고 할 수 있다.

(2) 입법부의 지지

합리적 정책변동을 위해서는 입법부, 특히 의원들의 지지 확보가 매우 필요하다. 대의정치제도에서 의회는 정책결정자의 지위를 갖고 있음을 다시 한번 확인할 필요가 있다. 특히 법률적 형태를 지니고 있는 정책의 경우, 정책변동은 반드시 법제화의 과정을 거쳐야 한다는 사실을 주지할 필요가 있다.

(3) 정책관리 및 조정

정책과정에 대한 체계적인 관리가 필요하다. 집행조직의 설계와 구성 그리고 인력관리는 정책관리에 있어서 매우 중요한 관리요소라고 할 수 있다. 그러한 의미에서 정책관리는 정책과정의 시작단계에서 종료 이후의 단계에까지 과정적 접근이 필요하다. 예를 들어, 정책종결의 결정이 내려졌을 경우 집행조직과 인력의 관리문제에 대하여 철저한 대비가 없을 때에는 집행담당 조직의 저항은 당연히 발생할 수밖에 없다. 그러므로 정책관리의 체계적인 접근이 필요하다고 할 수 있다.

한편, 여러 부처들이 연관되어 있는 정책의 변동을 위해서는 부처 간에 업무 관계를 조정하는 합리적인 과정이 필요하다. 이를 위해서는 국무총리실의 정책조정기능이 중요하다고 할 수 있다. 정책조정(policy coordination)은 정책의 중복, 모순 또는 비일관성을 최소화하는 활동을 말한다(-Peters, 1998). 합리적 조정과정은 정책평가를 통해 바람직한 조정내용을 도출하고 이를 실현하는 과정이라고 할 수 있다. 하지만 현실적으로는 부처 간에 타협, 로비 등 정치적 활동에 의해 영향을 받게 되며, 이를 제대로 실현하지 못할 수 있다. 그러므로 이를 사전에 예방할 수 있는 조정 기준 마련 등의 관리적 조치가 필요하다고 할 수 있다. 관광정책에 있어서도 융합적 정책의 특성상 부처 간에 정책 협의와 조정이 주요 과제가 된다. 그 예로서 MICE산업정책(김봉석, 2009), 의료관광정책(이연택 · 김경희, 2010) 등을 들 수 있다.

2) 제도적 전략

합리적 정책변동의 저해요인을 극복하기 위해서는 관리적 접근 뿐 아니라 제도적인 접근도 마련되어야 한다. 대표적인 두 가지 제도적 전략을 들 수 있다.

(1) 영기준예산제도

정책수단 가운데 가장 중요한 것이 예산이다. 예산은 정책집행의 실행요소라고 할 수 있다(Anderson, 2006). 국가예산제도는 그러한 의미에서 정책결정에 영향을 미치는 가장 실질적인 제도적 장치이다. 예산제도는 일반적으로 점증주의적 특성을 지닌다. 대개 지난 해 예산에 근거하여 다음 해의 예산을 정하게 된다. 하지만 합리적인 정책변동을 위해서는 예산의 점증주의를 벗어나서, 사업타당성 심사를 통한 예산배정시스템이 자리잡아야 한다. 사업타당성이 없는 사업의 경우, 중간단계에서라도 사업지원을 중단할 수 있는 예산제도의 운영이 필요하다. 그 대책으로서 영기준예산제도(zero-base budgeting)의 도입을 들 수 있다. 영기준예산제도는 합리적이지 못한 사업을 종결, 중단할 수 있는 제도적 장점을 지닌다. 반면에, 현실적으로 매 사업마다 매년 사업타당성 평가를 한다는 것이 어렵다는 단점이 있다.

(2) 종결제도

종결제도는 정책의 종결을 미리 결정하는 제도이다. 그 대표적인 예가 일몰법(sunset laws)이다. 일몰법에서는 정책을 결정할 때 사전에 정부의 조직, 예산, 사업 등과 관련하여 폐지기한을 정하게 된다. 그러므로 정해진 기간이 되면, 자동적으로 해당 정책, 제도, 조직 등이 폐지된다. 이 법의 목적은 원래 예산이 점증적으로 증가하는 것을 방지하기 위한 제도이다. 이 제도를 정책관리에 도입할 경우, 정책종결이 자동적으로 처리될 수 있다는 점에서 정책저항을 극복할 수 있는 장점을 지닌다. 다만 정책과정에서 나타날 수 있는 환경변화를 적절하게 반영시키지 못하고 지나치게 기계적으로 판단할 수 있다는 점에서 한계점이 지적된다.

3. 관광정책에의 적용

관광정책에 있어서 정책변동이 합리적으로 이루어지는 데는 여러 가지 제한요인들이 있다. 특히 관광정책의 특성상 정책대상집단이 특정영역에 한정되는 경우가 많기 때문에 일반 정책에 비해 정책변동이 쉽게 이루어지는 경우가 많다. 그 예로서, 선거를 통해 혹은 임명을 통해 정책결정자가 교체되는 경우 정책변동이 비합리적으로 이루어지는 경우가 흔히 발생한다. 이와는 역으로 실패한 정책임에도 불구하고 정책집행자에 의해 정책이 종결되지 않고 지속되는 경우도 발생한다.

이러한 문제들을 극복하기 위해서는 앞서도 살펴보았듯이, 합리적 정책변동을 위한 정책설계 및 관리가 필요하며, 제도적 장치도 마련되어야 할 것이다. 제도적 장치의 예로서, '2010 - 2012 한국방문의 해' 사업의 경우 사업기간을 3년으로 규정하고, 이를 제도화하여 정책종결을 미리 결정하였다.

제6절 정책변동이론과 경험적 연구

정책변동모형은 정책과정론적 관점에서 '정책변동의 과정을 설명하는 지식체계'를 말한다. 정책변동모형의 주요 경험적 이론으로는 정책옹호연합모형, 정책패러다임전환모형, 이익집단위상변화모형, 사건관련정책변동모형 등을 들 수 있다.

주요 이론별로 구체적인 내용과 경험적 연구 사례를 살펴보면 다음과 같다.

1. 주요 이론

1) 정책옹호연합모형

(1) 개요

정책옹호연합모형(ACF : Advocacy Coalition Framework)은 복잡한 정책문제의 정책변동과정을 설명하기 위한 분석의 틀로서, 사바티어(Sabatier)에 의해 1988년에 처음으로 제시되었다. 이후 몇 차례 모형에 대한 약간의 수정이 있었으며, 최근 2007년에 새롭게 수정된 모형이 제시되었다([그림 11-4] 참조).

ACF는 크게 네 가지의 기본적인 전제조건을 가지고 있다. 첫째, 정책변화의 과정을 이해하기 위해서는 10년 이상의 장기기간을 설정한다. 둘째, 정책변화를 이해하기 위한 분석단위로 정책하위체계(policy subsystem)를 설정한다. 셋째, 정책하위체계는 다양한 수준의 정부에서 활동하는 행위자들을 포함한다. 넷째, 정책하위체계 내에는 정책신념을 공유하는 정책옹호연합들(policy advocacy coalitions)이 있으며, 이들 정책옹호연합들이 그들의 신념체계에 따른 정책대안을 제시하고 경쟁하는 과정에서 정책변동이 이루어지는 것으로 본다(Sabatier, 1993).

한편, ACF에서 말하는 복잡한 정책문제란 정책목표를 둘러싼 다양한 이해관계자들 간의 집단적인 갈등, 정책과 관련된 기술적 분쟁, 다양한 수준의 정부에서 활동하는 행위자들이 관련된 문제들을 말한다. 무엇보다도 정책목표를 둘러싼 신념체계의 차이에서 비롯된 정책선택의 갈등문제가 그 대표적인 예라고 할 수 있다.

(2) 내용

ACF는 크게 두 부분의 분석단위를 제시한다. 하나는 외생적 요인이고, 다른 하나는 정책하위체계이다.

① 외생적 요인

외생적 요인은 정책하위체계에 영향을 미치는 외부요인들을 말한다. 여기에는 상대적으로 안정적인 요인, 역동적 요인, 매개요인 등이 포함된다.

가. 안정적 요인

안정적 요인은 상대적으로 안정적인 변수들로 구성된다. 안정적인 변수들은 정책집행의 하향적 모형에서 도출된 것으로 정책옹호연합의 신념체계와 전략에 제약과 자원으로 작용한다. 문제영역의 기본속성, 자연자원의 기본적 배분, 사회문화적 가치와 사회구조, 기본헌정구조 등이 포함된다.

나. 역동적 요인

역동적 요인은 동태적인 외부적 사건 또는 충격들로 구성된다. 이러한 역동적 요인의 변화는 정책하위체계가 갖고 있는 제약조건과 기회를 급격하게 바꾸기 때문에 정책옹호연합의 신념체계를 변화시키고, 정책의 변화를 가져올 수 있다. 역동적 요인에는 사회경제적 조건의 변화, 여론의 변화, 정치체제의 지배적 연합의 변화, 다른 하위체계의 정책결정과 변화 등이 포함된다.

다. 매개요인

매개요인은 수정된 ACF 모형에 새롭게 추가된 요인으로서 안정적 요인과 정책하위체계의 사이를 중재하는 요인을 말한다. 이를 연합기회구조(coalition opportunity structures)로 명명하고 있으며, 주요 변수로는 주요 정책변화를 위한 합의의 정도와 정치체제의 개방정도를 포함한다.

② **정책하위체계**

정책하위체계(policy subsystem)는 '특정 정책과 관련하여 상호작용을 하는 정책행위자들의 구성체'를 말한다. 정책하위체계를 이해하기 위해서는 두 가지 관점이 필요하다. 하나는 정책영역의 범위이며, 다른 하나는 정책행위자들의 구성이다.

정책영역의 범위에는 실질적 범위의 기준과 지리적 범위의 기준이 필요하다. 실질적 범위는 정책의 내용적 범위로서 해당되는 특정 정책의 영역을 구분해준다. 예를 들어, 지속가능한 관광개발정책, 융합관광산업정책 등이 그것이다. 다음으로 지리적 범위는 특정 정책의 공간적 범위를 말한다. 수도권, 지리산권, 남해안권 등이 그 예가 된다. 이를 묶어보면, 지리산권 지속가능한 관광개발정책, 수도권 융합관광산업정책 등이 특정 정책영역의 범위가 된다.

다음으로 정책하위체계는 공공부문과 민간부문의 정책행위자들로 구성된다. 정치체제가 공공부문의 행위자들, 즉 정부기관을 말하는데 반해, 정책하위체계는 정치체제 외에 민간부문의 행위자들까지를 포함하는 복합적인 구성체를 말한다. 그러므로 정책하위체계는 앞서 정책행위자의 권력관계모형에서 논의되었던 정책네트워크의 하위유형인 정책공동체나 이슈네트워크의 특징을 갖는다고 할 수 있다.

분석단위로서 정책하위체계는 정책옹호연합과 중개자, 정책옹호연합의 신념체계와 자원, 신념체계와 정책변화의 핵심경로 등을 세부요소로 갖는다.

가. 정책옹호연합과 중개인

앞서 ACF의 전제조건에서 언급한 바와 같이, 정책하위체계 내에는 복수의 정책옹호연합들이 존재하는 것으로 가정한다. 정책옹호연합은 정책신념을 공유하는 공공부문과 민간부문의 다양한 행위자들로 구성된다. 각 정책옹호연합은 자원을 동원하여 그들의 정책신념을 정책으로 변화시키기 위해 서로 경쟁적으로 활동을 한다. 정책중개인(policy brokers)은 정책옹호연합들이 제시하는 상반되는 정책대안들에 대해 절충안을 찾아내고 중재한다. 이들 중개인들의 중재가 성공하면 정부의 최종 결정이 이루어진다. 이후 정책집행, 정책산출, 정책영향이 이어진다. 일반적으로 정책중개인은 개인 혹은 조직단위의 정책행위자가 될 수 있다.

나. 정책옹호연합의 신념체계와 자원

정책옹호연합의 신념체계는 크게 세 가지 유형으로 나뉜다. 첫째, 규범적 핵심신념(normative core beliefs)이다. 규범적 핵심신념은 정책옹호연합이 지닌 근본적인 가치로서 자유, 평등 등의 이념적 가치를 말한다. 또한, 시장과 정부의 적절한 역할에 대한 가치판단 등과 관련하여 보수와 진보와 같은 기본적인 가치체계를 포함한다. 둘째, 정책핵심신념(policy core beliefs)이다. 정책핵심신념은 특정 정책과 관련하여 정책목표에 대한 정책옹호연합의 가치체계를 말한다. 셋째, 부차적 신념(secondary beliefs)이다. 부차적 신념은 도구적 가치로서 정책핵심신념을 실행하는데 필요한 정책수단에 대한 가치체계를 말한다.

한편, 정책옹호연합의 자원(resources)에는 공식적인 법적 권위, 일반여론, 정보, 인적자원, 재정자원, 기술적인 리더십 등이 포함된다. 정책옹호연합은 자신들의 정책신념이 정책으로 결정되도록 자신들이 동원할 수 있는 자원들을 최대한 활용하여 전략을 구사한다.

다. 신념체계와 정책변화의 핵심경로

신념체계와 정책변화에 영향을 미치는 핵심경로에는 정책지향적 학습, 외부적 충격 또는 사건, 내부적 충격 또는 사건, 교섭된 합의 등이 포함된다.

- 정책지향적 학습 : 정책지향적 학습(policy oriented learning)은 '정책경험 또는 새로운 정보를 토대로 하여 정책의 변화를 모색하고 조정하는 활동'을 말한다. ACF에서는 정책지향적 학습에 의해 정책옹호연합의 신념체계가 변화하고, 정책변화가 이루어지는 것으로 본다.
- 외부적 충격 : 외부적 충격은 외생적 요인 가운데 역동적 외생요인을 말한다. 외부적 충격요인이 정책옹호연합의 신념체계와 정책변화를 가져오는 것으로 본다. 예를 들어, 급격한 경제위기로 인해 정책옹호연합의 신념체계가 변화될 수 있으며, 또한 정책변화도 예상할 수 있다.
- 내부적 충격 : 내부적 충격은 정책하위체계 내부의 충격 혹은 사건이라는 점에서 정책하위체계의 외부적 충격과는 구별된다. 내부적 충격은 정책하위체계 내에 소속된 행위자들에 의해서 발생된 사건 혹은 사고 등을 말한다.
- 교섭된 합의 : 교섭된 합의(negotiated agreement)는 정책지지연합과 정책반대연합이 중개인의 역할에 의하여 합의에 도달한 것을 말한다. 이렇게 도달된 합의는 정책옹호연합의 신념체계를 변화시키고, 정책변화를 가져오는 것으로 본다.

[그림 11-4] 사바티어의 정책옹호연합모형

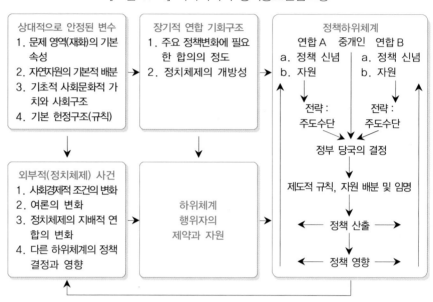

출처 : Sabatier & Weible(2007).

(3) 연구사례

국내 연구에서도 정책옹호연합을 적용한 연구가 다양한 정책영역을 대상으로 하여 이루어지고 있다. 예로서, '사회정책결정과정에 있어서 정책옹호연합의 형성과 붕괴'(김영종, 2010), '옹호연합모형을 적용한 독일 기후변화정책 형성과정의 동태성 분석'(정연미, 2010), '옹호연합모형을 통한 수도권 공장총량제 정책변동분석'(신용배 · 정진석, 2011), '정책옹호연합에 있어서 정책중개자(policy broker)의 유형과 역할 연구'(박용성 · 최정우, 2011) 등을 들 수 있다.

2) 정책패러다임전환모형

홀(Hall, 1993)은 정책패러다임전환모형(Policy Paradigm Shift Model)에서 정책패러다임의 변화에 의해서 정책의 근본적인 변동이 일어나는 것으로 설명하고 있다. 정책패러다임(policy paradigm)은 '정책에 관한 기본적인 관점이나 이론적인 틀'을 말한다. 그러므로 정책패러다임은 쉽사리 바뀌거나, 흔들릴 수 없는 견고성과 지속성을 지닌다.

홀은 그의 연구에서 정책변동을 정책을 형성하는 세 가지 요소들의 변화로 보았다. 즉 정책환경, 정책목표, 정책수단의 변화를 말한다. 이들 세 가지 요소들의 근본적인 변화가 바로 패러다임 전환(paradigm shift)에 의해서 일어난다는 것이다.

연구사례에서 그는 1970년부터 1989년까지의 영국의 경제정책 변화과정을 분석하였다. 연구결과, 모두 세 가지의 정책변동 유형을 밝혀내었다. 하나는 정부예산 조정과정으로서 매년 정책의 큰 변화 없이 정책수단의 수준만이 조정되는 유형이다. 이를 1차적 변동으로 구분하였다. 다른 유형은 1971년에 도입한 금융통화 제도조정으로 거시경제 목표에는 변화가 없이 정책수단이 변경되는 유형이다. 이를 2차적 변동으로 구분하였다. 또다른 유형은 경제정책의 기본 방향에 대한 조정으로서 케인즈주의에서 통화주의로 전환되는 근본적인 변화의 유형이다. 이를 3차적 변동으로 구분하였다.

홀이 말하는 정책패러다임전환모형은 바로 세 번째 유형인 3차적 변동을 의미하며, 이것을 정책패러다임의 변화에 의해서 3차적 변동이 일어나는 것으로 설명하였다. 또한, 홀은 이러한 패러다임 전환은 갑자기 한꺼번에 일어나는 것이 아니라, 일정한 기간과 단계를 거치는 것으로 설명하였다.

패러다임전환과정은 크게 여섯 단계로 구성된다([그림 11-5] 참조). 첫 번째 단계는 패러다임의 안정기, 두 번째 단계는 변이의 축적기이다. 세 번째 단계는 실험기로서 새로운 정책대안들의 탐색이 이루어진다. 앞서 제시한 유형에서 1차적 정책변동과 2차적 정책변동이 이 단계에서 이루어진다. 네 번째 단계는 기존 패러다임의 권위 손상기로서 기존의 패러다임을 대체할 패러다임들이 등장한다. 다섯 번째 단계는 새로운 패러다임 경쟁기로서 대체할 패러다임들 간에 경쟁이 이루어진다. 여섯 번째 단계는 새로운 패러다임의 정착 및 안정기로서 정책의 근본적인 변화가 이루어진다. 소위 3차적 정책변동이 일어나는 단계라고 할 수 있다.

홀의 모형에서 가장 중요한 점은 역시 정책 패러다임전환을 분석요소로 보았다는 점이다. 정책패러다임 전환과 정책변동의 관계를 단계적 과정으로 구성하였다는 점에서 그 의의가 있다.

[그림 11-5] 정책패러다임전환모형

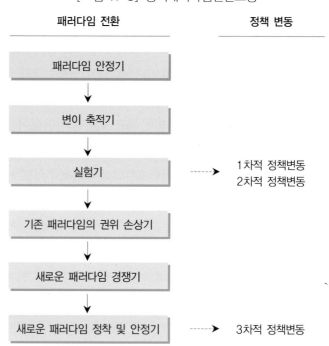

3) 이익집단위상변화모형

무치아로니(Mucciaroni, 1995)는 이익집단위상변화모형(Reversals of Fortune Model)의 제시를 통하여 맥락적 요인과 정책변동 그리고 이익집단 위상변화의 관계를 설명하였다.

우선, 이익집단의 위상변화에 영향을 미치는 요인으로 이슈맥락(issue context)과 제도적 맥락(institutional context)의 두 가지 요인이 제시되고 있다. 이슈맥락은 정치체제 외부의 상황요소들을 의미한다. 이념, 경험, 상황적 요소들이 포함된다. 한편, 제도적 맥락은 정책의 제도적 요소들을 말하는데, 좀 더 구체적으로는 정책결정자들이 제도, 즉 특정의 정책이나 사업에 대하여 가지고 있는 선호나 성향을 의미한다. 무치아로니는 이 두 가지 영향요인의 구성을 통하여 정책변동과 이익집단 위상변화의 관계조합을 제시하였다(〈표 11-2〉 참조). 우선, 이슈맥락과 제도적 맥락이 모두 이익집단에게 유리할 경우, 이익집단에게 유리한 정책이 계속 유지되어 이익집단의 위상이 상승한다. 반면에, 이슈맥락과 제도적 맥락이 모두 불리할 경우, 이익집단에게 불리하게 정책변동이 일어나고 이익집단의 위상도 쇠락한다. 한편, 이슈맥락이 이익집단에게 유리하고 제도적 맥락이 이익집단에게 불리할 경우, 이익집단에게 정책변동이 불리하게 돌아가고 이익집단의 위상이 저하된다. 또한, 이슈맥락이 이익집단에게 불리하고 제도적 맥락이 이익집단에게 유리할 경우, 이익집단에게 정책이 불리하게 작용하지 않으며 이익집단의 위상은 유지되는 것으로 본다. 그러므로 제도적 맥락의 영향력이 이슈맥락보다 우위에 있음을 보여준다.

무치아로니의 이익집단위상변화모형은 이슈맥락과 제도적 맥락을 가지고 정책변동과 이익집단의 위상변화를 설명하였다는 점에서 그 의의가 있다(유훈, 1997). 즉 맥락요인 – 정책변동 – 이익집단위상변화의 관계구조모형을 통하여 이익집단위상변화 뿐 아니라 정책변동의 설명력을 제시한다는 점에서 그 유용성을 찾을 수 있다.

〈표 11-2〉 이익집단의 위상변화

구 분		제도적 맥락	
		유 리	불 리
이슈맥락	유리	유리한 정책활동(위상의 상승)	불리한 정책변동(위상의 저하)
	불리	정책 유지(위상의 유지)	불리한 정책변동(위상의 쇠락)

4) 사건관련정책변동모형

버크랜드(Birkland, 2006)는 사건관련정책변동모형(Event-related Policy Change Model)에서 사람들의 관심이 집중되는 초점사건(focusing event)과 이에 따라 이루어지는 정책학습을 연관시켜 정책변동과정을 설명하였다. 버크랜드는 메이(May, 1992), 부센버그(Busenberg, 2001), 호울렛트와 라메쉬(Howlett & Ramesh, 2003) 등과 함께 정책학습을 통한 정책변동과정을 설명하는 대표적인 학자들 중에 한 사람이다.

버크랜드는 [그림 11-6]에서 보는 바와 같이, 초점사건 발생 이후 크게 다섯 단계의 분석모형을 제시하였다.

이를 살펴보면, 첫 번째 단계는 '의제에 대한 관심 증가' 단계이다. 초점사건이 발생하면서 의제에 대한 관심이 증가하게 되며, 그렇지 않은 경우 학습이 이루어지지 않는다.

두 번째 단계는 '집단 동원' 단계이다. 의제에 대한 관심이 집중되면서, 정치집단, 정부, 의회, 비공식 행위자 등 다양한 집단들이 동원되게 된다. 그렇지 않은 경우 학습은 이루어지지 않는다.

세 번째 단계는 '아이디어 논쟁' 단계이다. 동원된 집단들에 의해 정책아이디어에 대한 토론이 이루어지게 된다. 토론이 이루어지지 않는 경우에도 새로운 정책채택이 이루어졌다면 이는 미신적 학습 또는 모방의 결과라고 할 수 있으며, 새로운 정책 채택이 이루어지지 않았다면 그 경우에도 미래결정을 위한 학습누적은 가능하다.

네 번째 단계는 '신규 정책 채택' 단계이다. 정책변동이 확정되는 단계를 말한다. 만일 새로운 정책이 채택되지 않더라도 정치적 혹은 사회적 학습은 가능하다.

다섯 번째 단계는 '수단적 혹은 사회적 학습' 단계이다. 새로운 정책이 채택되면, 수단적 혹은 사회적 학습이 가능해진다. 또한, 미래에 새로운 초점사건이 발생할 경우 경험이 축적되어 의제에 대한 관심집중으로 이어진다.

버크랜드의 사건관련정책변동모형을 적용한 국내 연구로는 이동규 외(2011)의 '초점사건 중심 정책변동 모형의 탐색' 연구를 들 수 있다. 이 연구는 국내 대형사건을 사례로 하여 초점사건에 의한 정책변동과정을 설명하였으며, 분석모형의 단계별 진행 순서에는 다소 차이가 있을 수 있음을 발견하였다.

[그림 11-6] 버크랜드의 사건관련정책변동모형

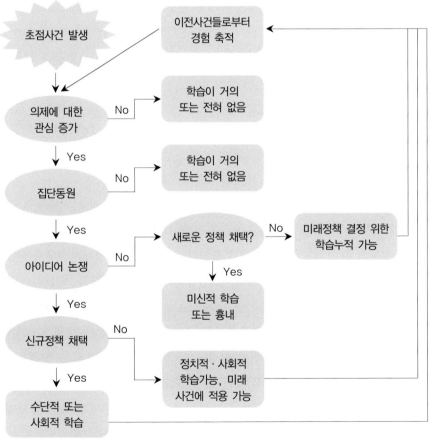

출처 : 버크랜드(Birkland, 2006)

2. 관광정책 연구

정책변동이론을 적용한 관광정책연구로는 정책옹호연합모형을 활용한 이연택·김현주(2012)의 연구를 들 수 있다. 이 연구는 관광통역안내사 자격제도의 정책변동을 사례로 정책옹호연합의 권력과정을 분석하였다. 주요 내용은 다음과 같다.

1) 연구 개요

이 연구의 이론 모형은 사바티어와 젠킨스-스미스(Sabatier & Jenkins-Smith, 1988)의 정책옹호연합모형(Advocacy Coalition Framework)을 근간으로 하였다. 정책옹호연합모형은 합리모형과는 달리 정치적인 갈등과 조정을 통해서 정책변동이 유발된다는 것을 기본 전제로 한다(Sabatier, 1993). 그러므로 정책변동을 정책행위자들의 상호작용의 산물로 인식하며, 권력집단화 되어가는 정책행위자들의 활동에 분석의 초점을 맞추었다.

정책옹호연합모형은 앞서 설명하였듯이 크게 두 부분의 분석단위로 구성된다. 하나는 외생적 요인부분으로 정책하위체계에 영향을 미치는 안정적 요인, 역동적 요인, 매개요인 등이 포함된다. 다른 하나는 정책하위체계 부분으로 정책옹호연합과 중개자, 정책옹호연합의 신념체계와 자원, 핵심경로 등이 분석요인으로 포함된다.

이 연구에서는 정책옹호연합의 권력과정에 초점을 맞추어 정책하위체계 부분의 분석으로 대상적 범위를 설정하였으며, 분석 요인으로는 정책옹호연합의 구성, 신념체계, 전략적 수단 등을 포함하였다.

한편, 이 연구의 사례가 되는 통역안내사 자격제도는 지난 1999년 자격제도의 핵심요소인 고용문제와 관련하여 의무고용제로부터 고용권고제로 전환되었으며, 이로부터 10년 후인 2009년 다시금 의무고용제로 전환되었다. 이기간 동안 정책변동을 위한 활발한 정치적 과정이 진행되었다.

그러한 의미에서 통역안내사 자격제도의 정책변동은 정책옹호연합의 권력과정을 볼 수 있는 좋은 사례가 된다고 할 수 있다. 이 연구는 기술적 사례연구법을 적용하여 자료를 수집·분석하였다.

2) 연구 결과

분석결과를 정리해 보면([그림 11-7] 참조), 정책옹호연합은 피고용자와 고용주라는 집단의 속성을 중심으로 하여 의무고용제 옹호연합과 고용권고제 옹호연합으로 구성되었다. 의무고용제 옹호연합에는 관광분야의 한국관광통역안내사협회 뿐 아니라, 입법부 및 정당, 근로자 및 여성단체, 전문가집단들이 참여하였으며, 고용권고제 옹호연합에는 한국일반여행업협회와 같은 관광분야의 사업자단체 등이 주로 참여하였다.

한편, 정책옹호연합의 신념체계에 있어서는, 규범적 핵심신념으로 의무고용제 옹호연합은 고용안정화와 여행서비스 질 향상을, 고용권고제 옹호연합은 고용자율화와 여행업경쟁력강화를 공유하였다. 또한, 정책핵심신념에 있어서는 의무고용제 옹호연합은 의무고용제 도입을, 고용권고제 옹호연합은 고용권고제 유지를 제시하였다. 또한, 부차적 신념에 있어서는 의무고용제 옹호연합은 관광객 여행 만족도, 규제완화에 따른 폐해 등을 제시하였으며, 고용권고제 옹호연합은 경영부담 증가, 관광통역안내사 수급 부족 문제 등을 제시하였다.

다음으로 전략적 수단에 있어서는 우선 네트워크 요인에 있어서 의무고용제 옹호연합은 공적기관을 포함하는 수평적 네트워크를 구축하였으며, 이에 반해 고용권고제 옹호연합은 제한된 범위의 수직적 네트워크를 구축하였다. 정책정보활용에 있어서는 의무고용제 옹호연합은 다양한 정책정보를 활용한 반면에, 고용권고제 옹호연합은 정책정보활용이 매우 부족하였던 것으로 나타났다. 대 사회적 관계 구성에 있어서는 의무고용제 옹호연합이 언론매체를 적극 활용한 반면에, 고용권고제 옹호연합은 상대적으로 사회적 지지를 얻는

데 미흡함을 보여주었다.

이를 정리해 보면, 관광통역안내사 자격제도의 정책변동에서 크게 의무고용제 옹호연합과 고용권고제 옹호연합이라는 정책옹호연합이 형성되었던 것을 확인할 수 있었으며, 이들 옹호연합들이 구성, 신념체계, 전략적 수단을 통하여 옹호연합의 세력화를 추진했던 것을 확인할 수 있었다.

이 연구는 단일 사례 연구가 지니는 제한된 일반화의 한계가 있음에도 불구하고 정책옹호연합의 권력과정을 이해할 수 있는 소중한 기회를 제공하였으며, 특히 관광정책에서의 정책변동을 권력과정, 즉 정치적 관점에서 조망하였다는 점에서 그 의의가 있다고 할 수 있다.

[그림 11-7] 관광통역안내사 자격제도의 정책변동 분석결과

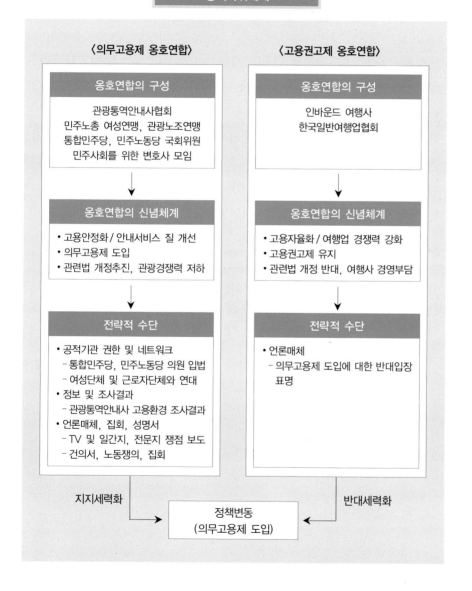

실천적 논의
관광정책변동

정책변동은 '기존 정책의 전환을 결정하는 정부의 행동'을 말한다. 합리적 정책변동과정은 정책환류 - 정책학습 - 정책변동의 순차적 과정으로 설명된다. 하지만 현실적으로는 정책변동이 이러한 합리적 과정으로 이루어지지만은 않는다. 그동안의 관광정책은 정권교체로 인하여 혹은 지방자치단체장의 교체로 인하여 정책변동이 이루어지고, 예산문제로 정책이 중단되는 등 다양한 정책변동의 경우를 경험하였다. 이러한 현실을 인식하면서 대두되는 과제는 과연 어떻게 하면 합리적인 정책변동을 이룰 수 있는지에 대한 문제이다.

다음 논제들에 대하여 논의해 보자.

논제1. 최근 중앙정부 차원에서 이루어진 관광정책변동 사례에는 어떠한 것이 있으며, 그 변동과정은 어떻게 이루어졌는가?

논제2. 최근 지방정부(광역 혹은 기초자치단체) 차원에서 이루어진 관광정책변동 사례에는 어떠한 것이 있으며, 그 변동과정은 어떻게 이루어졌는가?

요약

정책변동은 '기존 정책의 전환을 결정하는 정부의 활동'을 말한다. 정책변동은 정책환류를 통한 정책변화로서 과정상으로는 기존의 시기와 다음 시기가 연결되는 과정이다. 합리적인 정책변동과정은 정책환류-정책학습-정책변동의 순차적 과정으로 설명된다. 이러한 관점에서 정책환류, 정책학습, 정책변동의 순으로 개념을 정의하고 논점을 제시하였다.

먼저, 정책환류는 '정책평가에서 확보된 평가결과가 정책학습에 재투입되는 과정'으로 정의되었다. 정책환류는 정책과정의 네 번째 단계인 정책평가단계 이후의 환류로서 정치체제모형상의 환류와는 구별된다. 정치체제모형상의 환류는 투입-전환-산출-환류의 과정으로서 정책환경으로부터의 환류라고 할 수 있다.

정책학습은 '정책평가정보를 토대로 하여 새로운 정보와 아이디어를 습득하고 이를 정책결정에 적용하는 과정'으로 정의된다.

학습주체는 정치체제 혹은 특정의 정책하위체계를 구성하는 공식적·비공식적 정책행위자들로 구성된다. 유사용어인 정책수렴, 정책확산과는 구별된다.

정책학습의 과정은 메이(May, 1992)의 이론에 따라 크게 네 단계로 구성된다.

첫 번째 단계는 정책실패의 인정단계이다. 정책학습이 이루어지는 출발점으로 정책실패의 인정을 꼽는다. 실패에 대한 인정이 곧 정책학습의 계기를 제공하는 것으로 본다.

두 번째 단계는 새로운 대안의 모색단계이다. 새로운 대안으로서 정책패러다임, 정책목표와 수단, 정책집행방법의 변화 등이 모색된다.

세 번째 단계는 새로운 대안의 실험·채택 단계이다. 새로운 대안의 실험 및 채택 단계에서는 실제적인 행동방안이 모색된다. 또한, 시행착오의 반복적 과정을 통하여 새로운 대안의 채택이 이루어진다는 점이 강조된다.

네 번째 단계는 새로운 정책의 확정 단계이다. 정책학습과정의 마지막 단계로서 새로운 정책이 정착되는 단계이다. 새로운 정책의 확정은 곧 정책변동의 결정을 말한다.

정책변동은 호그우드와 피터스(Hogwood & Peters, 1983)의 분류에 따라 네 가지 유형으로 구분된다. 첫째, 정책혁신이다. 정책혁신은 지금까지와는 다른 새로운 정책을 도입하는 정책변화를 말한다. 하지만 최초로 정책화 시킨다는 의미의 정책창안과는 구별된다. 둘째, 정책유지이다. 정책유지는 현재의 정책내용을 그대로 유지하면서 정책수단의 부분적인 변화만 이루어지는 정책변화이다. 셋째, 정책승계이다. 정책승계는 현재의 정책내용에 있어서 정책목표는 그대로 두고 정책수단이 전면적으로 바뀌는 정책변화를 말한다. 넷째, 정책종결이다. 정책종결은 기존의 정책을 완전히 종료시키는 정책변화를 말한다.

정책변동은 반드시 합리적 정책변동단계를 통해 이루어지지는 않는다. 정책변동의 합리성을 제한하는 다양한 영향요인들이 있으며, 이러한 요인들이 합리적 정책변동을 제한한다. 그 대표적인 요인이 정책행위자이다. 정책결정자, 정책집행자, 비공식적 행위자 등 정책행위자들은 합리적 정책변동의 참여자인 동시에 제한요인이라고 할 수 있다. 또한, 정치적·사회경제적 요인 등의 정책환경요인도 합리적 정책변동을 제한한다. 환경변화, 그 중에서도 갑작스러운 위기상황은 합리적인 정책변동에 크게 영향을 미친다. 또한, 정책대상집단 내지는 일반국민들의 정책결과에 대한 반응도 합리적 정책변동을 제한하는 주요 요소가 된다.

이러한 제한 요소들의 영향을 극복하는 전략으로는 정책홍보, 입법부의 지지, 정책관리와 같은 관리적 접근이 필요하며, 영기준예산제도나 일몰법과 같은 제도적 전략이 필요하다.

정책변동모형의 경험적 이론으로는 정책옹호연합모형, 정책패러다임전환모형, 이익집단위상변화모형, 사건관련정책변동모형 등을 들 수 있다.

정책옹호연합모형은 사바티어(Sabatier)에 의해 1988년 처음으로 제시되었다. 정책변동에 있어서 정책목표를 둘러싼 신념체계의 갈등문제를 다루고 있으며,

외생적 요인과 정책하위체계 부분을 분석단위로 하고 있다. 특히, 정책하위체계요인의 세부 분석요소로는 정책옹호연합과 중개자, 신념체계와 자원, 핵심경로 등이 포함된다. 정책옹호연합은 신념을 공유하는 정책행위자들의 집단을 말한다.

정책패러다임전환모형은 홀(Hall)이 1993년 제시한 이론이다. 이 모형에서는 정책패러다임의 전환에 의해서 정책의 근본적인 변화가 일어나는 것으로 설명한다. 정책패러다임은 정책에 관한 기본적인 관점이나 이론적인 틀을 말한다.

이익집단위상변화모형은 무치아로니(Mucciaroni)가 1995년에 제시하였다. 이 모형에서는 정책변동과 이익집단위상변화의 관계를 설명한다. 이익집단의 위상변화를 설명하는 기준으로는 이슈맥락과 제도적 맥락이 제시된다. 이 두 기준의 변화의 조합에 따라서 이익집단의 위상이 변화되는 것으로 설명된다.

사건관련정책변동모형은 버크랜드(Birkland)에 의하여 2006년에 제시되었다. 이 모형은 초점사건과 이에 따른 정책학습의 과정을 통해 정책변동과정을 설명한다. 초점사건은 재난 혹은 사건들만이 아니라, 언론에 의해 다루어지는 대규모 시위 혹은 정부 스캔들 까지를 포함한다. 버크랜드는 정책학습을 통해 정책변동과정을 설명하는 대표적인 학자이다.

한편, 정책변동이론을 적용한 관광정책 연구로는 관광통역안내사 자격제도의 정책변동에 있어서 정책옹호연합의 권력과정에 관한 연구를 들 수 있다. 연구모형으로는 사바티어의 정책옹호연합을 근간으로 하였으며, 정책하위체계 요인분석에 연구의 초점을 두었다. 연구방법으로는 기술적 사례연구법을 적용하였다. 연구결과, 관광통역안내사 자격제도의 정책변동에서 크게 의무고용제 옹호연합과 고용권고제 옹호연합이라는 정책옹호연합이 형성되었던 것을 확인할 수 있었으며, 이들 옹호연합들이 구성, 신념체계, 전략적 수단을 통하여 옹호연합의 세력화를 추진했던 것을 확인할 수 있었다.

제V부

관광정책과 새로운 접근

개관

제IV부에서는 최근 관광정책연구에서 등장한 새로운 접근을 다룬다. 대표적인 이론으로 신제도주의의 제도이론, 거버넌스이론, 사회자본이론, 정책커뮤니케이션이론을 들 수 있다. 제12장에서는 관광정책과 제도, 제13장에서는 관광정책과 거버넌스, 제14장에서는 관광정책과 사회자본, 제15장에서는 관광정책과 정책커뮤니케이션을 각각 다룬다.

관광정책과 제도

개관

이 장에서는 관광정책과 제도에 대해서 논의한다. 주로 신제도주의적 관점에서 제도와 정책의 관계를 조명한다. 제1절에서는 제도의 개념과 의의를 살펴보고, 제2절에서는 전통적 제도주의와 신제도주의에 대해서 다룬다. 제3절에서는 신제도주의의 학문분파별 주요 이론적 주장을 살펴보고, 제4절에서는 학파별 제도변화의 논리를 살펴본다. 아울러 제5절에서는 신제도주의의 제도이론과 경험적 연구를 살펴본다.

제1절 제도

1. 개념

앞서 제II부 관광정책과 정치체제론적 접근에서 다룬 바와 같이 정책연구에서 제도는 정치체제에 영향을 미치는 정책환경요인으로 규정된다. 정치제도, 경제제도, 문화제도 등이 여기에 포함된다. 그런 의미에서 제도는 '정치체제에 영향을 미치는 규범체계'로 정의된다.

하지만 정치체제론적 관점과는 달리 최근 정책연구에서는 제도를 새로운 시각으로 바라보는 신제도주의적 접근이 시도되고 있다. 신제도주의는 전통적 제도주의와 대립되는 입장으로 제도를 정형화된 규범체계로 보는 전통적 제도주의와 달리, 개인적 선택이나 역사적·문화적 산물이라는 관점을 갖는다. 이러한 신제도주의자들은 정치학, 경제학, 사회학을 학문적 배경으로 삼고 있다.

정책연구에서는 신제도주의자들의 제도에 대한 이해가 정책을 바라보는 새로운 시각을 주는 것으로 이해한다. 다시 말해, 제도가 규범체계라고 할 때, 제도가 곧 정책이라는 입장이다. 그러므로 신제도주의에서 설명하는 제도변화의 논리가 정책연구에도 그대로 적용된다. 하지만 여기에는 정치체제의 정책활동이 간과되고 있다는 한계가 지적된다.

정리하면, 제도(institution)는 정치체제론적 관점에서 '정치체제에 영향을 미치는 정형화된 규범체계'로 정의된다. 이와 달리 신제도주의적 관점에서 제도는 '개인적 선택이나, 역사적 과정, 문화적 인지를 통해 형성된 규범체계'로 정의된다. 이 장에서는 신제도주의적 관점에서 논의가 이루어진다.

2. 의의

정책연구에서 신제도주의의 제도 개념이 중요한 이유는 크게 두 가지로 정리된다.

첫째, 제도를 역사적·사회적 산물로 보는 관점이다. 이제까지 정책연구에서는 제도를 주어진 혹은 고정된 규범 내지는 사회구조화를 위한 장치로 이해해왔다. 하지만 신제도주의적 접근을 통해 제도는 역사적으로 형성되고 변화하는 사회적 산물이라는 새로운 관점이 자리 잡게 되었다. 이러한 관점에서 제도로서의 정책에 대한 새로운 이해가 시작된다.

둘째, 제도변화의 논리에 대한 새로운 접근이다. 제도를 공식적 절차인 법제화의 과정으로 보는 전통적 제도주의의 입장과는 달리, 신제도주의에서는 제도변화를 경험적 과정으로 본다. 개인적 행위자들의 전략적 선택행위나 역사적 과정 혹은 문화적 해석으로 보는 신제도주의의 입장으로부터 정책변화를 제도변화의 논리로 설명하는 관점이 제시된다.

제2절 신제도주의의 등장

제도론 연구는 1950~60년대를 풍미하였던 행태주의(behavioralism) 시대를 기준으로 하여 그 이전의 시기를 전통적 제도주의 시대(구제도주의 시대) 그리고 그 이후의 시기를 신제도주의 시대로 구분한다.

이들은 상호비판적인 입장에서 등장하였다. 행태주의는 전통적 제도주의의 접근모형에 대한 비판을 토대로 하여 등장하였으며, 이와는 역으로 신제도주의는 전통적 제도주의와 행태주의에 대한 비판을 토대로 하여 등장하였다(정용덕 외, 1999a). 요약하자면, (전통적)제도주의 - 행태주의 - (신)제도주의의 상호비판적 발전과정이라고 할 수 있다.

이들의 관계를 신제도주의를 중심으로 하여 전통적 제도주의와 신제도주의, 행태주의와 신제도주의의 비교를 통해 살펴보면 다음과 같다.

1. 전통적 제도주의와 신제도주의

전통적 제도주의와 신제도주의가 사회현상을 설명하는데 있어서 제도를 중심개념으로 하고 있다는 점에서는 공통점을 갖는다. 하지만 전통적 제도주의가 주로 제도를 정태적·규범적 측면에서 조명하는데 반해, 신제도주의는 동태적·경험적 측면에서 제도의 영향과 제도의 변화에 주목하고 있다는 점에서 근본적인 차이를 보여준다.

피터스(Peters, 2005)는 전통적 제도주의가 가지고 있는 입장을 다음과 같이 크게 다섯 가지로 정리하였다.

첫째, 법률중심주의이다. 법률이 사회통제의 가장 기본적인 방식이라는 입장을 가지고 있다. 그런 의미에서 전통적 제도주의에서의 제도화는 바로 법제화를 의미한다.

둘째, 구조주의이다. 정치구조가 정치행위자의 행태를 결정하는 것으로 보는 입장이다. 그러므로 구조화가 제도의 가장 기본적인 속성이라는 인식이다.

셋째, 전체주의이다. 정치체제를 부분적인 요소들을 대상으로 하여 인식하지 않으며, 전체 시스템 차원에서 인식한다.

넷째, 역사주의이다. 역사적 관점에서 국가제도를 인식한다. 하지만 역사를 외생적 맥락요인으로 보지는 않는다.

다섯째, 규범적 분석이다. 좋은 정부를 구축하는데 목표를 가지고 있으며, 이를 위한 가치판단적·논리적 연구를 수행한다.

이러한 전통적 제도주의의 접근방법에 대하여 신제도주의자들은 비록 통일된 관점을 가지고 있는 것은 아니나 그 한계점을 여러 각도에서 지적한다

(하연섭, 2002; Lowndes, 1996; Peters, 2005). 이를 정리하면, 다음과 같다.

첫째, 전통적 제도주의가 국가제도의 법적·구조적 측면을 단순히 기술하는 차원에 머물렀다는 지적이다. 이에 반해, 신제도주의는 단순한 기술을 넘어서서 분석적 틀에 기반을 둔 설명과 이론발전에 초점을 맞춘다. 신제도주의는 제도가 개인들의 선호, 전략, 행위에 미치는 영향에 대해서 관심을 가지며, 또한 역으로 개인의 행위가 제도를 어떻게 변화시키는지에 대해서도 주목한다. 즉 개인 행위와 제도 간의 상호관계를 설명한다는 점에서 신제도주의의 특징적인 입장을 보여준다.

둘째, 전통적 제도주의의 관심이 주로 공식적인 법률과 조직에 머물렀다는 점이 지적된다. 이에 반해, 신제도주의는 공식적인 제도적 요소 외에 관습, 관례, 문화와 같은 비공식적인 제도적 요소들까지를 제도의 범위로 한다. 특히, 사회학적 제도주의에서는 개인을 사회적 관계 속의 개인으로 바라보며, 개인의 행위는 개인이 살아 숨쉬는 문화적 환경으로부터 유리시켜 설명할 수 없다는 입장을 가지고 있다.

셋째, 전통적 제도주의는 정부시스템 전체만을 분석대상으로 한다는 한계가 지적된다. 이에 반해, 신제도주의는 전체적인 정부를 구성하는 부분적인 요소들을 분석대상으로 한다. 대표적인 예로는 선거제도, 조세제도, 보험제도, 예산절차, 정당체제의 특성, 노동조직의 구조 등을 들 수 있다. 이는 국가와 사회의 기본적인 조직구조와 관련된 요소들로서 중범위 수준의 제도라고 할 수 있다.

넷째, 전통적 제도주의는 제도변화를 공식적 절차로서만 바라본다는 지적이다. 이에 반해, 신제도주의는 제도변화를 전략적 선택, 외부 충격 혹은 경로의존성, 동형화 등 효율성이나 역사성의 논리에서 본다. 전통적 제도주의가 제도를 공식적 국가제도로 규정한다는 점에서 전통적 제도주의가 제시하는 제도변화 방식은 법제화 혹은 입법과정으로 정리된다. 입법과정은 국회의원이나 정부로부터 제출된 법률안을 국회에서 심의, 의결하여 제정하는 절차

로 이루어진다. 반면에 신제도주의는 제도변화가 정해진 공식적 절차나 과정
보다는 합의나 협상, 경로의존성, 제도적 동형화 등 현실적·경험적 과정을
통해 이루어지는 것으로 본다.

2. 행태주의와 신제도주의

우선, 행태주의에 대한 신제도주의의 비판은 크게 세 가지 점으로 모아진다.

첫째, 개인 행위가 자기 이익의 표출된 결과로서 개인의 선호를 반영한다
는 행태주의의 기본 가정에 대해 비판한다(Pierson & Skocpol, 2002). 신제도
주의자들은 행태주의 이론들이 사회구조와 사회관계의 영향력을 부정하고,
지나치게 원자화된 개인, 과소 사회화된 개인을 상정하고 있다는 점에 문제
를 제기한다. 신제도주의자들은 구조화된 사회적 관계라고 할 수 있는 제도
가 인간행위를 지속적으로 제약하기 때문에 개인의 의도적 선택만으로 개인
행위를 설명할 수 없다는 주장이다.

둘째, 개인선호의 합이 집단선호이며, 개인선호를 집단선호로 전환시킬 수
있는 기제가 효율적인 기제라는 행태주의의 입장에 대해 비판한다. 신제도주
의자들은 개인선호는 합산하는 것이 불가능할 뿐만 아니라, 오히려 선호를
합산하는 정치적 절차 내지는 기제가 개인의 선호를 재형성시킨다고 본다.
그 이유는 이러한 정치적 절차 내지는 기제가 바로 제도이기 때문이며, 그런
의미에서 선호와 의사결정은 제도의 산물이라는 주장이다.

셋째, 행태주의 연구방법에 있어서 개별국가의 특수성을 인정하지 않고,
정책현상의 보편적·객관적 이론 개발에 관심을 두는 행태주의의 지향에 대
하여 비판한다(남궁근, 2009). 신제도주의자들은 동일한 문제에 대하여 각국
의 정책대응이 상이하고, 또한 동일한 정책의 경우에도 그 성과가 다르게 나
타난다는 점에 주목하면서, 보편적·객관적 이론 개발의 한계를 지적한다.
또한 이러한 한계가 나타나는 이유가 각국의 제도적 특성에서 기인하는 것으

로 본다. 또한 전통적 제도주의가 공식적인 국가제도를 주된 연구대상으로
삼았던 데에 반해, 행태주의자들은 연구의 대상을 무형적인 대상인 개인의
행태로 전환하였으며, 제도를 개인의 태도, 역할 및 반응의 총체로 보았다.
이에 대해 신제도주의자들은 다시금 제도의 중요성을 강조하면서 사회현상
을 설명하는데 있어서 제도가 곧 차이를 가져온다는 입장을 갖는다. 요약하
자면, 신제도주의 이론의 핵심명제는 '제도가 중요하다.'는 것이다(Weaver &
Rockman, 1993).

제3절 신제도주의의 학문분파

신제도주의를 표방하는 다양한 학문분파들이 존재한다. 그 중에서 대표적
인 학문분파로는 합리적 선택 제도주의, 역사적 제도주의, 사회학적 제도주의
를 들 수 있다(Hall & Taylor, 1996; Immergut, 1998; Koelble, 1995).

이들 신제도주의 학파들은 1970년대 이후 독자적인 이론을 정립해 나가기
시작하였으며, 이후 1980년대부터 1990년대 초까지 학문분파들 간에 이론적
논쟁이 활발하게 이루어졌다. 1990년대 중반부터는 새로운 기조로 학문분파
들 간에 통합연구가 모색되기 시작했다. 캠프벨과 페더슨(Campbell & Pederson,
2001)은 이러한 변화를 '제2의 신제도주의 운동'이라고까지 부른다.

우선, 이들 세 학파들의 학문적 입장을 차례대로 살펴보면 다음과 같다
(〈표 12-1〉 참조).

〈표 12-1〉 신제도주의 학파별 특징 비교

	합리적 선택 제도주의	역사적 제도주의	사회학적 제도주의
제 도	공식적 제도	공식적·비공식적 제도	공식적·비공식적 제도
특 징	• 거래비용 • 주인–대리인 • 중첩성	• 제도적 맥락 • 역사적 맥락	• 적절성의 논리 • 제도적 동형화
행위자 (정책행위자)	합리적 개인	역사의 객체·주체	사회적 존재로서의 개인
선호형성	외생적	내생적	내생적
학문배경	경제학	정치학	사회학
한 계	• 제도 기능주의의 한계 • 전략적 선택결정론의 오류	• 구조적 분석의 한계 • 제도결정론의 오류	• 거시적 접근의 한계 • 문화결정론의 오류

1. 합리적 선택 제도주의

합리적 선택 제도주의(rational choice institutionalism)는 신고전경제학의 기본적인 가정이라고 할 수 있는 제도적 진공상태, 즉 완전한 정보와 거래비용의 부재 등의 가정에 대해 의문을 제기하고, 그 해결방안으로서 제도적 제약의 중요성을 제기하면서 고유이론이 생성되기 시작하였다. 합리적 선택 제도주의의 중요한 특징으로는 제도분석을 위한 미시적 기초를 제공했다는 점을 들 수 있다. 특히 행위자와 제도와의 관계에서 효용극대화를 추구하는 합리적 개인에 주목한다.

1) 이론적 주장

(1) 제도

합리적 선택 제도주의자들은 제도를 '게임의 규칙'으로 본다(North, 1990, 2005).

사회적 딜레마를 해결하기 위해서는 개인의 행위를 제약할 수 있는 게임의 규칙이 필요하며 그것이 곧 제도라고 설명한다. 제도의 유형으로는 법, 규칙, 조직, 구조 등과 같은 공식적 제도와 자발적인 준칙, 행위규범과 같은 비공식적 제도를 모두 포함하나, 주로 공식적 제도에 초점을 맞춘다.

(2) 특징 : 거래비용, 주인 – 대리인 이론, 중첩성

대표적인 특징으로 거래비용(transaction cost) 개념을 들 수 있다(Shepsle, 1986). 거래비용 개념은 거래비용의 크기가 미래에 대한 불확실성, 제한된 합리성, 기회주의 등의 요소들과 관련이 있다고 보며, 거래비용이 커지면 커질수록 이를 최소화시키기 위한 또 다른 제도가 요구되고 형성되는 것으로 본다. 한 마디로, 제도를 거래비용의 관점에서 설명한다.

또한 주인 – 대리인의 관계에서 제도를 설명한다. 주인과 대리인의 관계는 정보의 비대칭성으로 인하여 문제가 발생하기 쉬우며, 이를 해결하기 위하여 주인이 대리인을 감시하고 그들의 순응을 유인하는 제도에 관심을 둔다. 이 것이 주인 – 대리인 이론(principal-agency theory)의 핵심이다. 이 이론은 정치학에서 정부를 국민의 대리인으로 보는 인식을 제공하였으며, 대리인 문제를 해결하기 위한 제도 메커니즘에 관심을 갖게 하였다.

또한 제도의 중첩성을 강조한다. 제도분석틀(IAD Framework : Institutional Analysis and Development Framework)을 제시한 오스트롬(Ostrom, 1992)은 하딘(Hardin, 1968)이 묘사하는 공유지의 비극(tragedy of the commons) 혹은 죄수의 딜레마(prisoner's dilemma)와 같이 합리적이지 못한 차순위 선택을 하게 되는 집합적 행동의 딜레마(collective action dilemma)를 제도와 행위자의 관계에서 풀어보려고 하였으며, 이때 제도의 여러 가지 속성들, 즉 중첩성이 행위자의 행태에 영향을 준다고 주장하였다. 그 속성에는 물리적 속성(physical attributes), 공동체 속성(community attributes), 규칙적 속성(rules attributes) 등이 포함된다(Ostrom, 1986).

(3) 행위자

합리적 선택 제도주의에서 행위자, 즉 정책행위자는 합리적인 개인이다. 합리적 개인은 자신의 효용을 극대화하기 위하여 합리적인 방법을 강구하는 것으로 설명된다. 이러한 관점에서 사회현상은 개인의 선호, 의도, 선택 등이 결집(aggregation)된 것으로 본다. 그런 의미에서 합리적 선택 제도주의는 거시현상의 미시적 기초를 제공한 것으로 평가된다. 여기에 덧붙여서, 행위자는 전략적인 개인으로 가정된다. 행위자는 다른 행위자들과의 상호작용 속에서 자신의 행위를 전략적으로 선택한다는 점에 주목한다.

(4) 선호 형성

합리적 선택 제도주의에서는 개인의 선호를 선험적으로 주어진 것으로 가정한다. 그러므로 합리적 선택 제도주의에서는 각 개인의 선호가 외생적으로 형성된 것으로 가정하며, 그 가정 위에서 개인이 자신의 효용을 극대화하기 위한 수단으로서 제도를 의도적으로 만들어가는 것으로 설명한다.

(5) 학문적 배경

합리적 선택 제도주의는 경제학에서의 거래비용이론, 신제도주의 경제학, 경제사 연구 등에 그 뿌리를 두고 있으며, 정치학에서의 제도에 관한 실증이론 등을 포함하면서 고유의 학문분야로 발전하였다. 주요 학자로는 노스(North), 그리프(Grief), 오스트롬(Ostrom), 윌리엄슨(Williamson) 등을 들 수 있다.

2) 한계

합리적 선택 제도주의의 한계로는 크게 두 가지를 들 수 있다(하연섭, 2011). 첫째, 제도 기능주의의 한계이다. 합리적 선택 제도주의에서 제도는 개인의 효용 극대화를 위한 수단으로서 또한 사회문제 해결을 위한 수단으로 인식되며, 주로 기능주의적 설명이 이루어지고 있다. 하지만 제도는 맥락적이며, 역사적 과정을 거쳐 형성된다는 점을 간과하고 있다는 지적을 받는다. 둘째, 외생적 선호의 한계이다. 합리적 선택 제도주의에서는 개인의 선호를 외생적으로 주어진 것으로 본다. 그렇기 때문에 선호의 형성과정에는 관심을 두지 않는다. 그러므로 개인의 전략적 선택이 제도를 결정한다는 입장이다. 달리 말해, '개인적 선택이 곧 제도이다.'라는 전략적 선택 결정론의 오류가 발생한다.

3) 관광정책에의 적용

합리적 선택 제도주의의 관점에서 관광정책과정에 참여하는 행위자는 공식적 제도에 의해 영향을 받는다. 관광정책영역에서의 주요 공식적인 제도로는 관광행정조직과 관광법규를 들 수 있다. 관광행정조직이 어떻게 구성되고 배열되느냐에 따라서 정치체제 및 정책행위자의 활동과 상호관계가 달라진다. 한편, 관광법규의 영향력도 매우 크다. 관광법규는 정부의 활동을 규정할 뿐만 아니라 관광정책에 참여하는 이해관계집단들의 활동을 규제한다. 그 예로서「관광기본법」에서는 관광정책영역에서의 정부의 기능을 규정하고 있으며,「관광진흥법」에서는 관광사업자와 관광사업자 단체의 기능과 활동을 규정하고 있다.

이를 정리해 보면, 합리적 선택제도의 관점에서 볼 때 관광정책행위자들은 공식적 제도요소들에 의해 영향을 받으며, 그러한 제도적 제약 내에서 행위의 효용극대화를 추구하는 합리적 존재라고 할 수 있다.

2. 역사적 제도주의

역사적 제도주의(historic institutionalism)는 역사와 맥락을 중심개념으로 한다. 제도는 곧 그 사회의 역사적 과정의 소산이며, 이를 이해하기 위해서는 제도가 형성된 역사적 과정을 인식해야 한다고 주장한다. 이러한 관점은 합리적 선택 제도주의의 관점과는 차이를 보여준다. 합리적 선택제도주의에서의 제도는 개인행위와 집단이익을 단순히 반영하는 비자율적 실체로 간주되고 있다. 이에 반해 역사적 제도주의는 제도적 맥락(institutional context)을 중시한다. 제도는 개별적 단일체로 존재하는 것이 아니라, 집합적인 복합체로서의 특징을 갖는다는 인식이다. 달리 말해, 제도는 제도의 나무가 아니라 제도의 숲을 보아야 한다는 입장이다(Pierson & Skocpol, 2002).

1) 이론적 주장

(1) 제도

역사적 제도주의에서 제도는 정치와 경제 각 부문에서 '개인들 간의 관계를 구조화시키는 공식적 규칙, 순응절차, 표준화된 관행'으로 정의된다(Hall, 1986). 개인과 집단의 행위에 영향을 미치는 공식적·비공식적 제약요인들을 포함한다. 이러한 제도는 크게 세 가지 수준으로 구분되는데, 광범위 수준의 제도는 민주주의 혹은 자본주의와 관련된 기본적인 거시구조이며, 중범위 수준의 제도는 조직 간의 구조로서 정의된다. 또한 협의의 제도는 공공조직의 관행, 규정, 일상적인 절차 등을 말한다.

(2) 특징 : 제도적 맥락, 역사적 맥락

주요 특징으로는 우선 제도적 맥락을 들 수 있다. 제도적 맥락은 앞서도 언급했듯이 제도가 다른 제도들과 상호보완성을 갖고 결합되어 있는 관계 혹은 상황을 말한다(Amble, 2000, 2002). 제도적 맥락을 구별하는 기준은 제도의 핵심적 요소들과의 상호관계의 강도이다(정정길, 2002). 이러한 제도의 맥락에 따라 정치행위자들의 행위가 달라지고, 정책이 달라지는 것으로 본다. 즉 제도의 통합적 영향력을 말한다(Hall, 1999).

또한 역사적 제도주의는 제도가 형성되는 역사적 맥락을 중시한다. 현 시점의 제도를 역사적 산물로 보며, 그렇게 형성된 제도는 사회경제적 환경이 바뀌어도 지속되는 경향을 갖는 것으로 본다. 이를 경로의존성(path dependency)의 개념으로 설명한다. 즉 일정시점에서의 선택이 미래의 선택을 지속적으로 제약한다는 주장이다.

(3) 행위자

역사적 제도주의에서의 행위자, 즉 정책행위자는 역사의 객체이며, 동시에 역사의 주체이다. 역사적 제도주의에서 행위자를 설명하기 위해서는 제도적 맥락을 설명해야 하며, 또한 제도적 맥락을 설명하기 위해서는 역사적 맥락을 설명해야 한다. 그러므로 역사적 제도주의에서의 행위자는 곧 역사적 산물인 제도에 의해 제약되는 객체이며, 또한 역사적 산물인 제도를 변화시키는 주체가 된다.

(4) 선호 형성

역사적 제도주의에서 개인 혹은 집단적 행위자의 선호는 제도에 의해서 형성된다고 본다. 역사적 제도주의에서 개인의 선호는 고정된 것 혹은 외부로부터 주어진 것이 아니라, 역사적 맥락 속에서 내생적으로 형성된 것으로 파악된다.

(5) 학문적 배경

역사적 제도주의는 정치학의 집단이론(group theory)과 구조기능주의에 뿌리를 두고 있다. 1960~70년대 정치과정에서 나타난 집단들 간의 관계를 제도와 구조를 중심개념으로 하여 연구하며, 신제도주의 이론을 발전시켰다. 주요 학자로는 리버만(Lieberman), 오렌과 스코우로넥(Orren & Skowronek), 피어슨(Pierson) 등이 있다.

2) 한계

역사적 제도주의의 한계로는 두 가지 점을 들 수 있다. 첫째, 구조적 분석의 한계이다. 역사적 제도주의는 개인과 집단의 행위를 제약하는 거시적 구조에 초점을 맞추고 있으나, 이를 검증할 수 있는 전제조건들이 제시되지 못함으로써 일반화의 한계를 보여준다. 둘째, 제도결정론의 오류이다. 역사적 제도주의는 역사적으로 형성된 제도적 맥락의 중요성을 강조하며, 제도적 맥락에 의해 정책결과가 달라지는 것으로 본다. 그러므로 제도적 맥락이 정책을 결정한다는 결론에 이르게 되며, '맥락이 곧 제도이다'라는 제도결정론의 오류가 발생한다(Thelen & Steinmo, 1992).

3) 관광정책에의 적용

역사적 제도주의의 관점에서 관광정책과정에 참여하는 행위자는 제도적 맥락에 의해 영향을 받는다. 제도적 맥락은 역사적 흐름에서 형성된 공식적·비공식적 제도의 복합체라고 할 수 있다. 관광정책의 정책목표설정에 있어서 관광객 유치 증진이라는 계량적 목표를 세울 것인가 혹은 관광 가치 향상이라는 질적 목표(관광객 만족도, 품질 등)를 세울 것인가에 대한 논란이 오래 전부터 있어 왔다. 그럼에도 불구하고 실제로 관광정책목표는 계량적 목표를 설정하는 것이 지속되어 왔다. 여기에는 경제성장이라는 정책사고 내지는 이념이 크게 작용하고 있다고 할 수 있다. 또한 기관평가 혹은 정책평가에서 성장목표 요소들이 주요 평가지표로서 지속적으로 포함됨으로써 공식적 행위자들에게 영향을 미치기 때문이라고 할 수 있다.

이를 정리하자면, 역사적 제도주의의 관점에서 볼 때 관광정책행위자들은 오랜 역사적 과정에서 형성된 공식적·비공식적 제도들에 의해 영향을 받으며, 또한 역사적 산물인 제도적 맥락에 의해서 그들의 행위가 제약된다는 점에서 역사적 존재라고 할 수 있다.

3. 사회학적 제도주의

사회학적 제도주의(sociological institutionalism)에서는 제도를 공식적인 요소보다는 비공식적 요소인 문화, 상징체계, 의미 등으로 본다(DiMaggio & Powell, 1991). 따라서 개인행위를 전략적 계산의 산물로 보는 합리적 선택 제도주의와는 다르다. 이와는 대조적으로 사회학적 제도주의에서는 개인행위를 관행화되고 상황에 대한 해석에 의해서 이루어지는 것으로 본다. 즉 제도를 인지적·문화적 측면에 초점을 맞추는 특징을 지닌다. 따라서 사회학적 제도주의 연구를 인지적·문화적 접근법이라고도 한다.

1) 이론적 주장

(1) 제도

사회학적 제도주의에서는 제도를 공식적인 규칙이나 절차 뿐 아니라 관례, 관습, 문화 등을 포함하는 것으로 본다. 사회학적 제도주의에서는 제도의 구조적 측면이나 제약요인으로서의 제도에 초점을 맞추는 것이 아니라, 제도의 인지적, 관습적, 상징적 측면에 초점을 맞춘다(Scott, 2001). 그런 의미에서 사회학적 제도주의에서의 제도란 문화, 상징, 의미 등이라고 할 수 있다. 즉 의미의 틀로서의 제도, 사회적 관계로서의 제도를 말한다.

(2) 특징 : 적절성의 논리, 제도적 동형화

사회학적 제도주의에서는 제도화를 사회적 적절성의 논리로 설명한다(Campbell, 1996). 이는 제도를 효율성의 논리로 설명하는 합리적 선택 제도주의와 대비되는 관점으로, 사회학적 제도주의에서는 제도의 채택이 개인이나 조직의 사회적 정당성을 제고하는 것으로 본다.

주요 특징으로 제도적 동형화(institutional isomorphism)를 들 수 있다. 동형화는 특정한 조직군에 속하는 하나의 조직단위가 동일한 환경조건에 직면한

다른 조직단위들을 닮게 하는 제약적 과정을 말한다(DiMaggio & Powell, 1991). 이때의 환경조건을 조직의 장(organizational fields)이라고 한다(김병섭 외, 2000). 동형화의 유형으로는 강압적 동형화, 모방적 동형화, 규범적 동형화를 들 수 있다. 강압적 동형화는 사회의 문화적 기대에 의한 공식적·비공식적 압력의 결과로 이루어지는 동형화를 말하며, 모방적 동형화는 조직의 정당성을 확보하기 위하여 성공적인 조직을 의식적으로 모방할 때 이루어지는 동형화이다. 한편, 규범적 동형화는 전문가집단에 의해 이루어지는 과정으로 규범적으로 인정받거나 정당화된 구조나 절차, 방식을 모방할 때 이루어지는 동형화를 말한다.

(3) 행위자

사회학적 제도주의에서 행위자, 즉 정책행위자는 사회적 존재로서의 개인이다. 또한 사회적 존재로서의 지위는 사회적으로 만들어지는 것으로 본다. 다시 말해, 자율적 행위자로서의 개인은 사회와 문화의 산물이며, 결코 사회와 문화가 개인의 산물은 아니라는 주장이다. 이를 배태성(embeddedness)의 개념으로 설명한다(Lowndes, 2002). 사회학적 제도주의자들은 개인의 행위는 원자화된 개인들의 이익추구과정으로 독립적으로 설명될 수 없으며, 개인이 맺고 있는 사회적 맥락에 의해 영향을 받는다고 주장한다. 여기에서 배태성은 개인의 행위가 사회적 관계에 의해 영향을 받으며, 사회적 관계 속에서 지속적으로 맥락지어지는 것을 말한다.

(4) 선호 형성

사회학적 제도주의에서 개인은 사회적 존재로서 설명된다. 그러므로 개인의 선호와 선택은 개인이 살아가는 사회적 환경이나 문화로부터 분리하여 생각할 수 없다. 같은 맥락에서 사회학적 제도주의자들은 개인의 선호는 선험적으로 존재하는 것으로 보며, 사회적 맥락 속에서 내생적으로 형성된 것으로 파악한다.

(5) 학문적 배경

사회학적 제도주의는 사회학에서의 조직이론에 뿌리를 두고 있다. 사회학적 제도주의자들은 막스 베버의 관료제모형에 의구심을 제기한다. 막스 베버는 여러 조직들이 관료제화 되는 것을 합리화의 산물이라고 주장하였다. 하지만 이에 대해 사회학적 제도주의자들은 조직변화는 합리성과 무관하며, 사회적 맥락의 구조화에 있는 것으로 본다. 이러한 관점에서 조직의 구조와 절차를 인지적, 문화적, 상징적 요인에 초점을 맞추어 제도의 이론화를 시도한다. 주요 학자로는 파웰(Powell), 디마지오(DiMaggio), 캠프벨(Campbell), 페더슨(Pederson) 등이 있다.

2) 한계

사회학적 제도주의의 한계는 크게 두 가지 점에서 정리된다(하연섭, 2011). 첫째, 거시적 접근의 한계이다. 사회학적 제도주의는 조직, 사회적 관계, 문화 등 주로 거시적 수준의 접근이 이루어진다. 따라서 미시적 수준의 행위를 설명하는 데는 한계를 보여준다. 행위자들의 상호작용이나 제도가 개인행위에 미치는 과정 등을 제대로 설명하지 않고 있다. 둘째, 문화결정론의 오류이다. 사회학적 제도주의는 습관, 태도, 상징, 가치 등의 문화적 요소들을 모두 제도의 차원에 포함시킨다. 그러므로 제도의 범위를 지나치게 확대시키게 되며, '문화가 곧 제도이다'라는 문화결정론의 오류가 발생한다.

3) 관광정책에의 적용

사회학적 제도주의의 관점에서 관광정책과정에 참여하는 행위자는 문화적 규범요소에 의해 영향을 받는다. 문화적 규범요소는 제도의 공식적 규범요소가 아닌 제도의 인지적·관습적·상징적 요소들을 말한다. 관광정책은 경제정책, 교육정책, 환경정책 등과 비교하여 부차적 정책으로 간주되는 경향이 있다. 이러한 경향은 일 중심 문화(work oriented culture)라는 산업사회의 지배적 가치가 제도적 요소로 작용한다는 점에서 그 원인을 찾을 수 있다. 그런 의미에서 관광정책행위자는 사회학적 제도주의에서 말하는 소위 배태성을 지닌다고 할 수 있다. 한마디로, 사회적 관계 속에서 지속적으로 맥락지어지는 사회적 존재라고 할 수 있다.

제4절 제도변화

신제도주의의 제도연구는 크게 두 방향에서 이루어진다. 하나는 제도와 행위자와의 관계에 초점을 두고 제도가 행위자에 미치는 영향에 대한 연구이고, 다른 하나는 제도변화에 대한 연구로서 제도가 어떻게 형성되고, 지속되고, 확산되고, 종결되는지에 대한 연구이다(하연섭, 2011).

사실상 신제도주의의 초기 연구는 전자의 연구가 전부라고 해도 과언이 아니다. 이에 대해서는 이미 앞 절에서 설명한 바와 마찬가지로, 전통적 제도주의와 신제도주의가 구별되는 차이점도 바로 제도와 행위자와의 관계를 연구의 대상으로 하였다는 점에서 찾을 수 있으며, 그런 의미에서 당연히 여기에 신제도주의 연구의 초점이 맞추어졌다고 할 수 있다.

하지만 신제도주의 연구에 있어서 최근의 경향은 후자에 대한 관심이다. 제도의 변화를 어떻게 볼 것인지에 대한 연구가 새로운 연구의 대상으로 부각된다. 이는 제도의 변화를 요구하는 최근의 사회현상을 반영한다고도 볼 수 있다.

다음에서는 신제도주의의 학문분파별 제도변화에 대한 관점을 살펴보고, 이에 대한 논점을 제시한다(〈표 12-2〉 참조).

〈표 12-2〉 신제도주의의 제도변화

구 분	합리적 선택 제도주의	역사적 제도주의	사회학적 제도주의
제도	공식적 제도(게임의 규칙 / 계약)	공식적 · 비공식적 제도 (제도적 맥락)	공식적 · 비공식적 제도 (인지적 관계 / 문화)
변화 논리	도구성의 논리(효율성)	지속성의 논리	적절성의 논리
변화 방식	• 전략적 선택(합의 / 협상)	• 외부 충격(결정적 분기점 / 단절된 균형)	• 동형화 • 탈제도화
주요 연구 모형	• 제도분석틀(IAD) (제도- 행동의 장- 결과)	• 경로의존성 모형 • 제도적 역동성 모형 (제도적 역동성 / 역동적 제약) • 점진적 제도 변화 모형(거시 / 제도 / 미시)	• 동형화 모형(강압적, 모방적, 규범적)
한계	미시성의 한계	구조성의 한계	인지성의 한계

1. 합리적 선택 제도주의

1) 주요 논리

(1) 제도

합리적 선택 제도주의에서는 제도를 '게임의 규칙'으로 본다. 핵심 주장은 모든 개인, 즉 정책행위자들이 자신들의 효용극대화를 위해 합리적인 행동을 하지만, 집합적 차원에서 이들의 행동이 반드시 합리적 결과를 가져오는 것은 아니라고 본다. 그러므로 집합적 차원에서 비합리적인 결과가 합리적인 결과로 전환될 수 있는 장치가 필요하며, 그것이 바로 '게임의 규칙'으로서의 제도라는 주장이다.

(2) 변화 논리

합리적 선택 제도주의자들이 제도의 변화를 설명하는 논리는 '도구성의 논리'이다. 이들은 개인이 자신의 편익을 증가시키기 위해 제도를 쉽게 만들고 변화시키는 것으로 본다. 그러므로 합리적 선택 제도주의에서의 제도변화는 개인의 의도적인 과정이라고 할 수 있다(Peters, 1999). 자신의 효용을 극대화하고자 하는 개인들의 의식적인 설계의 산물이라는 것이다.

(3) 변화 방식

합리적 선택 제도주의에서는 제도의 변화 방식을 크게 합의(agreement) 방식과 협상(bargaining) 방식으로 설명한다. 우선, 합의 방식은 거래비용이론에 근거한다(Moe, 1990). 거래비용이론에서 제도는 일종의 '계약'이라고 할 수 있다. 교환의 당사자들이 서로의 편익이 증가한다고 생각하면 교환의 조건에 동의하게 되고, 교환이 일어난다. 교환의 조건은 곧 계약이 되고, 교환의 당사자들은 계약에 자발적으로 합의하게 된다. 이러한 합의과정은 외부의 변화에 의해 자신들의 총체적인 편익에 변화가 올 때까지 연속된다. 만일 새로운 계약을 맺음으로써 새로운 계약으로 인해 발생하는 추가 편익이 전환비용보다 크다면, 새로운 계약(규칙)에 합의하게 된다. 곧 제도의 변화가 이루어지는 것이다.

하지만 협상방식에서는 이에 대해 비판적 입장을 갖는다(Knight, 2001; Levi, 1990). 거래비용이론에서 상정하는 것처럼, 집합행위의 딜레마를 해결하기 위한 집합적 차원의 총체적인 편익이 모든 개인에게 중요한 것은 아니며, 또한 거래당사자들의 관계도 상호 평등한 관계를 유지한다고 할 수 없다는 점을 지적한다. 그러므로 협상이론에서는 제도를 특정 행위자가 다른 행위자의 행위를 제약하기 위한 수단으로 간주하며, 분배적 이익을 추구하는 갈등과정의 부산물로 본다. 따라서 제도는 거래당사자들 간의 협상의 결과라는 주장이다.

이러한 변화 방식들은 모두 제도변화에 있어서 합리적 개인의 전략적 선택을 중시한다는 점에서는 일치한다. 제도변화의 동인이 곧 합리적 개인의 선택에 있다는 관점이다.

(4) 주요 연구 모형

합리적 선택 제도주의에서는 앞에서 언급한 바 있는 제도분석틀(IAD Frame-work : Institutional Analysis and Development Framework)을 연구 모형으로 사용한다. 오스트롬 등(Ostrom, 1986; Ostrom et al., 1994)이 제시한 제도분석틀은 제도변화를 분석하는 모형으로서 제도 - 행동의 장 - 결과의 흐름모형으로 제시된다([그림 12-1] 참조).

[그림 12-1] 제도분석 틀

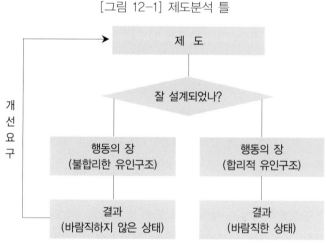

출처 : Ostrom, E.(1986), Ostrom et al.(1994).

우선, 제도에는 물리적 속성, 규칙, 공동체의 속성 등 공식적·비공식적 제도의 속성들이 포함된다. 다음으로, 행동의 장(action arena)은 제도가 행위자들에게 영향을 미치는 유인구조(incentive structure)를 형성하는 영역으로서 이러한 유인구조에 따라서 행위자들이 전략적 선택을 하게 되며 그 결과 바람직하거나 혹은 바람직하지 못한 결과가 나타나게 된다. 여기에서 바람직하지 못한 결과가 나타날 경우, 행위자들은 제도개선을 요구한다.

2) 한계

제도의 변화에 있어서 합리적 선택 제도주의는 미시성의 한계를 지닌다. 거래비용이론에 근거하는 합의방식과 협상이론에 근거한 협상방식 등을 보면 제도가 쉽게 만들어지고 변화하는 것으로 설명하고 있으나, 현실 속에서 제도는 훨씬 구조적으로 복잡하며 역사적 과정이 필요하다는 사실을 간과하고 있다는 지적이다. 또한 개인의 전략적 선택이 자칫 포퓰리즘(인기영합주의)에 빠질 위험이 크다는 것이 지적된다.

3) 관광정책에의 적용

관광정책과 관련된 제도변화가 합리적 선택 제도주의의 관점에서는 도구성의 논리로 설명된다. 제도가 관광정책행위자의 활동에 게임의 규칙으로서 영향을 미치며, 이와는 역으로 그러한 게임의 규칙이 합리적인 결과를 가져오지 못할 때 제도의 개선이 요구된다는 것이다. 그 예로서 관광통역안내사 자격제도를 들 수 있다. 앞서 정책변동의 연구사례에서 보았듯이 관광통역안내사 자격제도는 지난 1999년 자격제도의 핵심요소인 고용문제와 관련하여 의무고용제로부터 고용권고제로 전환되었으며, 2009년 다시 의무고용제로 전환되었다. 이 과정에서 관광통역안내사들이 고용권고제의 불합리성에 대해 지속적으로 문제점을 제기하였으며, 그 결과 의무고용제로의 제도개편이 이루어졌다고 볼 수 있다. 그런 의미에서 관광통역안내사의 자격제도변화는 정책행위자들의 전략적 선택의 산물이라고 할 수 있다.

2. 역사적 제도주의

1) 주요 논리

(1) 제도

역사적 제도주의에서는 제도를 제도적 맥락으로 본다. 앞 절에서 이미 논의한 바와 같이 정책행위자의 행동을 설명하기 위해서는 제도적 맥락이 중요하며, 이러한 맥락은 역사적으로 형성된 것으로 본다. 그런 의미에서 역사적 제도주의의 중심 개념은 역사와 맥락이라고 할 수 있다.

(2) 변화 논리

역사적 제도주의에서 제도변화는 기본적으로 지속성의 논리로 설명된다 (Ikenberry, 1988). 이러한 역사적 제도주의에서 바라보는 제도변화에 대한 입장은 여타 학문 분파들과 비교하여 보수적인 경향을 보인다. 제도의 변화는 곧 역사적 맥락의 산물이라는 입장이다.

(3) 변화 방식

제도는 외부 환경의 변화에 대해 빠르게 변화하지 않으며, 지속적으로 그리고 점진적으로 반응해 나간다고 본다. 그러므로 외부에 대단히 큰 충격적인 변화가 있을 때만이 제도의 변화가 일어나는 것으로 설명한다. 이를 역사적 제도주의에서는 결정적 분기점(critical junctures)의 개념으로 설명한다. 주로 정치적, 경제적 위기를 말한다.

이와 관련하여 단절된 균형(punctuated equilibrium)의 개념이 소개된다. 크라스너(Krasner, 1984, 1988)는 중대한 전환점을 거쳐 변화된 제도는 새로운 발전과정을 겪게 되며, 그것이 지속되고 유지되는 시기로 접어들게 되는데, 이를 단절된 균형으로 설명한다.

하지만 외부 충격에 의한 제도변화는 매우 예외적인 경우에 해당될 뿐, 역사적 제도주의가 제도변화에 대하여 지니고 있는 기본적인 논리는 지속성의 논리라고 할 수 있다. 즉, 역사적 제도주의에서 소개하는 경로의존성(path dependency) 이론이 역사적 제도주의의 입장을 그대로 반영한다고 할 수 있다. 기존의 제도가 새로운 제도에 영향을 미치고, 새로운 제도는 기존의 제도를 따라가는 제도의 경로를 중시하는 관점이다.

(4) 주요 연구 모형

역사적 제도주의 연구는 주로 제도의 경로의존성 모형을 적용하여 이루어진다. 이와 함께 최근에는 제도변화의 내부적 요인과 점진적 제도변화 연구에 관심이 모아지고 있다(하연섭, 2006). 그 대표적인 예가 제도적 역동성 모형과 점진적 제도변화 모형이다. 이를 살펴보면 다음과 같다.

우선, 제도적 역동성(institutional dynamism)모형은 텔렌과 스타인모(Thelen & Steinmo, 1992)가 제시한 이론으로서 외적 자극으로서의 외부환경 변화와 내적 자극으로서의 행위자의 역할을 강조한다([그림 12-2] 참조). 이를 구분하여 외생적 요인의 충격을 제도적 역동성으로 설정하며, 제도적 제약 내에서 이루어지는 행위자의 전략 변화를 역동적 제약으로 설정한다.

[그림 12-2] 제도적 역동성 모형

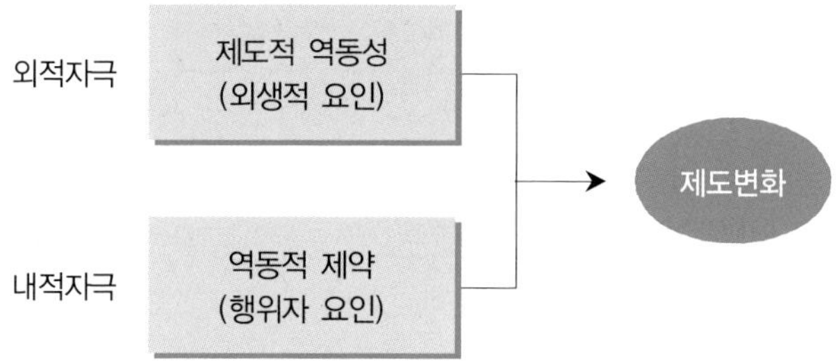

출처 : Thelen & Steinmo(1992).

한편, 마호니와 텔렌(Mahoney & Thelen, 2010)은 점진적 제도변화모형을 제시한다([그림 12-3] 참조). 그들의 모형에서는 제도변화에 영향을 미치는 요인을 거시적 수준, 제도적 수준 그리고 행위자 수준으로 구분하고, 거시적 수준과 제도적 수준의 요인이 행위자 수준의 요인에 영향을 미치고, 행위자 수준의 요인이 제도변화에 영향을 미치는 것으로 설명한다.

우선, 제도변화의 유형으로는 대체(displacement), 층화(layering), 표류(drift), 전환(conversion)을 들고 있다. 제도변화에 영향을 미치는 거시수준의 요인으로는 정치적 맥락을 설정하며, 이를 크게 '강한 거부가능성'과 '약한 거부가능성'으로 구분한다. 또한 제도수준의 요인으로는 제도적 특성을 설정하며, 제도의 재량권을 기준으로 '낮은 수준'과 '높은 수준'으로 구분한다. 또한 행위자 수준의 요인으로는 변화에이전트(change agents) 유형을 설정하며, 제도 보전 및 규칙이행을 기준으로 하여 반란자, 공생자, 파괴분자, 기회주의자로 유형화한다.

[그림 12-3] 점진적 제도변화 모형

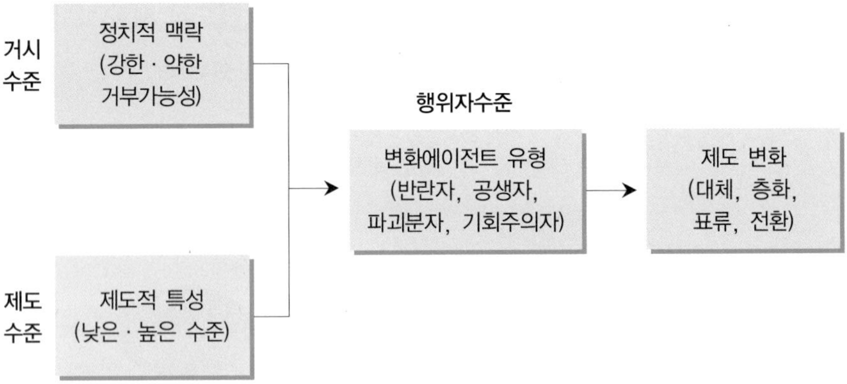

출처 : Mahoney & Thelen(2010).

2) 한계

제도변화에 대한 설명에 있어서 역사적 제도주의는 구조성의 한계를 지적받는다. 제도변화를 역사적 과정이라는 거시적 틀 속에 묶어 놓는다는 지적이다. 결정적 분기점의 개념으로 급격한 외부의 충격에 의한 제도변화를 설명하고는 있으나, 행위자들의 선택에 의한 역동적인 변화를 설명하지는 못한다. 하지만 최근 들어 통합적 접근이 시도되면서 구조성의 한계를 극복하기 위한 여러 가지 연구모형들이 제시되고 있으며, 앞에서 제시된 연구모형들(제도적 역동성 모형, 점진적 제도변화 모형 등)이 그 예가 된다.

3) 관광정책에의 적용

관광정책과 관련된 제도의 변화가 역사적 제도주의의 관점에서는 지속성의 논리로 설명된다. 제도변화에 있어서 기존의 제도는 새로운 제도에 영향을 미치고 새로운 제도는 기존의 제도를 따라가는 경로의존성을 갖는다고 할 수 있다. 이와 관련하여 여행바우처정책의 예를 들 수 있다. 여행바우처정책은 국민의 여행복지를 실현하기 위한 정부의 지원사업으로 2005년부터 2006년까지 2년간 시행되다가 중단된 바 있으며, 2010년부터 다시 시행되고 있다. 이러한 중단, 조정, 재시행의 과정에서 여행바우처정책은 제도의 지속성을 보여준다. 그런 의미에서 여행바우처정책의 변화는 역사적 경로의존성의 산물이라고 할 수 있다.

3. 사회학적 제도주의

1) 주요 논리

(1) 제도

사회학적 제도주의에서 제도는 인지적·관습적·상징적 과정으로 설명된다. 그러므로 사회학적 제도주의에서의 제도는 사회적으로 당연하게 인정되는 관계라고 할 수 있다. 한마디로, 제도는 곧 '문화'라고 할 수 있다. 여기에서 문화란 의미해석을 위해 공유된 틀로서, 정책행위자의 주관적 인지과정에 공통된 객관화된 틀을 제공한다.

(2) 변화 논리

사회학적 제도주의에서 제도변화는 적절성의 논리로 설명된다(March & Olsen, 1984). 중심개념은 사회적 정당성이다. 새로운 규범이나 조직형태가 나타나서 사회적 정당성을 인정받게 되면, 이러한 규범이나 조직형태가 사회로부터 받아들여지게 된다. 즉 제도변화가 이루어지는 것이다.

(3) 변화 방식

사회학적 제도주의에서는 제도변화의 방식을 동형화와 탈제도화의 개념으로 설명한다.

동형화(isomorphism)는 조직형태가 비슷해지는 과정을 말한다(DiMaggio and Powell, 1983). 조직의 정당성을 높이기 위하여, 혹은 조직의 생존가능성을 높이기 위하여 사회적으로 인정받는 조직의 형태를 비슷하게 따라가는 경향을 보여준다. 이러한 변화는 동일한 환경조건에 있는 조직의 장(organizational fields)의 구조화로부터 출현하게 된다. 물론, 이 경우에 기준이 되는 논리는 효율성보다는 적절성이다.

다음으로 탈제도화(deinstitutionalization)는 제도의 정당성이 약해지거나, 사라지면서 제도가 변화하는 현상을 말한다. 올리버(Oliver, 1992)는 이러한 탈제도화가 세 가지 사회적 압력에 의해서 야기되는 것으로 본다. 첫째는 기능적 압력(functional pressures)으로 제도화된 관행이 도구적 가치를 상실했을 때 나타나는 현상이다. 둘째, 정치적 압력(political pressures)은 현재의 제도에 대한 대중의 지지도가 약화될 때 정치권에 의해서 나타나는 현상이다. 셋째는 사회적 압력(social pressures)으로 현재의 제도의 정당성에 대한 사회적 합의가 흔들릴 때 이해관계자들에 의해서 변화가 나타나는 현상이다.

(4) 주요 연구 모형

사회학적 제도주의의 제도변화 연구는 주로 제도적 동형화 모형을 중심으로 이루어진다.

대표적인 연구로는 디마지오와 파웰(DiMaggio & Powell, 1991)의 연구를 들 수 있다. 이들은 동형화를 조직군 안에 있는 한 조직단위가 동일한 환경조건에 직면한 다른 조직 단위들을 닮도록 하는 제약적인 과정으로 본다. 또한 제도적 동형화 모형은 조직이 제도화된 결과이며, 이러한 제도화를 가능하게 하는 동형화 현상은 크게 세 가지 원인에 기인하는 것으로 설명한다([그림 12-4]

참조). 첫째는 정치적 영향력이나 정당성 문제이며, 둘째는 불확실성에 대한 표준적 대응이다. 셋째는 전문화 관련 요구이다. 그 결과로 나타난 동형화의 유형으로는 강압적 동형화, 모방적 동형화, 그리고 규범적 동형화가 제시된다.

[그림 12-4] 제도적 동형화 모형

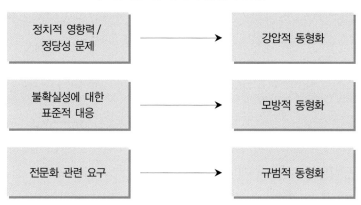

출처 : DiMaggio & Powell(1991).

2) 한계

사회학적 제도주의의 제도변화 논리는 인지성의 한계를 보여준다. 제도형태의 확산, 사회적 정당성의 확보 등 제도의 인지적 과정을 강조하게 되면서, 제도로부터 영향을 받는 정책행위자의 행동, 정책행위자들 간의 상호작용 및 권력관계 등을 설명하지 못하는 한계를 보여준다. 또한 제도의 역사성이나 맥락성을 소홀하게 다루는 문제점도 지적된다.

3) 관광정책에의 적용

관광정책과 관련된 제도의 변화가 사회학적 제도주의에서는 적절성의 논리로 설명된다. 즉 제도변화는 사회적으로 정당성을 인정받는 과정이라고 할 수 있으며, 새로운 규범이 사회적으로 받아들여짐으로써 제도변화가 이루어지게 된다. 같은 맥락에서 제도는 사회적으로 인정받는 제도의 형태를 따라 가는 경향을 보여주게 되는데, 이를 동형화의 개념으로 설명한다. 예를 들어, 지역 컨벤션산업정책의 경우 중앙정부의 컨벤션뷰로(convention bureau) 조 직형태가 지방정부로 전이되고, 이것이 또 다른 지방정부로 전이되는 경향을 보여준다. 한마디로 모방적 동형화의 예가 된다고 할 수 있다.

제5절 신제도주의의 제도이론과 경험적 연구

신제도주의는 그간의 전통적 제도주의의 제도관과는 다른 새로운 제도관 을 제공하였다. 전통적 제도주의의 제도연구가 정태적 · 규범적 접근이었던 데 반해, 신제도주의의 제도연구는 제도의 영향과 변화에 초점을 두는 경험 적 · 동태적 접근이 이루어지고 있다.

하지만 신제도주의의 제도연구에서도 여러 가지 한계가 드러나고 있다. 무 엇보다도 정형화된 연구모형이 아직까지 정립되지 못했다는 문제점이 지적된 다. 물론, 학파에 따라서 나름대로의 연구모형이 제시되고 있기는 하지만, 대 개의 경우 부분적인 설명력을 갖추고 있을 뿐 종합적인 설명력을 갖추기에는 여전히 한계가 있다. 또한 제도 자체에 대한 개념적 범위가 너무나 넓기 때문 에 이론의 선결조건인 간명성 확보에 한계가 있다. 로스타인(Rothstein, 1996) 이 간파하였듯이, 제도의 개념이 모든 것(everything)을 의미한다면 결국 아무 것도 의미하지 않는 것(nothing)과 같다고 할 수 있다.

다음에서는 각 학문분파별로 이루어지고 있는 제도이론의 경험적 연구들 을 살펴보고자 한다. 정책연구에서 제도이론 연구는 주로 제도변화(정책변 화)에 초점을 맞추고 있다.

1. 학파별 경험적 연구

1) 합리적 선택 제도주의

앞서도 논의한 바와 같이 합리적 선택 제도주의의 제도연구는 주로 오스트롬(Ostrom, 1986)의 제도분석틀(IAD framework)을 적용하여 이루어진다.

제도분석틀은 제도 - 행동의 장 - 결과의 과정으로 구성되며, 여러 가지 요인들의 영향을 받는 행동의 장에서 정책행위자들의 합리적 선택 결과를 분석하는 것을 주된 목적으로 하고 있다(정용덕 외, 1999b).

이를 적용하여 이루어진 국내 정책연구로는 조덕훈(2011)의 연구를 들 수 있다. 이 연구는 부동산중개윤리제도를 사례로 하였으며, 제도의 문제점과 발전방안을 제도분석틀을 적용하여 도출하고자 하였다.

연구의 분석틀을 살펴보면([그림 12-5] 참조), '제도'에는 공식제도로서 부동

[그림 12-5] 부동산 중개윤리제도의 분석 틀

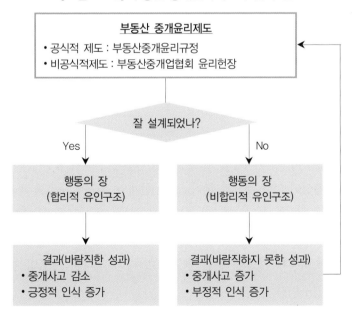

출처 : 김철(2003).

산중개법률 가운데 중개윤리관련 규정이 포함되었으며, 비공식제도로는 행위규범의 역할을 수행하는 부동산중개업 관련 협회의 윤리헌장 및 집행 관리가 포함되었다. 다음으로 '행동의 장'에는 이러한 제도요소들이 형성하는 유인구조가 분석요소로 포함되었다. 다음으로 '결과'에는 행위자인 공인중개사들이 전략적 선택을 함으로써 나타나는 성과가 포함되었다.

분석결과, 부동산중개 관련 사고의 빈발과 국민들의 부동산중개업 및 공인중개사에 대한 부정적 인식이 높게 나타나는 이유로서 부동산 중개윤리제도에 문제가 있음을 논리적으로 규명할 수 있었으며, 이러한 분석결과에 기초하여 제도개선에 대한 요구가 제시되었다.

위의 연구사례에서 보듯이, 합리적 선택 제도주의의 제도 연구에서는 제도변화에 있어서 합리적 개인의 전략적 선택이 중시되고 있음을 볼 수 있다. 비합리적인 유인구조가 합리적인 유인구조로 전환되기 위해서는 변화의 동인이 필요하며, 바로 그 동인이 개인 행위자들의 의도적인 과정이라는 것이다.

2) 역사적 제도주의

역사적 제도주의의 제도연구는 경로의존성이론과 통합적 접근방법을 중심으로 이루어진다.

(1) 경로의존성이론 연구

역사적 제도주의자들은 제도가 어떤 특별한 상황이 발생하지 않는 한 지속하려는 속성이 있는 것으로 본다. 또한 현재의 제도적 구조를 과거의 산물로 파악하며, 과거의 선택이 제도의 경로를 제약하는 것으로 이해한다(Alexander, 2001).

경로의존성이론 연구는 크게 두 가지 방향에서 이루어진다. 하나는 제도의 경로의존적 제약에 관한 연구이고, 다른 하나는 제도의 경로의존단계에 관한 연구이다.

먼저, 제도의 경로의존적 제약에 관한 연구는 제도의 제약적 요소들이 정책의 지속성에 미치는 영향에 관한 연구를 말한다. 이러한 연구의 예로는 장지호(2003)의 연구를 들 수 있다.

이 연구는 '대기업 구조조정 정책'을 사례로 하여 정책사고(policy idea), 사유화된 대통령의 권력과 집권화된 권력기관, 금융의 통제 등의 제도적 제약요소들이 정책변화에 미치는 영향을 살펴보았다.

분석결과, 제도의 경로의존적 제약요소들이 정책패턴의 지속성에 영향을 미치며, 선행되었던 공식적·비공식적 제도의 경로가 정책변화의 범위를 규정짓는다는 점을 확인하였다.

다음으로, 제도의 경로의존단계에 관한 연구이다. 이 연구는 제도변화의 경로의존적 특성에 관한 연구를 말한다. 이러한 연구의 예로는 진상현(2009)의 연구를 들 수 있다.

이 연구는 원자력정책을 사례로 하여 원자력정책의 경로의존성을 경험적으로 분석하는데 연구의 목적을 두었다. 이 연구에서는 경로의존적 변화과정을 단계별로 구분하여 제시하였다.

연구모형으로는 경로의존단계를 경로설정단계와 경로강화단계로 구성하

[그림 12-6] 경로의존단계 분석 틀

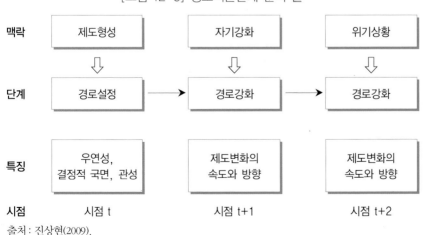

출처 : 진상현(2009).

여 제시하였다([그림 12-6] 참조). 경로설정단계에서는 우연성, 결정적 분기점, 관성을 기준으로 특성을 분석하였으며, 경로강화단계에서는 제도변화의 속도와 방향을 기준으로 하여 분석하였다.

분석결과, 경로설정단계에서는 한미 원자력 협정의 체결이 원자력 정책의 출발점이 되었음을 밝혔다. 또한 경로강화단계에서는 원자력발전소 건설, 대규모 원자력 발전소 건설계획, 원자력 확대계획 등으로 원자력 정책의 지속, 확대 그리고 성장의 경로가 강화되었음을 밝혔다.

참고로, 마틴 등(Martin, 2010; Martin & Simmie, 2008)은 경로의존단계를 역사적 사건, 초기경로 창조, 경로의존적 잠김, 경로의 열림으로 구분하여 제시하였다. 또한 이와 유사하게 경로의존단계를 경로설정, 경로강화, 경로종결의 단계로 제시하였다(하혜수, 2007).

(2) 통합적 접근방법

통합적 접근방법에서는 그동안 세 가지 학파로 구분되어 방법론적 차별화를 이루어온 제도변화의 논리를 서로 모순되지 않게 종합적하여 분석해야 한다는 점이 강조된다. 주로 역사적 제도주의를 중심으로 하여 합리적 선택 제도주의와 사회학적 제도주의의 제도변화 논리가 통합적으로 구성된다.

통합적 접근방법은 제도변화를 종속변수로 설명한다. 여기에는 앞서 논의한 바와 같이 제도적 역동성 모형(Thelen & Steinmo, 1992)과 점진적 제도변화 모형(Mahoney & Thelen, 2010)이 포함된다. 이들 모형에서는 거시적 수준의 맥락과 구조, 제도, 행위자의 상호작용 등이 제도변화의 영향요인으로 설정된다.

먼저, 정재진(2010)의 연구를 보면, 재정분권 실행수단의 변화를 사례로 하여 통합적 분석틀을 구성하였다([그림 12-7] 참조). 변화의 영향요인으로는 크게 외부적 요인(거시적 맥락)과 내부적 요인(행위자들의 행동양식)이 설정되었다.

[그림 12-7] 재정분권 실행수단의 변화 분석 틀

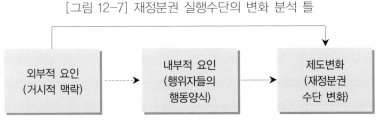

비고 : ┄→ 간접영향 → 직접영향
출처 : 정재진(2010).

분석결과, 외부적 요인으로는 정치적 맥락과 경제적 맥락이 제도변화에 영향을 미쳤으며, 내부적 요인으로는 정권의 이념적 성향, 모호한 정책목표 하에서 행위자간 정치적 협상, 수단 실행에 대한 행위자의 평가 등이 제도변화에 영향을 미쳤던 것으로 나타났다.

다음으로 한유경 · 김은영(2008)의 연구에서는 학교평가 제도의 변화를 사례로 하여, 세 학파들의 제도변화 논리를 통합하는 분석 틀을 제시하였다([그림 12-8] 참조). 이 연구의 특징으로는 구조 - 제도 - 행위자의 계층적 맥락과 역사적 맥락을 동시에 고려했다는 점을 들 수 있다. 계층적 맥락으로는 역사

[그림 12-8] 학교평가제도 변화 분석 틀

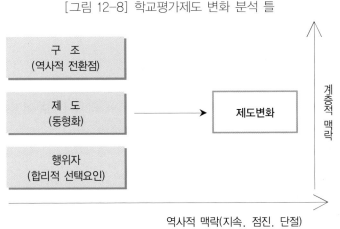

출처 : 한유경 · 김은영(2008).

적 제도주의, 사회학적 제도주의, 합리적 선택 제도주의 각 분파에서 제시된
역사적 전환점, 동형화, 합리적 선택의 형성·변화 동인 등의 주요 형성요인
이 포함되었으며, 역사적 맥락으로는 지속·점진적·단절적 변화 등의 역사
적 변화요인이 포함되었다.

분석결과, 학교평가 제도의 변화는 교육현장의 독특한 역사적 맥락과 구조
적·제도적·행위자 요인의 복합적 상호작용이 가져온 결과임을 확인하였다.

또 다른 연구의 예로서 김태은(2011)의 연구를 들 수 있다. [그림 12-9]에서
보듯이, 이 연구에서는 제도변화가 어렵도록 의도적으로 설계된 제도의 변화
원인을 밝힌다는 데 초점을 맞추어 내생적 제도변화 요인에 중심을 두었다.

[그림 12-9] 종합부동산세 변화 분석 틀

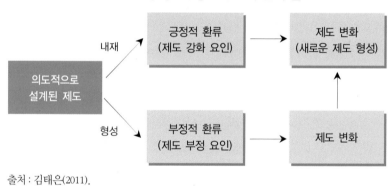

출처 : 김태은(2011).

분석결과, 종합부동산세 제도의 변화는 제도에 내재된 긍정적 환류와 종합
부동산세 시행에 따라 형성된 부정적 환류에 의해서 이루어졌다는 것이 밝혀
졌다. 이러한 연구결과는 내생적 제도변화를 설명하는 새로운 설명 도구를
제시했다는 점에서 그 의미가 있다.

3) 사회학적 제도주의

사회학적 제도주의의 제도연구는 배태성(embeddedness)과 동형화(isomorphism) 이론을 중심으로 이루어진다.

앞서 논의한 바와 같이 배태성은 개인의 행위가 현재 개인이 맺고 있는 사회적 관계에 의해 영향을 받는 것을 말하며(Granovetter, 1995), 여기에서 사회적 관계는 곧 제도이다. 또한 동형화는 조직 혹은 제도가 유사해져가는 과정을 말하며, 이러한 동형화는 하나의 조직단위가 다른 조직단위들을 닮게 하는 제약적인 과정이라고 할 수 있다(DiMaggio & Powell, 1991).

사회학적 제도주의 연구의 예로는 김철(2003)의 연구를 들 수 있다.

이 연구는 대체적 분쟁해결제도를 사례로 하여, 배태성과 제도적 동형화를 중심개념으로 하여 분석하였다. 분쟁해결제도가 생성·유지·확산되는 구조를 분석하였다.

분석결과, 행위자로서의 정보통신부가 제도적 환경이 요구하는 바대로 조직구조를 형성함으로써 정당성을 확보하려고 하였다는 것을 확인할 수 있었다. 즉 배태성의 논리가 그대로 적용되었음을 밝혔다. 한편, 제도적 동형화에서는 도메인 분쟁의 다관할적·초국가적 특성이 강압적 동형화의 압박요인으로 작용하였으며, 분쟁해결방식의 유사성이 모방적 동형화에 작용하였음을 밝혔다. 또한 전문가 집단들의 참여에 의해 규범적 동형화가 이루어졌음을 밝혔다.

위의 연구사례에서 보듯이, 사회학적 제도주의 연구에서는 사회적 정당성과 동형화가 중요하게 작용하는 것을 알 수 있다. 하지만 역사적 맥락이 고려되지 못하고, 행위자들의 전략적 선택이 간과되고 있는 문제는 여전히 사회학적 제도이론의 한계로 지적된다.

2. 관광정책 연구

관광정책 연구에서 신제도주의 제도이론의 적용은 주로 역사적 제도주의의 제도연구를 중심으로 이루어지고 있다. 연구의 예로 이연택·김자영 (2013)의 '여행바우처정책의 경로의존단계적 변화 분석', 김경희(2013)의 '의료관광정책의 제도적 변화분석: 점진적 제도변화 모형을 중심으로', 진보라 (2016)의 '문화관광해설사 자격제도의 경로의존성 분석' 등을 들 수 있다.

먼저, 이연택·김자영(2013)의 연구는 역사적 제도주의의 경로의존성 이론을 적용하여 여행바우처정책의 경로의존적 특징을 분석하였다. 연구모형은 발전시기별로 경로설정요인과 제도변화요인을 분석요인으로 설정하였으며, 결과변수로 경로의존단계를 설정하였다. 연구모형은 다음과 같다([그림 12-10] 참조).

[그림 12-10] 여행바우처정책의 경로의존성 연구모형

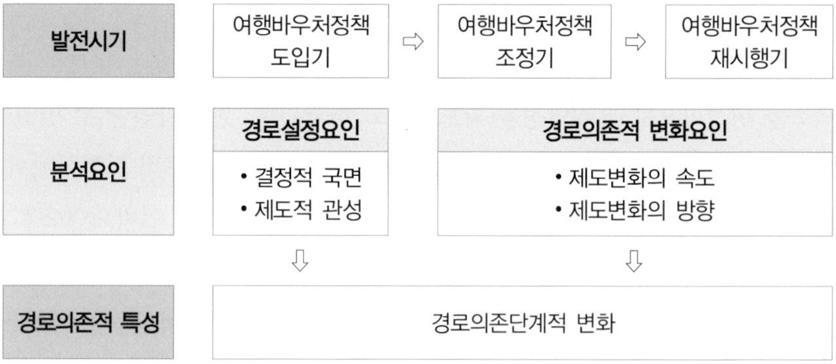

분석결과, 여행바우처정책은 정책도입기에 정권교체를 결정적 국면으로 가졌으며, 이후 관련법규들이 제정되면서 제도적 관성을 갖게 되었다. 이를 통해 경로설정이 이루어졌다. 이후 정책의 중단, 수정 등 급진적인 제도변화 과정을 거쳤으나, 정책목표와 추진주체가 지속적으로 유지되면서 경로적응 단계로 들어서게 되었다. 그 이후에도 여행바우처정책은 부분적인 변화가 있었으나 변화속도는 점진성을 보여주었으며, 변화방향에서도 어느 정도 일관성을 보여주면서 경로강화단계에 들어서게 되었다. 결과적으로, 여행바우처정책은 정책환경의 변화에도 불구하고 일단 경로가 설정된 이후 지속되는 경

로의존성을 지니는 것으로 확인되었다.

다음으로, 김경희(2013)의 연구는 역사적 제도주의의 점진적 제도변화모형을 적용하여 의료관광정책의 경로의존성을 분석하였다. 연구모형은 발전시기별로 외생적 요인과 내생적 요인을 분석요인을 설정하였으며, 결과변수로 제도변화를 설정하였다. 외생적 요인-내생적 요인-제도변화의 구조적 논리모형을 연구모형으로 제시하였다. 연구모형은 다음과 같다([그림 12-11] 참조).

[그림 12-11] 의료관광정책의 제도변화 연구모형

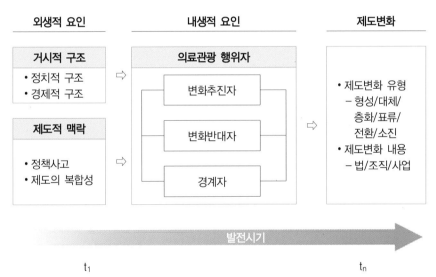

비고. t_1 : 제도변화의 경로 시작점이 형성되는 최초의 정권 시기
　　 t_n : 이후 정권 시기

분석 결과, 의료관광정책은 김대중 정부의 출범과 IMF 경제위기를 결정적 국면으로 가졌으며, 의료관광산업화에 대한 정책사고가 자리잡아가면서 변화추진자의 역할을 통해 제도형성단계에 들어서게 되었다. 이후 노무현 정부

가 출범하면서 민주화와 동반성장이 강조되고 의료제도의 공공성이 강조되면서 변화반대자와 경계자의 역할이 확대되는 계기가 마련되었다. 하지만 경제성장을 주장하는 변화추진자의 역할로 의료관광정책은 제도적 중층화가 부분적으로 확대되는 경로지속성을 보여주었다. 그 이후 실용정부인 이명박 정부가 출범하면서 의료관광산업화의 정책사고가 강화되는 계기가 마련되고, 변화추진자의 역할도 강화되었다. 이를 통해 의료관광정책은 제도적 중층화의 확장단계에 들어서게 되었다. 결과적으로, 의료관광정책은 정책환경의 변화, 공공성을 강조하는 의료제도의 속성, 변화반대자의 역할에도 불구하고 일단 설정된 경로가 중층화 단계를 거쳐 점진적으로 변화하는 경로의존성을 지니는 것으로 확인되었다.

[그림 12-12] 문화관광해설사 자격제도의 경로의존성 연구모형

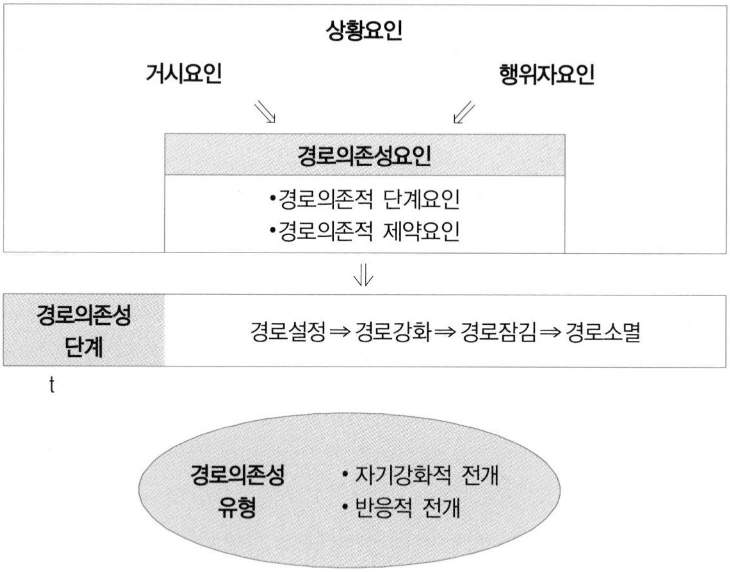

주 : t는 정책발전시기(도입기, 전환기, 유지기)

다음으로, 진보라(2016)의 연구는 역사적 제도주의의 경로의존성이론을 적용하여 문화해설사 자격제도의 경로의존적 변화를 확인하였다. 연구모형은 발전시기별로 상황요인과 경로의존성요인을 기술하고 이를 반영하여 경로의존적 특징과 연결하는 기술적 논리모형을 제시하였다. 상황요인에는 거시요인과 행위자요인이 포함되었으며, 경로의존성요인에는 경로의존 단계요인과 변화제약요인(경로의존성요인)이 설정되었다. 경로의존적 특징에는 경로단계, 경로의존성 유형이 설정되었다. 연구모형은 다음과 같다(그림 12-12] 참조).

분석결과, 문화관광해설사 자격제도는 2002년 월드컵 유치를 결정적 국면으로 도입되었으며, 이를 관광발전 중장기계획에 포함하면서 제도적 관성을 지니게 되었다. 변화제약요인으로는 자격제도의 정당성이 제시되었으며, 이를 통해 자기강화적 전개가 이루어지게 되었다. 이후 전환기에 들어서면서 점진적 제도변화가 이루어지고 참여대상이 확대되었다. 변화제약요인으로는 정당성 외에 연계효과, 상호보완성, 제도점착성 등이 제시되었으며, 이를 통해 경로가 강화단계에 들어서게 되었다. 이후 유지기에 들어서면서 제도변화의 속도는 감소되었으나 운영주체가 확대되는 변화가 이루어졌으며, 변화제약요인으로는 네트워크 외부효과가 추가되면서 경로잠김단계에 들어서게 되었다. 결과적으로, 문화관광해설사 자격제도는 거시적 환경이나 행위자요인에 의해 경로의존적 단계가 지속될 수 있었으며, 변화제약요인(경로의존성요인)의 논리적 기반에 근거하여 경로의존적 속성을 유지할 수 있었던 것으로 확인되었다.

실천적 논의
관광정책과 제도

제도는 신제도주의 입장에서 '개인적 선택이나 역사적 과정, 문화적 인지를 통해 형성된 규범체계'로 정의된다. 합리적 선택 제도주의, 역사적 제도주의, 사회학 제도주의 등 학파별로 각기 다른 입장을 갖는다. 최근 관광정책 사례 가운데 여러 사례들이 신제도주의의 제도변화 논리로 설명된다. 이러한 현실 인식을 토대로 다음 논제들에 대해 논의해보자.

논제 1. 합리적 선택 제도주의의 관점에서 최근 관광정책과 관련된 제도변화 사례에는 어떠한 것이 있으며, 그 제도변화는 어떠한 과정을 거쳐 이루어졌는가?

논제 2. 역사적 제도주의의 관점에서 최근 관광정책과 관련된 제도변화 사례에는 어떠한 것이 있으며, 그 제도변화는 어떠한 과정을 거쳐 이루어졌는가?

논제 3. 사회학적 제도주의 관점에서 최근 관광정책과 관련된 제도변화 사례에는 어떠한 것이 있으며, 그 제도변화는 어떠한 과정을 거쳐 이루어졌는가?

요약

이 장에서는 관광정책과 제도에 대해서 논의하였다. 신제도주의적 관점에서 제도와 정책의 관계에 대해서 설명하였다.

제도는 일반적으로 규범체계를 말한다. 그 구성요소를 전통적 제도주의에서는 공식적 국가기구로 보는 반면에, 신제도주의에서는 공식적·비공식적 요소를 모두 포함한다. 이를 바탕으로 하여 이 책에서는 제도를 '개인적 선택이나 역사적 과정, 문화인지를 통해 형성된 규범체계'로 정의한다.

제도가 정책에 미치는 영향으로는 정치행위자의 규정, 비공식적 정책행위자의 활동, 정책내용, 정책결과, 정책변동 등을 들 수 있으며, 사실상 정책과정 전반에 걸쳐 제도의 영향력이 작용한다고 할 수 있다.

제도론의 발전은 1950~60년대 행태주의 시대를 기준으로 하여 그 이전을 전통적 제도주의의 시대, 그 이후를 신제도주의의 시대로 구분한다. 전통적 제도주의는 크게 다섯 가지 특징으로 정리된다. 법률중심주의, 구조주의, 전체주의, 역사주의, 규범적 분석 등을 들 수 있다. 이에 반해 신제도주의는 제도와 개인(정책행위자)의 상호관계에 주목하며, 공식적 제도요소 뿐 아니라 비공식적 제도요소까지를 제도에 포함한다. 또한 정부시스템 전체를 분석대상으로 하는 대신에 부분적 요소들을 분석대상으로 한다. 또한 제도변화를 규범적 절차 혹은 과정으로 보는 대신에 합의나 협상, 점진적 변화, 제도적 동형화 등 현실적·경험적 과정으로 인식한다.

신제도주의에는 여러 학파들이 있으며, 그 가운데 대표적인 학파로 합리적 선택 제도주의, 역사적 제도주의, 사회학적 제도주의를 들 수 있다.

먼저 합리적 선택 제도주의의 주요 이론적 주장을 살펴보면, 제도를 게임의 규칙 혹은 계약으로 보며 그 특징으로는 거래비용, 주인 - 대리인 관계, 제도의 중첩성을 들고 있다. 행위자는 합리적 개인으로서 전략적 선택을 하는 것으로 보고 있다. 합리적 선택 제도주의에서는 제도를 개인의 효용극대화를 위한 수단으로 인식하며, 이에 따라 기능주의적 설명력을 갖는다. 반면에, 제도의 역사성을 간과하고 있다는 지적을 받는다.

역사적 제도주의는 역사와 맥락을 중심 개념으로 한다. 제도는 공식적 규칙, 순응절차, 표준화된 관행으로 정의되며, 개인과 집단의 행위에 영향을 미치는 공식적·비공식적 규범요소들을 모두 포함한다. 주요 특징으로는 제도적 맥락, 역사적 과정, 국가 - 사회 관계 등을 들 수 있다. 역사적 제도주의에서 행위자는 역사의 객체인 동시에 주체로 간주된다. 거시적 수준에서 제도와 개인행위의 상호관계를 설명할 수 있는 기회를 제공하는 반면에, 맥락이 곧 제도라는 결정론적 오류가 있음을 지적받는다.

사회학적 제도주의에서는 제도를 비공식적 요소인 문화, 상징체계, 의미 등으로 본다. 즉 제도의 구조적 측면이나 제약요인으로서의 제도에 초점을 맞추는 것이 아니라, 제도의 인지적·문화적 측면에 초점을 맞춘다. 그 특징으로는 적절성의 논리, 제도의 동형화 등을 들고 있다. 한편, 정책행위자는 사회적 존재로서의 개인으로 상정된다. 사회학적 제도주의는 조직, 사회적 관계, 문화 등 거시적 접근의 설명력을 갖는 반면에, 문화결정론의 오류를 지적받는다.

신제도주의의 제도연구에서 중요한 특징 중에 하나가 제도변화에 대한 연구이다. 전통적 제도주의가 제도변화를 공식적 절차로 보는 반면에, 신제도주의는 제도변화를 현실적·경험적 과정으로 본다.

먼저 합리적 선택 제도주의에서는 제도변화를 개인의 전략적 선택으로 본다. 즉 자신의 효용을 극대화하고자 하는 개인들의 의식적인 설계의 산물이라는 관점이다. 변화방식으로는 합의와 협상을 제시한다. 주요 연구모형으로는 오스트롬(Ostrom)의 제도분석틀을 들 수 있다. 제도변화를 분석하는 모형으로서 제도 - 행동의 장 - 결과의 흐름을 제시한다.

역사적 제도주의에서는 제도를 제도적 맥락으로 보며, 역사적 과정을 중시한다. 그러므로 제도변화에 대한 입장도 상대적으로 보수적이며, 제도변화를 역사의 산물로 본다. 주요 논리로는 지속성의 논리를 들 수 있다. 이러한 입장을 그대로 반영하는 것이 경로의존성 이론이다. 제도변화 연구로는 제도적 역동성모형과 점진적 제도변화모형을 들 수 있다. 제도적 역동성모형에서는 외생적 요인과 행위자의 전략변화의 관계에서 제도변화를 설명하며, 점진적 제도변화모형에서는 제도변화의 영향요인을 거시적 수준, 제도적 수준, 행위자 수준으로 구분하여 제시한다.

사회학적 제도주의에서는 제도를 문화로 보며, 사회적 존재로서의 개인의 주관적 인지과정을 중시한다. 그러므로 제도변화의 논리는 사회적 정당성, 즉 적절성의 논리이다. 제도변화 방식에서는 동형화 모형을 제시한다. 동형화는 조직 혹은 제도가 비슷해지는 과정을 말한다. 주요 연구모형으로는 제도적 동형화모형을 들 수 있다. 제도적 동형화의 원인으로서 정치적 영향력, 표준적 대응, 전문화 등을 제시하며, 이에 따라 나타나는 동형화의 결과(강압적 동형화, 모방적 동형화, 규범적 동형화)를 설명한다.

제도변화 연구에서는 각 학파별로 다양한 경험적 연구가 이루어지고 있다. 합리적 선택 제도주의에서는 앞서 제시된 제도분석틀을 적용한 연구가 주로 이루어진다. 역사적 제도주의에서는 경로의존성모형을 적용한 연구와 통합적 제도변화모형 연구가 이루어진다. 통합적 제도변화모형 연구에서는 역사적 제도주의를 중심으로 하여 합리적 선택 제도주의와 사회학적 제도주의의 맥락요인들이 독립변수로서 복합적으로 고려된다. 또한 사회학적 제도주의에서는 제도적 동형화 모형이 적용된 연구가 이루어진다.

관광정책과 거버넌스

개관

이 장에서는 관광정책과 거버넌스에 대해서 논의한다. 거버넌스는 정부의 새로운 운영방식으로 정책행위자와 정책에 지대한 영향을 미친다. 제1절에서는 거버넌스의 개념과 의의에 대하여 논의하며, 제2절에서는 정부모형에 대해서 살펴본다. 제3절에서는 전통적 정부모형에 대해서 다루며, 제4절에서는 현대적 정부모형인 거버넌스에 대해서 다룬다. 제5절에서는 거버넌스와 정부의 역할에 대해서 살펴보며, 제6절에서는 거버넌스이론과 경험적 연구에 대해서 논의한다.

제1절 거버넌스의 개념과 의의

1. 개념

1990년대에 들어서면서부터 정부의 전통적인 운영방식이나 관리체계를 대신하여 거버넌스(governance)라는 용어가 널리 쓰이고 있다. '정부에서 거버넌스로'(from government to governance) 혹은 '정부없는 거버넌스'(governance without government)와 같은 상징적인 표현들(Rosenau & Czempiel, 1992)이 보여주듯이 기존의 정부 운영방식이 새로운 운영방식, 즉 거버넌스로 전환되고 있다.

이러한 배경에는 정책환경의 변화와 이에 대응하는 정부의 역할에 있어서의 한계를 들 수 있다. 우선, 정책환경의 변화로는 정보기술의 발달과 비정부조직(NGO)의 활성화를 들 수 있다. 정보기술의 발달과 함께 전자정부가 구축되기 시작하였으며, 이를 통해 정책이해관계자의 소통과 참여가 활발하게 이루어질 수 있었다. 또한 민주화와 다원화가 고도화되면서 비정부조직의 활동이 활성화되었으며, 이를 통해 시민참여가 더욱 확대되었다.

또한 이러한 정책환경의 변화에 대하여 전통적인 정부모형은 한계를 보여주었다. 새롭게 등장하는 다양한 정책수요에 대응하는데 있어서 여러 가지 문제점이 나타났으며, 이를 해결하려는 정부의 전문성에서도 한계를 드러내었다. 따라서 문제를 제대로 해결하기 위해서는 단지 운영기법의 개선이라는 미봉책이 아니라, 정부의 운영방식에 있어서 새로운 패러다임의 도입이 필요하다는 인식이 자리잡기 시작했다. 이러한 배경에서 등장한 개념이 바로 거버넌스이다.

거버넌스는 관점에 따라서 매우 다양한 정의가 존재한다.

주요 학자들의 개념 정의를 살펴보면, 쿠이만(Kooiman, 1994)은 거버넌스를 '정부와 사회의 일방적이고 독단적인 관계에서 정부와 사회가 상호작용하는 관계로의 변화'로 설명하였으며, 스토커(Stoker, 1998)는 '상호의존성, 자원의 교환, 게임의 규칙, 국가로부터의 자율성 등을 특징으로 하는 조직간 네트워크로서 정부조직과 비정부조직 간의 상호관계'로 특징지었다. 제솝(Jessop, 2000)은 거버넌스를 '정부, 시장, 시민단체 등 상호의존적인 행위자들 간의 자율적·수평적 복합조직'으로 보았다. 이들의 정의에서는 거버넌스가 네트워크의 속성으로 파악됨을 볼 수 있다.

한편, 고스(Goss, 2001)는 거버넌스를 '단순히 공공기관들 간의 관계가 아니라 시민과 공공기관과 같은 각기 다른 주체들 간의 집단적 의사결정의 새로운 형태'로 보았으며, 존(John, 2001)은 '다양한 조직에 속해있는 개체들의 네트워크에 기초를 둔 공공의사결정의 유동적 패턴'으로 설명하였다. 이들의 관점에서는 거버넌스가 단지 네트워크화된 형태만이 아니라 의사결정방식의 속성으로 파악됨을 알 수 있다.

또 다른 정의의 유형으로서, 로즈(Rhodes, 1997)는 거버넌스를 '정부의 개입 축소 및 민간부문의 관리개념을 공공부문에 적용하고, 공공부문의 이윤개념을 내재화하여 시장의 경쟁원리를 구현하는 새로운 공공운영시스템'으로 파악하였다. 또한 피에르(Pierre, 2000)는 '정책들을 조정하고 다양한 맥락에서 공공의 문제를 해결할 수 있는 통치체계'로 정의하였다. 이들의 관점에서는 거버넌스가 공공운영시스템 혹은 통치체계의 속성으로 파악되고 있음을 볼 수 있다.

정리하면, 거버넌스(governance)는 '공식적·비공식적 정책행위자들의 네트워크를 기반으로 이들의 상호작용 및 협력을 통해 사회문제를 해결하는 정부의 운영방식'으로 정의된다.

2. 의의

제도론적 관점에서 볼 때, 거버넌스는 앞서 논의한 바와 같이 정부와 사회와의 관계를 새롭게 설정하는 운영제도로서 정책행위자와 정책에 미치는 영향이 매우 크다.

구체적인 운영방식에 있어서 전통적 정부와 거버넌스의 차이를 살펴보면, 전통적인 정부가 사회에 무언가를 제공하는 것(providing)에 목표를 두었다면, 거버넌스는 사회가 무언가를 달성하는 것이 가능하도록 하는 것(enabling)에 목표를 둔다. 또한 정부가 모든 사업을 직접 집행하기(rowing)에 역할이 있었다면, 거버넌스는 사업이 집행되도록 방향을 잡기(steering)의 역할을 담당한다(Leach & Perci-Smith, 2001). 따라서 행위자들의 활동을 지원하고 조정하는데 거버넌스의 특징이 있다고 할 수 있다.

또 다른 차이를 살펴보면, 거버넌스는 전통적인 정부보다 넓은 개념의 정책행위자를 규정한다. 전통적 정부모형에서 정책주체가 정치체제, 즉 공식적인 정치행위자인 반면에, 거버넌스모형에서의 정책주체는 정부와 사회로 확대되며 소위 특정정책영역의 정책하위체계가 정책주체가 된다. 거버넌스체제에서는 공식적·비공식적 정책행위자들이 상호작용을 통하여 네트워크를 구축하고 이를 통해 국정관리가 이루어진다고 할 수 있다.

정책과정의 각 단계별로 거버넌스가 미치는 영향을 정리해 보면, 다음과 같다.

첫째, 정책의제설정단계에서 거버넌스가 구축되면서 외부 주도형 정책의제설정이 더욱 활성화된다. 정책결정자가 정책의제설정을 주도하였던 것에 비해 거버넌스에서는 정책이해관계집단들의 정책의제설정 참여가 더욱 확대된다고 할 수 있다.

둘째, 정책결정단계에서 정책네트워크모형에 의한 의사결정이 이루어진다. 구체적으로는 정책공동체모형이나 이슈네트워크모형과 같이 다양한 정책행위자들이 참여하는 네트워크에 의한 의사결정이 이루어진다.

셋째, 정책집행과정에서 정부의 독점적 운영방식 대신에 시장적 거버넌스가 들어서게 된다. 구체적인 예로서 민영화, 민간위탁, 민관파트너십 등의 방식을 들 수 있으며, 이를 통해 작고 효율적인 정부를 지향하게 된다.

넷째, 정책평가과정에서 내부평가 뿐 아니라 외부평가가 활성화된다. 거버넌스가 구축되면서 외부전문가 혹은 외부전문기관의 참여가 확대된다. 또한 비정부조직(NGO) 등에 의한 자발적 평가가 늘어나게 된다. 거버넌스 구축을 통해 정책결정자와 정책집행자의 책무성을 더욱 강화하는 효과를 기대할 수 있다.

제2절 정부모형

다음에서는 정부모형의 개념을 정의하고, 시대별 변화과정을 살펴본다. 그리고 관광정책에의 적용에 대해서 논의한다.

1. 개념

정부모형(government model)은 '정부의 운영방식과 이에 관한 기본 체계'를 말한다. 그러므로 전통적 정부모형이라고 하면, 관료제를 기반으로 하는 정부의 운영방식과 이에 관한 기본 체계를 말한다. 전통적 정부모형은 현대적 정부모형인 거버넌스모형과 구분된다. 예를 들어 고전적 정부관료제모형, 거대행정국가모형, 발전행정국가모형 등이 여기에 해당된다.

정부모형의 시대별 변화과정을 살펴보면, 정부모형은 그동안 행정환경의 변화와 함께 대두된 행정이론이나 이념 그리고 관점에 따라서 그 유형이 다양하게 변화해왔다.

2. 변화과정

정부모형의 변화과정을 정리하여 살펴보면(권기헌, 2007; 오석홍, 2011), 다음과 같다.

1) 정치 · 행정 이원 시대

근대 국가의 성립과 함께 국가행정이 자리잡기 시작하였으며, 특히 1887년에 발표된 윌슨(Wilson)의 「The Study of Administration」(행정의 연구) 이후 기술적 행정과 행정과정의 능률성이 강조되기 시작하였다. 정치활동 속에 포함되어 있던 행정이 독자적인 위치를 찾고 그 고유성을 확보했던 시기라고 할 수 있다. 또한 이 시기에는 막스 베버의 고전적 관료제 모형이 도입되기 시작하였다. 이 시기의 정부모형을 '고전적 정부관료제모형'이라고 부른다.

2) 정치 · 행정 일원 시대

1930년대 경제대공황 이후 정치 · 행정 이원론에 대한 회의적 시각이 나타나기 시작하였으며, 행정부의 적극적인 정책개입이 이루어지게 되었다. 특히 행정의 전문화, 기술화로 인해 정책결정과 관련된 행정부의 재량권, 준입법권, 준사법권이 크게 증가했다. 이 시기에 정부는 거대한 행정국가로 발전되었으며, 행정의 사회적 능률성이 강조되었다. 이 시기의 정부모형을 '거대행정국가모형'이라고 부른다.

3) 발전행정 시대

1960년대에 이르러 개발도상국의 경제 · 사회 발전을 위해 행정의 중요성이 강조되면서 이를 지원하기 위한 행정학의 연구분야인 발전행정론이 등장하였다. 발전행정론은 국가발전을 위한 행정의 역할을 연구의 주 대상으로 삼았으며, 행정체제가 국가발전을 선도하고 관리하는데 필요한 효과적인 방안들을 모색하였다. 과거 정치·행정 일원론의 시대에 있어서 정치가 주도하던 정치와 행정의 관계와는 달리 행정이 주도하는 관계구조가 형성되었다. 그런 의미에서 지나치게 강력해진 행정권력이 정치와 행정의 균형있는 관계를 저해하였다는 비판도 받고 있다. 이 시기의 정부모형을 '발전행정국가모형'이라고 부른다.

4) 신공공관리 시대

1980년대에 이르러 영국과 미국에 신보수주의 정권이 들어서면서 행정개혁의 이론적 도구로서 신공공관리(new public management)가 대두되었다. 이전까지의 행정이론과는 달리 신공공관리론은 정부개혁을 위해 시장주의 기법을 도입하였으며, 효율성의 개념을 강조하였다. 공공부문의 축소, 민간위탁, 민영화, 외부 발주 등이 그 대표적인 예라고 할 수 있다. 신공공관리론은 한편으로는 작은 정부를 추진하면서, 다른 한편으로는 강한 정부를 강조하였다. 이 시기의 정부모형을 '작은정부모형'이라고 부른다.

5) 뉴 거버넌스 시대

뉴 거버넌스(new governance)는 신공공관리와 거의 비슷한 시기에 등장하였으나, 신공공관리보다 다소 이후에 등장한 것으로 보는 것이 일반적이다. 그 의미에 있어서도 두 이론은 매우 유사한 것으로 알려져 있으나, 사실 근본적인 내용에 있어서는 큰 차이를 보여준다. 먼저 뉴 거버넌스론이 정부와 사회와의 네트워크 형태를 중시하는 반면에, 신공공관리론은 시장적 정부모형과 같은 정부의 효율적인 운영방식을 중시한다. 또한 뉴 거버넌스론이 조직 간의 관계에 관심을 가지며 공동체주의적 입장을 가지고 있는데 반해, 신공공관리론은 조직 내의 관계에 관심을 가지며 신자유주의적 입장을 가진다. 이러한 입장 차이에도 불구하고, 이 시기의 정부모형은 전통적 정부모형과는 달리 다양한 정책행위자들의 네트워크를 중시하며 동시에 효율적인 운영방식을 중시한다. 그러한 의미에서 뉴거버넌스론과 신공공관리론이 함께 작용한다고 할 수 있다. 이 시기의 정부모형을 '거버넌스모형'이라고 부른다.

이상에서 살펴본 정부모형의 시대별 변화과정을 도식화하여 제시하면, [그림 13-1]과 같다.

[그림 13-1] 정부모형의 시대별 변화과정

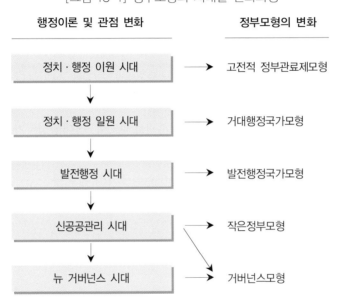

3. 관광정책에의 적용

관광정책에 있어서 정부의 운영방식은 일반 정책과 마찬가지의 변화과정을 보여준다. 관광행정은 1960년대에 발전행정 시대를 거쳐 신공공관리 시대 그리고 뉴 거버넌스 시대를 맞이하고 있다. 정부모형에 있어서는 전통적 정부모형인 발전행정국가모형 시대를 거쳐 이제 작은정부모형 내지는 거버넌스모형 시대에 들어서 있다. 특히 관광정책의 특성 가운데 협업정책과 네트워크정책으로서의 특성을 고려할 때 거버넌스는 관광정책 발전에 중요한 운영제도로서 그 의의를 갖는다. 따라서 관광거버넌스의 구축은 관광정책발전에 반드시 필요한 시대적 과제라고 할 수 있다.

제3절 전통적 정부모형

다음에서는 앞서 제시되었던 정부모형의 유형을 전통적 정부모형과 현대적 정부모형인 거버넌스모형으로 구분하고, 그 특징을 살펴본다.

우선, 이 절에서는 전통적 정부모형에 대해서 논의한다. 앞서 다루어졌던 정부모형의 유형들 가운데 고전적 정부관료제모형, 거대행정국가모형, 발전행정국가모형 등이 여기에 해당된다. 이들의 공통적인 속성으로 국정관리제도로서의 대의민주주의제도와 조직운영원리로서의 관료제를 들 수 있다. 그 내용은 다음과 같다.

1. 대의민주주의제도

근대국가 이래 정부의 국정관리제도는 사실상 대의민주주의제도(representative democracy)를 전제로 하여 정당화되었다고 할 수 있다. 대의민주주의제도는 정치적 개념으로서 주권자인 국민이 자신을 대표할 의원과 대통령을 선거로 선출하고, 이들로 하여금 국정을 관리하게 하는 간접 민주주의제도의 한 형태이다. 그러므로 개별정책에 대하여 국민들이 직접 투표권을 행사하지 않고 대표자를 통해 정책문제를 처리토록 하는 것이다.

대의민주주의제도를 구성하는 주요 행위자들로서는 국민, 입법부, 정치집행부, 행정기관 등을 들 수 있다. 이들의 관계를 살펴보면(남궁근, 2009), [그림 13-2]와 같다.

[그림 13-2] 대의민주주의제도 모형

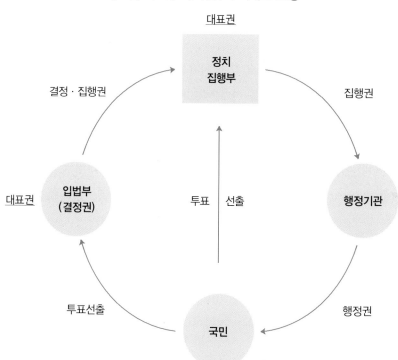

우선, 국민은 의원을 대표자로 선출하며, 국민이 선출한 의원들이 입법부를 구성한다. 입법부는 법률을 제·개정하고 그 결정사항을 정치집행부와 행정기관이 집행하도록 하며 이를 감독하고 견제한다.

다음으로 정치집행부는 국민이 선출한 대통령과 대통령이 임명한 정무직 공무원들로 구성된다. 대통령은 최고의 행정권한을 가지며 정책결정권을 갖는다. 또한 정치집행부는 의회에 정책안을 제출할 수 있다. 정치집행부는 행정기관을 감독하고 통제하는 계서적 권위를 지닌다.

다음으로 행정기관은 신분을 보장받는 관료들로 구성된다. 이들은 원칙적으로 정치적 책임은 지지 않으며 중립적 입장에서 정책집행을 담당한다. 행정기관의 운영은 전통적인 정부관료제모형을 기반으로 하고 있으며, 주권자인 국민과의 관계에 있어서 공익적 입장에서 주권자인 국민에게 행정적 권한을 행사한다.

또한 대의민주주의제도에서 각 행위자들은 크게 민주성, 대표성, 그리고 책임성을 기준으로 하여 행동을 한다. 하지만 이러한 기준들이 정치행위자들에 의해서 제대로 지켜지지 않으면서 대의민주주의제도는 한계를 보여준다. 특히 '대표성의 실패' 문제는 정당성의 위기로까지 진단되고 있다(임혁백, 2000). 그 대안으로 참여민주주의(participatory democracy)가 제시되고 있으며, 참여의 범위가 선거를 통한 간접적 참여에 그치지 않고 정책과정에의 직접 참여로 확대되고 있다. 그 구체적인 예가 현대 정보사회에서의 인터넷 정치 참여이다(고인석, 2010). 이러한 정책과정에의 직접 참여는 일종의 직접 민주주의적 성격을 갖는다. 참고로, 참여민주주의는 직접민주주의와는 구분된다. 참여민주주의가 대의민주주의제도 내의 참여를 의미하는 반면에, 직접민주주의는 대의민주주의와 대립되는 개념이다.

2. 관료제

전통적 정부모형은 조직운영원리로서 관료제를 기반으로 한다. 막스 베버의 관료제가 그 원형이다. 관료제(bureaucracy)는 한마디로 '계층제적 특성을 지닌 조직 내지는 이에 관한 제도'로 정의된다. 여기에서 관료(bureaucrat)는 행정을 집행하는 공무원을 말한다. 관료제는 베버가 제시하는 바와 같이 다양한 사회적 가치를 추구하기 위한 것이 아니라 단일한 기능적 목표를 수행하기 위한 조직체로 인식된다(Wrong, 1970).

관료제의 주요 운영원리를 살펴보면(오석홍, 2011), 다음과 같다[그림 13-3] 참조).

[그림 13-3] 관료제의 주요 운영원리

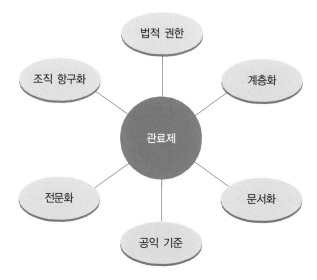

1) 법적 권한

모든 직위의 권한과 관할범위는 법규에 의하여 규정된다. 권한은 사람이 아니라 직위에 부여되며, 사람은 직위를 갖게 되면서 권한을 행사할 수 있다. 활동의 관할 범위도 공식적인 임무로 규정되어야 하며, 그것을 지속적으로 수행하는 방법도 공식적으로 규정된다.

2) 계층제 구조

계층제는 상하 구분이 뚜렷한 상명하복의 질서체계를 말한다. 계층제의 상하 구분은 계층제의 직위에 근거를 둔다. 계층제에서 상위직은 하위직을 감독하며, 하위직은 상위직의 엄격한 감독과 통제 하에서 임무를 수행한다. 모든 직위들이 계층적 구조 속에 배치된다.

3) 문서화

모든 직위의 권한과 임무는 문서화된 법규에 의하여 규정된다. 모든 수행되는 임무는 문서에 의하여 이루어지며, 문서로 보관되어야 한다.

4) 공익 기준

관료들은 상위직 혹은 상급자의 개인적 종복으로서가 아니라 법규에 정한 직위의 담당자로서 임무를 수행해야 한다. 관료들은 임무수행에 있어서 개인적인 이익을 추구해서는 안 되며, 어느 경우에나 공평무사한 비개인성을 유지해야 한다. 이는 곧 공익기준의 원리를 말한다.

5) 전문화

관료들은 임무수행에 필요한 전문적 훈련을 받은 사람들이 채용되어야 하며, 채용은 전문적 능력을 기준으로 해야 한다. 관료는 전임직원이며, 임기가 보장된다. 관료들은 계급과 근무연한에 따라 급여와 연금을 받으며, 상위직으로 진급할 수 있는 기회가 주어진다.

6) 조직 항구화

조직 항구화는 조직의 안정성을 말한다. 관료제는 권력관계의 사회화를 통해 권력의 망을 형성하며, 이를 통해 적절한 기능을 수행함으로써 관료제 스스로 항구화한다. 또한 관료 개개인은 관료제에 소속되어 구성체의 일원으로 행동하며, 관료제에 습관화되며 스스로 관료조직을 와해시킬 수 없게 된다.

위의 여섯 가지 원리는 근대 조직의 기본적인 질서를 설명하는 기준으로서 조직학의 발전에 크게 기여하였다. 하지만 행정환경이 변화되면서 막스 베버의 관료제는 많은 비판을 받아왔으며 수정적 대안들이 제시되고 있다. 이러한 흐름에서 최근에는 관료제의 도구적 합리성과 함께 실제적 합리성을 증진하기 위한 제도적 방안의 모색이 이루어지고 있다(박희봉, 1998).

제4절 현대적 정부모형 : 거버넌스

이 절에서는 앞서 논의되었던 전통적 정부모형의 특징에 이어서 현대적 정부모형인 거버넌스의 특징에 대해서 살펴보고, 관광정책에의 적용에 대해서 논의한다.

거버넌스는 전통적 정부모형과 대비된다. 거버넌스모형은 거버넌스의 운영형태 혹은 이론체계를 말하는데 일반적으로는 거버넌스로 줄여서 같은 의미로 사용한다. 거버넌스는 신공공관리론과 뉴거버넌스론으로부터 영향을 받았다. 거버넌스는 아직까지도 합의된 형태가 존재하지 않으며, 학자들마다 다양한 유형들이 제시되고 있다.

주요 학자들의 연구를 중심으로 하여 그 유형을 살펴보면 다음과 같다.

1. 학자별 거버넌스 유형

1) 피터스의 거버넌스 유형

피터스(Peters, 1996)는 전통적인 정부모형에 대한 대안으로 네 가지 거버넌스 유형들을 제시했다. 이 유형들은 관료제를 중심개념으로 하는 전통적인 정부모형의 특성인 독점, 계층제, 영속성, 내부규제 등에 대하여 대안적 성격을 갖는다(남궁근, 2009).

이를 유형별로 살펴보면 다음과 같다(〈표 13-1〉 참조).

(1) 시장모형

시장모형(market model)은 관료제의 독점을 해결하기 위한 대안적 형태로 제시된다. 관료제의 독점적 지위로 인해 내부경쟁이 일어나지 못하며, 이로 인해 비효율성이 발생하는 것으로 파악된다. 시장모형은 그 해결방안으로서 행정조직의 분권화, 지방정부에의 권한 위임, 성과급 등 민간경영기법의 도입을 제시한다.

(2) 참여모형

참여모형(participatory model)은 계층제적 권위를 해결하기 위한 대안적 형태로 제시된다. 계층제적 권위는 조직의 하위계층 공무원 그리고 조직의 고객집단들의 참여에 제한을 가져온다. 참여모형은 그 해결방안으로서 수평적 형태의 조직구조, 총품질관리 및 팀제의 도입, 고객집단의 정책과정 참여와 협의 등을 제시한다.

(3) 신축모형

신축모형(flexibility model)은 관료제 조직의 영속성을 해결하기 위한 대안적 형태로 제시된다. 조직의 영속성은 조직의 타성과 변화에의 거부 등을 가져오게 되며, 이로 인해 정부의 비효율성을 가져오게 된다. 신축모형은 그 해결방안으로서 기존 조직의 폐지, 새로운 대안 조직의 신설, 한시적 조직운영 등을 제시한다.

(4) 탈규제모형

탈규제모형(deregulation model)은 정부 내부의 규제를 해결하기 위한 대안적 형태로 제시된다. 정부 내부의 규제는 공공부문에 내재하는 잠재력과 독창성을 제한함으로써 행정의 비효율성을 가져오게 된다. 탈규제모형은 그 해결방안으로 재량권의 확대, 기업가적 정부, 의사결정에 있어서 자율성과 창의성의 중시 등을 제시한다.

〈표 13-1〉 피터스의 거버넌스 유형

구 분	시장모형	참여모형	신축모형	탈규제모형
진단기준	독점	계층제	영속성	내부규제
구 조	분권화	수평조직	가상조직	(제안 없음)
관 리	성과급 민간 부문 기법	팀제 운영 총품질관리	임시직 관리	재량권 확대
정책결정	내부시장 시장적 유인	협의, 협상	실험	기업가적 정부
공 익	저비용	참여, 협의	저비용, 조정	창의성, 활동주의

출처 : Peters, B. G.(1996)

2) 로즈의 거버넌스 유형

로즈(Rhodes, 1999)는 거버넌스를 시장모형, 계층제모형 그리고 네트워크모형 등 세 가지 유형으로 구분하였다. 전통적인 정부모형인 계층제로부터 뉴 거버넌스모형인 네트워크모형까지를 포괄하는 광의의 거버넌스 유형이라고 할 수 있다(정정길 외, 2011).

이를 유형별로 살펴보면 다음과 같다(〈표 13-2〉 참조).

(1) 시장모형

시장모형(market model)에서 정부는 최소화의 논리를 따른다. 정치행위자들 사이의 관계는 계약과 사유재산권에 기초하며, 행위자들 사이의 의존관계는 독립적이다. 교환의 매개체로서 가격을 사용한다. 시장모형에서 행위자들 사이의 갈등해소 및 조정수단은 흥정이며, 그러한 해결이 불가능하면 법원의 판결로 조정한다. 또한 구성원들 사이의 지배적인 문화는 경쟁이다.

(2) 계층제모형

계층제모형(hierarchical model)은 전통적인 정부모형인 정부관료제모형이라고 할 수 있다. 계층제모형에서는 행위자들의 관계가 고용관계에 기초하며, 행위자들 사이의 관계성격은 의존적이다. 또한 행위자들 사이의 교환의 매개체는 권위이며, 조정수단으로서 규칙과 명령에 의존한다. 또한 구성원들 사이의 지배적인 문화는 복종이다.

(3) 네트워크모형

네트워크모형(network model)은 뉴 거버넌스의 전형이라고 할 수 있다. 네트워크모형에서 정치행위자들의 관계는 자원의 교환에 기초하며, 이들 사이의 의존성은 상호의존적이라고 할 수 있다. 또한 행위자들 사이의 교환은 가격이나 권위가 아닌 신뢰에 기초하며, 갈등해소 및 조정수단으로서 교섭을 사용한다. 또한 구성원들 사이의 지배적인 문화는 상호의존이다.

〈표 13-2〉 로즈의 거버넌스 유형

구 분	시장모형	계층제모형	네트워크모형
관계의 기초	계약·사유재산권	고용관계	자원의 교환
의존성	독립적	의존적	상호의존적
교환의 매개체	가격	권위	신뢰
갈등해소 및 조정수단	흥정·판결	규칙·명령	교섭
지배적인 문화	경쟁	복종	상호의존

출처 : 정정길 외(2011), Rhodes, R.(1999).

3) 쿠이만의 거버넌스 유형

쿠이만(Kooiman, 2003)은 정부와 사회 간의 중심성을 기준으로 하여 세 가지의 거버넌스 유형을 제시하였다. 우선 사회중심성 모형으로 자치적 거버넌스(self-governance)를 제시하였으며, 정부중심성 모형으로 계층제 거버넌스(hierarchical governance)를 제시하였다. 또한 민관협력의 절충적 모형으로 협력적 거버넌스(co-governance)를 제시하였다(권기헌, 2010).

이를 유형별로 살펴보면 다음과 같다(〈표 13-3〉 참조).

〈표 13-3〉 쿠이만의 거버넌스 유형

구 분	자치적 거버넌스	협력적 거버넌스	계층적 거버넌스
중심역할	사회	정부 · 사회	정부
행위자관계	자기조직적 네트워크	수평적 관계	수직적 관계
문제해결 방식	상호작용	민관 파트너십	조정 · 통제

(1) 자치적 거버넌스

자치적 거버넌스는 사회가 하나의 독립체로서 스스로 정체성을 개발하고, 유지하는데 필요한 수단을 마련할 수 있는 역량이 있음을 전제로 한다. 그러므로 자치적 거버넌스에서는 정치행위자들 사이의 상호작용의 결과로 자기조직적(self-organizing) 네트워크가 생성되는 것으로 파악한다. 국정운영의 관점에서도 사회적 행위자들 간의 상호작용과 자기조정능력을 중시한다.

(2) 협력적 거버넌스

협력적 거버넌스는 정부와 사회, 정부와 민간의 협력을 강조하며, 이를 구성하는 정부의 역할을 중시한다. 협력적 거버넌스는 사회행위자들이 상호 협력적으로 추구하는 공통의 지향점에 주목한다. 바로 그 공통점에 자율성과 정체성의 이해관계가 있는 것으로 본다. 그러므로 협력적 거버넌스는 정부운영 방식에서도 다양한 형태의 협력과 협동이 필요하다는 점을 강조한다. 의사소통, 수평적 관계, 민관 파트너십, 공동관리 등이 하위유형으로 제시된다.

(3) 계층제 거버넌스

계층제 거버넌스는 정부를 사회의 중심적 실체로 본다. 그러므로 사회문제를 해결하는데 있어서 정부의 역할이 매우 중요하며, 핵심적 역할을 담당하는 것으로 파악한다. 계층제 거버넌스는 통치의 상호작용 유형에서 하향적 특성을 강조하며, 국가의 조종과 통제를 핵심개념으로 본다. 한마디로, 정부 관료제 중심의 계층제를 토대로 하는 전통적 정부모형이라고 할 수 있다.

4) 피터스와 피에르의 거버넌스 유형

피터스와 피에르(Peters & Pierre, 2005)는 정부와 시민사회 간의 중심성을 기준으로 크게 다섯 가지의 거버넌스 유형으로 구분하였다. 전형적인 국가주의 모형에서부터 순수사회중심형 거버넌스 모형까지 넓은 의미의 거버넌스라고 할 수 있다(권기헌, 2010).

이를 유형별로 살펴보면 다음과 같다(〈표 13-4〉 참조).

〈표 13-4〉 피터스와 피에르의 거버넌스 유형

구 분	정부통제모형	자유 민주주의모형	정부중심 조합주의모형	사회중심 조합주의모형	자기조정 네트워크모형
중심역할	정부	정부 (사회영향)	정부조합	사회조합	사회
행위자 관 계	정부지배권	사회활동 인정	정부중심사 회관계	사회적 관계	자기조정
문제해결 방 식	정부통제	정부통치	정부중심 상호작용	사회중심 상호작용	정부 없는 거버넌스

(1) 정부통제모형

정부통제모형은 정부의 통치방식에서 가장 강력한 정부중심성 모형이다. 정부가 모든 의사결정의 중심이 되며, 사회적 행위자들에 대한 지배권을 갖는다. 정부모형 가운데 가장 극단적인 국가주의 모형이다.

(2) 자유민주주의모형

자유민주주의모형은 다양한 사회적 행위자들의 활동을 인정한다. 또한 이들은 국정에 영향을 미치기 위해 서로 경쟁을 하게 된다. 하지만 국정의 결정권은 정부가 갖는다. 정부가 사회로부터 완전히 독립적일 수는 없다는 점에서 국가통제모형보다는 정부중심성이 약간 느슨하다고 할 수 있다.

(3) 정부중심조합주의모형

정부중심조합주의모형은 정부조합주의의 권력모형을 기반으로 하는 거버넌스 형태라고 할 수 있다. 국정의 중심성이 사회 쪽으로 약간 이동하였다고 할 수 있다. 정부는 사회행위자들과 파트너관계를 형성하고 이들과의 제도적 협력을 통해 실질적인 권력을 갖는다. 정부를 중심으로 사회와의 상호작용이 강조되는 모형이라고 할 수 있다.

(4) 사회중심조합주의모형

사회중심조합주의모형은 사회적 네트워크가 중심이 되며, 국가의 역할은 최소화되는 거버넌스 형태이다. 국정운영의 중심이 더욱 사회 쪽으로 이동한 상태라고 할 수 있다. 사회조합주의의 권력모형이 기반이 된다. 그러므로 국정운영에 있어서 사회가 강력한 행위자가 되며, 정부는 이들과의 사회적 관계에서 하나의 구성요소로서의 역할을 담당한다.

(5) 자기조정네트워크모형

자기조정네트워크모형은 사회적 행위자들의 자기조정을 중심으로 하는 거버넌스 형태이다. 사회적 행위자들의 네트워크에서 정부는 국정운영의 역할을 상실하고, '정부 없는 거버넌스'(governance without government)를 구성하게 된다. 그러므로 정부운영의 중심이 완전히 사회 쪽으로 이동해 있는 완전한 사회중심형 거버넌스라고 할 수 있다.

2. 일반 거버넌스 유형

다양한 형태의 거버넌스가 정책현장에서 실무적으로 혹은 운영적으로 사용되고 있다. 이들을 정책문제, 정책주체, 내용, 운영, 지역적 범위, 정책영역 등을 기준으로 하여 그 내용을 살펴보면 다음과 같다([그림 13-4] 참조).

[그림 13-4] 일반 거버넌스 유형

기준	거버넌스 유형
정책문제 (세계문제)	글로벌 거버넌스
정책주체 (연합정부)	다층적 거버넌스
운영방식 (투명성)	좋은 거버넌스
자치모형 (거버넌스모형)	뉴 거버넌스
전략적 적용	메타 거버넌스
지역적 범위	로컬 거버넌스
정책영역	정책 거버넌스

우선, 글로벌 거버넌스(global governance)는 국제관계분야에서 사용된다. 세계적 수준의 문제들에 대하여 국가만이 아니라 국제사회가 대응해야 한다

는 입장을 갖는다. 그러므로 국가뿐 아니라, 비정부조직(NGO), 국제기구, 세계적 기업 등이 상호작용적으로 문제를 해결해야한다는 주장이다(Rosenau, 1995). 글로벌 거버넌스는 '지구적 수준의 공동통치체계'로 정의된다.

다층적 거버넌스(multi-level governance)는 주로 국가연합체에서 사용된다. 유럽연합(EU)의 경우, 초국가체제인 유럽연합정부, 회원국가, 회원국가의 하위 정부 등 다층적 국가행위자가 존재한다. 이들 다층적 국가행위자들과 사회가 상호작용을 통하여 공동의 목표를 추구해나가는 네트워크 관리체계를 말한다(Olsson, 2003).

또한 좋은 거버넌스(good governance)는 국제기구를 중심으로 사용된다. 예로서, IMF와 같은 글로벌 금융원조기관 등을 들 수 있다. 이들은 자신들의 목표달성을 위해 지원대상 국가들의 투명한 거버넌스가 필요하다는 입장이다(Doornboss, 2001; Pierre, 2000). 그러므로 좋은 거버넌스란 '국가의 자원배분을 투명하고, 공정하게, 그리고 책임성 있게 처리하는 정부의 운영 능력'으로 정의된다. 신공공관리론과 신자유주의 체제가 기본 논리가 된다.

다음으로, 뉴 거버넌스(new governance)를 들 수 있다. 뉴 거버넌스는 흔히 거버넌스와 같은 의미로 사용된다. 하지만 앞서 학자들의 유형구분에서 살펴본 바와 같이 거버넌스와 뉴 거버넌스는 엄밀한 의미에서 분명한 차이를 보여준다. 우선, 거버넌스는 다양한 유형의 거버넌스를 포함하는 포괄적 개념으로 사용되는데 반해, 뉴 거버넌스는 매우 극단적인 유형으로 규정된다. 예를 들어, 피터스와 피에르(Peters & Pierre)는 '정부 없는 거버넌스' 모형으로서 자기조정네트워크모형을 제시하였다. 같은 맥락에서 쿠이만(Kooiman)은 자치적 거버넌스를 제시하였다. 이러한 자기조정네트워크모형이나 자치적 거버넌스 등이 뉴 거버넌스 모형에 해당되며, 포괄적인 개념인 거버넌스와는 구분된다.

또 다른 유형으로 메타거버넌스(meta governance)를 들 수 있다. 메타거버넌스는 계층제, 시장, 네트워크 등 다양한 유형의 거버넌스를 포괄하고, 이를 종합하여 분석하는 초거버넌스모형이다. 그러므로 어느 특정 정책에 어떠한 거버넌스가 적정한지를 전략적으로 선택하고 적용할 수 있는 정부의 운영능력이 곧 메타거버넌스의 핵심이다(Jessop, 2003).

또한 로컬 거버넌스(local governance)를 들 수 있다. 로컬 거버넌스는 '지역적 범위의 거버넌스로서 지방분권적 구조에서 지역을 중심으로 형성된 거버넌스'를 말한다(Stoker, 1998). 로컬 거버넌스에서는 지방정부와 함께 지역생산자 단체, 지역 NGO, 지역주민 등이 지역 공동의 목표를 추구해 나가는 네트워크를 형성한다.

다음으로 정책 거버넌스(policy governance)를 들 수 있다. 정책 거버넌스는 '정책영역 분야에서 사회문제를 해결하기 위하여 형성된 거버넌스'를 말한다. 정책은 정책영역별 속성에 따라서 다른 정책과 구별되며 나름대로의 특성을 지닌다. 앞에서도 보았듯이 관광정책은 종합정책으로서, 융합정책으로서, 또한 네트워크 정책으로서의 특성을 지닌다. 그러므로 관광정책의 특성에 따라 관광정책 거버넌스는 고유성을 갖는다. 정책연구사례들을 통해 정책영역별 거버넌스의 예를 살펴보면, '보건의료 분야에서의 보건의료정책 거버넌스'(문상호, 2007), 남북관계분야에서의 '대북자원정책 거버넌스'(권기창·배귀희, 2006), 과학기술분야에서의 '과학기술정책 거버넌스'(강동완, 2008) 등을 들 수 있다.

3. 관광정책에의 적용

관광정책에서는 관광정책거버넌스(tourism policy governance)라는 용어가 사용된다. 관광정책거버넌스는 관광정책영역이라는 기능적 거버넌스를 말한다. 하지만 아직까지 정형화된 형태는 가지고 있지 않으며, 관광정책의 특성이 반영된 고유한 거버넌스 형태가 다양한 각도로 모색되고 있다.

관광정책거버넌스에서의 거버넌스 개념은 현대적 정부모형으로서 전통적 정부모형과는 대비되며, 자기조정네트워크모형이나 자치적 거버넌스와 같은 극단적 형태의 뉴 거버넌스 유형과도 차이를 보여준다. 그런 의미에서 쿠이만(Kooiman)의 협력적 거버넌스가 가장 일반적으로 받아들여진다. 쿠이만의 협력적 거버넌스에서는 의사소통, 수평적 네트워크, 민관 파트너십, 공동관리 등이 강조된다.

한편, 관광거버넌스(tourism governance)란 용어가 사용된다. 이는 관광정책거버넌스 보다 넓은 의미로 사용되며, 지역관광거버넌스, 관광마을기업거버넌스, 컨벤션산업정책거버넌스 등 지역별, 대상별, 기능별 거버넌스 유형을 모두 포괄한다.

제5절 거버넌스와 정부의 역할

앞서 살펴보았듯이 거버넌스는 정부의 새로운 운영방식인 동시에 운영제도이다. 그러므로 거버넌스의 현실 적용에 있어서는 역시 정부의 역할이 매우 중요하다. 하지만 전통적 정부모형에 익숙한 정부가 운영방식을 단번에 거버넌스로 전환하기는 쉽지 않다. 거버넌스를 구축할 수 있는 정부의 역량이 필요하며, 이를 위한 체계적인 전략이 요구된다.

다음에서는 거버넌스 구축을 위한 정부의 핵심역량과 단계별 전략에 대해서 살펴본다.

1. 핵심역량

거버넌스 구축을 위한 정부의 핵심역량을 주제로 하는 대표적인 연구로는 골드스미스와 케틀(Goldsmith & Kettle, 2009)의 연구를 들 수 있다. 이들은 정부의 핵심역량으로 여덟 가지 요소를 들고 있다.

첫째, '파트너 구성'(partner making)이다. 정부는 관련 당사자들과의 네트워크를 형성하고 조직 간의 경계를 초월하여 협력을 도출할 수 있어야 한다.

둘째, '영향과 협상'(influencing and negotiating)이다. 정부는 참여자들을 설득하고, 공감대를 도출하여 상호이익을 추구해야 한다.

셋째, '인간관계 기술'(interpersonal skills)이다. 정부는 파트너들의 요구와 감정을 고려하여 적절하게 대응하고 파트너들을 존중하고 배려하여야 한다.

넷째, '창의와 혁신'(creativity and innovation)이다. 정부는 새로운 통찰력을 개발하여 혁신적인 해결책을 제시해야 한다.

다섯째, '외부환경 인지'(external awareness)도 중요하다. 정부는 국내외 정책환경을 파악하고 중장기 계획을 수립할 수 있어야 한다.

여섯째, '기업가 정신'(entrepreneurship)이다. 정부는 새로운 서비스 전달방법을 개척하고 위험을 감수하며 새로운 사업을 실행할 수 있어야 한다.

일곱째, '문제해결'(problem solving)이다. 정부는 사회문제를 확인·분석하고 구체적인 문제해결 방안을 제시해야 한다.

여덟째, '갈등관리'(conflict resolution)이다. 정부는 부정적인 효과를 최소화하기 위한 긍정적이고 건설적인 방법으로 갈등과 의견대립을 관리할 수 있어야 한다.

이상의 여덟 가지 요소들은 정부가 거버넌스 구축을 위해 갖추어야 할 기본적인 역량이라고 할 수 있다. 이를 도식화하여 제시하면, [그림 13-5]와 같다.

[그림 13-5] 정부의 핵심역량

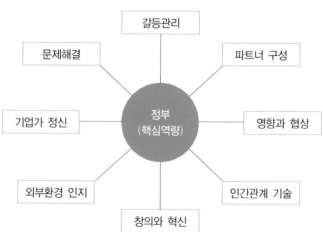

출처 : Goldsmith, S. & Kettle, D.(2009).

2. 단계별 전략

거버넌스 구축을 위한 단계별 전략으로서 골드스미스와 에거스(Goldsmith & Eggers, 2004)는 설계단계와 관리단계로 구분하여 그 전략을 제시한다.

우선 설계단계에서의 구축전략에는 다섯 가지 요소가 있다.

첫째, '공공가치'의 규정이다. 정부는 사회문제 해결을 통해 추구해야 할 공공 가치를 명확하게 규정해야 한다.

둘째, '재원'의 확보이다. 정부는 인적·물적 자원 등을 활용할 수 있는 동원 능력을 갖추어야 한다.

셋째, '적절한 참여자'의 선택이다. 정부는 원활한 협력관계를 발전시키기 위해서 능력 있는 참여자를 선택해야 한다.

넷째, '네트워크 유형'의 탐색이다. 정부는 참여유형 및 참여자 간의 관계구조 등을 고려하여 정책공동체, 이슈네트워크 등의 네트워크 유형을 탐색해야 한다.

다섯째, '네트워크 관리자'의 선정이다. 정부는 네트워크를 통합적으로 관리할 수 있는 관리자의 선정이 필요하다.

다음으로, 관리단계에서의 구축전략에는 네 가지 요소가 있다.

첫째, '의사소통채널'의 구축이다. 정부는 다양한 참여자들과의 협력관계를 유지하기 위해서 적절한 의사소통채널을 구축해야 한다.

둘째, '업무조정'이 이루어져야 한다. 정부는 민관협력관계를 위해 정부 업무의 분권화, 위임, 위탁, 민간협력 등의 조정을 해야 한다.

셋째, '관계 구축'이다. 정부는 지속적인 협력을 위해 강력한 연결망 구축과 관계유지를 해야 한다.

넷째, 적합한 '책무성'의 확보이다. 정부는 거버넌스에 적합한 정책결정자와 정책집행자의 책무성 기준을 마련해야 한다.

제6절 거버넌스이론과 경험적 연구

거버넌스이론은 '거버넌스와 정책산출과의 관계를 설명하는 지식체계'를 말한다. 거버넌스이론의 경험적 연구는 미시적 수준의 실증연구와 사례연구법이 적용된다.

다음에서는 일반정책 연구, 관광정책 연구의 순으로 살펴본다.

1. 일반정책 연구

거버넌스이론에 대한 실증적 연구는 거버넌스 형성의 영향요인에 관한 연구와 거버넌스 관계구조에 관한 연구로 유형화된다.

1) 거버넌스 형성의 영향요인

거버넌스 형성의 영향요인에 관한 연구는 거버넌스 형성을 종속변수로 하고 이에 영향을 미치는 원인변수들에 대한 검증을 목적으로 한다.

프리스탁(Frishtak, 1994)은 실증연구를 통해 거버넌스 형성의 영향요인으로 공공의 관여, 제도, 의사결정의 투명성, 갈등의 해결, 권력의 제한, 리더십 책임 등을 제시하였다. 또한 라스커 등(Lasker et al., 2001)은 자원, 파트너의 특징, 파트너간의 관계, 외부환경 등을 제시하였다.

국내 연구에서는 김시영 · 노인만 (2004)의 연구에서 거버넌스 형성의 영향요인으로 조직 내부적 측면, 상호작용적 측면, 환경적 측면, 협력 수준 등이 제시되었으며, 최영출 (2004)은 환경적 조건, 네트워크 구조설정, 네트워크 내부 운영 전략 등을 영향요인으로 제시하였다.

이를 정리해 보면, 거버넌스 형성의 영향요인으로는 크게 환경적 요인, 상호작용 요인, 정부내부 요인, 민간역량 요인 등이 제시되고 있음을 볼 수 있다([그림 13-6] 참조).

[그림 13-6] 거버넌스 형성의 영향요인

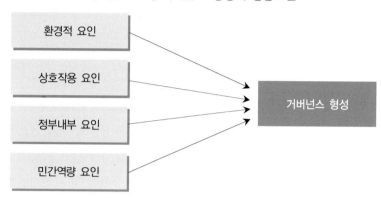

2) 인과관계구조 연구

거버넌스의 인과관계구조는 정책환경 – 거버넌스 – 정책결과의 관계로 구성된다([그림 13-7] 참조).

거버넌스의 영향요인으로는 정책환경 요인들이 설정되며, 거버넌스의 결과 요인으로는 정책결과 요인들이 설정된다. 우선, 영향요인으로서 정책환경 요인은 주로 거시수준의 요인들이 설정된다. 예를 들어, 쓰레기 수거 사업을 대상으로 거버넌스 구조에 미치는 영향요인 분석에서는 비용절감, 재정적 압박, 정부간 압력, 제도적 요인, 정치적 설명, 서비스 특성, 이웃효과 등의 요인들이 영향요인으로 설정되었다(김재훈, 2007).

한편, 거버넌스의 결과요인으로는 정책결과 요인들이 설정되는데, 주요 요인으로는 효율성, 만족도, 경제적 성과 등이 설정된다. 예를 들어, 공공갈등을 대상으로 한 실증적 연구에서는 거버넌스의 결과요인으로 효율성과 합의 만족도가 설정되었다. 이 연구에서는 경로 분석이 실시되었으며, 영향요인으로는 경제요인, 상호의존, 가용자원, 제도요인 등이 설정되었다(채종헌·김재근, 2009).

[그림 13-7] 거버넌스 관계구조 모형

2. 관광정책 연구

관광분야에서의 거버넌스 연구는 정부의 거버넌스 구축에 관한 연구와 거버넌스 형성의 영향요인에 관한 연구가 주로 이루어진다. 거버넌스 구축에 관한 연구에서는 거버넌스를 단일변수로 설정하며, 거버넌스 형성의 영향요인에 관한 연구에서는 거버넌스를 종속변수로 설정한다. 관광거버넌스 연구의 예로는 '지역관광협력체로서 로컬관광거버넌스 형성요인과 발전가능성에 관한 연구'(김진동·김남조, 2007), 'AHP를 활용한 지속가능한 관광을 위한 관광거버넌스형성의 영향요인 중요도 분석'(김문주, 2008), '의료관광정책의 협력적 거버넌스 구축과정에 관한 연구'(임형택, 2011), '관광특구지역에 있어서 로컬관광거버넌스 형성의 영향요인에 관한 연구'(이연택·김성태, 2011), '광역권 관광 네트워크 거버넌스 형성의 영향요인에 관한 연구'(권신일, 2012), '국제회의도시에 있어서 지역컨벤션산업정책 거버넌스의 형성과 정책성과에 관한 연구'(주현정, 2013), '지역컨벤션산업정책에 있어 정책행위자의 역량, 거버넌스 형성, 정책성과 간의 관계구조 연구'(이연택·주현정·김경희, 2013), '관광 커뮤니티 비즈니스 정책의 협력적 거버넌스 형성 영향요인'(김경희·야스모토 아츠코·이연택, 2016) 등을 들 수 있다.

다음에서는 유형별로 연구의 예를 살펴본다.

1) 의료관광거버넌스 구축과정

임형택(2011)의 연구는 의료관광정책을 대상으로 2005년부터 2010년까지 5년

동안을 연구기간으로 하여 의료관광거버넌스의 단계별 구축과정을 분석하였다([그림 13-8] 참조).

연구방법으로는 기술적 사례연구법을 적용하였다.

분석결과, 의료관광 정책의 거버넌스 구축에 있어서 단계별 전략요소들이 반드시 단계별(초기과정, 형성과정)로 구축되지는 않는 것으로 나타났다. 또한 단계별 정책행위자들 간의 상호관계에서도 갈등관계가 있는 것으로 나타났다. 분석결과에 기초한 시사점으로는 협력적 거버넌스 구축을 위한 보다 체계적인 접근과 정책행위자들 간의 협력관계 설정을 위한 정부의 네트워크 관리능력이 더욱 강화되어야 할 것으로 제시되었다.

[그림 13-8] 거버넌스 구축과정 연구모형

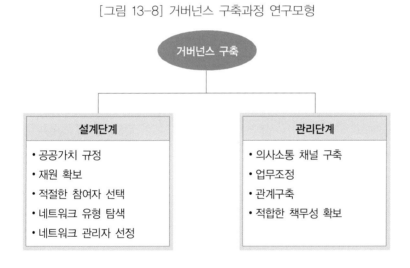

2) 로컬관광거버넌스 형성의 영향요인

이연택·김성태(2011)의 연구는 관광특구지역을 조사대상으로 하였다. 관광특구제도는 1993년에 도입되었으며, 2004년부터 특구지역의 지정 및 운영권이 지방정부로 이양되었다. 하지만 특구제도의 실효성에 있어서 여전히 문제점이 제기되고 있으며 이를 해결하기 위한 실행적 대안들의 모색이 요구되고 있다.

이 연구는 이러한 현실적 배경에서 관광특구지역의 로컬거버넌스 형성에 영향을 미치는 요인들에 관한 연구모형을 구성하였다([그림 13-9] 참조). 연구방법으로는 특구지역 사업종사자들을 대상으로 하여 설문조사법을 적용하였다.

분석 결과, 영향요인으로 설정된 파트너십 구축, 역량 및 전문성 강화, 권한 부여, 정부의 지원 등 네 가지 요인들 가운데 파트너십 구축 요인의 영향력이 가장 큰 것으로 나타났으며, 그 다음으로 권한부여, 정부의 지원, 역량 및 전문성 강화의 순으로 나타났다. 거버넌스 형성을 위해서는 무엇보다도 민관 상호작용 요소인 파트너십 요인이 중요하다는 점을 확인했다는 점에 의의가 있다.

[그림 13-9] 로컬 관광거버넌스 형성의 영향요인 모형

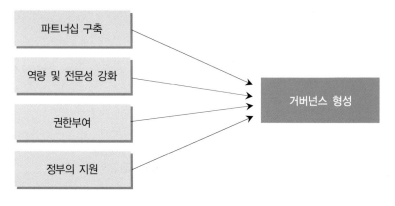

3) 광역권 관광거버넌스 형성의 영향요인

권신일(2012)의 연구는 광역권 관광개발지역인 지리산권을 대상으로 하여 이루어졌다. 광역권 관광개발은 "비슷한 성격의 관광자원이 밀집 분포된 둘 이상의 시·군 또는 시·도를 포함하는 일정 권역이나 기능적으로 연결된 둘 이상의 지역에서 이루어지는 관광개발방식"을 말한다(문화체육관광부, 2011).

이 연구는 설문조사법으로 이루어졌으며, 영향요인으로 광역권 관광개발의 특성을 고려하여 광역권 제도환경 요인, 지방정부역량 요인, 광역권 지역사회 역량 요인, 광역권 관광사업 요인 등 네 가지 요인이 설정되었다(그림 13-10) 참조).

[그림 13-10] 광역권 관광거버넌스 형성의 영향요인 모형

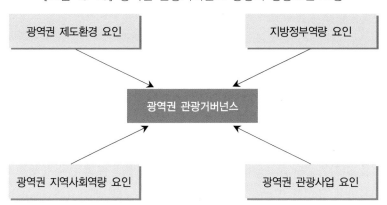

분석결과, 이들 네 가지 요인 중에서 광역권 관광사업 요인과 광역권 지역사회역량 요인의 영향력이 큰 것으로 나타났으며, 광역권 제도환경 요인과 지방정부역량 요인은 부분적인 영향력이 있는 것으로 나타났다. 이러한 결과를 통하여 볼 때, 광역권 거버넌스 형성을 위해서는 무엇보다도 민간 부문의 역량, 즉 관광사업역량과 지역사회역량이 중요하게 작용한다고 할 수 있다. 시사점으로는 광역권 정부와 민간 부문과의 협력관계 구축의 필요성이 제시되었다.

4) 거버넌스 형성요인 간 관계구조

이연택 · 주현정 · 김경희(2013)의 연구는 지역컨벤션산업정책을 대상으로 이루어졌다. 설문조사법이 적용되었으며, 연구모형으로 정책행위자 역량-거

버넌스 형성-정책성과 간의 관계를 검증하는 구조적 관계모형이 제시되었다. 정책행위자 역량요인에는 지역이해관계자 역량과 지방정부 역량이 세부 요인으로 설정되었으며, 거버넌스 형성요인에는 구조적 요인과 운영적 요인이 세부 요인으로 설정되었다. 연구모형은 다음과 같다([그림 13-11] 참조).

[그림 13-11] 거버넌스 형성요인 간 관계구조 모형

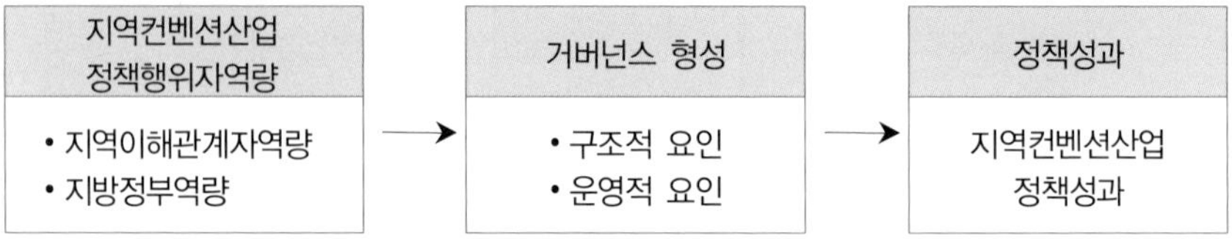

지역컨벤션산업 정책행위자역량	거버넌스 형성	정책성과
• 지역이해관계자역량 • 지방정부역량	• 구조적 요인 • 운영적 요인	지역컨벤션산업 정책성과

분석결과, 이해관계자 역량과 지방정부 역량 모두 거버넌스 형성에 유의한 영향을 미치는 것으로 나타났으며, 거버넌스의 구조적 요인과 운영적 요인도 정책성과에 유의한 영향을 미치는 것으로 나타났다. 매개효과 검증결과에서는 거버넌스 형성이 정책행위자 역량과 정책성과 간의 관계에 완전매개효과가 있는 것으로 확인되었다. 시사점으로는 지역컨벤션산업정책의 정책성과를 향상시키기 위해서는 정책행위자의 역량이 중요하며, 매개기제로서 거버넌스 형성의 중요성이 강조되었다.

실천적 논의
관광정책거버넌스

거버넌스는 민관협력을 통한 정부의 새로운 운영방식으로 이해된다. 거버넌스는 이처럼 운영방식이나 관리체계에 있어서 전통적 정부모형과 구분된다. 하지만 거버넌스에는 다양한 유형들이 존재하며, 아직까지 정형화된 형태가 제시되지는 못하고 있다. 그동안 관광정책에서도 지역컨벤션정책 거버넌스, 광역관광권 거버넌스, 관광특구 거버넌스 등 세부 정책영역별로, 공간범위별로 다양한 형태의 거버넌스가 정책현장에서 모색되어 왔다. 이러한 인식에서 다음 논제들에 대하여 논의해보자.

논제 1. 중앙정부 차원에서 최근에 추진되는 관광정책거버넌스 사례에는 어떠한 것이 있으며, 그 구축과정에서 정부의 역할은 어떠한가?

논제 2. 지방정부(광역 혹은 기초자치단체) 차원에서 최근에 추진되는 관광정책거버넌스 사례에는 어떠한 것이 있으며, 그 구축과정에서 지방정부의 역할은 어떠한가?

요약

이 장에서는 관광정책과 거버넌스에 대해서 논의하였다.

거버넌스는 '공식적·비공식적 정책행위자들의 네트워크를 기반으로 이들의 상호작용 및 협력을 통해 사회문제를 해결하는 정부의 운영방식'으로 정의된다.

거버넌스에서 정책행위자는 전통적 정부모형보다 더욱 넓은 개념의 행위자로 확대되며, 정책과정에 있어서 단계별로 영향을 미친다.

정책의제설정단계에서는 외부주도형 의제설정이 더욱 활성화되며, 정책결정단계에서는 다양한 정책행위자들이 참여하는 정책공동체모형이나 이슈네트워크모형이 형성된다. 또한 정책집행단계에서는 시장적 거버넌스모형이 형성되며, 정책평가단계에서는 외부평가가 활성화되며, 정책행위자의 책무성이 더욱 강화되는 효과를 가져온다.

정부모형이란 '정부의 운영방식과 이에 관한 기본 체계'를 말한다. 이를 시대별로 변화과정을 살펴보면, 정치·행정 이원 시대의 고전적 정부관료제모형, 정치·행정 일원 시대의 거대행정국가모형, 발전행정 시대의 발전행정국가모형, 신공공관리 시대의 작은정부모형, 뉴 거버넌스 시대의 거버넌스모형을 들 수 있다.

전통적 정부모형이라 하면, 앞서 제시된 정부모형들 가운데 고전적 정부관료제모형, 거대행정국가모형, 발전행정국가모형 등이 여기에 속한다. 전통적 정부모형은 대의민주주의제도의 국정관리제도에 기반을 두고 있으며, 관료제의 조직운영원리를 기본으로 한다.

거버넌스는 이러한 전통적 정부모형에 대비되는 개념으로서 다양한 형태의 모형들이 존재한다.

피터스는 전통적 정부모형과 대비되는 거버넌스 유형으로서 시장모형, 참여모형, 신축모형, 탈규제모형을 제시하였으며, 로즈는 광의의 거버넌스 개념에서 정통적 정부모형인 계층제모형을 포함하여 시장모형, 계층제모형, 네트워크모형 등을 제시하였다.

쿠이만은 로즈의 모형과 같은 맥락에서 자치적 거버넌스, 협력적 거버넌스, 계층제 거버넌스를 제시하였다. 또한 피터스와 피에르는 정부-시민사회의 중심성을 기준으로 정부통제모형, 자유민주주의모형, 정부중심조합주의모형, 사회중심조합주의모형, 자기조정 네트워크모형을 제시하였다.

일반 거버넌스 유형의 예로는 국제관계분야의 글로벌 거버넌스, 국가연합체의 다층적 거버넌스, 국제기구의 좋은 거버넌스, 뉴 거버넌스, 메타거버넌스 그리고 로컬거버넌스 등을 들 수 있다.

한편, 관광정책과 관련하여 관광정책거버넌스라는 용어가 사용되고 있으며, 관광정책거버넌스는 관광정책영역에서의 거버넌스로 정의된다. 관광정책의 특성인 협력정책과 네트워크정책의 특성이 반영된다.

거버넌스와 정부의 역할에서는 협력적 거버넌스의 관점에서 거버넌스 형성에서 정부의 역할에 주목하여, 거버넌스 형성을 위한 정부의 핵심역량과 구축전략이 다루어졌다. 핵심역량으로는 파트너연결, 영향과 협상, 인간관계 기술, 외부환경 인지, 기업가 정신, 문제해결, 갈등관리 요소 등이 제시되었다. 한편, 구축전략에서는 구축과정을 설계단계와 관리단계로 구분하고, 설계단계에는 공공가치 규정, 재원 확보, 적절한 참여자 선택, 네트워크 유형 탐색, 네트워크 관리자 선정 요소 등이 포함되었으며, 관리단계에는 의사소통채널 구축, 업무 조정, 관계 구축, 적합한 책무성 확보 등의 요소들이 포함되었다.

관광정책과 사회자본

개관

이 장에서는 관광정책과 사회자본에 대해서 다룬다. 사회자본은 사회적 환경요인으로서, 또한 사회제도로서 정책행위자와 정책에 영향을 미친다. 제1절에서는 사회자본의 개념과 속성에 대해서 논의하며, 제2절에서는 사회자본의 특징과 유형에 대해서 다룬다. 제3절에서는 사회자본의 측정에 대해서 살펴보며, 제4절에서는 사회자본이론과 경험적 연구에 대해서 알아본다.

제1절 사회자본의 개념과 속성

사회자본(social capital)은 앞서 제Ⅱ부 제4장 관광정책과 정책환경에서 간략하게 살펴보았듯이, 정치체제와 정책성과에 영향을 미치는 주요 사회적 환경요인이며, 동시에 규범적 속성을 지닌 사회제도로서 현대 정책학의 핵심 연구주제로 부각되고 있다. 특히, 관광정책에 있어서 정부와 지역공동체와의 상호관계성이 중요하다는 점을 고려할 때 사회자본은 관광정책학 연구에서 더욱 중요성을 지닌다.

다음에서는 사회자본의 개념과 속성을 살펴보고, 관광정책에의 적용에 대해서 논의한다.

1. 개념

사회자본 개념이 학술적 연구로 처음 소개된 것은 1986년에 발표된 프랑스 사회학자인 브르디외(Bourdieu)의 연구로 알려지고 있다(남궁근, 2009; Baron et al., 2000). 브르디외는 사회자본을 경제자본과 문화자본과는 구분되는 자본의 한 형태로 보았으며, 지속적으로 존재하는 관계의 연결망을 통해 얻을 수 있는 실제적이고 잠재적인 자원의 총합으로 보았다(Bourdieu, 1986). 그는 자본주의 사회에서 계급불평등이 지속되는 이유를 엘리트 계급들이 경제자본 뿐 아니라 사회자본이나 문화자본과 같은 형태의 자본을 축적함으로써 구조적 불평등이 재생산되는 것으로 설명하였다.

미국의 사회학자 콜먼(Coleman)은 사회자본을 인적자본과 구분하고, 사회자본이 교육 성취를 이루는데 영향력이 크다고 주장하였다. 그는 사회자본이 다른 형태의 자본과 마찬가지로 주어진 구조에 속하는 개인이나 집단으로 하여금 특정행위를 하도록 촉진하며, 생산적인 공동의 목적을 성취할 수 있도록 해 주는 것으로 보았다(Coleman, 1988).

브르디외와 콜먼이 개인이나 집단 수준에서 사회자본을 연구한 것과는 대조적으로 퍼트남(Putnam)은 지역공동체나 국가 수준에서 사회자본을 연구하였다. 퍼트남은 사회자본을 조정과 협력을 촉진하는 네트워크, 호혜적 규범, 사회적 신뢰 등 참여자들이 공유하는 목표를 추구하기 위해 효율적으로 함께 일 할 수 있도록 하는 사회공동체의 특징으로 보았다(Putnam, 1995).

같은 맥락에서 후쿠야마(Fukuyama)는 신뢰(trust)를 사회자본의 핵심 요소로 보았다. 그는 사회자본을 공동체의 구성원들이 함께 일할 수 있는 능력으로 인식하였으며, 국가의 복지수준과 경쟁력이 사회에 내재하는 신뢰수준에 의해서 결정되는 것으로 보았다(Fukuyama, 1995). 그의 주장의 핵심에는 시민사회가 자리잡고 있다. 그는 시민사회는 가족과 국가영역 사이에 존재하는 중간 수준의 사회조직으로서 신뢰에 기반을 두고 있으며, 또한 신뢰를 기반으로 하여 구성원의 협동과 생산성을 증대시키는 것으로 보았다.

한편, OECD는 사회자본을 공동체 혹은 공동체 간의 상호협력을 촉진하는 네트워크, 규범, 가치, 이해로 규정한다(OECD, 2001). 즉 사회자본을 문화와 행동규범의 산물로서 인식하며 공동체에 의해 공유되는 공공재적 성격을 지니는 것으로 본다.

이와 같이 사회자본은 크게 브르디외와 콜먼처럼 개인이나 집단 수준에서 바라보는 미시적 수준의 접근과 퍼트남이나 후쿠야마처럼 지역공동체나 국가수준에서 바라보는 거시적 수준의 접근으로 구분할 수 있다. 또한 이러한 접근방법의 차이에 따라서 개념 정의도 달라진다고 볼 수 있다.

이 책에서는 사회자본을 정책연구의 목적을 위해 거시적 수준의 관점에서 접근하고자 한다. 그런 의미에서 사회자본(social capital)이란 '사회공동체 혹은 국가의 구성원들이 공유하는 사회적 관계에 내재된 자산'으로 정의한다. 기본적인 속성으로는 공동체, 구성원, 사회관계를 포함한다.

2. 속성

사회자본은 앞서 개념정의에서 보았듯이, 분석수준, 즉 자본 소유자의 수준이 미시적 수준인가, 거시적 수준인가에 따라서 차이를 보여주며, 또한 효용성을 어디에 두느냐에 따라서도 차이를 보여준다. 그러한 의미에서 사회자본은 다차원적 속성을 지닌다고 할 수 있다(김동윤, 2009).

분석수준에서 미시적 수준은 개인이나 집단을 분석단위로 하며, 거시적 수준은 사회공동체 혹은 국가를 분석단위로 한다.

효용성에 있어서는 사회자본의 가치를 연결망(network)에 둘지, 혹은 사회적 기능(social function)에 둘지에 따라서 각기 다른 접근이 가능해진다. 연결망 중심의 접근방식은 브르디외의 사회자본 관점과 밀접한 관련성이 있다. 브르디외는 사회자본을 연결망의 규모와 연결망에 포함된 자산의 크기로 파악하였다.

이와는 달리, 콜먼은 사회적 기능에 초점을 두었다. 콜먼은 사회자본을 네트워크에 속한 개인들 사이에 공유되는 신뢰나 호혜성과 같은 규범에서 비롯되는 것으로 보았다. 그러므로 콜먼에게 있어서 사회자본은 연결망 자체가 아니라 관계, 구조 속에 존재하는 개인이나 집단에게 특정한 행위를 하도록 유도하고 촉진시키는 생산적인 기제라고 할 수 있다(Coleman, 1990).

이를 정리해 보면, [그림14-1]과 같이, 사회자본의 다차원적 속성은 크게 분석수준과 효용성이라는 두 가지 기준을 중심으로 하여 네 가지 소영역이 도출된다(김동윤, 2009).

첫 번째 영역은 미시적 수준에서 연결망에 기준을 두는 영역이다. 이 영역에서 사회자본은 개인이나 집단이 친목모임과 결사체 속에서 자신들의 이해관계를 확장시키는 기제로 작동하고 있음을 보여준다. 소위 개인 혹은 집단의 인맥이나 연줄 등을 말한다.

두 번째 영역은 미시적 수준에서 사회적 기능에 기준을 두는 영역이다.

이 영역에서 사회자본은 단지 이해관계의 확장이라는 의미를 넘어서서 미시적 차원의 사회적 기능, 즉 자원동원, 목표달성, 사회적 참여 등으로 영역이 확대된다.

세 번째 영역은 거시적 수준에서 연결망에 기준을 두는 영역이다. 이 영역에서 사회자본은 지역공동체나 국가를 단위로 하여 그 구성원들이 공유하는 네트워크체계 형성에 기여한다. 그러므로 사회자본 연구는 사회연결망 분석을 통하여 네트워크의 크기와 특징을 파악하는데 초점이 놓여진다.

네 번째 영역은 거시적 수준에서 사회적 기능에 기준을 두는 영역이다. 이 영역에서 사회자본은 단지 사회적 네트워크의 구조적 관계를 넘어서서 그 속에 존재하는 구성원들 간의 신뢰나 호혜성 등의 규범이 사회통합이나 민주주의, 경제발전 등의 거시적 차원의 사회적 기능으로 영역이 확대된다.

이러한 사회자본의 다차원성을 도식화하면, [그림 14-1]과 같다.

[그림 14-1] 사회자본의 다차원성

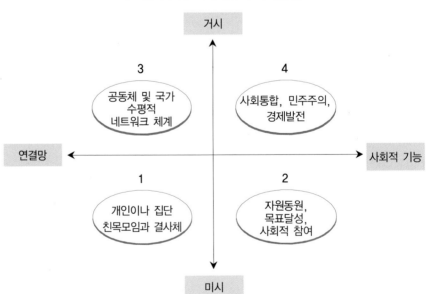

3. 관광정책에의 적용

관광정책에 있어서 사회자본에 대한 논의는 주로 거시적 수준에서 이루어 진다. 다시 말해 사회공동체 혹은 국가가 보유하는 사회자본에 초점이 맞추 어 진다. 퍼트남(Putnam)이 제시한 협력적 네트워크, 호혜적 규범, 사회적 신뢰 등 사회자본 요소들은 관광정책행위자의 정치활동과 관광정책성과에 지대한 영향을 미친다. 이러한 점에서 사회자본은 관광정책체계에 영향을 미치는 사회적 환경으로서, 동시에 사회제도로서 그 중요성을 갖는다고 할 수 있다.

제2절 사회자본의 특징과 유형

1. 특징

자본에는 여러 가지 유형이 있다. 그 대표적인 유형이 경제자본, 인적자본, 문화자본, 사회자본이라고 할 수 있다. 이러한 유사 자본들과 사회자본의 특 징을 소유자, 기대이익, 존재형태, 분석단위 등을 기준으로 하여 비교해보면 (유석춘 외, 2003), 다음과 같다(〈표 14-1〉 참조).

우선 자본의 소유자 기준에서 경제자본과 인적자본은 소유자가 개인(자 본가와 노동자)이라고 할 수 있는 반면에, 문화자본은 가족전체 또는 가족 의 개별구성원이며, 사회자본은 개인·집단 혹은 사회공동체·국가라고 할 수 있다.

둘째, 자본 소유자의 이익을 기준으로 볼 때, 경제자본은 경제적 이익을 들 수 있으며, 인적자본은 임금을 들 수 있다. 문화자본은 다른 계급과의 구별짓기와 계급의 문화적 재생산을 들 수 있으며 사회자본은 사회적 결속과 사회통합의 창출을 들 수 있다.

〈표 14-1〉 유사 자본들과의 비교

구 분	경제자본	인적자본	문화자본	사회자본
자본의 소유자	개인	개인	가족 / 가족구성원	개인·집단 / 사회공동체·국가
소유자에게 주는 이익	경제적 이익	높은 임금, 협상력증대	다른 계급과의 구별짓기	결속의 창출 / 사회통합
자본의 존재형태	물질적 자산	기술 및 지식 자산	문화적 취향 자산	신뢰 및 결속관계 자산
분석의 핵심	자본가와 노동자의 계급관계	교육과 임금의 관계	문화자본과 세대간 계급 관계	개인 또는 집단 간의 관계
분석단위	구조(계급)	개인	가족	개인·집단 / 공동체·국가

출처 : 유석춘 외(2003).

셋째, 자본의 존재형태를 기준으로 볼 때, 경제자본은 건물이나 기계와 같은 생산수단, 즉 물질적 자산으로 존재한다. 인적자본은 개별 노동자에게 체화된 기술과 지식 자산으로 존재한다. 문화자본은 가족 구성원들에 의해 공유되는 문화적 취향 혹은 상징적 표현의 자산으로 존재한다. 이에 반해 사회자본은 구성원들의 사회관계 속에 존재하는 신뢰 혹은 결속관계의 형태로 존재한다.

넷째, 분석기준에서 볼 때, 경제자본은 자본가와 노동자 사이의 계급적인 불평등관계에 초점이 맞추어지며, 분석단위는 구조, 즉 계급집단으로 한다. 인적자본은 교육과정과 임금사이의 관계에 분석의 초점이 놓여지며, 분석단위는 개인이다. 문화자본은 문화자본을 통한 세대간 계급재생산에 분석의 초점이 맞추어지며, 분석단위는 가족이다. 반면에 사회자본의 분석은 사회집단

내의 관계에 초점이 맞추어지며, 분석단위는 개인·집단 혹은 공동체·국가가 된다.

이와 같이 각 자본들은 고유한 특징을 지니고 있다. 그 가운데 사회자본이 지니는 가장 중요한 특징은 사회적 관계에 내재하는 무형의 자산이라는 점이다. 그러한 이유에서 퍼트남(Putnam, 1993)은 사회자본의 특징을 공공재로 압축하여 설명한다.

다음에서는 사회자본의 특징을 퍼트남의 공공재의 관점에서 정리해 본다.

첫째, 사회자본은 구성원들에게 이익이 공유되는 특징을 보인다. 경제자본이나 인적자본이 소유주체에게 그 이익이 배타적으로 돌아가는데 반해, 사회자본은 그 혜택이 공동체의 모든 구성원들에게 돌아간다고 볼 수 있다.

둘째, 사회자본은 소유의 개념이라기보다는 존재의 개념이다. 경제자본이나 인적자본은 일단 획득하면 지속적으로 보유할 수 있다. 반면에 사회자본은 일단 획득하였다고 하더라도 지속적으로 유지할 수 없으며 이를 보유하기 위해 끊임없이 확인하고 생산해야 한다.

셋째, 사회자본의 교환은 파지티브 섬(positive sum)이다. 경제자본이나 인적자본은 거래 관계에서 주는 만큼 받는 제로 섬(zero sum)의 관계가 성립된다. 반면에 사회자본은 교환하면 할수록 총량이 늘어나는 파지티브 섬의 특징을 갖는다(Adler & Kwon, 2000).

넷째, 사회자본의 교환은 거래의 동시성을 전제로 하지 않는다. 경제자본이나 인적자본의 교환은 거래가 이루어지는 동시에 교환이 이루어진다. 반면에 사회자본은 서로가 주고받는 시간이 반드시 일치하지 않으며 서로의 신뢰에 의해 적절한 기회에 사회적 교환이 이루어질 수 있다.

2. 유형

앞서 살펴보았듯이 사회자본은 소유자의 유형, 소유자에게 주는 이익, 자본의 존재형태, 분석 방법 등에서 여타 자본들과는 다른 특징을 보여준다.

이러한 특징을 고려하면서 사회자본의 유형을 살펴보면 사회자본은 하나의 정형화된 형태가 아닌 다양한 형태로 존재함을 볼 수 있다.

이와 관련하여 디그라프(DeGraaf, 2003)의 유형화가 좋은 예가 된다. 그는 사회자본의 형태를 조직의 성격, 조직 구성원 간의 관계성, 조직이 추구하는 목적, 조직구성원들의 동질성 등에 따라서 구분한다. 이를 정리해보면 다음과 같다([그림 14-2] 참조).

첫째, 조직의 성격을 기준으로 볼 때, 사회자본은 공식적 사회자본과 비공식적 사회자본으로 구분된다. 공식적 사회자본은 협회나 단체와 같이 구성원의 조건, 회비, 규칙적인 회의 시기 등이 규정되어 있는 조직 내에 존재하는 자본을 말한다. 반면에 비공식적 사회자본은 스포츠경기 모임이나 사교 모임과 같이 다소 즉흥적으로 이루어지는 형식화되어 있지 않은 모임 내에 존재하는 자본을 말한다.

둘째, 조직구성원들 간의 관계성을 기준으로 하여 사회자본은 두꺼운 사회자본(thick social capital)과 엷은 사회자본(thin social capital)으로 구분된다. 두꺼운 사회자본은 조직 구성원들 간의 관계가 매우 밀접하고 접촉빈도가 많은 조직 내에 존재하는 자본을 말한다. 반면에 엷은 사회자본은 조직구성원들 간의 관계가 그렇게 밀접하다고 할 수 없으며 접촉 빈도도 많지 않은 조직 내에 존재하는 자본을 말한다.

셋째, 조직이 추구하는 목적을 기준으로 사회자본은 내부지향적 사회자본(inward-looking social capital)과 외부지향적 사회자본(outward-looking social capital)으로 구분된다. 내부지향적 사회자본은 조직 내 구성원들의 이해관계와 관련하여 물질적, 사회적 또는 정치적 이해를 증진시키는데 목적을 두고 있는 조직 내에 존재하는 자본을 말한다. 이에 반하여 외부 지향적 사회자본은 공동의 선을 추구하는 조직으로서, 예를 들어 환경단체나 자원봉사 단체와 같이 사회발전을 목표로 하여 공공재를 구축하는 조직 내에 존재하는 자본을 말한다.

넷째, 구성원들의 동질성과 경계와 관련하여 사회자본은 교량형 사회자본 (bridging social capital)과 결속형 사회자본(bonding social capital)으로 구분된다. 교량형 사회자본은 서로 이질적인 사람들로 이루어지는 개방적인 조직 내에 존재하는 자본을 말한다. 예로서, 인종, 성, 종교, 사회경제적 지위가 다른 사람들로 구성된 조직 내 자본이 여기에 해당된다. 이에 반하여 결속형 사회자본은 서로 동질적인 사람들로 구성된 다른 폐쇄적인 조직 내에 존재하는 자본을 말한다.

[그림 14-2] 사회자본의 유형

3. 관광정책에의 적용

관광정책에 있어서 사회자본은 공공재로서의 특징을 지닌다는 점에서 의미하는 바가 크다. 이익공유의 특징과 파지티브 섬의 특징으로부터 사회자본은 여타 자본과는 구별되는 고유성을 갖는다고 할 수 있다. 하지만 사회자본은 소유가 아닌 존재의 개념이라는 점에서 이를 지속적으로 유지하기 위한 전략적 접근이 필요하다. 한편, 사회자본의 유형을 볼 때, 모든 형태의 사회자본이 관광정책에 긍정적인 영향을 미칠 것으로 기대하기는 어렵다. 다만, 거시적 수준의 효용성을 기준으로 하여 공식적 사회자본, 두꺼운 사회자본, 외부지향적 사회자본, 교량형 사회자본 등이 관광정책행위자와 관광정책성과에 긍정적 영향력을 가질 것으로 기대된다. 관광정책연구에서는 이를 검증하기 위한 경험적 연구의 필요성이 제기된다고 하겠다.

제3절 사회자본의 측정

사회자본의 측정은 앞서 사회자본의 속성에서 본 바와 같이, 분석수준과 효용성이 기준이 된다. 정책연구에서는 주로 거시적 수준에서 사회자본을 측정한다. 거시적 수준에서의 사회자본 측정은 분석단위를 사회공동체의 구성원인 개인으로 하는 경우와 사회공동체 자체로 하는 경우로 구분된다. 분석단위를 개인으로 하는 연구를 미시적 접근으로, 사회공동체 및 국가로 하는 연구를 거시적 접근으로 구분한다.

1. 미시적 접근

거시적 수준의 사회자본을 측정하는데 있어서 미시적 접근의 경우에는 주로 설문조사법이 적용된다. 조사대상으로는 사회공동체의 구성원인 지역사회의 주민, 시민단체의 구성원, 공무원 등을 들 수 있다.

설문조사법을 통해 사회자본을 측정하기 위해서는 사회자본의 측정지표를 설정하는 것이 중요하다. 이를 위해서는 사회자본의 개념적 구성요인을 도출하고, 구성요인별 하위요소(측정변수)들을 설정해야 한다.

사회자본을 구성하는 대표적인 구성요인으로는 신뢰, 네트워크, 규범, 관여 등을 들 수 있다. 이를 정리하면, 다음과 같다(〈표 14-2〉 참조).

첫째, 신뢰(trust)이다. 신뢰는 '어떤 대상을 믿고 의지하는 인식'을 말한다. 콜먼(Coleman, 1988)은 신뢰를 사회자본의 핵심요소로 보았으며, 후쿠야마(Fukuyama, 1995)도 역시 신뢰를 사회자본의 기본적인 요소로 보았다. 팩스톤(Paxton, 2002)은 신뢰를 '개인에 대한 신뢰'와 '기관에 대한 신뢰'로 유형화하였으며, 카펠라(Cappella, 2001)는 더욱 세분화하여 '사회적 신뢰', '제도에 대한 신뢰', '기관에 대한 신뢰', '미디어에 대한 신뢰' 등으로 구분하였다. 이러한 유형화가 곧 구성요소의 세부요소를 설정하는 기준이 된다.

둘째, 네트워크(network)이다. 네트워크는 '공동체 내 구성원들이 관계하는 연결망'을 말한다. 퍼트남(Putnam, 1993)은 사회자본의 요소로서 신뢰, 규범과 함께 네트워크를 주요 요소로 보았다. 여기에서 네트워크는 이질적인 성격의 구성원들이 관계하는 수평적 네트워크와 주로 동질적인 성격의 구성원들이 관계하는 수직적 네트워크로 구분된다. 수평적인 네트워크의 예로는 시민단체, 자원봉사단체, 지역사회단체 등을 들 수 있으며, 수직적인 네트워크의 예로는 동창회, 친목회 등을 들 수 있다. 디그라프(DeGraaf, 2003)는 이를 교량형 사회자본과 결속형 사회자본으로 구분한 바 있다.

셋째, 호혜성 규범을 들 수 있다. 호혜성 규범은 '사회적 교환이나 상호작용에서 관련자 모두에게 이익이 되는 방향으로 문제를 해결하는 기준'을 말한다. 이러한 기준의 유형으로는 이타주의, 포용력, 공동체주의 등을 들 수 있으며, 이러한 기준에 대한 구성원들의 태도를 파악함으로써 호혜성 규범을 측정할 수 있다. 퍼트남(Putnam, 1993)은 특정한 네트워크 속에 포함된 구성원들 사이에 공유되는 신뢰가 형성되어 있는 경우, 높은 수준의 호혜적 규범을 공유하고 있을 개연성이 높을 것으로 상정하였다.

넷째, 시민적 관여이다. 시민적 관여는 '구성원들이 공동체에서 발생하는

473

공식적·비공식적 이슈와 각종 조직 활동에 참여하는 성향을 말한다. 시민적 관여를 보여주는 세부적인 요소로는 수평적 참여와 수직적 참여, 정치적 참여와 정치외부적 참여 등을 들 수 있다.

위에서 제시된 네 가지 요소 외에도 조직인프라, 삶의 가치, 작업 연계, 안전 감지 등 다양한 구성요소들이 제시되고 있다(Bullen & Onyx, 1997; Rohe, 2004). 하지만 사회자본 개념의 지나친 확장은 오히려 개념의 모호성을 가져올 수 있다는 점에 유의할 필요가 있다.

<표 14-2> 사회자본 구성요인

구 분	세 부 요 소
신 뢰	개인에 대한 신뢰 기관에 대한 신뢰
네트워크	수평적 네트워크 수직적 네트워크
호혜성 규범	이타주의 포용력 공동체주의
시민적 관여	수평적 참여 수직적 참여
	정치적 참여 정치외부적 참여

2. 거시적 접근

분석단위를 사회공동체 혹은 국가로 하는 거시적 접근에서는 사회자본의 측정지표로서 공동체의 거시적 특성요소들이 설정된다. 대표적인 연구로 퍼트남의 연구를 들 수 있다(Putnam, 1993; 2000).

퍼트남은 1993년 초기 연구에서 이탈리아의 20개 지방정부의 사회자본을 조사하면서 크게 네 가지 측정지표를 설정하였다. 지역사회의 결사체 수, 지방신문 구독률, 주민투표의 투표율, 선택투표 활용도 등이다. 앞의 두 지표가 시민생활에 관한 지표인 반면에, 뒤의 두 지표는 정치참여에 관한 지표에 해당된다.

2000년에 퍼트남은 미국 50개 주의 사회자본을 조사하면서 사회자본 수준을 측정하는 종합지수를 사용하였다. 종합지수에는 거시적 지표와 미시적 지표(측정변수)가 모두 포함되었다. 종합지수는 크게 다섯 가지 측정요인으로 구성되었으며 각 측정요인별로 세부지표를 설정하였다.

첫째, 지역사회에서의 조직생활 지표가 설정되었다. 세부지표로는 지방조직의 위원회 활동, 클럽 또는 조직의 관리자로서의 참여, 시민사회 조직의 수, 클럽회의 참여 횟수, 가입한 집단의 수 등이 설정되었다. 지역사회에서의 조직생활 지표는 제도적 혹은 정치참여 지표와는 구분된다.

둘째, 공공업무에 대한 참여정도 지표가 설정되었다. 세부지표로는 대통령 선거의 투표율, 타운미팅(지역사회 회의) 참여율 등이 설정되었다. 공적인 활동인 동시에 정치참여활동에 대한 지표에 초점이 맞추어졌다.

셋째, 지역사회 자원봉사 지표가 설정되었다. 세부지표로는 비영리단체의 수, 지역사회 프로젝트에 참여한 횟수, 자원봉사 참여 횟수 등이 포함되었다. 자원봉사 지표가 비중 있게 다루어졌다고 볼 수 있다.

넷째, 비공식적 사회성 지표가 설정되었다. 세부지표로는 친구 방문을 위해 보내는 시간, 친지 이웃 등을 가정에 초대한 횟수 등이 설정되었다. 비공식적 사회성은 결속형 사회자본과 관련이 있다.

다섯째, 사회적 신뢰 지표가 설정되었다. 세부지표로는 공동체내 구성원들에 대한 신뢰, 정직성에 대한 판단 등이 설정되었다. 기관이나 제도에 대한 신뢰 보다는 개인에 대한 신뢰에 초점이 맞추어졌다.

이러한 사회자본의 종합지수를 요약해서 정리해보면, 〈표 14-3〉과 같다.

<표 14-3〉 사회자본의 종합지수

구분	세부 측정지표
지역사회 조직생활	• 지난 1년간 지방조직의 위원회 위원으로 봉사(비율)** • 지난 1년간 클럽 또는 조직의 관리자로 참여(비율)** • 인구 1,000명당 시민 사회조직의 수* • 지난 1년간 클럽회의 참여 회수(평균)** • 가입한 집단 수(평균)**
공공업무 참여정도	• 대통령 선거의 투표율* • 지난 1년간 타운미팅 참여자(비율)*
지역사회 자원봉사	• 인구 1,000명당 비영리 단체의 수* • 지난 1년간 지역사회 프로젝트에서 일한 횟수(평균)** • 지난 1년간 자원봉사 횟수(평균)**
비공식 사회성	• "친구를 방문하는데 많은 시간을 보낸다"에 동의(비율)** • 지난 1년간 가정에 초대한 횟수(평균)**
사회적 신뢰	• "대부분의 사람을 믿을 수 있다"에 동의(비율)** • "대부분의 사람은 정직하다"에 동의(비율)**

비고 : * 거시적 지표, ** 미시적 지표

출처 : Putnam(2000).

제4절 사회자본이론과 경험적 연구

사회자본이론은 '사회자본과 정책산출과의 관계를 설명하는 지식체계'를 말한다. 사회자본이론의 경험적 연구는 주로 거시적 수준의 실증적 연구가 주로 적용된다.

다음에서는 일반정책 연구와 관광정책 연구의 순으로 사회자본이론의 경험적 연구를 살펴본다.

1. 일반정책 연구

사회자본에 관한 실증적 연구는 사회자본을 종속변수로 하는 영향요인 연구와 사회자본을 독립변수로 하는 사회자본 – 거버넌스 연구로 구분된다. 그 내용은 다음과 같다.

1) 사회자본의 영향요인 연구

사회자본의 중요성이 인식되면서, 사회자본의 증감에 미치는 영향요인에 대한 연구 관심이 커지고 있다.

연구의 예로서, 나이 등의 학자들(Nye et al., 1997)은 미국을 대상으로 하여 거시적 연구를 수행한 바 있다. 이들은 미국 정부에 대한 신뢰도를 사회자본의 측정 지표로 설정하였으며, 이에 영향을 미치는 잠정적인 요인들을 초기 가설 형식으로 설정하여 검증하였다.

연구 결과, 정부의 능력에 대한 지나친 기대감, 언론의 역할, 자유주의의 여파 및 물질주의 가치관, 정치과정의 변화 등이 정부신뢰에 영향을 미치는 것으로 나타났다.

같은 맥락에서 퍼트남은 특히 언론의 역할, 즉 TV도입이 사회자본에 미친 영향에 주목하였다(Putnam, 2000, 2002). 연구결과, 장시간의 TV시청이 네트워크 참여에 장애요인이 되며, 이에 따라 사회자본이 감소한 것으로 보았다.

한편, 국내 연구에서는 개인을 분석단위로 하는 미시적 연구가 주로 이루어지고 있다. 영향요인으로는 크게 정부의 성과와 정치경제적 환경요인 및 사회문화적 환경요인이 설정되며, 사회자본의 측정지표로는 정부신뢰가 설정된다([그림 14-3] 참조).

[그림 14-3] 사회자본 영향요인 모형

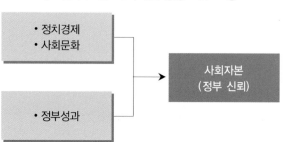

국내 연구의 예로서, 박종민과 배정현(2011)은 설문조사를 통한 미시적 연구에서 정부신뢰에 미치는 영향요인으로 경제상황, 정책수혜, 정부의 상대적 공정성, 절차적 공정성, 정책이념 선호 등 정부성과 요인과 경제환경 요인을 설정하였다. 연구결과, 정부의 상대적 공정성과 절차적 공정성 요인이 유의한 영향을 미치는 것으로 나타났다. 반면에 정책수혜의 상대적 수준과 국가 경제상황의 영향력은 제한적이었으며, 정책수혜의 절대적 수준이나 가계경제 상황 및 정치이념 선호의 영향은 유의미하지 않은 것으로 나타났다.

2) 사회자본 – 거버넌스 연구

울콕(Woolcok, 1998)은 사회자본의 효과와 관련된 실질적인 영역을 경제발전, 가족 및 청소년 문제, 학교와 교육, 물리적 환경과 가상적 환경, 일과 조직, 민주주의와 거버넌스, 집단행동의 문제 등으로 폭넓게 제시한 바 있다.

정책연구에 있어서 사회자본의 효과 연구는 앞서 보았듯이 퍼트남의 연구가 대표적인 사례가 된다(Putnam, 1993). 퍼트남은 이태리 북부와 남부 간의 거버넌스 및 경제발전의 차이를 사회자본에 원인이 있는 것으로 파악하였다. 그의 연구가 발표된 이후 사회자본과 정부 성과와의 관계에 대한 연구가 크게 증가하게 되었다.

국내 연구에서는 주로 미시적 연구가 이루어지고 있으며, 사회자본의 결과요

[그림 14-4] 사회자본 – 거버넌스 모형

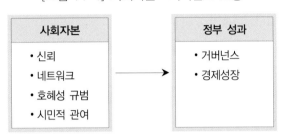

사회자본	정부 성과
• 신뢰 • 네트워크 • 호혜성 규범 • 시민적 관여	• 거버넌스 • 경제성장

인으로는 거버넌스 형성 정도 혹은 경제성장이 주로 설정된다(그림 14-4) 참조).

국내 연구의 예로서, 박희봉(2007)은 개인을 대상으로 하는 미시적 연구를 수행하였으며, 조사를 위해 사회자본은 단체참여와 신뢰를 측정지표로 설정하였다. 단체참여는 요인분석을 통해 목적지향단체(소비자 조합, 노동조합 등), 연고단체(종친회, 향우회 등), 친목동호회(동문회, 스포츠동호회 등), 종교봉사단체(교회, 시민단체 등)으로 유형화되었으며, 신뢰는 정부기관 신뢰, 특수공공기관 신뢰(경찰, 군대 등), 교육기관 신뢰, 시민사회기관 신뢰(노동조합, 시민단체 등), 언론·종교 단체 신뢰, 대기업 신뢰, 대인-사회 신뢰(대인신뢰, 사회신뢰)로 유형화되었다. 또한 종속변수인 거버넌스는 거버넌스 형성 정도를 지표로 설정하였다.

연구결과, 단체참여요인들 가운데서는 종교봉사단체 참여가 거버넌스 형성에 유의한 영향을 미치는 것으로 나타났으며, 다른 참여요인들의 영향은 유의하지 않은 것으로 나타났다. 또한 신뢰요인들 가운데서는 정부기관 신뢰, 언론종교기관 신뢰, 대인-사회 신뢰가 유의한 영향을 미치는 것으로 나타났다. 또한 응답자의 사회경제적 요인의 조절 효과는 유의미하지 않은 것으로 나타났다.

또 다른 예로서 이숙종 외(2008)는 사회자본을 사회신뢰와 기관신뢰로 설정하였으며, 세부요소로 사회신뢰는 일반적 신뢰와 구체적 신뢰, 기관 신뢰는 공공기관 신뢰와 민간기관 신뢰로 구분하였다. 종속변수인 거버넌스의 측정지표로는 공무원과 시민단체의 일반적 상호작용과 정책과정에서의 상호작용이 설정되었다.

연구결과, 조사대상인 공무원과 시민단체 직원들이 사회신뢰와 기관신뢰 모두에서 일반국민보다 높은 신뢰도를 갖는 것으로 나타났다. 하지만 공무원은 중앙정부에 대해, 시민단체 직원은 시민단체에 대해서 높은 신뢰를 갖는 반면에, 상대방에 대해서는 신뢰도가 높지 않은 것으로 나타났다. 영향관계 분석에서는 정부와 시민단체의 기관신뢰는 종속변수인 정부-시민단체 간의 일반적인 상호작용 측면뿐 아니라 정책과정상의 상호작용에도 유의한 영향을 미치는 것으로 나타났다. 연구의 시사점으로는 정책거버넌스 형성의 수준을 높이기 위해서는 공무원과 시민단체 직원 간에 보다 긴밀한 관계형성이 필요한 것으로 제시되었다.

2. 관광정책 연구

관광정책 연구에서 사회자본이론 연구는 미시적 수준의 사회적 기능연구와 거시적 수준의 사회적 기능연구가 이루어진다. 미시적 수준의 사회적 기능연구는 조직을 분석단위로 하여 사회자본(네트워크)과 조직성과 간의 관계를 분석하는 연구가 이루어진다. 유관 정책연구에 해당된다. 거시적 수준의 사회적 기능연구는 국가 혹은 사회공동체를 분석단위로 하여 사회자본과 정책성과 간의 관계를 분석하는 연구가 이루어진다.

1) 네트워크형성-사업성과 연구

네트워크와 사업성과 간의 관계연구는 조직을 분석단위로 하는 미시적 수준의 사회적 기능 연구의 한 유형이라고 할 수 있다.

이러한 연구의 예로서 최지영(2012)의 '관광사회적기업의 네트워크와 사업성과와의 관계' 연구를 들 수 있다.

(1) 개요

이 연구는 관광분야의 사회적 기업을 대상으로 설명적 사례연구법을 적용하였다. 사회자본의 속성에 있어서 개인이나 집단을 대상으로 하는 미시적 수준의 사회적 기능 영역의 연구라고 할 수 있다.

연구명제로는 관광사회적기업의 네트워크 특성과 사업성과 간의 인과관계로 설정되었으며, 연구모형은 [그림 14-5]와 같다.

[그림 14-5] 관광 사회적기업의 네트워크 – 사업성과 연구모형

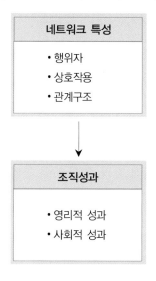

영향요인인 네트워크 특성은 행위자, 상호작용, 관계구조 등이 구성요소로 설정되었다. 세부 구성요소의 설정에 있어서는 행위자는 수와 유형, 상호작용은 지속성, 성격, 관계내용 그리고 관계구조는 연계방향성과 연계유형으로 각각 설정되었다.

사업성과는 네트워크 – 산출 모형의 종속변수로서 영리적 성과와 사회적 성과를 구성요소로 설정되었다. 영리적 성과는 매출, 참여 관광객 수를 세부

구성요소로 하였으며, 사회적 성과는 고용창출, 이익의 사회적 환원을 세부 구성요소로 설정하였다.

(2) 분석 결과

분석 결과를 정리해 보면, 우선 네트워크 특성 중에서 행위자 요인은 관광 사회적 기업의 사업성과에 영향을 미치는 것을 확인되었다. 행위자의 수가 증가하면서 네트워크의 확장이 이루어졌으며, 이를 통해 참가 관광객의 수의 증가한 것으로 나타났다. 또한 행위자의 유형변화에 있어서 민간영리부문 및 민간사회부문 행위자의 증가는 영리적 성과와 사회적 성과에 긍정적 영향을 미친 것으로 나타났다.

또한 네트워크의 상호작용 요인의 변화가 관광 사회적 기업의 사업성과에 영향을 미치는 것으로 확인되었다. 특히, 민간사회부문 행위자들과의 협력활동은 영리적 성과에 크게 도움이 되었으며, 정부부문 행위자들과의 협력적 상호작용은 사회적 성과에 영향을 미친 것으로 나타났다. 상호작용의 관계 내용에 있어서는 정보, 물적 자원, 인적 자원 등의 증가가 사업성과에 긍정적 영향을 미친 것으로 나타났다.

한편, 네트워크의 구성요소 중에서 상호작용의 지속성, 관계구조의 연계방향성, 연계유형 등의 영향관계는 연구기간의 한계로 인하여 확인할 수 없었다.

분석결과를 종합해 보면, 연구명제로 설정된 네트워크 특성과 사업성과 간의 인과관계가 대부분 지지되는 것으로 확인되었다.

2) 제도환경-네트워크 형성-조직성과 간의 관계 연구

네트워크 형성의 구조적 관계를 분석하는 연구의 유형이다. 이러한 연구의 예로 박래춘(2016)의 '지역컨벤션산업의 제도환경이 조직간 네트워크 형성 및 조직성과에 미치는 영향'연구를 들 수 있다.

이 연구는 지역컨벤션산업 조직을 분석단위로 하여 설문조사법을 적용하였다. 제도환경을 초기 조건으로 네트워크 형성이 조직성과에 미치는 영향을 연구하는 데 목적을 두었다. 연구모형을 구성하는 주요 분석요인으로는 제도환경, 네트워크형성, 조직성과가 설정되었다. 제도환경을 구성하는 세부 분석요인으로는 효율성, 동태성, 가치지향성이 설정되었으며, 네트워크형성에는 구조적 요인과 상호작용적 요인이 설정되었다. 연구모형은 다음과 같다 ([그림 14-6] 참조).

[그림 14-6] 제도환경–네트워크 형성–조직성과 간의 관계 모형

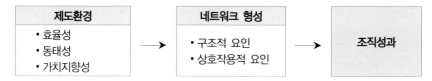

분석 결과, 제도환경요인과 네트워크 형성간의 관계에서 효율성, 동태성, 가치지향성 가운데 효율성을 제외한 모든 요인들이 긍정적 영향관계를 갖는 것으로 나타났으며, 네트워크 형성이 조직성과에 미치는 영향관계도 모두 긍정적인 관계를 갖는 것으로 나타났다. 하지만 제도환경과 조직성과 간의 관계에서는 효율성은 긍정적인 영향관계를 갖는 것으로 나타났으나, 동태성과 가치지향성은 유의미한 관계가 없는 것으로 나타났다. 매개효과 분석에서는 네트워크 형성요인이 제도환경과 조직성과 간의 관계에 유의미한 매개효과가 있는 것으로 나타났다. 다만 효율성과 조직성과 간의 관계에서 상호작용적 요인의 매개효과는 유의성이 없는 것으로 나타났다. 결과적으로, 네트워크 형성은 직접적으로도 조직성과에 긍정적인 영향을 미치나 제도환경과 조직성과 간의 매개요인으로서 유의미한 관계를 형성하는 역할을 한다는 점에서 중요성이 강조된다.

3) 사회자본 – 관광거버넌스 연구

사회자본과 관광거버넌스 간의 관계연구는 사회공동체를 분석단위로 하는 거시적 수준의 사회적 기능 영역의 연구이다.

연구의 예로서, 김성태b(2012)의 '관광특구지역의 사회적 자본과 로컬 관광거버넌스와의 관계에 관한 연구'를 들 수 있다.

(1) 개요

이 연구는 관광특구지역을 대상으로 하여 설문조사법을 적용하였다.

연구의 분석요인은 사회자본과 로컬 관광거버넌스로 하였으며, 연구가설로 사회자본과 관광거버넌스 간의 인과관계를 설정하였다. 연구모형은 [그림 14-7]과 같다.

[그림 14–7] 사회자본 – 로컬 관광거버넌스 연구모형

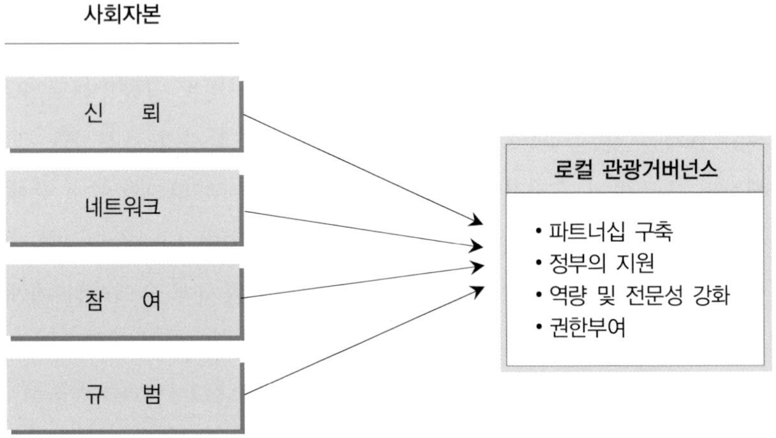

분석요인인 사회자본은 신뢰, 네트워크, 참여, 규범 등이 구성요소로 설정되었으며, 로컬 관광거버넌스는 파트너십 구축, 정부의 지원, 역량 및 전문성 강화, 권한부여 등이 구성요소로 설정되었다.

(2) 분석결과

분석결과, 사회자본의 구성요인인 네트워크, 신뢰, 참여, 규범 등은 로컬 관광거버넌스 형성에 모두 유의한 영향관계가 있는 것으로 나타났다.

이를 구성요소별로 살펴보면, '네트워크'의 세부요소인 지역사업종사자 간의 상호협력, 외부지역과의 교류가 로컬 관광거버넌스에 긍정적인 영향을 미치는 것으로 나타났으며, '신뢰'의 세부요소인 구성원으로서의 중요도, 정부에 대한 신뢰가 로컬 관광거버넌스에 긍정적 영향관계가 있는 것으로 나타났다.

또한 참여의 세부요소들 가운데는 로컬 관광거버넌스에 유의한 영향을 미치는 요소가 없는 것으로 나타났으며, 규범의 세부요소인 법과 질서의 준수, 관광특구상인의 예의범절은 로컬 관광거버넌스 형성에 유의한 영향관계가 있는 것으로 나타났다.

한편, 로컬 관광거버넌스의 구성요인별로 사회자본 요소들이 미치는 영향 관계에 있어서는, 우선 '파트너십 구축'에 네트워크와 참여가 유의한 영향을 미치는 것으로 나타났으며, '정부의 지원'에는 신뢰와 참여가 유의한 영향을 미치는 것으로 확인되었다. 또한 '역량 및 전문성 강화'에는 신뢰와 참여가 유의한 영향을 미치는 것으로 나타났으며, '권한 부여'에는 네트워크, 신뢰, 참여, 규범 모두가 유의한 영향이 있는 것으로 나타났다.

분석결과를 종합해 보면, 연구가설로 설정된 사회자본과 관광거버넌스 간의 인과관계가 부분적으로 지지되는 것으로 확인되었다.

실천적 논의
관광정책과 사회자본

사회자본은 '사회공동체 혹은 국가의 구성원들이 공유하는 사회적 관계에 내재된 자산'으로 정의된다. 정책연구에서 사회자본은 사회적 환경요인으로서, 또한 사회제도로서 정책성과에 지대한 영향을 미친다. 특히 사회자본은 네트워크적 특성을 지닌 관광정책에서 그 중요성이 더욱 크다고 할 수 있다. 하지만 현실적으로 사회자본은 관광정책이 해결해야 할 문제점으로 제기된다. 정부에 대한 신뢰, 이해집단이나 비정부조직에 대한 신뢰 등이 결코 높은 수준이라고 할 수 없다. 이러한 현실 인식에서 다음 논제들에 대하여 논의해보자.

논제1. 중앙정부 차원에서 사회자본이 관광정책성과에 미치는 영향은 어떠하며, 사회자본을 축적시키기 위한 정부의 활동에는 어떠한 것이 있는가?

논제2. 지방정부차원에서 사회자본이 지방관광정책성과에 미치는 영향은 어떠하며, 사회자본을 축적시키기 위한 지방정부의 활동에는 어떠한 것이 있는가?

요약

이 장에서는 관광정책과 사회자본에 대해서 논의하였다.

사회자본은 정책행위자와 정책성과에 영향을 미치는 사회적 환경요인이며, 동시에 사회제도이다.

사회자본의 개념은 여러 학자들에 의해서 다양한 정의가 내려진다. 이들을 종합하여, 이 책에서는 거시적 관점에서 사회자본을 '사회공동체 혹은 국가의 구성원들이 공유하는 사회적 관계에 내재된 자산'으로 정의한다.

사회자본은 분석수준과 효용성의 기준에 따라서 속성의 차이를 보여준다. 크게 네 가지 영역을 들 수 있다. 첫 번째는 미시적 수준에서 연결망에 기준을 두는 영역이며, 두 번째는 미시적 수준에서 사회적 기능에 기준을 두는 영역이다. 세 번째는 거시적 수준에서 연결망에 기준을 두는 영역이며, 네 번째는 거시적 수준에서 사회적 기능에 기준을 두는 영역이다.

유사 자본들에는 경제자본, 인적자본, 문화자본 등이 있다. 이들은 자본의 소유자, 소유자에게 주는 이익, 자본의 존재형태, 분석단위에서 차이를 보여준다.

사회자본의 유형은 조직의 성격에 따라서 공식적 사회자본과 비공식적 사회자본으로 구분되며, 조직 구성원의 관계성을 기준으로 하여 두꺼운 사회자본과 얇은 사회자본으로 구분된다. 조직이 추구하는 목적에 따라서는 내부지향적 사회자본과 외부지향적 사회자본으로 구분되며, 구성원들의 동질성 및 경계를 기준으로 하여 교량형 사회자본과 결속형 사회자본으로 구분된다.

사회자본의 측정은 분석단위를 개인 혹은 집단으로 하는 미시적 연구와 공동체를 기준으로 하는 거시적 연구로 나누어진다. 미시적 연구에서는 사회자본의 구성요소를 신뢰, 네트워크, 호혜성 규범, 시민적 관여 등으로 하며, 이들의 세부요소들을 측정지표로 설정한다. 거시적 연구에서는 주로 종합지수를 적용한다. 종합지수는 거시적 통계지표와 미시적 조사지표(측정변수)를 복합적으로 사용한다. 주요 분석지표로는 지역사회 조직 생활, 공공업무 참여 정도, 지역사회 자원봉사, 비공식 사회성, 사회적 신뢰 등이 포함된다.

사회자본의 실증적 연구는 크게 사회자본을 종속변수로 하는 연구와 사회자본을 독립변수로 하는 연구로 나누어진다. 종속변수로 보는 연구로는 영향요인 연구를 들 수 있는데, 정치·경제 및 사회문화적 환경요인과 정부성과 요인 등이 주요 영향요인으로 포함된다. 독립변수로 보는 연구로는 사회자본 – 거버넌스 연구를 들 수 있으며, 정부성과로는 거버넌스, 경제성장 요인 등이 포함된다.

관광정책에서의 사회자본 연구는 크게 사회자본의 관계망 분석 연구와 사회적 기능분석 연구를 들 수 있다. 사회자본의 관계망 분석 연구는 미시 혹은 거시 수준에서 연구가 이루어지며, 사회연결망 분석을 적용한다.

한편, 사회적 기능분석 연구에서는 사회자본의 미시적 수준에서 네트워크 – 산출, 거시적 수준에서 사회자본 – 관광거버넌스의 관계 분석이 이루어진다. 연구 결과로는, 미시적 수준에서 네트워크의 특성이 사업성과에 긍정적인 영향을 미치는 것으로 확인되었으며, 마찬가지로 거시적 수준에서 사회자본이 거버넌스 형성에 영향요인으로 작용하는 것으로 확인되었다.

끝으로, 사회자본연구의 한계로서 결사체와 신뢰의 문제, 사회자본 측정 지표의 문제, 미시적 측정의 문제 등이 지적되었으며, 이를 해결하기 위하여 사회자본의 개념 규정 및 방법론적 고찰의 중요성이 적시되었다. 이와 함께 신제도주의적 연구가 대안적 방법으로서 제안되었다.

관광정책과 정책커뮤니케이션

개관

이 장에서는 관광정책과 정책커뮤니케이션에 대해서 다룬다. 정책커뮤니케이션은 정책을 커뮤니케이션의 관점에서 설명하는 지식체계이다. 제1절에서는 정책커뮤니케이션의 개념, 구성요소, 유형 그리고 관광정책에의 적용에 대해서 논의하며, 제2절에서는 정책PR의 개념, 유형, 공중 그리고 관광정책에의 적용에 대해서 다룬다. 제3절에서는 정책담론경쟁의 개념과 비판적 담론분석 그리고 관광정책에의 적용에 대해서 논의하며, 제4절에서는 정책커뮤니케이션 이론과 경험적 연구에 대해서 알아본다.

제1절 정책커뮤니케이션

1. 개념

정책커뮤니케이션은 정책을 커뮤니케이션의 관점에서 설명하는 지식체계이다.

정책커뮤니케이션이라 하면, 정책과 관련된 커뮤니케이션을 말한다. 정책커뮤니케이션은 정책활동을 수행하는 정부와 정책관련 집단들 간에 이루어지는 커뮤니케이션이라는 점에서 개인수준의 커뮤니케이션이나 민간기업의 커뮤니케이션과는 구별된다. 소위 공익실현 차원에서 이루어지는 공공 조직의 커뮤니케이션이라는 특징을 지닌다.

앞서 정의한 바와 같이, 정책은 사회문제를 해결하기 위해 정부가 선택한 행동이다. 이를 달리 표현하면, 현재의 사회적 상태를 개선하거나 변화시킬 목적으로 이루어지는 정부의 개입행위라고 할 수 있다. 하지만 이러한 정부의 개입이 모든 사회구성원들로부터 지지를 받을 수는 없다. 어떠한 형태의 정책이든지 간에 한 쪽에 이익이 된다면 다른 한 쪽에는 부담이 될 수 있으며, 이해관계나 가치관에 따라서도 이견이 생길 수밖에 없다. 그러므로 정책은 본질적으로 갈등적이다.

정책에서의 합리성은 목표달성의 극대화를 말한다. 하지만 현실적으로 최선의 결과를 달성하기는 어렵다. 그런 의미에서 결과의 합리성보다는 정책과정을 통한 절차적 합리성이 중시된다. 그렇지만 본질적으로 정책이 갈등적 특징을 지니고 있다는 점을 감안할 때, 정책과정론적 접근에서 제시하고 있는 합리적 정책과정만으로 정책을 둘러싼 이해관계자들 간의 이견과 갈등의 문제를 해결하는 데는 분명히 한계가 있다.

그 대안으로 제시되는 것이 정책커뮤니케이션적 접근이다. 정책이해관계자들의 이해와 지지를 획득하기 위해서는 커뮤니케이션이 필수적으로 요구된다는 입장이다. 일반적으로 커뮤니케이션이라고 하면, 사회적 관계에서 이루어지는 의사소통으로 정의된다. 상대방과 소통하는 사회적 행위라는 점과 일련의 과정을 통해 이루어지는 상호 교환적 행위라는 점이 강조된다. 이를 정리하면, 정책커뮤니케이션(policy communication)은 '정책과 관련하여 정부와 정책이해관계집단 간에 이루어지는 의사소통'으로 정의된다.

2. 구성요소

커뮤니케이션(communication)은 과정적 행위이다. 커뮤니케이션과정(communication process)을 구성하는 요소로는 크게 송수신자, 메시지, 채널, 피드백, 잡음, 세팅의 여섯 가지를 들 수 있다. 이를 살펴보면 다음과 같다([그림 15-1] 참조).

[그림 15-1] 커뮤니케이션과정의 구성요소

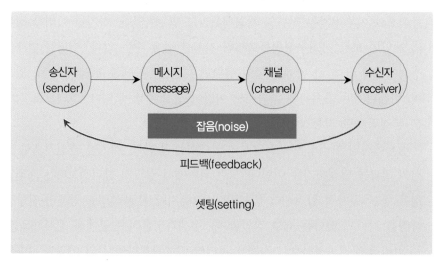

1) 송수신자

송신자(sender)와 수신자(receiver)는 커뮤니케이션의 행위자 요소이다. 행위자는 개인일 수도 있고, 조직일 수도 있다. 송신자는 의사소통을 위해 메시지를 전달하는 역할을 하며, 수신자는 이를 받아들이고 해석하여 반응하는 역할을 한다. 이를 정책커뮤니케이션에 적용시켜보면, 송신자는 정부 혹은 정치체제이며, 수신자는 정책이해관계집단 혹은 정책대상집단이며, 넓은 의미로 일반국민을 포함한다.

2) 메시지

메시지(message)는 송수신자, 즉 커뮤니케이션 행위자가 상대방과의 의사소통을 위해 매개체를 통해 전달하는 언어적 혹은 비언어적 단위 정보를 말한다. 간단하게 말해, 송신자가 수신자에게 제공하는 정보이다. 이를 정책커뮤니케이션에 적용시켜보면, 메시지는 정부가 정책이해관계집단에게 정보를 전달하기 위해 매개체를 통해 제공하는 단위 정보라고 할 수 있다. 정부가 보도자료, 성명서, 교서, 슬로건 등의 형태로 매개체를 통해 정책이해관계집단에게 전달하는 정보를 말한다.

3) 채널

채널(channel)은 송신자로부터 송신자에게 메시지가 전달되는 통로, 즉 매개체를 말한다. 개인 간 커뮤니케이션에서는 음성이나 시각이 채널이 되고, 매스커뮤니케이션에서는 매스미디어가 채널이 된다. 이를 정책커뮤니케이션에 적용시켜보면, 채널은 정부가 정책이해관계집단에게 메시지를 전달하는 통로를 말한다. 정책발표회, 청문회, 토론회, 라디오, TV, 신문 등이 채널이 된다. 최근에는 채널로서 소셜미디어의 역할이 커지고 있다.

4) 피드백

피드백(feedback)은 송신자와 수신자 사이에 이루어지는 반응을 말한다. 송신자가 수신자에게 전달하는 메시지에 대해 수신자가 자신의 의사를 표시하고, 이를 전달받은 송신자가 다시 반응함으로서 커뮤니케이션과정이 지속된다. 정책커뮤니케이션에서 피드백은 정부가 제공하는 메시지에 대해 수신자인 정책이해관계집단이 지지, 반대 등의 의사를 표시하는 것을 말한다. 이러한 정책이해관계집단의 반응이 여론을 형성하고, 이를 받아들여 정부가 다시 반응함으로써 정책커뮤니케이션이 계속적으로 진행된다.

5) 잡음

잡음(noise)은 송수신자 간에 메시지를 정확하게 전달하는데 방해가 되는 요소를 말한다. 여러 가지 잡음요소들이 있는데 이를 크게 세 가지 유형으로 구분한다. 첫째, 심리적 잡음이다. 송수신자의 심리적 상태가 메시지 전달을 방해하는 경우이다. 정책커뮤니케이션에서 수신자가 정부에 대해 부정적인 이미지를 가지고 있는 경우 정확한 메시지 전달에 방해가 될 수 있다. 둘째, 물리적 잡음이다. 메시지가 전달되는 과정에서 발생하는 잡음으로 시끄러운 소리나 기계적·기술적 소음 등을 말한다. 셋째, 의미적 잡음이다. 메시지에 사용된 언어적 요소나 비언어적 요소에 대한 이해가 부족하거나, 잘못된 이해에서 발생하는 잡음요소를 말한다. 이를 해결하기 위해서는 쉽게 이해할 수 있는 용어를 사용하거나, 표준적인 용어로 표현하는 것이 필요하다.

6) 세팅

세팅(setting)은 커뮤니케이션과정이 이루어지는 물리적 공간을 말한다. 커뮤니케이션에 참여하는 행위자 수나 메시지가 전달되는 채널 등에 따라 세팅은 달라진다. 정책커뮤니케이션에서도 어떠한 채널을 선택하느냐에 따라 세팅이 달라진다. 예를 들어, 정책발표회, 청문회, 토론회 등과 같이 공중커뮤니케이션이 이루어지는 경우에 다수의 청중들과의 의사소통이 이루어질 수 있는 세팅이 필요하다. 라디오, TV, 신문 등의 매스미디어가 채널이 되는 경우, 매스미디어의 특성에 맞는 세팅이 갖추어져야 한다.

3. 유형

커뮤니케이션에는 여러 가지 유형이 있다. 앞서 기술했던 커뮤니케이션의 구성요소들이 어떻게 결합되느냐에 따라 커뮤니케이션의 형태가 달라진다. 주요 유형을 살펴보면 다음과 같다.

1) 개인 간 커뮤니케이션

개인 간 커뮤니케이션(interpersonal communication)은 송수신자 두 사람 사이에 이루어지는 의사소통을 말한다. 음성이나 시각이 주요 통로이며, 최근에는 소셜미디어의 역할이 크다. 마찬가지로, 정책커뮤니케이션에서 개인 간 커뮤니케이션은 개인적 차원의 정책행위자 간에 이루어지는 커뮤니케이션을 말한다. 대통령과 정당지도자, 혹은 관련 부처 장관들 간에 정책과 관련하여 개인적 차원에서 이루어지는 커뮤니케이션이 여기에 해당된다.

2) 소집단 커뮤니케이션

소집단 커뮤니케이션(small group communication)은 송수신자가 세 사람 이상인 작은 규모의 집단에서 이루어지는 의사소통을 말한다. 개인 간 커뮤니케이션과 마찬가지로 음성이나 시각이 주요 통로이며, 최근에는 소셜미디어가 중요한 통로의 역할을 한다. 마찬가지로, 정책커뮤니케이션에서 소집단 커뮤니케이션은 개인적 차원의 정책행위자 간에 이루어지는 소규모 집단내 커뮤니케이션을 말한다. 정책과정에서 공무원, 전문가, 업계관계자들이 참여하는 각종 위원회에서 이루어지는 커뮤니케이션이 여기에 해당된다.

3) 조직커뮤니케이션

조직커뮤니케이션(organizational communication)은 조직 내 구성원들 간에 이루어지는 의사소통을 말한다. 조직 내 공식적 메시지 전달 통로나 소집단 커뮤니케이션과 같이 소규모 모임을 통해 커뮤니케이션이 이루어진다. 마찬 가지로, 정책커뮤니케이션에서 조직커뮤니케이션은 정책조직 내 구성원들 간에 이루어지는 커뮤니케이션을 말한다. 관광행정조직 내에서 조직전체 혹 은 부서단위로 공무원들 간에 이루어지는 커뮤니케이션이 여기에 해당된다.

4) 공중커뮤니케이션

공중커뮤니케이션(public communication)은 특정한 공간에서 다수의 청중 들을 대상으로 이루어지는 의사소통을 말한다. 음성이나 시각이 주요 통로가 되며, 이 때문에 세팅의 중요성이 강조된다. 마찬가지로, 정책커뮤니케이션 에서 공중커뮤니케이션은 다수의 정책이해관계자들을 대상으로 이루어지는 커뮤니케이션을 말한다. 정부가 주최하는 정책발표회, 공청회, 정책토론회, 정책포럼 등에서 이루어지는 커뮤니케이션이 여기에 해당된다.

5) 매스커뮤니케이션

매스커뮤니케이션(mass communication)은 매스미디어를 통해 대중을 대상 으로 이루어지는 의사소통을 말한다. 라디오, TV, 신문 등 매스미디어가 중 요한 통로가 된다. 매스커뮤니케이션에서는 매스미디어가 통로로서의 역할 과 게이트 키퍼(gate keeper)의 역할을 한다는 점에 특징이 있다. 마찬가지로, 정책커뮤니케이션에서 매스커뮤니케이션은 매스미디어를 통해 정책이해관 계집단 및 일반국민을 대상으로 이루어지는 커뮤니케이션을 말한다. 참고로,

정책커뮤니케이션에서 퍼블리시티(publicity)는 정부가 매스커뮤니케이션을 목적으로 매스미디어에 보도자료를 제공하는 활동을 말한다.

6) 소셜커뮤니케이션

소셜커뮤니케이션(social communication)은 소셜미디어를 통해 송수신자 간에 이루어지는 의사소통을 말한다. 소셜미디어를 통해서 거의 모든 형태의 커뮤니케이션이 이루어진다. 하지만 그 중에서도 소셜공중(social public)을 대상으로 커뮤니케이션이 이루어진다는 점에 특징이 있다. 소셜공중은 소셜미디어를 통해 참여하는 커뮤니케이션 행위자를 말한다. 이들은 소셜미디어를 통해 의사소통을 하거나, 자신의 소셜미디어를 만들어서 의사소통을 한다. 마찬가지로, 정책커뮤니케이션에서 소셜커뮤니케이션은 정부와 소셜공중 간에 소셜미디어를 통해 이루어지는 커뮤니케이션을 말한다. 개인적 혹은 조직적 차원의 정책행위자들이 소셜네트워크서비스(Social Network Service)를 통해 정책정보를 소셜공중에게 전달하는 활동이 여기에 해당된다.

4. 관광정책에의 적용

관광정책은 네트워크정책의 특징을 지닌다. 다양한 정책이해관계집단들이 관광정책과정에 참여하며, 이들과의 협력적 관계를 유지하는 것이 관광정책의 성공적인 실현에 필수 요건이라고 할 수 있다. 하지만, 현실적으로 관광정책을 통한 사회적 개입이 모든 정책이해관계자 및 일반국민으로부터 지지를 받는 데는 한계가 있다. 내국인 출입허용 카지노설립 허가, 국립공원 내 케이블카 설치 사업, 학교 앞 관광호텔 설립 규제완화, 신공항 개발사업, 지역 관광통역안내사 자격제도 도입 등 거의 모든 정책영역에 걸쳐 정책이해관계집단들 간에 이견과 갈등이 표출되면서 정책이 보류되거나, 지연되는 등의 문제가 발생하고 있다. 이를 해결하기 위해서는 정책과정에서 정책커뮤니케이션에 대한 기본적인 이해가 필요하다. 정책커뮤니케이션과정과 커뮤니케이션 유형별 특징에 대한 이해를 통한 전략적 접근이 요구된다.

제2절 정책PR

1. 개념

정책PR을 정의하기 위해서는 먼저 PR 개념에 대한 이해가 필요하다. PR은 영어의 'Public Relations'(공중관계)를 줄인 말로 한자어로는 홍보라는 단어로 번역되어 사용된다. 하지만 한자어로 번역된 홍보라는 용어가 원래의 PR의 의미를 제대로 전달하지 못한다는 점에서 PR이라는 용어가 통용된다.

PR은 조직관리적 차원의 개념이다. 앞서 기술하였듯이 커뮤니케이션이 의사소통과정이라는 사회적 행위를 의미하는 반면에, PR은 조직관리적 차원에서 이루어지는 커뮤니케이션 관리활동을 의미한다는 점에서 차이가 있다. 여기에 덧붙여서 PR은 문자 그대로 공중을 대상으로 이루어지는 커뮤니케이션 관리라는 점에 특징이 있다. 이를 반영하여 그루닉과 헌트(Grunig & Hunt, 1984)는 PR을 '조직과 공중을 이어주는 커뮤니케이션 관리활동'으로 정의한다. 같은 맥락에서 바스킨 외(Baskin, Aronoff & Latimore, 1997)는 PR을 '조직의 목적 달성과 조직 변화를 위한 관리 기능'으로 정의하며, 뉴섬 외(Newsom, Turk & Kruckeberg, 2004)는 PR을 '조직과 공중 간의 갈등을 해결하는 관리활동'으로 정의한다.

이러한 PR 개념의 연장선상에서 정책PR이 정의된다. 국내 연구에서 이준일(1993)은 정책PR을 '정부가 정책의 대상이 되는 국민과의 관계를 개선하고자 하는 의도에서 국민들이 국가기관에 관심과 신뢰를 갖도록 하는 커뮤니케이션 행위'로 정의하며, 이강웅(2002)은 정책PR을 '국민과 행정사이의 수평적인 쌍방향 커뮤니케이션'으로 정의한다. 신호창 외(2011)는 정책PR을 '정부가 공공문제를 해결하기 위한 일련의 정책과정에서 국민들의 이해와 동의를 획득할 수 있는 관련 공중들과의 전략적 커뮤니케이션 관리 활동'으로 정의한다. 이들의 정의를 보면, 커뮤니케이션 행위자로서 정부와 관련 공중들이 설정되고, 커뮤니케이션 관리활동이라는 조직관리적 요소가 포함된 것을 볼 수 있다.

이상의 논의를 정리하여, 이 책에서는 정책PR을 '정부가 특정한 정책에 대한 관련 공중 및 일반국민의 이해와 지지를 확보하기 위해 수행하는 커뮤니케이션 관리활동'으로 정의한다.

한편, 정책PR의 유사 개념으로 정부PR(Government Public Relations)이라는 용어가 사용된다(Lee, 2007). 정책PR과 정부PR은 공익실현 차원에서 이루어지는 공공 조직의 커뮤니케이션 관리활동이라는 점에서 공통점을 지닌다. 하지만 정책PR이 기능적 관점의 개념인 반면에, 정부PR은 조직적 관점의 개념이라는 점에서 차이가 있다.

2. 유형

PR은 여러 가지 형태로 이루어진다. 그루닉과 헌트(Grunig & Hunt, 1984)는 PR의 발전과정에 대한 고찰을 통해 다음과 같이 PR의 네 가지 유형을 제시한다.

1) 언론대행 · 퍼블리시티모형

언론대행 · 퍼블리시티모형(Press Agentry/Publicity Model)은 PR의 초기 모형으로 선전(propaganda)을 목적으로 이루어지는 조직의 커뮤니케이션 관리활동을 말한다. 송신자인 조직의 목적 달성에 우선적인 목표를 두며, 이를 위해서는 진실하지 않은 거짓 정보도 사용된다. 또한 커뮤니케이션과정이 송신자에서 수신자로 일방향적으로 이루어지는 특징을 지닌다. 정책PR에서 의도된 목표대로 정책을 추진하기 위해 제한적이거나 왜곡된 정보를 제공하고, 이를 위해 미디어를 이용함으로써 선전을 강화하고자 하는 정부의 커뮤니케이션 관리활동이 여기에 해당된다.

2) 공공정보모형

공공정보모형(Public Information Model)은 정보확산(information diffusion)을 목적으로 이루어지는 조직의 커뮤니케이션 관리활동을 말한다. 송신자인 조직의 목적 달성에 우선적인 목표를 두며, 커뮤니케이션과정이 송신자에서 수신자로 일방향적으로 이루어진다는 점에서 앞서 기술한 언론대행·퍼블리시티모형과 동일하다. 하지만 공중에게 객관적이고 정확한 정보를 제공한다는 점에서 윤리성이 강조된다. 정책PR에서 성공적인 정책 추진을 위해 다양한 통로를 통해 공중에게 공공정보를 제공하는 정부의 커뮤니케이션 관리활동이 여기에 해당된다.

3) 양방향 불균형모형

양방향 불균형모형(Two-way Asymmetrical Model)은 설득(persuasion)을 목적으로 이루어지는 조직의 커뮤니케이션 관리활동을 말한다. 송신자인 조직의 목적 달성에 목적이 있다는 점에서는 앞서 기술한 모형들과 동일하다. 하지만 커뮤니케이션과정이 송신자와 수신자 간에 양방향적으로 이루어진다는 점에서 차이가 있다. 또한 과학적 조사를 통해 공중이 필요한 정보를 제공한다는 점에서 수요자 중심의 접근이라고 할 수 있다. 하지만 아직까지도 조직의 입장에서 커뮤니케이션이 이루어진다는 점에서 불균형적이다. 정책 PR에서 정책과 관련된 공중이 요구하는 수요에 맞추어 필요한 정보를 제공함으로써 공중을 설득하고자 하는 정부의 커뮤니케이션 관리활동이 여기에 해당된다.

4) 양방향 균형모형

양방향 균형모형(Two-way Symmetrical Model)은 상호이해(mutual understanding)를 목적으로 이루어지는 조직의 커뮤니케이션 관리활동을 말한다. 송신자인 조직과 수신자인 공중이 서로의 입장을 고려하여 수평적 관계에서 양방향적 커뮤니케이션이 이루어진다. 앞서 기술한 양방향 불균형모형과는 양 쪽의 입장이 균형적으로 반영된다는 점에서 차이가 있다. 정책커뮤니케이션에서 정부가 공중과 네트워크를 형성하고 수평적 관계에서 상호 의견을 교환하고 상호 이해를 증진시키고자 하는 정부의 커뮤니케이션 관리활동이 여기에 해당된다. 그런 의미에서 양방향 균형모형은 정부의 새로운 운영방식인 거버넌스 모형을 기반으로 한다고 할 수 있다.

3. 공중

공중(public)은 PR에서 핵심적인 행위자요소이다. 커뮤니케이션과정의 구성요소에서 보면, 공중은 수신자에 해당된다.

정책PR에서 공중은 정책이해관계집단(policy stakeholder)을 지칭한다고 할 수 있다. 하지만 엄밀한 의미에서는 차이가 있다. 정책이해관계집단은 정책과정에 참여하는 모든 비공식적 정책행위자를 의미하는 반면에, 공중은 정부가 의사소통의 목표로 삼는 정책이해관계집단을 의미한다. 한마디로, 공중(public)은 정책PR의 목표 대상을 말한다.

정책PR의 효과적인 추진을 위해서는 목표공중(target public)을 선정하는 것이 우선적인 과제이다. 이를 위해 공중유형화를 위한 여러 시도들이 이루어지고 있다. 이 가운데 핼러헌(Hallahan, 2000)은 특정한 사안(문제)에 대한 지식 수준(level of knowledge)과 관여 수준(level of involvement)을 기준으로 공중을 크게 네 가지 유형으로 구분한다.

1) 비활동공중

비활동공중(inactive public)은 특정한 사안(문제)에 대한 지식 수준이 낮고, 이에 대한 관심과 참여하려는 태도 혹은 지향성의 수준이 낮은 집단을 말한다. 마찬가지로, 정책PR에서 비활동공중은 정부가 추진하려고하는 정책사안에 대한 지식의 수준이 낮고 관여도의 수준도 낮은 정책이해관계집단을 말한다. 비활동공중은 정책사안에 대해 매우 소극적인 집단으로 이들의 관심을 확보하기 위한 기본적인 정보를 제공하는 정책PR전략이 요구된다.

2) 인지공중

인지공중(aware public)은 특정한 사안(문제)에 대한 지식 수준은 높은 반면에 이에 대한 관심과 참여하려는 태도 혹은 지향성의 수준이 낮은 집단을 말한다. 마찬가지로, 정책PR에서 인지공중은 정부가 추진하려고하는 정책사안에 대한 지식 수준은 높은 반면에 관여도의 수준이 낮은 정책이해관계집단을 말한다. 인지공중은 정책사안에 대해 비능동적인 집단으로 이들과의 협조적 관계를 유지하기 위해 지속적으로 정보를 제공하는 정책PR전략이 요구된다.

3) 자각공중

자각공중(aroused public)은 특정한 사안(문제)에 대한 지식 수준은 낮은 반면에 이에 대한 관심과 참여하려는 태도 혹은 지향성의 수준이 높은 집단을 말한다. 마찬가지로, 정책PR에서 자각공중은 정부가 추진하려고하는 정책에 대한 지식 수준은 낮은 반면에 관여도의 수준이 높은 정책이해관계집단을 말한다. 자각공중은 정책사안에 대해 능동적인 집단으로 이들과의 협조적 관계를 유지하기 위해 정책의 가치와 혜택에 대한 정보를 제공하고 이들의 행동을 수시로 모니터링하는 정책PR전략이 요구된다.

4) 활동공중

활동공중(active public)은 특정한 사안(문제)에 대한 지식 수준이 높고 이에 대한 관심과 참여하려는 태도 혹은 지향성의 수준도 높은 집단을 말한다. 마찬가지로, 정책PR에서 활동공중은 정부가 추진하려고하는 정책사안에 대한 지식 수준이 높고 관여도의 수준도 높은 정책이해관계집단을 말한다. 활동공중은 정책사안에 대해 적극적인 집단으로 이들과의 협조적 관계를 유지하기 위해 지속적인 정보제공과 정책 참여 확대를 지원하는 정책PR전략이 요구된다.

4. 관광정책에의 적용

정책커뮤니케이션은 자연적으로 주어지는 결과가 아니라 적극적인 정책PR을 통해 이루어진다. 일반정책과 마찬가지로 관광정책PR에서도 아직까지는 공공정보모형이 정책PR의 일반적인 형태라고 할 수 있다. 공중 및 일반국민을 대상으로 정보를 제공하는 것이 정책PR의 일차적 기능이라는 판단이다. 하지만, 이 단계의 정책PR모형으로 국민의 이해와 지지를 획득하기는 어렵다. 그런 의미에서 양방향 커뮤니케이션의 중요성이 강조되며, 공중과의 수평적 네트워크를 구축하는 것이 필요하다. 한마디로, 양방향적이고 균형적인 커뮤니케이션모형으로의 전환이 요구된다.

제3절 정책담론경쟁

1. 개념

담론경쟁은 PR의 새로운 모형이다. 앞서 기술한 바와 같이 PR은 언론대행·퍼블리시티모형, 공공정보모형, 양방향 불균형모형, 양방향 균형모형의 유형으로 발전해왔다. 이러한 발전과정에서 볼 수 있는 변화의 축은 윤리성, 방향성, 균형성으로 정리된다. 비윤리적 활동으로부터 윤리적 활동으로의 이동이 이루어졌으며, 일방향적 활동으로부터 양방향적 활동으로의 이동이 이루어졌다. 또한 불균형적 활동으로부터 균형적 활동으로의 이동이 이루어져왔다. 특히 오늘날의 PR에서는 이 가운데서 균형성, 즉 조직과 공중 간의 수평적 관계가 강조된다. 하지만 이렇게 행위자들 간의 균형성을 강조한다고 하더라도 PR에서 조직 중심의 입장이 근본적으로 변화한 것은 아니라는 한계점을 보여주는 것이 사실이다.

담론경쟁은 이러한 조직 차원의 PR모형으로부터 사회 차원의 PR모형으로의 전환을 의미한다. 담론경쟁에서 커뮤니케이션 행위자는 조직과 공중으로부터 담론주체(dicourse subject)라는 사회적 행위자로 변화하며, 또한 커뮤니케이션 과정에 사회적 약자의 참여에 대한 제약이 감소하면서 공론의 장의 확대가 이루어진다. 담론경쟁에서는 공중과의 상호 이해를 통해 조직 목적을 달성하고자하는 조직차원의 커뮤니케이션이 아니라, 담론주체들과의 의미공유 경쟁을 통해 사회적 정당성을 획득하고자하는 사회 차원의 커뮤니케이션이 이루어진다. 특히, 정책환경에서 민주화가 확대되고 미디어 환경이 변화하면서 담론경쟁의 중요성이 더욱 커지고 있다.

한편, 담론경쟁에서 담론은 일반적인 담론 개념의 연장선상에서 설명된다. 담론(discourse)은 크게 두 가지 관점에서 정의된다. 하나는 언어학적 관점으로 담론을 언어적 의미 요소들의 집합으로 정의한다(Crossley, 2005). 언어적 표현요소들의 연결망으로 바라보는 시각도 이러한 언어학적 관점의 한 유형이다(Howarth & Torfing, 2005). 다른 하나는 담론을 사회적 기제로 바라보는 관점이다. 사회적 권력의 생산물로 규정하며(Foucault, 1971), 비판적 차원에서 사회적 발전도구로 규정하기도 한다(Habermas, 1984). 담론경쟁에서 담론은 후자인 사회적 관점에서의 담론 개념을 적용한다. 그러므로 담론경쟁에서는 담론을 사회적 소통도구로 바라본다.

이상의 논의들을 정책과 연결하여, 이 책에서는 정책담론(policy discourse)을 '정책과 관련된 담론주체들이 의미전달을 위해 생산하는 언술의 집합'으로 정의한다. 같은 맥락에서, 정책담론경쟁(policy discourse struggle)을 '정책과 관련된 담론주체들이 의미 공유를 통해 담론적 우위를 확보하기 위해 수행하는 커뮤니케이션 관리활동'으로 정의한다. 줄여서 말하자면, 정책담론을 통한 정책PR이라고 할 수 있다.

2. 비판적 담론분석

비판적 담론분석(CDA: Critical Discourse Analysis)은 담론경쟁을 분석하는 이론적 모형으로 소개된다. 하지만 비판적 담론분석은 순수한 이론적 모형의 수준을 넘어서서 담론경쟁을 위한 실천적 전략을 제시한다는 점에서 의의가 크다.

비판적 담론분석 모형을 제시한 페어클로우(Fairclough, 1995; 2013)는 담론을 크게 세 가지 수준으로 구분하여 분석한다([그림 15-2] 참조).

[그림 15-2] 담론 구조

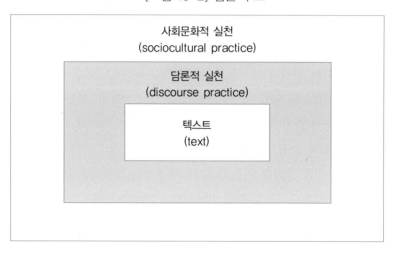

첫째, 텍스트 분석이다. 텍스트(text)는 의미 전달을 위해 담론주체들이 생산한 언어적 표현요소들(언술)의 집합체를 말한다. 기본 요소로 단어, 상징어, 주제 등이 있다. 형식적으로는 문장보다 크며, 문장들이 모여서 이루어진 한 덩어리의 글을 말한다. 텍스트 분석에서는 이러한 텍스트에 대한 언어적 기술(linguistic description)이 이루어진다. 담론경쟁의 실천적 전략 관점에서 볼 때, 텍스트는 담론주체들의 언어 생산 능력을 판단하는 기준이 된다.

둘째, 담론적 실천 분석이다. 담론적 실천(discourse practice)은 담론주체들이 특정한 의미를 중심으로 언어적 표현요소들을 형성하는 활동을 말한다. 담론적 실천 분석에서는 이러한 담론적 실천에 대한 해석(interpretation)이 이루어진다. 구체적인 분석방법으로는 홀(Hall, 1985)의 접합(articulation)이론이 적용된다. 접합이란 담론에서 특정한 의미를 중심으로 언어적 표현요소들이 선택되고 결합되는 것을 말한다. 또한 고프만(Goffman, 1974)의 프레임 이론이 담론유형화의 분석기준으로 적용된다. 담론경쟁의 실천적 전략 관점에서 볼 때, 담론적 실천은 담론주체들의 담론형성의 다양화를 모색하는 판단기준이 된다.

셋째, 사회문화적 실천 분석이다. 사회문화적 실천(sociocultural practice)은 사회문화적 맥락 안에서 사회문화적 가치와 담론을 연결하여 사회적 정당성을 확보하기 위한 담론주체들의 담론경쟁 활동을 말한다. 사회문화적 맥락에는 상황적 수준(situational level), 제도적 수준(institutional level), 사회적 수준(societal level) 등이 포함된다. 사회문화적 실천 분석은 이러한 사회문화적 실천에 대한 설명(explanation)이 이루어진다. 담론경쟁의 실천적 전략 관점에서 볼 때, 사회문화적 실천은 담론주체들의 사회문화적 맥락에 대한 이해와 이를 바탕으로 담론과의 연결 방안을 모색하는 판단기준이 된다.

3. 관광정책에의 적용

정책PR에서 사회적 차원의 커뮤니케이션과 언어적 작용의 중요성을 강조하는 것이 정책담론경쟁이다. 특히, 소셜미디어가 활성화되면서 공중에게 공식적인 정보를 전통적인 통로를 통해 전달하는 시대는 지났다. 언어적 표현에 있어서도 공식적인 용어만이 아니라, 상징어, 슬로건 등 각종 감성적인 표현들이 요구된다. 또한 관광정책이 추구하는 가치를 일관성 있게 추진하는 것도 필요하나, 다른 관점에서 제기되는 가치와의 조정도 필요하며 상황적 조건에 따라 변화하는 시대적 요구에도 적응할 수 있어야한다. 확대된 공론의 장에서 다양한 공중들과의 소통을 통해 의미공유를 확보해나가는 정책담론경쟁 전략이 관광정책PR의 새로운 모형으로 대두된다.

정책커뮤니케이션이론(policy communication theory)은 '정책커뮤니케이션 과정을 기술하고 설명하는 지식체계'를 말한다. 커뮤니케이션이론은 크게 일 반커뮤니케이션이론과 PR커뮤니케이션이론을 축으로 하여 발전하고 있다. 일반커뮤니케이션이론은 커뮤니케이션과정에서 송신자와 수신자 간의 관계 를 설명하는 이론이며, PR커뮤니케이션이론은 커뮤니케이션과정에서 조직과 공중 간의 관계를 설명하는 이론이다. 이 절에서는 경험적 연구사례를 일반 정책 연구와 관광정책 연구로 구분하여 살펴본다.

1. 일반정책 연구

일반정책 연구에서 정책커뮤니케이션이론 연구는 설문조사법을 활용한 미 시적 수준의 실증적 연구와 사례연구법을 활용한 후기실증주의 연구가 이루 어지고 있다.

1) 실증적 연구

실증적 연구는 수용자분석모형, 조직·공중관계성이론, 상황이론 등을 적 용하여 인과관계 분석이나 구조적 관계 분석 연구가 이루어진다. 먼저, 수용 자분석모형을 적용하여 정책PR-정책이해(리터러시)-정책지지(정책순응, 정책 수용)의 관계분석을 시도한 연구로는 김현준·이일용 (2013)의 '교육정책 정 보제공이 교원의 이해를 매개하여 정책지지에 미치는 효과' 연구, 손호중 (2007)의 '행정 PR 형태가 정책순응에 미치는 영향분석 : 원전수거물처리장 입 지선정사례를 중심으로' 연구, 오경수·천명재·김희경(2013)의 '정책PR이 정 책지지 정부신뢰에 미치는 영향 연구', 우지숙(2009)의 '커뮤니케이션이 정책이해에 미치는 영향 : 미디어 이용 및 토론참여를 중심으로' 연구, 차영란 (2013)의 '정부정책의 신뢰도 제고를 위한 SNS 활용 PR전략' 연구, 최연태·박 상인(2011)의 '전자정부 서비스 이용이 정책리터러시에 미치는 영향 분석' 연 구 등이 있다. 다음으로, 조직·공중관계성이론을 적용한 연구로는 김귀옥· 차희원(2016)의 '지자체 소셜미디어의 대화커뮤니케이션 특성과 공중커뮤니 케이션 행동이 조직-공중관계성에 미치는 영향' 연구, 김형석(2008)의 '관계성 -조직-공중 차원 PR효과 변인 간 인과관계 연구', 박현순(2009)의 '정부 기관과 정책공중과의 공중관계성 척도 검증에 관한 연구' 등이 있다. 다음으로, 상황 이론을 적용한 연구로는 김찬석·황성욱(2014)의 '공중의 성향, 정책-공중 관 계성, 행위변인 간의 PR효과 모형 : 고용 노동 정책PR 공중을 중심으로' 연구, 노형신 외(2013)의 '상황이론을 바탕으로 살펴본 교육정책에 대한 공중 간 인 식차이' 연구 등이 있다.

2) 사례연구

사례연구는 주로 비판적 담론분석 모형을 적용한 정책담론경쟁 연구가 이 루어지고 있다. 연구의 예로, 김영욱·함승경(2014)의 '금연과 흡연의 담론경 쟁 : 비판적 담론분석(CDA)의 적용' 연구, 김학실(2015)의 '여성고용정책에 대 한 비판적 담론분석- 경력단절 여성을 위한 경제활동촉진법을 중심으로' 연 구, 오수민 외(2012)의 '비판적 PR커뮤니케이션 관점에서 본 무상급식 담론경 쟁 분석: TV토론 프로그램 비판적 담론분석 중심' 연구, 이광수(2013)의 '서울 시 무상급식 정책결정과정에 대한 비판적 담론 분석' 연구, 장수정(2013)의 '영유아 무상보육정책 담론에 대한 분석- 일가족 양립지원 관점을 중심으로' 연구, 홍종윤(2011)의 '방송 정책결정과정에 대한 비판적 담론분석 연구: 위성 방송의 지상파 재송신에 관한 정책담론을 중심으로' 연구 등이 있다.

2. 관광정책 연구

일반정책 연구와 마찬가지로 관광정책 연구에서도 설문조사법을 적용한 미시적 수준의 실증적 연구와 사례연구법을 적용한 후기실증주의 연구가 이루어지고 있다.

1) 실증적 연구

관광정책 연구에서 실증적 연구는 수용자분석모형, 조직·공중관계성이론, 상황이론, 상호지향성분석모형 등의 커뮤니케이션이론을 적용하여 특성분석 및 관계분석 연구가 이루어진다. 주요 연구를 살펴보면 다음과 같다.

(1) 수용자분석모형 적용 연구

일반커뮤니케이션이론 가운데 수용자분석모형을 적용하여 정책PR, 정책이해(효능성)-정책지지 간의 관계 연구가 이루어지지고 있다. 연구의 예로, 이연택·김형준(2014b)의 '관광경찰제도에 대한 정책PR, 정책이해, 정책지지 간의 관계 구조 분석' 연구, 주현정·이연택(2015)의 '지역컨벤션산업정책에 있어서 정책PR이 정책효능성과 정책지지에 미치는 영향' 연구 등이 있다.

이 가운데 주현정·이연택(2015)의 연구에서는 지역컨벤션산업정책PR이 정책효능성 및 정책지지에 미치는 영향관계를 분석하였다. 자료 수집을 위해서는 지역컨벤션산업을 공중으로 설정하고 관련 산업종사자를 조사대상으로 설문조사를 실시하였다. 연구모형은 다음과 같다([그림 15-3] 참조).

[그림 15-3] 정책PR-정책효능성-정책지지 간의 관계 분석모형

분석결과, 정책PR은 정책효능성과 정책지지에 긍정적 영향을 미치는 것으로 나타났으며, 특히 정책효능성은 정책PR과 정책지지와의 관계에 유의한 매개효과가 있는 것으로 나타났다. 실무적 시사점으로는 두 가지 점이 제시되었다. 하나는 정책PR커뮤니케이션에서 정보제공활동뿐만 아니라 의견수렴활동이 PR효과를 향상시키는데 중요하다는 점이며, 다른 하나는 수용자가 정책의 효능성에 대해 충분히 인식할 수 있도록 지원하는 수용자 유형별 맞춤형 PR전략이 필요하다는 점이 제시되었다.

(2) 조직 · 공중관계성 이론 및 상황이론 적용 연구

PR커뮤니케이션이론 가운데 조직 · 공중관계성이론과 상황이론을 적용한 연구가 때로는 개별적으로, 때로는 복합적으로 이루어지고 있다. 상황이론을 개별적으로 적용한 연구의 예로, 이슬기(2016)의 '관광마케팅정책에 있어서 공중의 상황인식과 정책지지에 관한 연구: 코리아그랜드세일 행사를 대상으로' 연구가 있다. 한편, 조직 · 공중관계성이론과 상황이론을 복합적으로 적용한 연구로는 오은비 · 이연택(2015)의 '관광주간사업에 대한 공중상황인식, 공중관계성, 정책지지 간의 관계분석' 연구, 오은비 · 이경아 · 정인혜(2016)의 '해외안전여행정책에 대한 정책PR, 공중관계성, 정책리터러시, 정책지지의 관계분석' 연구 등이 있다.

이 가운데 이슬기(2016)의 연구를 살펴보면, 이 연구에서는 상황이론을 적용하여 코리아그랜드세일 사업정책을 대상으로 공중상황인식과 정책지지와

의 영향관계를 분석하였다. 자료 수집을 위해서는 코리아그랜드세일 행사에
참여하는 민간사업체들을 공중으로 설정하고 관련종사자들을 조사대상으로
설문조사를 실시하였다. 연구모형은 다음과 같다([그림 15-4] 참조).

[그림 15-4] 공중상황인식–정책지지 간의 관계 모형

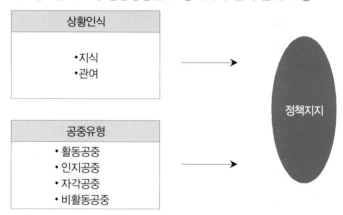

분석결과, 공중상황인식을 구성하는 요인 가운데 지식수준요인은 정책지
지에 유의한 영향을 미치지 않는 것으로 나타났으며, 관여수준요인은 유의한
긍정적인 영향을 미치는 것으로 나타났다. 즉, 정책에 대한 공중의 관여수준
이 높을수록 정책지지가 높다고 할 수 있다. 또한, 공중유형별 정책지지의 차
이를 검증한 결과, 유형별 차이가 유의한 것으로 나타났다. 유형별로는 활동
공중, 자각공중, 인지공중, 비활동공중의 순으로 정책지지가 높은 것으로 나
타났다. 공중유형 간 차이에서도 관여 수준이 크게 작용하였다고 할 수 있다.

(3) 상호지향성 모형 적용 연구

상호지향성 모형(co-orientation model)은 조직과 공중 간의 상호 인식을 파
악하는 분석모형이다(Chaffee & McLeod, 1973). 상호지향성의 측정요소로는
객관적 일치도, 주관적 일치도, 정확도, 메타동의를 들 수 있다.

관광분야에서 상호지향성 모형을 적용한 정책관련 연구로는 이연택·신동재(2013)의 '카지노기업의 사회적 책임에 대한 기업과 정부 간 상호지향성 분석' 연구를 들 수 있다. 이 연구에서는 카지노기업과 정부의 관계를 중심으로 이들 간의 상호지향성을 분석하였다. 연구모형은 다음과 같다([그림 15-5] 참조).

[그림 15-5] 상호지향성 분석 모형

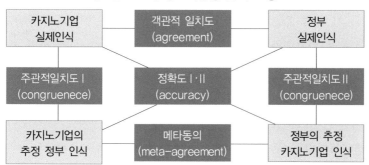

분석 결과, 두 집단 간의 실제인식을 비교하는 객관적 일치도에서는 두 집단 간에 실제인식에 있어서 객관적 불일치 상태인 것으로 확인되었으며, 한 집단의 실제인식과 상대방에 대한 추정인식을 비교하는 주관적 일치도에서는 상호 오해의 상태에 있는 것으로 확인되었다. 실제인식과 상대방의 추정인식을 비교하는 정확도에서는 두 집단 간의 정확도에 차이가 있는 것으로 확인되었다. 끝으로 상대방에 대한 상호 추정인식을 비교하는 메타동의에서는 두 집단 간의 상호 추정인식이 일치하는 것으로 확인되었다. 전반적으로 볼 때, 두 집단 간의 상호지향성의 정도는 매우 낮은 것으로 나타났다. 실무적 시사점으로는 두 집단 간에 상호지향성을 높이기 위한 보다 긴밀한 커뮤니케이션 채널 구축의 필요성이 제시되었다.

2) 사례연구

관광정책 연구에서 사례연구는 일반정책 연구와 마찬가지로 주로 비판적 담론분석 모형을 적용한 정책담론경쟁 연구가 이루어지고 있다. 연구의 예로, 오은비(2015)의 '대체휴일제도 도입과정의 정책담론경쟁 분석' 연구와 '내국인 출입 카지노 정책에 대한 정책담론경쟁 분석' 연구, 이연택·오은비 (2016)의 '관광숙박시설 입지규제정책에 대한 비판적 담론분석 연구' 등이 있다.

이 가운데 이연택·오은비(2016)의 연구를 살펴보면, 이 연구는 페어클로우 (Fairclough, 1995; 2003; 2013)의 비판적 담론분석모형을 적용하여 관광숙박시설 입지규제 관련법(관광진흥법)의 개정과정을 분석하였다. 자료 수집 및 연구의 엄격성 확보를 위해서는 인(Yin, 2009)의 사례연구법을 적용하였다. 분석자료는 법률안의 개정과정인 2012년부터 2015년까지 3년간 정부 및 정책이해관계집단들이 생산한 보도자료, 성명서, 언론기사 및 사설, 연구자료 등을 포함하였다. 정책담론경쟁에 참여한 담론주체로는 찬성 측에는 문화체육관광부, 여당 및 경제관련 단체들이 참여하였으며, 반대 측에는 서울특별시교육청, 야당 및 교육 관련 시민사회단체들이 참여하였다. 연구모형은 다음과 같다([그림 15-6] 참조).

[그림 15-6] 비판적 담론 분석 모형

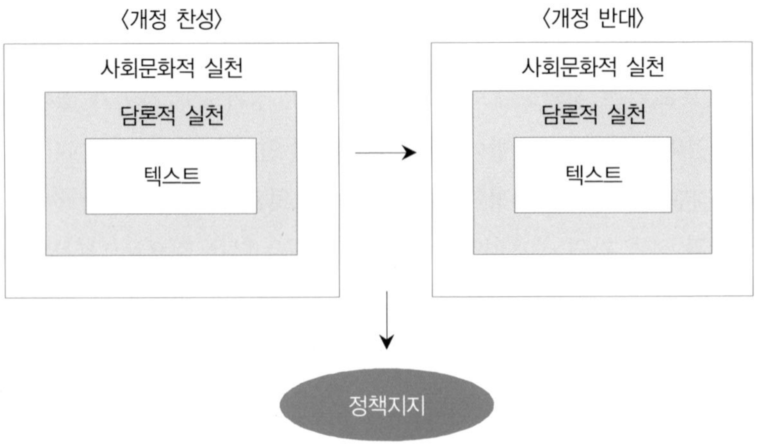

분석결과, 텍스트 분석에서는 이항대립분석을 적용하여 찬성 측과 반대 측 담론주체들이 생산한 단어, 상징어, 주제들이 도출되었다. 담론적 실천 분석에서는 홀(Hall)의 접합이론과 고프만(Goffman)의 프레임 모형을 적용하여 찬성 측에 세 가지 담론(경제활성화 담론, 호텔산업발전 담론, 관광경쟁력강화 담론)이 형성되었으며, 반대 측에 다섯 가지 담론(경제적실효성 부재 담론, 사회적 유해시설 담론, 학습권 보호 담론, 대기업 특혜 담론, 호텔산업 경쟁심화 담론)이 형성된 것을 확인하였다. 사회문화적 실천 분석에서는 상황적 조건을 사회문화적 맥락요인으로 설정하고 상황적 조건에서 대두되는 경제성장이라는 사회적 이데올로기와 경제활성화 담론이 연결되어 사회적 정당성을 이끌어냄으로써 찬성 측이 담론적 우위를 확보하고 정책지지를 획득한 것으로 확인되었다. 실무적 시사점으로는 정책담론경쟁을 위한 실천전략으로 정부의 언어적 생산능력 제고와 담론형성의 다양화 전략이 필요한 것으로 제시되었으며, 사회문화적 맥락에 대한 상황분석과 이에 대응하는 담론접합 전략의 중요성이 강조되었다.

실천적 논의
관광정책과 정책커뮤니케이션

정책커뮤니케이션은 정책과 관련된 공중과의 커뮤니케이션을 말한다. 정책은 본질적으로 갈등적일 수밖에 없다. 따라서 성공적인 정책실현을 위해서는 합리적 정책과정의 수립도 필요하지만 정책을 이해관계자들, 즉 공중과의 커뮤니케이션이 필수적으로 요구된다. 특히 관광정책에는 다양한 이해관계자들이 존재하며, 이들과의 협력적 관계를 형성하지 않고서 성공적 정책실현을 기대하기는 어렵다. 그런 의미에서 관광정책에서 정책커뮤니케이션은 매우 중요한 요소이다. 이러한 인식에서 다음 논제들에 대해 논의해보자.

논제 1. 중앙정부 차원에서 최근에 추진된 관광정책과 관련하여 정부가 수행한 정책PR 사례에는 어떠한 것이 있으며, 이와 관련된 문제점과 향후 발전과제로는 어떠한 것이 있는가?

논제 2. 지방정부 차원에서 최근에 추진된 관광정책과 관련하여 지방정부가 수행한 정책PR 사례에는 어떠한 것이 있으며, 이와 관련된 문제점과 향후 발전과제로는 어떠한 것이 있는가?

요약

이 장에서는 관광정책과 정책커뮤니케이션에 대해서 논의하였다.

정책커뮤니케이션은 정책을 커뮤니케이션의 관점에서 설명하는 지식체계이다. 정책커뮤니케이션이라 하면, 정책과 관련된 커뮤니케이션을 말한다. 소위 공익 실현 차원에서 이루어지는 공공 조직의 커뮤니케이션이라는 특징을 지닌다. 정책이 갈등적 특징을 지니고 있다는 점을 감안할 때, 정책을 둘러싼 이해관계자들 간의 이견과 갈등의 문제를 해결하기 위해서는 합리적 정책과정만으로는 한계가 있으며, 정책커뮤니케이션적 접근이 요구된다.

이 책에서 정책커뮤니케이션(policy communication)은 '정책과 관련하여 정부와 정책이해관계집단 간에 이루어지는 의사소통'으로 정의된다. 정책커뮤니케이션과정은 크게 여섯 가지 요소로 구성된다. 첫째, 송수신자로 커뮤니케이션의 행위자 요소를 말한다. 둘째, 메시지로 정부가 정책이해관계집단에게 의사를 전달하기 위해 매개체를 통해 제공하는 단위 정보를 말한다. 셋째, 채널로 정부가 정책이해관계집단에게 메시지를 전달하는 통로를 말한다. 넷째, 피드백으로 정부가 제공하는 메시지에 대해 수신자인 정책이해관계집단이 지지, 반대 등의 의사를 표시하는 것을 말한다. 다섯째, 잡음으로 송수신자 간에 메시지를 정확하게 전달하는데 방해가 되는 요소를 말한다. 여섯째, 세팅으로 커뮤니케이션과정이 이루어지는 물리적 공간을 말한다.

커뮤니케이션의 유형은 위의 커뮤니케이션의 구성요소의 결합에 따라 여러 가지 형태로 구분된다. 크게 여섯 가지 유형으로 나누어진다. 개인 간 커뮤니케이션, 소집단 커뮤니케이션, 조직커뮤니케이션, 공중커뮤니케이션, 매스커뮤니케이션, 소셜커뮤니케이션이 대표적인 유형이다.

정책PR은 PR 개념의 연장선상에서 정의된다. 커뮤니케이션 행위자로서 정부와 관련 공중들이 설정되고 커뮤니케이션 관리활동이라는 조직관리적 요소가 포함된다. 이를 반영하여, 정책PR은 '정부가 특정한 정책에 대한 관련 공중 및 일반국민의 이해와 지지를 확보하기 위해 수행하는 커뮤니케이션 관리활동'으로 정의된다.

일반적으로 PR은 그루닉과 헌트(Grunig & Hunt, 1984)가 제시한 네 가지 유형으로 구분된다. 첫째, 언론대행·퍼블리시티모형으로 선전(propaganda)을 목적으로 이루어지는 조직의 커뮤니케이션 관리활동을 말한다. 둘째, 공공정보모형으로 정보확산(information diffusion)을 목적으로 이루어지는 조직의 커뮤니케이션 관리활동을 말한다. 셋째, 양방향 불균형모형으로 설득(persuasion)을 목적으로 이루어지는 조직의 커뮤니케이션 관리활동을 말한다. 넷째, 양방향 균형모형으로 상호이해(mutual understanding)를 목적으로 이루어지는 조직의 커뮤니케이션 관리활동을 말한다.

정책PR에서 공중(public)은 커뮤니케이션과정의 구성요소로 보면 수신자에 해당된다. 공중은 정책이해관계집단과 유사한 의미로 사용된다. 하지만 엄밀하게 말하면, 공중은 정부가 의사소통의 목표로 삼는 정책이해관계집단이다. 이러한 공중을 핼러헌(Hallahan, 2000)은 지식 수준(level of knowledge)과 관여 수준(level of involvement)을 기준으로 크게 네 가지 유형으로 구분한다. 첫째, 비활동공중으로 특정한 사안에 대한 지식 수준이 낮고, 이에 대한 관심과 참여하려는 태도 혹은 지향성의 수준이 낮은 소극적인 집단을 말한다. 둘째, 인지공중으로 특정한 사안에 대한 지식 수준은 높은 반면에 이에 대한 관심과 참여하려는 태도 혹은 지향성의 수준이 낮은 비능동적인 집단을 말한다. 셋째, 자각공중으로 특정한 사안에 대한 지식 수준은 낮은 반면에 이에 대한 관심과 참여하려는 태도 혹은 지향성의 수준이 높은 능동적인 집단을 말한다. 넷째, 활동공중은 특정한 사안에 대한 지식 수준이 높고 이에 대한 관심과 참여하려는 태도 혹은 지향성의 수준도 높은 적극적인 집단을 말한다.

정책담론경쟁은 정책PR의 새로운 모형이다. 정책담론경쟁은 이러한 조직 차원의 정책PR모형으로부터 사회 차원의 정책PR모형으로의 전환을 의미한다. 특히, 정책환경에서 민주화가 확대되고 미디어 환경이 변화하면서 담론경쟁의 중요성이 더욱 커지고 있다.

정책담론(policy discourse)은 담론의 개념을 반영하여 '정책과 관련된 담론주체들이 의미전달을 위해 생산하는 언술의 집합'으로 정의된다. 같은 맥락에서, 정책담론경쟁(policy discourse struggle)은 '정책과 관련된 담론주체들이 의미 공유를 통해 담론적 우위를 확보하기 위해 수행하는 커뮤니케이션 관리활동'으로 정의된다. 줄여서 말하자면, 정책담론을 통한 정책PR이라고 할 수 있다.

비판적 담론분석(CDA : Critical Discourse Analysis)은 담론경쟁을 분석하는 이론적 모형으로서 동시에 담론경쟁을 위한 실천적 전략모형으로서 제시된다. 페어클로우(Fairclough, 1995; 2013)는 담론 분석 기준을 세 가지 수준으로 구분한다. 첫째, 텍스트 분석으로 텍스트에 대한 언어적 기술(linguistic description)이 이루어지며, 이를 바탕으로 담론경쟁의 언어적 실천전략이 제시된다. 둘째, 담론적 실천 분석으로 담론적 실천에 대한 해석(interpretation)이 이루어지며, 이를 바탕으로 담론경쟁의 담론적 실천전략이 제시된다. 셋째, 사회문화적 실천 분석으로 사회문화적 실천에 대한 설명(explanation)이 이루어지며, 이를 바탕으로 담론경쟁의 사회적 실천전략이 제시된다.

끝으로 정책커뮤니케이션과 경험적 연구에서는 커뮤니케이션이론을 적용한 경험적 연구에 대한 검토가 이루어졌다. 커뮤니케이션이론은 크게 일반커뮤니케이션이론과 PR커뮤니케이션이론으로 구분된다. 이들 이론을 적용한 연구사례가 일반정책 연구와 관광정책 연구로 구분되어 제시되었다.

참고문헌

1. 국내문헌

가상준·유성준·김준석(2009). 18대 국회 초선의원과 17대 국회 초선의원의 비교 연구. 「세계지역연구논총」, 27(1) : 285-314.

강국진·김성해(2011). 정치화된 정책과 정책의 담론화 : 부자감세 담론의 역사성과 정치성. 「한국행정학보」, 45(2) : 215-240.

강동완(2008). 대북지원정책 거버넌스의 평가 및 개선방안 : 노무현 정부 평가 및 시사점을 중심으로. 「통일문제연구」, 49 : 281-323.

강신택(1995). 「사회과학연구의 논리 : 정치학·행정학을 중심으로」(개정판). 서울 : 박영사.

_____(2002). 「행정학의 논리」. 서울 : 박영사.

강윤호(2002). 지방정부의 정책선호와 그 결정요인. 「한국행정학보」, 36(4) : 227-241.

강인성(2007). 공공정책참여의 활성화를 위한 주민참여역량·과정·성과평가에 관한 연구. 「한국정책학회보」, 16(4) : 29-55.

고인석(2010). 인터넷 정치참여와 대의민주주의의 위기극복을 위한 대안모색. 「홍익법학」, 홍익대학교 법학연구소, 11(3) : 41-69.

공은숙(2012). 「지역메가이벤트 정책과정에 있어서 정책네트워크 변화 분석」. 한양대학교 박사학위논문.

권기창·배귀희(2006). 과학기술정책의 거버넌스 변화. 「한국정책과학학회보」, 10(3) : 27-53.

권기헌(2007). 「정책학의 논리」. 서울 : 박영사.

_____(2010). 「정책학 : 현대정책이론의 창조적 탐색」. 서울 : 박영사.

권신일(2012). 「광역권 관광네트워크거버넌스 형성의 영향요인에 관한 연구」. 한양대학교 박사학위논문.

김경동 · 이온죽(1989). 「사회조사연구방법」. 서울 : 박영사.

김경희(2008). 「지방정부의 관광위기커뮤니케이션 체계분석 : 강원도 수해대책을 사례로」. 한양대학교 석사학위논문.

_____(2013). 「의료관광정책의 제도적 변화분석 : 점진적 제도변화 모형을 중심으로」. 한양대학교 박사학위논문.

김경희 · 야스모토 아츠코 · 이연택(2016). 관광 커뮤니티 비즈니스 정책의 협력적 거버넌스 형성 영향요인-관광두레사업을 대상으로-. 「관광학연구」, 40(6) : 11-30.

김광웅(1992). 제13대 국회의원의 이념적 가치성향에 관한 연구. 「행정논총」, 30(1) : 222-242.

김기정 · 이행(1992). 민주화와 한국외교정책 : 이론적 분석틀의 모색. 「국제정치논총」, 32(2) : 3-22

김귀옥 · 차희원(2016). 지자체 소셜미디어의 대화커뮤니케이션 특성과 공중커뮤니케이션 행동이 조직-공중관계성에 미치는 영향-페이스북과 트위터를 중심으로-. 「홍보학연구」, 20(1) : 138-174.

김남조(2011). 신문기사에 나타난 역대대통령의 관광정책관. 「관광학연구」, 35(5) : 159-181.

김대관 · 최영배 · 한연주(2011). 서남해안관광레저도시 활성화 전략의 우선 순위 도출 : AHP 기법을 적용하여. 「관광 · 레저연구」, 23(3) : 443-460.

김대순(2011). 한국의 의료법 개정에 있어서 이익집단의 정부 포획 연구. 「정책과학연구」, 21(1) : 38-58.

김덕근(2011). 참여정부의 사립학교법 개정과정 분석 : Allison Model의 적용을 중심으로. 「중등교육연구」, 59(1) : 145-165.

김동윤(2009). 사회자본의 개념화에 대한 탐색적 접근 : 정치숙의 및 시민적 자질과의 관련성을 중심으로. 「언론과학연구」, 9(4) : 38-64.

김문주(2008). AHP를 활용한 지속가능한 관광을 위한 관광거버넌스 형성영향요인 중요도 분석. 「관광연구논총」, 20(2) : 135-162.

김병섭 · 박광국 · 조경호(2000). 「조직의 이해와 관리」. 서울 : 대영문화사.

김봉석(2009). 신성장동력으로써 MICE산업의 진흥을 위한 창조적 협력. 한국경영학회 「통합학술대회논문집」, 63-77.

김봉석·김철원(2010). 컨벤션기획사 국가자격시험 시행개선에 관한 연구. 「컨벤션연구」, 10(2) : 65-82.

김상봉·이명혁(2011). Kingdon의 정책 창 모형에 의한 비축임대주택 정책의 갈등관계분석 및 평가. 「한국정책과학회보」, 15(3) : 1-27.

김석우·윤석상·정상호·조찬수(2010). 한국 중소기업 정책 결정요인 분석 : 아이디어, 이익 그리고 제도. 「세계지역연구논총」, 28(3) : 356-382.

김성경(2015). 「메가스포츠이벤트에 대한 지역주민의 영향지각이 주민 지지에 미치는 영향 : 정부신뢰의 조절효과를 중심으로」. 한양대학교 석사학위논문.

김성태a(2003). 「전자정부론」. 서울 : 법문사.

김성태b(2012). 「관광특구지역의 사회적 자본과 로컬 관광거버넌스와의 관계에 관한 연구」. 한양대학교 박사학위논문.

김순양(2010). 정책과정분석에서의 정책네트워크(Policy Network) 모형 : 이론적 실천적 적실성의 검토 및 제언. 「한국정책학회보」, 19(4) : 177-209.

김시영·노인만(2004). 지방정부와 NPO간 협력관계 결정요인에 관한 연구. 「한국지방자치학회」, 16(1) : 203-227.

김연수(2008). 지방자치제실시후의 복지정책결정요인에 관한 연구. 「한국공공관리학보」, 22(3) : 77-102.

김영수(2007). 「관광산업조직에 있어서 비영리관광사업자단체의 기능에 관한 연구 : 일반여행업협회를 중심으로」. 한양대학교 석사학위논문.

김영욱·함승경(2014). 금연과 흡연의 담론경쟁 : 비판적 담론분석(CDA)의 적용. 「한국언론학보」, 58(5) : 333-361.

김영종(2006). 노동정책형성과정의 합의주의와 정책네트워크 분석 : 비정규직보호법의 제정과정을 중심으로. 「한국정책과학학회보」, 11(4) : 51-82.

_____(2006). 정책결정제도의 변화가 정책네트워크 형성에 미치는 영향에 관한 연구 : 울진사례를 중심으로. 「한국정책과학학회보」, 10(1) : 1-25.

_____(2010). 사회정책결정과정에 있어서 정책옹호연합의 형성과 붕괴. 「한국정책과학회보」, 14(2) : 1-22.

김영준(2003). 「관광자원 개발 법제 개선방안」. 한국문화관광정책연구원.

김옥일(2008a). 교육행정정보화 정책네트워크 구조 변화에 관한 연구 : 사회연결망 분석의 적용. 「행정논총」, 46(2) : 255-279.

_____(2008b). 정책네트워크 변화와 정책변동에 관한 연구 : 교육행정정보시스템 (NEIS)사업을 중심으로. 「한국정책학회보」, 17(2) : 207-233.

김용신(2011). 한국 사회의 다문화화에 따른 정치사회화 이론의 재해석과 방법적 지향. 「세계지역연구논총」, 29(1) : 87-106.

김용학(2011). 「사회 연결망 분석」(제3판). 서울 : 박영사.

김윤권(2005). 제도변화의 통합적 접근 : 역사적 신제도주의를 중심으로. 「한국정책학회보」, 14(1) : 299-327.

김이배(2010). 립스키(M. Lipsky)의 일선관료제 모형에 근거한 국민기초생활보장제도의 집행에 관한 연구. 「한국사회복지행정학」, 12(3) : 149-181.

김재훈(2007). 시장 혹은 정부? : 쓰레기수거의 거버넌스 구조 결정요인 분석. 「한국행정학보」, 41(1) : 1-20.

김정수(2011). 감정의 재발견 : '화성남 금성녀' 은유를 활용한 정부 - 국민간 정책갈등에 대한 시론적 재해석. 「한국정책학회보」, 20(1) : 83-110.

김정하(2012). 「사회연결망분석을 이용한 지역 의료관광산업의 이해관계자 네트워크 분석」. 한양대학교 석사학위논문.

김종보(2009). 정부형태의 개정방안에 대한 고찰. 「법학연구」, 50(2) : 1-36.

김종우(2008). 「지역관광정책에 있어서 관광 클러스터체계에 관한 연구」. 한양대학교 박사학위논문.

김준기(2000). 정부 - NGO 관계의 이론적 고찰 : 자원의존모형 관점에서. 「한국정책학회보」, 9(2) : 5-28.

김진동 · 김남조(2007) 지역관광협력체로서 로컬관광거버넌스 형성요인과 발전가능성에 관한 연구. 「관광학연구」, 31(1) : 245-264.

김찬석 · 황성욱(2014). 공중의 성향, 정책-공중 관계성, 행위변인 간의 PR효과 모형 : 고용노동 정책PR 공중을 중심으로. 「광고연구」, (102), 5-34.

김 철(2003). 대체적 분쟁해결의 신제도론적 분석 : 사회학적 신제도주의를 중심으로. 한국행정학회 2003년도 「하계학술대회발표논문집」, 447-463.

김철원·서현숙·이태숙(2010). 지역주민의 삶의 질에 영향을 미치는 축제영향요인 인식 연구. 「관광연구」, 26(6) : 119-139.

김태룡(2009). 사회자본론의 적실성에 관한 비판적 합의. 「한국거버넌스학회」, 16(3) : 33-52.

김태운(2011). 두 가지 환류, 그리고 내생적 제도변화 : 종합부동산세를 중심으로. 「한국행정학보」, 45(2) : 27-56.

김학실(2015). 여성고용정책에 대한 비판적 담론 분석 - 경력단절 여성을 위한 경제활동촉진법을 중심으로 -. 「한국자치행정학보」, 29(3) : 189-215.

김행범(1995). 정부예산의 결정요인 검증에 관한 연구 : 요인론 - 점증주의 통합모형에 의한 복지예산지출수준 분석을 중심으로. 「한국사회와 행정연구」, 5(2) : 89-125.

김향자·김영준(2007). 미래 한국 관광정책의 전망과 과제. 「관광연구저널」, 21(4) : 337-350.

김현준·이일용(2013). 교육정책 정보제공이 교원의 이해를 미개하여 정책지지에 미치는 효과, 「교육행정학연구」, 31(2) : 91-115.

김형석(2008). 관계성 - 조직 - 공중 차원 PR효과 변인 간 인과관계 연구. 「홍보학연구」, 12(1) : 5-45.

김홍배(2003). 「정책평가기법 : 비용 - 편익 분석론」. 서울 : 나남출판.

나종민·김대관(2012). 기후변화 대응 관광개발 지표연구. 「관광학연구」, 36(2) : 141-158.

나찬영·유재원(2008). 국가 - 사회간 이익매개양식의 변화 : 건설업 면허정책을 중심으로, 1953-2007. 「한국정책학회보」, 17(2) : 235-262.

남궁근(2009). 「정책학 : 이론과 경험적 연구」. 서울 : 법문사.

_____(2010). 「행정조사방법론」(4판). 서울 : 법문사.

노화준(2007). 「정책평가론」(4판). 서울 : 법문사.

노형신·신호창·조재형·노영우(2013). 상황이론을 바탕으로 살펴본 교육정책에 대한 공중 간 인식차이. 「한국언론학보」, 57(5) : 5-33.

류광훈(2007). 「관광산업 진흥에 관한 법률제정 연구」. 한국문화관광연구원.

류영아(2006). 육아휴직제 4차 개정과정의 정책네트워크 분석. 「한국정책과학회보」,

10(2) : 229-255.

모창환(2005). 한국철도산업 구조개혁의 정책결정분석 : 쓰레기통모형의 적용과 이론적 시사점. 「한국정책학회보」, 14(3) : 103-130.

_____(2006). 철도구조개혁의 정책집행과정 분석 : Winter의 정책결정 - 집행 연계모형의 적용. 한국정책학회 「추계학술대회논문집」, 1-11.

문상호(2007). 보건의료정책과 거버넌스. 「국정관리연구」, 2(1) : 163-196.

문화체육관광부(2015). 「2014년 기준 관광동향에 관한 연차보고서」.

박래춘(2016). 「지역컨벤션산업의 제도환경이 조직간 제트워크형성 및 조직성과에 미치는 영향」. 한양대학교 박사학위논문.

박미정(2002). 메가이벤트의 영향에 대한 지역주민의 인식이 협력의사에 미치는 영향에 관한 연구. 「관광 · 레저연구」, 13(2) : 261-277.

박순애 · 윤경준 · 이희선(2010). 지방자치단체역량이 녹색성장정책추진에 미치는 영향에 대한 연구. 「한국지방자치학회보」, 22(4) : 107-128.

박시사(2006). 동계 패키지여행상품 신문 광고 분석 : 동아일보, 조선일보 여행상품광고 분석을 통해서. 「관광학연구」, 30(4) : 151-170.

박양우(2007). 「영상관광정책의 네트워크 체계에 관한 연구」. 한양대학교 박사학위논문.

박용성(2004). 정책네트워크의 동태적 유형 분석에 관한 연구 : 한강 및 낙동강 유역 정책 수립 및 입법화과정의 비교 분석을 중심으로. 「한국사회와 행정연구」, 15(3) : 99-128.

박용성 · 최정우(2011). 정책옹호연합모형(ACF)에 있어서 정책중개자(policy broker)의 유형과 역할에 대한 연구 : 세종시 정책사례를 중심으로. 「행정논총」, 49(2) : 103-125.

박인수(1991). 국민투표에 관한 헌법이론적 연구. 「공법연구」, 19 : 33-50.

박정원(2000). 「남북한 관광협력의 활성화를 위한 법제 정비 방안」. 한국법제연구원.

박정택(2003). 부처간 정책갈등과 조정에 관한 연구 : 과학기술기본법 제정과정을 중심으로. 「과학기술학연구」, 3(1) : 105-156.

박종민 · 배정현(2011). 정부신뢰의 원인 : 정책결과, 과정 및 산출. 「정부학연구」, 17(2) : 117-142.

박치성 · 명성준(2009). 정책의제 설정과정에 있어 인터넷의 역할에 관한 탐색적 연구: 2008년 미국산 쇠고기 재협상 사례를 중심으로. 「한국정책학회보」, 18(3) : 41-69.

박현숙 · 남궁곤(2003). 의회와 외교정책: 국회의원의 정치적 이념구조와 표결 형태 분석. 「시민정치학회보」, 6 : 167-183.

박현순(2009). 정부기관과 정책공중과의 공중관계성 척도 검증에 관한 연구. 「한국광고홍보학보」, 11(4) : 144-170.

박희봉(1998). 관료제의 도구적 합리성과 실제적 합리성: 관료제 문제 극복을 위한 대안 모색. 「한국정치학회보」, 32(2) : 125-145.

_____(2007). 사회자본과 거버넌스: 참여와 신뢰가 거버넌스에 미치는 영향. 「국정관리연구」, 2(2) : 60-77.

배유일(2003). 지방 거버넌스와 제도주의적 시각. 「정부학연구」, 9(2) : 297-335.

백승기(2010). 「정책학원론」(3판). 서울: 대영문화사.

서진완 · 윤상오(2007). 정책평가와 정책조정의 변화: 테마마을 사업사례. 「한국정책과학학회보」, 11(1) : 1-31.

성시윤(2011). 「메가이벤트정책에 대한 관광저널리즘의 담론분석」. 한양대학교 박사학위논문 제안서.

_____(2014). 메가이벤트에 관한 언론 보도의 프레임 분석: 2012 여수엑스포를 중심으로. 「관광연구논총」, 26(2) : 193-222.

손호중(2007). 행정 PR 행태가 정책순응에 미치는 영향 분석: 원전수거물처리장 입지선정사례를 중심으로. 「한국공공관리학보」, 21(4) : 97-126.

신동재(2013). 「카지노기업의 사회적 책임에 대한 기업과 이해관계자 간 상호지향성 분석: 내국인 카지노를 중심으로」. 한양대학교 박사학위논문.

신용배 · 전진석(2011). 옹호연합모형을 통한 수도권 공장총량제 정책변동분석. 「한국사회와행정연구」, 21(4) : 485-508.

신용석 · 장병권(2007). 관광기본법의 개선방향과 추진방안. 「관광학연구」, 31(3) : 11-29.

신호창 · 이두원 · 조성은(2011). 「정책PR」. 서울: 커뮤니케이션북스.

심원섭(2009). 한국 관광정책의 변화과정 연구: 역사적 제도주의하의 경로의존성을 중심으로. 「관광학연구」, 33(7) : 161-185.

심원섭 · 이연택(2008). 사회연결망분석(Social Network Analysis)을 이용한 한국관광 산업 이익집단의 정책네트워크 연구. 「관광학연구」, 32(3) : 13-35.

심원섭 · 이인재(2009). 지역관광개발에 있어서 이해관계자와의 정책네트워크가 지 자체의 정책성과에 미치는 영향. 「관광학연구」, 33(3) : 51-68.

심진범 · 최승담(2007). 관광개발정책 과정에서의 주민저항 영향요인. 「관광연구」, 22(1) : 1-19.

안경모 · 윤승현(2005). 국제회의, 전시산업 육성 통합법률 제정에 관한 연구. 「컨벤 션연구」, 9 : 7-18.

안선희(2011). 일본의 중심시가지 활성화 정책에 대한 정책네트워크 분석. 「한국정 책학회보」, 20(2) : 411-440.

안종윤(1997). 「관광정책론」. 서울 : 박영사.

안해균(1997). 「정책학원론」. 서울 : 다산출판사.

야스모토 아츠코(2015). 일본 복합리조트 정책 추진과정 분석 : 정책의제설정과정을 중심으로. 「한국관광학회 국제학술발표대회」, 78(2) : 709-724.

양승일 · 한종희(2011). MSF를 통해 본 정책의 형성, 집행, 그리고 정책대상 : 참여정 부의 사학정책 변동과정을 중심으로. 「한국행정연구」, 20(3) : 35-62.

엄석진(2008). 「전자정부 추진결과와 제도적 결정요인 : 한국과 미국의 정부기능연계 모델을 중심으로」. 서울대학교 박사학위논문.

엄익천 · 김종범 · 조경호 · 최진식(2011). 정부연구개발예산의 결정요인에 관한 연구. 「한국정책학회보」, 20(4) : 105-134.

여관현 · 최조순 · 최근희(2011). 도시환경정비사업 갈등형성과정의 정책네트워크 분 석 : 용산 4구역 국제업무지구를 중심으로. 「도시행정학보」, 24(2) : 121-148.

오경수 · 천명재 · 김희경(2013). 정책PR이 정책지지, 정부신뢰에 미치는 영향 연구. 「한국콘텐츠학회논문지」, 13(7) : 190-202.

오려려(2014). 「중국 여유법의 입법과정에 관한 연구 : 법정책학적 접근」. 한양대학 교 석사학위논문.

오미숙(2009). 관광산업 인적자원개발정책의 변화특성에 대한 연구 : 신규인력 양성 사업을 중심으로. 「관광학연구」, 33(3) : 31-49.

———(2009). 관광산업 재직자 직업능력개발 정책의 변화: 거버넌스 관점의 이해. 「관광학연구」, 33(7): 207-226.

오석홍(2011). 「행정학」(제5판). 서울: 박영사.

오수민·이하나·장기선·김영욱(2012). 비판적 PR커뮤니케이션 관점에서 본 무상급식 담론경쟁 분석: TV토론 프로그램 비판적 담론분석 중심. 「커뮤니케이션학 연구」, 20(2): 73-103.

오연풍(2008). 지방정부 체육정책 성과평가 항목 연구. 「체육과학연구」, 19(1): 80-88.

오영민·정경호(2008). 복잡한 조직에서의 의사결정과 학습: 쓰레기통 모형의 학습적용. 「한국시스템다이내믹스연구」, 9(1): 57-71.

오은비(2014). 2018 평창동계올림픽 유치과정에서의 미디어 프레임 분석. 「한국관광학회 국제학술발표대회」, 76(2): 608-622.

———(2015). 「대체휴일제도 도입과정의 정책담론경쟁 분석」. 한양대학교 석사학위논문.

———(2015). 내국인 출입 카지노 정책에 대한 정책담론경쟁 분석. 「한국관광학회 국제학술발표대회」, 78(2): 663-678.

오은비·이경아·정인혜(2016). 해외안전여행정책에 대한 정책PR, 공중관계성, 정책리터러시, 정책지지의 관계분석. 「한국관광학회 국제학술발표대회」, 80: 467-474.

오은비·이연택(2015). 관광주간사업에 대한 공중상황인식, 공중관계성, 정책지지 간의 관계분석. 「한국관광학회 국제학술발표대회」, 78(3): 747-754.

우지숙(2009). 커뮤니케이션이 정책이해에 미치는 영향: 미디어 이용 및 토론참여를 중심으로. 「행정논총」, 47(2): 313-336.

유경화(2008). 지방자치단체 홈페이지를 이용한 정치참여의도의 결정요인. 「대한정치학회」, 16(1): 157-177.

———(2009). 지역축제와 주민참여과정에 관한 연구: 함평나비축제의 종단적 사례연구. 「한국지방자치학회보」, 21(4): 135-153.

유금록(2009). 관료제의 공공선택모형과 효율성 평가. 「한국정책학회보」, 18(4): 173-205.

유석춘·장미혜·정병은·배영(2003). 「사회자본: 이론과 쟁점」. 서울: 그린출판사.

유재원(2003). 시민참여의 확대방안: 참여민주주의의 시각에서. 「한국정책과학회보」, 7(2): 105-126.

_____(2011). 도시한계론의 핵심 가정에 대한 경험적 검증. 「한국행정학보」, 45(1): 101-121.

유준석(2012). 지방의회의원의 대표유형과 대응성에 관한 연구. 「정책과학연구」, 21(2): 88-111.

유홍림·양승일(2009). 정책흐름모형을 활용한 정책변동분석: 새만금간척사업을 중심으로. 「한국정책학회보」, 18(2): 189-219.

유 훈(1997). 정책변동요인에 관한 연구. 「행정논총」, 35(1): 17-32.

_____(2002). 「정책학원론」(3판). 서울: 법문사.

_____(2006). 정책학습과 정책변동. 「행정논총」, 44(3): 93-119.

_____(2009). 「정책변동론」. 서울: 대영문화사.

윤수재(2005). 공공부문의 정책평가 수용도 제고에 대한 영향요인: 중앙정부 중심으로. 「한국공공관리학회보」, 19(2): 63-89.

윤은기(2009). 재정안정화 방안을 위한 국민연금개혁안의 정책결정이론의 분석. 「한국공공관리학보」, 23(1): 231-250.

윤태섭(2005). 정책집행주체의 정책집행태도에 관한 연구. 「한국공공관리학보」, 19(1): 135-157.

이강웅(2002). 행정PR에 있어서 언론의 역할. 「한국행정연구」, 11(4), 3-36.

이광수(2013). 서울시 무상급식 정책결정과정에 대한 비판적 담론 분석. 「교원교육」, 29(3): 177-196.

이광희·윤수재(2012). 성과관리와 평가체계의 관계에 대한 비교 연구: 캐나다와 한국 사례를 중심으로. 「행정논총」, 50(1): 37-65.

이규환·한형교(2012). 새 주소사업의 정책집행 영향요인에 관한 연구. 「한국지방자치학회보」, 24(1): 123-144.

이동규·박형준·양고운(2011). 초점사건 중심 정책변동 모형의 탐색: 한국의 아동 성폭력 사건 이후 정책변동을 중심으로. 「한국정책학회보」, 20(3): 107-132.

이민창(2002). 환경 NGO의 정책과정참여와 정책변동. 「지방정부연구」, 6(1): 29-49.

이상호(2015). 「지방정부의 관광지출결정요인 연구: 문화관광축제 개최 기초자치단체를 중심으로」. 한양대학교 박사학위논문.

이숙종·김희경·최준규(2008). 사회자본이 거버넌스 형성에 미치는 영향에 관한 연구: 공무원과 시민단체 직원의 인식을 중심으로. 「한국행정학보」, 42(1): 149-170.

이슬기(2016). 「관광마케팅정책에 있어서 공중의 상황인식과 정책지지에 관한 연구: 코리아그랜드세일 행사를 대상으로」. 한양대학교 석사학위논문.

이승종(1997). 지역주민참여의 활성화방안. 「한국지방자치학회보」, 9(2): 34-52.

이연택(1993). 「관광기업환경론: 환경이해와 대응전략」. 서울: 법문사.

_____(1994). 「관광학 연구의 이해」(편저). 서울: 일신사.

_____(2002). OECD와 관광정책과제. 「관광연구논총」, 14: 15-31.

_____(2003). 「관광정책론」. 서울: 일신사.

_____(2004). 국가관광정책에 있어서 지역주민참여에 관한 연구: 정책과제 도출. 「관광학연구」, 28(3): 143-160.

_____(2015). 「관광학」. 서울: 백산출판사.

이연택·공은숙(2011). 지역 메가이벤트 정책환경과 정책네트워크 변화 관계분석. 「관광연구논총」, 23(3): 79-106.

이연택·김경희(2010). 의료관광의 정책네트워크 특성과 성과요인 간의 관계 분석. 「관광연구논총」, 22(2): 299-289.

이연택·김성태(2011). 관광특구지역에 있어서 로컬관광거버넌스 형성의 영향요인에 관한 연구. 「관광연구저널」, 25(4): 123-143.

이연택·김자영(2013). 여행바우처정책의 경로의존단계적 변화 분석. 「관광연구논총」, 25(2): 57-79.

이연택·김현주(2012). 관광통역안내사 자격제도의 정책변동에서 정책옹호연합의 권력과정 분석. 「관광학연구」, 36(2): 57-79.

이연택·김형준(2014a). 관광경찰제도의 정책집행영향요인 연구. 「관광연구논총」, 26(3): 25-49.

이연택·김형준(2014b). 관광경찰제도에 대한 정책PR, 정책이해, 정책지지 간의 관계구조 분석. 「관광경영연구」, 18(2): 189-212.

이연택·신동재(2013). 카지노기업의 사회적 책임에 대한 기업과 정부 간 상호지향성 분석. 「관광연구논총」, 25(1) : 47-70.

이연택·오은비(2016). 관광숙박시설 입지규제정책에 대한 비판적 담론분석 연구 : 관광진흥법 개정('학교 앞 호텔법')을 사례로. 「관광연구논총」, 28(2) : 27-47.

이연택·주현정(2008). 컨벤션산업정책 관련집단의 정책단계별 참여의사에 관한 연구. 「호텔관광연구」, 29 : 235-254.

이연택·주현정·김경희(2013). 지역컨벤션산업정책에 있어 정책행위자의 역량, 거버넌스 형성, 정책성과 간의 관계구조 연구. 「관광학연구」, 37(6) : 219-243.

이연택·진보라(2014). 정책흐름모형(PSM)을 적용한 지역전문관광통역안내사 자격제도 도입과정 분석. 「관광학연구」, 38(4) : 227-250.

이웅규(1998). 역대 대통령의 관광관련정책 분석에 따른 21세기 관광정책방향 연구. 「관광개발논총」, 8 : 307-330.

이윤식(2010). 「정책평가론」. 서울 : 대영문화사.

이장춘(1990). 「관광정책학」. 서울 : 대왕사.

이재철·진창수(2011). 정치엘리트의 이념 및 정책 성향 : 일본 민주당의 중의원 분석. 「한국정당학보」, 10(1) : 167-200.

이종범(1986). 「국민과 정부관료제」. 서울 : 고려대 출판부.

이종열·박광욱(2001). 한국정부의 주택정책에 나타난 이념성향에 관한 연구. 「한국행정학보」, 45(1) : 51-76.

이종원(2005). 방법론적으로 재해석한 거버넌스의 이해. 「한국행정학보」, 39(1) : 329-340.

이준일(1993). 정부 홍보의 이론과 실제. 「세계의 공보정책」, 한국언론연구원.

이지호(2012). 기초노령연금정책의 의제설정과 정책결정에 관한 인지지도 분석 : MSF를 중심으로. 「한국정책과학회보」, 16(1) : 49-72.

이 훈(2006). 문화관광부 축제지원 시스템과 정책에 대한 평가. 「관광연구논총」, 18 : 309-323.

이훈·강성길·김미정(2011). 문화관광축제 지원정책 분석 : 축제 실무자 의견을 중심으로. 한국행정학회 「동계학술대회 논문집」, 1-18.

이희선·이동영(2004). 사회복지비지출의 결정요인에 관한 연구. 「한국정책과학학회보」, 8(2) : 152-173.

임도빈·허준영(2010). 사회갈등의 확산 메커니즘에 관한 연구 : 촛불시위를 중심으로. 「행정논총」, 48(4) : 55-80.

임만석(2011). 주민만족도 조사와 객관적 성과 평가의 통합모형 탐색 : 논리모형(Logic Model)을 기반으로. 한국정책학회 「동계학술대회논문집」, 393-414.

임상수(2011). 신성장 서비스업으로서의 녹색서비스 육성을 위한 정책방안에 관한 연구. 「사회과학연구」, 35(2) : 93-115.

임아영(2004). 「지방정부의 축제정책에 있어서 정책단계별 주민참여특성에 관한 연구」. 한양대학교 석사학위논문.

임정빈(2005). 지역갈등, 주민참여 그리고 거버넌스. 「한국지역정보화학회지」, 8(1) : 125-151.

임혁백(2000). 「세계화 시대의 민주주의」. 서울 : 나남.

임형택(2011). 「의료관광정책의 협력적 거버넌스 구축과정 연구」. 한양대학교 박사학위논문.

장병권(1996). 「한국관광행정론」. 서울 : 일신사.

_____(2011). 한국관광 대도약을 위한 관광법제 정비방안. 「관광학연구」, 35(4) : 357-368.

장수정(2013). 영유아 무상보육정책 담론에 대한 분석 - 일가족 양립지원 관점을 중심으로-. 「한국사회복지학」, 65(4) : 33-59.

장지호(2003). 김대중 정부의 대기업 구조조정 정책 연구 : 역사적 제도주의의 적용. 「한국정책학회보」, 12(2) : 89-110.

정보배(2012). 「중국관광객유치정책에 있어서 인바운드 여행업의 정책과정참여에 관한 연구」. 한양대학교 석사학위논문.

정연미(2010). 옹호연합모형을 적용한 독일 기후변화정책 형성 과정의 동태성 분석. 「한독사회과학논총」, 20(3) : 243-276.

정용덕 외(1999a). 「신제도주의 연구」. 서울 : 대영문화사.

_____(1999b). 「합리적 선택과 신제도주의」. 서울 : 대영문화사.

정원식(2003). 독일지방자치에 있어 주민참여와 로컬거버넌스. 「한국정책과학학회보」, 7(3) : 223-242.

정재진(2010). 재정분권 실행 수단의 변화에 관한 연구 : 통합적 제도 접근방법의 적용. 「정부학연구」, 16(1) : 117-154.

정정길(1997). 「정책학원론」. 서울 : 대명출판사.

_____(2002). 시차적 접근, 역사적 맥락과 정태균형론. 「한국정책학회보」, 11(2) : 305-310.

정정길 · 최종원 · 이시원 · 정준금 · 정광호(2011). 「정책학원론」. 서울 : 대영출판사.

정종섭(2012). 한국에서의 대통령제정부와 지속가능성 : 헌법정책론적 접근. 「서울대학교 법학」, 53(1) : 447-496.

정주용(2011). 지역개발의제 선거공약과 정책갈등에 관한 연구 : 국제과학비즈니스벨트 사례분석을 중심으로. 「한국정책학회보」, 20(4) : 339-370.

정진민(2002). 정책정당 실현을 위한 내부 조건. 「한국정당학회보」, 1(1) : 7-24.

정철 · 전형진 · 현성협 · 박시사(2010). 해외여행 불편신고자의 여행서비스 불만족 내용분석. 「관광학연구」, 34(2) : 217-238.

조광익 · 박시사(2006). 매스 미디어의 여가 관광 담론 분석 : 일간지의 사설분석. 「관광학연구」, 30(2) : 77-101.

조근식(2007). 「지역관광개발정책에 있어서 NGO의 역할에 관한 연구 : 양양군 오색 - 대청봉 케이블카 사업을 중심으로」. 한양대학교 석사학위논문.

조대희(2011). 「지역의료관광 정책네트워크에 있어서 지방정부의 역할 : 서울시 강남구를 대상으로」. 한양대학교 석사학위논문.

조덕훈(2011). 신제도주의 접근에 의한 부동산 중개윤리제도의 발전방안 연구. 「공간과 사회」, 21(1) : 184-218.

조민호 · 윤동환(2008). 관광호텔업 지원제도 평가에 관한 연구. 「호텔경영학연구」, 17(6) : 19-40.

주성수(2011). 시민사회의 영향력에 관한 경험적 분석 : 정부와 시민사회 관계를 중심으로. 「시민사회와 NGO」, 9(1) : 3-28.

주현정(2008). 「컨벤션산업정책에 있어서 이해관계자의 정책참여에 관한 연구」. 한양대학교 석사학위논문.

_____(2013). 「국제회의도시에 있어서 지역컨벤션산업정책 거버넌스의 형성과 정책성과에 관한 연구」. 한양대학교 박사학위논문.

주현정 · 이연택(2015). 지역컨벤션산업정책에 있어서 정책PR이 정책효능성과 정책
   지지에 미치는 영향. 「관광연구논총」, 27(4) : 51-71.

진보라(2016). 「문화관광해설사 자격제도의 경로의존성 분석」. 한양대학교 박사학위
   논문.

진상현(2009). 한국 원자력 정책의 경로의존성 연구. 「한국정책학회보」, 18(4) :
   123-144.

차영란(2013). 정부정책의 신뢰도 제고를 위한 SNS활용 PR 전략. 「한국콘텐츠학회논
   문지」, 13(5) : 103-116.

채종헌 · 김재근(2009). 공공갈등에서 협력적 거버넌스의 구성과 효과에 관한 연구 :
   경기도 이천시 환경기초시설 입지갈등 사례. 「지방행정연구」, 23(4) : 107-
   136.

최병대(2008). 「자치행정의 이해 : 사례분석」. 서울 : 대영문화사.

최승담 · 성보현(2012) 요트관광 정책개선 과제도출 및 우선순위 분석 : AHP 기법의
   적용. 「관광연구논총」, 24(1) : 73-90.

최연태 · 박상인(2011). 전자정부 서비스 이용이 정책리터러시에 미치는 영향 분석.
   「한국사회와 행정연구」, 21(4) : 73-98.

최영출(2004). 로컬 거버넌스의 성공적 구현을 위한 정책과제 : AHP 방법론의 적용.
   「지방행정연구」, 18(1) : 19-50.

최지영(2012). 「관광사회적기업의 네트워크와 사업성과와의 관계」. 한양대학교 석사
   학위논문.

하연섭(2002). 신제도주의의 최근 경향 : 이론적 자기혁신과 수렴. 「한국행정학보」,
   36(4) : 339-359.

_____(2006). 신제도주의의 이론적 진화와 정책연구. 「행정논총」, 44(2) : 217-246.

_____(2011). 「제도분석 : 이론과 쟁점」(제2판), 서울 : 다산출판사

하혜수(2007). 지방분권정책의 경로의존성 연구. 한국정책학회 2007년도 「하계공동
   학술대회 발표 논문집」, 229-252.

한성호(2000). 한국의 여행업 관련정책의 효과성에 관한 실증연구. 「대한관광경영학
   회」, 15(1) : 172-193.

한유경 · 김은영(2008). 학교평가제도 변화의 신제도주의적 분석. 「교육정치학연구」,

15(1) : 79-101.

한진아(2007). 「컨벤션 기획사 자격제도의 정책대응성 평가에 관한 연구 : 관련집단의 인식을 중심으로」. 한양대학교 석사학위논문.

한진이 · 윤순진(2011). 온실가스 배출권 거래제도 도입을 둘러싼 행위자간 정책네트워크 : 사회연결망 분석을 중심으로. 「한국정책학회보」, 20(2) : 81-108.

허 범(1981). 기본정책의 관점에서 본 한국행정의 감축관리. 김운태 · 강신택 · 백왕기(공저), 「한국정치행정의 체계」. 서울 : 박영사.

허 출(2004). 미국의 대한반도 군사정책결정과정 분석 : 앨리슨의 모형을 적용한 한국전쟁 시기별 비교분석. 「한국정책학회보」, 13(3) : 233-257.

허 훈(2001). 지방환경정책집행에 대한 참여의지의 영향요인에 관한 연구. 「한국지방자치학회보」, 13(2) : 183-203.

현승숙 · 윤두섭(2005). 지방정부 정책결정자의 행정이념과 혁신지지. 「한국공공관리학회보」, 19(2) : 109-134.

홍성운(2009). 온라인 상의 정책의제 형성과정에 관한 연구. 「한국거버넌스학회보」, 16(3) : 109-131.

홍순식 · 노정아(2010). 미국산 쇠고기 수입정책에 관한 정치사회학적 연구 : 한국과 대만 비교분석. 경희대학교 인류사회재건연구원 「OUGHTOPIA : The Journal of Social Paradigm Studies」, 157-194.

황동현 · 서순탁(2011). 정책네트워크 관점에서 본 동남권 신공항 개발 사업의 정책과정 분석. 「도시행정학보」, 24(4) : 55-84.

황성수(2011). 전자거버넌스와 정책의제 설정 : 전자정부사이에서의 정책제안과 시민참여 탐색연구. 「한국정책학회보」, 20(2) : 1-21.

홍종윤(2011). 방송 정책결정과정에 대한 비판적 담론 분석 연구 : 위성방송의 지상파 재송신에 관한 정책담론을 중심으로. 「관광연구논총」, 28(1) : 105-132.

황희곤(2010). 「MICE산업 기본법 제정 연구」. 한국문화관광연구원.

2. 국외문헌

Adam, S. & Kriesi, H.(2007). The Network Approach. In P. Sabatier(ed.), *The Theories of the Policy Process*(2nd ed.). Boulder, CO : Westview Press.

Adler, P. & Kwon, S.(2000). Social Capital : the Good, the Bad and the Ugly. In E. Lesser(ed.), *Knowledge and Social Capital : Foundation and Application*. Boston : Burtworth Heinemann.

Alexander, E.(1985). From Idea to Action : Notes for a Contingency Theory of the Policy Implementation Process. *Administration & Society*, 16(4) : 403-426.

Alexander, G.(2001). Institutions, Path Dependence, and Democratic Consolidation. *Journal of Theoretical Politics*, 13(3) : 249-270.

Allan, H.(1966). An Empirical Test of Choice and Decision Postulates in the Cyert- March Behavioral Theory of the Firm. *Administrative Science Quarterly*, 11(3) : 405-413.

Allison, G.(1971). *Essence of Decision : Explaining the Cuban Missile Crisis*(4th ed.). Boston : Harvard University Press.

Almond, G. & Powell, B.(1980). *Comparative Politics : System, Process, and Policy* (3rd ed.). Boston : Little, Brown & Company.

Almond, G. & Verba, S.(1989). *The Civic Culture : Political Attitudes and Democracy in Five Nations*. Beverly Hills : Sage Publications.

Amble, B.(2000). Institutional Complementarity and Diversity of Social Systems of Innovation and Production. *Review of International Political Economy*, 7(4) : 645-687

————(2002). *The Diversity of Modern Capitalism*. NY : Oxford University Press.

Anderson, C.(1993). Recommending a Scheme of Reason : Political Theory, Policy Science, and Democracy. *Policy Science*, 26(3) : 215-227.

Anderson, J.(1975). *Public Policy Making*. Boston : Houhton Mifflin.

————(1984). *Public Policy-Making*(3rd ed.). NY : Holt, Rinehart, and Winston.

_____(2002). *Public Policy Making*(5th ed.). Boston : Houhton Mifflin.

_____(2006). *Public Policy Making*(6th ed.). Boston : Houghton Mifflin.

Anderson, S. & Ball, S.(1978). *The Profession and Practice of Program Evaluation.* San Francisco : Jossey-Bass.

Arvidson, G.(1986). Performance Evaluation. In F. Kanfmann, G. Majone & V. Ostr om(eds.), *Guidance, Control, and Evaluation in the Public Sector.* NY : de Gruyter.

Atkinson, M. & Coleman, W.(1992). Policy Networks, Policy Communities and the Problem of Governance. *Governance*, 5(2) : 154-180.

Bachrack, P. & Baratz, M.(1970). *Power and Poverty : Theory and Practice.* NY : Oxford University Press.

Baron, S., Field, J. & Schuller, T.(2000). *Social Capital : Critical Perspectives*(eds.). Oxford : Oxford University Press.

Baskin, O., Aronoff, C. & Latimore, D. (1997). *Public Relations: The Profession and the Practice.* IA: McGraw Hill.

Bella, S. & Wright, J.(2001). Interest Groups, Advisory Committees, and Congressional Control of the Bureaucrarcy. *American Journal of Political Science*, 45(4) : 799-812.

Bennett, C.(1991). Review Article : What is Policy Convergence and What causes it?. *British Journal of Political Science*, 21(2) : 215-233.

Bentley, A.(1967). *The Process of Government.* Cambridge, MA : Harvard University Press.

Berry, J.(1989). Subgovernments, Issue Networks, and Political Conflict. In R. Harris & S. Milkis(eds.). *Remaking American Politics.* Boulder : Westview Press.

_____(1997). *The Interest Group Society.* NY : Longman.

Bertalanffy, L. V.(1973). *General Systems Theory : Foundations, Development, App- lications.* NY : G. Braziller.

Birkland, T.(2005). *An Introduction to the Policy Process : Theories, Concepts, and Models of Public Policy Making*(2nd ed.). Armonk, NY : M. E. Sharpe.

_____(2006). *Lessons of Disaster : Policy Change After Catastrophic*

Events. Washington, D.C. : Georgetown University Press.

Bochel, C. & Bochel, H.(2004). *The UK Social Policy Process*. Basinhstoke, UK : Palgrave.

Bourdieu, P.(1986). The Forms of Capital. In J. Richardson(ed.), *Handbook of Theory and Research for Sociology of Education*. NY : Greenwood.

Brewer, G.(1978). Termination : Hard Choices−Harder Question. *Public Administration Review*, 38(4) : 338−344.

Buchanan, J., Tollison, R. & Tullock, G.(1980). *Toward a Theory of the Rent Seeking Society*. College Station : Texas A&M University Press.

Bulkeley, H.(2000). Discourse Coalitions and the Australian Climate Change Policy Networks. *Governement and Policy*, 18 : 727−748.

Bullen, P. & Onyx, J.(1998). *Measuring Social Capital in Five Communities in NSW*. Sydney : University of Technology.

Busenberg, G.(2001). Learning in Organizations and Public Policy. *Journal of Public Policy*, 21 : 173−189.

Cairney, P.(2012). *Understanding Public Policy : Theories and Issues*. NY : Palgrave Macmillan.

Campbell, J. & Pederson, O.(2001). *The Rise of Neoliberalism and Institutional Analysis*. NJ : Princeton University Press.

Cappella, J.(2001). Cynicism and Social Trust in the New Media Environment. *Journal of Communication*, 52(1) : 229−241.

Chaffee, S. H. & McLeod, J. M. (1973). interpersonal Approaches to Communication Research. *American Behavioral Scientist, 16*(4) : 467−501.

Chelimsky, E.(1985). Old Patterns and New Directions in Program Evaluation. In E. Chelimsky(ed.), *Program Evaluation : Patterns and Directions*. Washington, D.C. : American Society for Public Administration.

Cobb, R. & Elder, C.(1972). *Participation in American Politics : The Dynamics of Agenda Building*. Baltimore : The Jones Hopkins University Press.

_____(1983). *Participation in American Politics : The Dynamics of Agenda Building* (2nd ed.). Baltimore : The Jones Hopkins University Press.

Cobb, R., Ross, J. & Ross, M.(1976). Agenda Building as a Comparative Political Process. *American Political Science Review*, 70(1) : 126-138.

Cohen, M., March, J. & Olsen, J.(1972). A Garbage Can Model of Organizational Choice. *Administrative Science Quarterly*, 19(1) : 1-25.

Coleman, J.(1988). Social Capital in the Creation of Human Capital. *American Journal of Sociology*, 94 : 94-121.

_____(1990). *Foundations of Social Theory*. MA : Harvard University Press.

Collier, R. & Collier, D.(1979). Inducements vs Constraints : Disaggregating Corporatism. *APSR*, 73(4) : 968-972.

Coombs, F.(1979). The Base of Noncompliance with a Policy. In J. Grumm & S. Wasby(eds.), *The Analysis of Policy Impact*. Washington, D.C. : Sources for the Future Inc.

Craik, J.(1990). A Classic Case of Clientelism : the Industries Assistance Commission Ingquiry into Travel and Tourism. *Culture and Policy*, 2(1) : 29-45.

Crause, D.(1999). *Effective Program Evaluation : An Introduction*. Chicago : Nelson- Hall Publishers.

Crossley, N. (2005). *Key Concepts in Critical Social Theory*. London: Sage.

Dahl, R.(1961). *Who Governs? Democracy and Power in an American City*. New Heaven : Yale University Press.

Damazedier, J.(1960). Current Problems of the Society of Leisure. *International Social Science Journal*, 12 : 522-531.

Danziger, M.(1995). Policy Analysis Postmodernized : Some Political and Pedagogical Ramifications. *Policy Studies Journal*, 23(3) : 435-450.

Deegan, J. & Dineen, D.(1997). *Tourism Policy and Performance*. London : International Thomson Business Press.

DeGraaf, D.(2003). Social Capital. *Parks and Recreation*, 38(12) : 23-24.

DeLeon, P.(1979). *Public Policy Termination : An End and a Beginning*. Rand Cor- poration.

Diamond, L., Linz, J. & Lipset, S.(1989). *Democracy in Developing Countries*

: Per- sistence, Failure, and Renewal. Boulder : Lynne Rienner Publishers.

DiMaggio, P. & Powell, W.(1983). The Iron Cage Revisited : Institutional Isomorphism and Collective Rationality in Organizational Fields. *American Sociological Review*, 48 : 147–160.

DiMaggio, P. & Powell, W.(1991). Introduction. In W. Powell & P. DiMaggio (eds.), *The New Institutionalism in Organizational Analysis*. Chicago : University of Chicago Press.

Dolowitz, D. & Marsh, D.(2000). Learning From Abroad : the Role of Policy Transfer in Contemporary Policymaking. *Governance*, 13(1) : 5–24.

Doornboss, M.(2001). Good Governance : The Rise and Fall of a Policy Metaphor?. *Journal of Development Studies*, 37(6) : 93–108.

Dorey, P.(2005). *Policy Making in Britain*. London : Sage.

Downs, A.(1957). *An Economic Theory of Democracy*. NY : Harper & Rocs.

_____(1972). Up and Down with the Ecology–the Issue Attention Cycle. *The Public Interest*, 28 : 38–50.

Dredge, D.(2006). Policy Networks and the Local Organization of Tourism. *Tourism Management*, 47 : 269–280.

Dror, Y.(1967). Mudding Through : Science or Inertia? *Public Administration Review*, 24(3) : 153–157.

_____(1971). *Ventures in Policy Sciences*. NY : American Elsevier.

_____(1983). New Advances in Public Policy Teaching. *Journal of Policy Analysis and Management*, 2(3) : 449–454.

Duncan, J.(1981). *Organizational Behavior*(2nd ed.). Boston : Houghton Mifflin Co.

Dunleavy, P.(1991). *Democracy, Bureaucracy and Public Choice : Economic Explanations in Political Science*. NY : American Elsevier Publishing CO.

Dunn, W.(1981). *Public Policy Analysis : An Introduction*. Englewood Cliffs, NJ : Prentice–Hall.

_____(2008). *Public Policy Analysis : An Introduction*(4th ed.). Englewood Cliffs : Prentice–Hall.

Dye, T.(1972). *Understanding Public Policy*. Englewood Cliffs, NJ : Prentice-Hall.

_____(1992). *Understanding Public Policy*(7th ed.). Englewood Cliffs, NJ : Prentice-Hall.

_____(1996). *Politics, Economics and the Public : Policy Outcomes in the American States*, Chicago : Rand McNally.

_____(2001). *Top Down Policy Making*. NY : Chatham House Publishers.

_____(2007). *Understanding Public Policy*(12th ed.). Englewood Cliffs : Prentice-Hall.

Easton, D.(1953). *The Political System*. NY : Alfred A. Knopf.

_____(1955). *A Framework for Political Analysis*. Englewood Cliffs, NJ : Prentice- Hall.

_____(1965). *A Systems Analysis of Political Life*. NY : Wiley.

_____(1969). The New Revolution in Political Science. *American Political Science Review*, 63(4) : 1051-1061.

_____(1971). *The Political System : An Inguiry into the State of Political Science* (2nd ed.). NY : Alfred A. Knopf.

Edwards, B. & Foley, M.(1998). Civil Society and Social Capital Beyond Putnam. *American Behavioral Scientist*, 42(1) : 124-139.

Edwards, G. & Sharkansky, I.(1978). *The Policy Predicament : Making and Implementing Public Policy*. San Francisco : W. H. Freeman and Company.

Elmore, R.(1980). Backward Mapping : Implementation Research and Policy Decision. *Political Science Quarterly*, 90(4) : 601-616.

_____(1985). Forward and Backward Mapping : Reversible Logic in the Analysis of Public Policy. In K. Hanf & T. Toonen(eds.), *Policy Implementation in Federal and Unitary System*. Dordrecht, Netherland : Matinus Nijhoff Publisher.

Etzioni, A.(1967). Mixed-Scanning : A Third Approach to Decision- Making. *Public Administration Review*, 27(2) : 358-392.

_____(1986). *The Active Society*. NY : The Free Press.

Fabricant, S.(1952). *The Trend of Government Activity in the US since*

1990. NY : National Bureau & Economic Research, Inc.

Fairclough, N.(1995). *Critical Discourse Anlaysis : The Critical Study of Language*. London : Longman.

_____(2003). *Analysing Discourse : Textual Analysis for Social Reserach*. London : Routledge.

_____(2013). *Critical Discourse Anlaysis : The Critical Study of Language* (2nd ed.). NY : Routledge.

Fiorino, D.(2001). Environmental Policy as Learning : A New View of an Old Landscape. *Public Administration Review*, 61(3) : 322–334.

Fischer, F.(1995). *Evaluating Public Policy*. Chicago : Nelson-Hall Publishers.

Fishkin, J.(1991). *Democracy and Deliberation : New Directions for Democratic Reform*. New Haven : Yale Universtiy Press.

_____(1995). *The Voice of the People : Public Opinion, Democracy and Deliberation : New Directions for Democratic Reform*. New Haven : Yale Universtiy Press.

Foucault, M. (1971). 담론의 질서, *L'ordre du Discours* (이정우(2012) 역). 서울: 중원문화사.

Franklin, J. & Thrasher, J.(1976). *An Introduction to Program Evaluation*. NY : John Wiley & Sons.

Frederik, W., Davis, K. & Post, J.(1998). *Busieness Society*(6th ed.). NY : McGraw- Hill.

Frischtak, L.(1994). *Governance Capacity and Economic Reform in Developing Countries*. World Bank Technical Paper Number 254. Washington, D.C.

Fukuyama, F.(1995). *Trust : The Social Virtues and the Creation of Prosperity*. NY : The Free Press.

Gamson, G.(1968). *Power and Discontent*. Homewood, IL : The Dorsey Press.

Gerston, L.(2004). *Public Policy Making : Process and Principles*(2nd ed.). Armonke, NY : M. E. Sharpe.

Gist, N. & Fava, S.(1964). *Urban Society*. NY : Crowell.

Goeldner, C., Brent Ritchie, J. & McIntosh, R.(2000). *Tourism : Principles, Practices, Philosophies*(8th ed.). NY : John Wiley & Sons.

Goffman, E. (1974). *Frame Analysis : An Essay on the Organization of Experience.* Cambridge, MA : Harvard University Press.

Golden, M.(1986). Interest Representation, Party System and the State : Italy in Comparative Perspective. *Comparative Politics,* 18(3) : 279–301.

Goldsmith, S. & Eggers. W.(2004). *Governing by Network : The New Shape of the Public Sector.* Washington, D.C. : Brookings Institution Press.

Goldsmith, S. & Kettle, D.(2009). *Unlocking the Power of Networks.* Washington, D.C. : Brookings Institution Press.

Goss, S.(2001). *Making Local Governance Work.* NY : Palgrave.

Granovetter, M.(1985). Economic Action and Social Structure : The Problem of Embeddedness. *American Journal of Sociology,* 91 : 481–510.

Grief, A.(2006). *Institutions and the path to the Modern Economy : Lessons for Medieval Trade.* NY : Cambridge University Press.

Grunig, J. E. & Hunt, T. (1984). *Managing Public Relations.* New York: Holt, Rinehart & Winston.

Habermans, J. (1984). *The Theory of Communicative Action*(T. AcCarthy Trans.). Boston: Beacon Press.

Hall, C.(1994). *Tourism and Politics : Policy, Power and Place.* NY : John Wiley & Sons.

Hall, C. & Jenkins, J.(1995). *Tourism and Public Policy.* London : Routledge.

Hall, P.(1986). *Governing the Economy : The Politics of State Intervention in Britain and France.* NY : Oxford University Press.

_____(1986). The Political Economy of Europe in an Era of Interdependence. In H. Kitschelt, P. Lange, G. Marks & J. Stephens(eds.), *Continuity and Change in Contemporary Capitalism.* NY : Cambridge University Press.

_____(1988). *Policy Paradigms, Social Learning and the State.* International Political Science Association.

_____(1993). Policy Paradigms, Social Learning and the State : The case of Economic Policy Making in Britain. *Comparative Politics,* 25(3) : 936–957.

Hall, P. & Taylor, R.(1996). Political Science and the Three New Institutiionalism.

Political Studies, 44 : 931-957.

Hall, S.(1985). Signification, Representation, Ideology : Althusser and the Post-Structuralist Debates. *Critical Studies in Mass Communication*, 2(2) : 91-114.

Hallahan, K. (2000). Inactive publics: The Forgotten Publics in Public Relations. *Public Relations Review*, 26(4), 499-515.

Hardin, G.(1986). The Tragedy of the Commons. *Science*, 162 : 1243-1248.

Hargrove, E.(1975). *The Missing Link : The study of Implementation of Social Policy*. Washington, D.C. : Urban Institute Press.

Hayes, M.(2007). Policy Making Through Disjointed Incrementalism. In G. Morcol (ed.), *Handbook of Decision Making*. NW : CRC Press.

Heclo, H.(1974). *Modern Social Policies in Britain and Sweden*. New Haven : Yale University Press.

_____(1978). Issue Networks and the Executive Establishment. In A. King(ed.), *The New American Political System*. Washington, D.C. : American Enterprise Institute.

Heeks, R.(2001). Understanding e-Governance for Development. Institute for Development Policy and Management, *i-Government Working Paper Series*(No. 11). Manchester, UK.

Heidenheimer, A., Heclo, H. & Adams, C.(1993). *Comparative Public Policy : The Politics of Social Choice in Europe and America*(3rd ed.). NY : St. Martins Press.

Henning, D.(1994). *Environmental Policy and Administration*. NY : American Elsevier.

Hilgartner, S. & Bosk, C.(1988). The Rise and Fall of Social Problems : A Public Arenas Model. *American Journal of Sociology*, 94(1) : 53-78.

Hogwood, B. & Gunn, L.(1984). *Policy Analysis for the Real World*. London : Oxford University Press.

_____(1991). *Policy Analysis for the Real World*. NY : Oxford University Press.

Hogwood, B. & Peters, B.(1983). *Policy Dynamics*. NY : St. Martin's Press.

Howarth, D. & Torfing, J. (2005). *Discourse Theory in European Politics :*

Identity, Policy, and Governance. London: Palgrave.

Howlett, M & Ramesh, M.(2003). *Studying Public Policy : Policy Cycles and Policy Subsystems*(2nd ed.). Toronto : University of Toronto Press.

Hudson, J., Mayne, J. & Thomlison, R.(1982). *Action-oriented Evaluation in Organiza- tions : Canadian Practices*. Toronto : Wall & Emerson.

Hunter, F.(1963). *Community Power Structure*. NY : Doubleday and Company Inc.

Ibarra, P.(2003). The Social Movements : From Promoters to Protagonists of Democracy. In P. Ibarra(ed.), *Social Movements and Democracy*. NY : Palgrave.

Ikenberry, G.(1998). Conclusion : An Instituional Approach to American Foreign Economic Policy. *International Organization*, 42(1) : 219-243.

Immegut, E.(1998). Theoretical Core of the New Institutionalism. *Politics and Society*, 26(1) : 5-34.

Isaak, A.(1981). *Scope and Methods of Political Science*. Homewood, IL : Dorsey Press.

Iverson, T.(1994). The Logics of Electoral Politics : Spatial, Directional, and Mobilizational Effects. *Comparative Political Studies*, 27 : 155-189.

Jenkins, W.(1978). *Policy Analysis*. London : Martin Robertson.

Jessop, B.(2000). Governance Failure. In G. Stoker(ed.), *The Politics of British Local Governance*. NY : Martin Press.

———(2003). Governance and Meta-Goverance : On Reflexivity, Requite Variety and Requite Irony. In H. Ban(ed.), *Governance as Social and Political Communication*. Manchester : University Press.

John, P.(2001). *Local Governance in Western Europe*. London : Sage Publications.

Johnson, P. & Thomas, B.(1992). *Perspectives on Tourism Policy*. London : Mansell Publishing.

Jones, C.(1977). *An Introduction to the Study of Public Policy*. Monterey, CA : Brooks / Cole Publishing Co.

———(1984). *An Introduction to the Study of Public Policy*(3rd ed.). Monterey, CA : Brooks / Cole Publishing Co.

Jordan, A. & Schubert, K.(1992). A Preliminary Ordering of Policy Network Labels. *European Journal of Political Research*, 21(1-2) : 7-27.

Kakihara, M. & Sorensen, C.(2002). Post-modern Professionals Work and Mobile Technology. *New Ways of Working, 25th Information Systems Research Seminar*. Copenhagen Busienss School, Denmark.

Katzenstein, P.(1985). *Small States in World Markets*. Ithaca : Cornell University Press.

Keeler, J.(1985). Situating France on the Pluralism-Corporatism Continuum : A Critique of and alternative to the Wilson Perspective. *Comparative Politics*, 17(2) : 229-249.

Kennis, P. & Schneider, V.(1991). Policy Networks and Policy Analysis. In B. Marin & R. Mayntz(eds.), *Policy Networks : Empirical Evidence and Theoretical Con- siderations*. Boulder : Westview Press.

Keohane, R. & Nye, J.(1989). *Power and Interdependence*. Glenview, IL : Scott Foresman.

Kerlinger, F.(1986). *Foundations of Behavioral Research*(3rd ed.). NY : Holt, Rinehart and Winston.

Kerr, W.(2003). *Tourism Public Policy and the Strategic Management of Failure*. Oxford : Elsevier.

Kickert, W., Klijin, E. & Koppenjan, J.(1997). Introduction : A Management Persepctive on Policy Network. In W. Kicket et al.(eds.), *Managing Complex Networks : Strategies for Public Sector*. London : Sage.

Kingdon, J.(1984). *Agendas, Alternatives and Public Policies*. Boston : Little, Brown and Co.

_____(1995). *Agendas, Alternatives and Public Policies*(2nd ed.). NY : Addison Wesley Longman.

Knight, J.(2001). Explaining the Rise of Neoliberalism : The Mechanisms of Institutional Change. In J. Campbell & O. Pederson(eds.), *The Rise of Neoliberalism and Institutional Analysis*. Princeton : Princeton University Press.

Koelble, T.(1995). Review Article : The New Institutionalism in Political Science and Sociology. *Comparative Politics*, 27(1) : 231-243.

Kooiman, J.(1994). *Modern Governance : New Government-Society Interactions.* London : Sage.

_____(2003). Modes of Governance. In J. Kooiman(ed.), *Governing as Governance.* London : Sage.

Kozak, D. & Keagel, J.(1988). *Bureaucratic Politics and National Security*(eds.). Boulder, CO : Lynne Rienner.

Krasner, S.(1984). Approaches to the State : Alternative Conceptions and Historical Dynamics. *Comparative Politics,* 16(2) : 223-246.

_____(1998). Sovereignity : An Institutional Perspective. *Comparative Political Studies,* 21(1) : 66-94.

Langton, K.(1969). *Political Socialization,* NY : Oxford University Press.

Lasker, R., Weiss, E. & Miller, R.(2001). Partnership Synergy : A Practical Framework for Studying and Strengthening the Collaborative Advantage. *The Milbank Quarterly,* 79(2) : 179-205.

Lasswell, H.(1951). The Policy Orientation. In D. Lerner & H. Lasswell(eds.), *The Policy Sciences : Recent Development in Scope and Method.* Stanford : Stanford University Press.

_____(1956). *The Decision Process : Seven Categories of Functional Analysis.* College Park : University Maryland Press.

_____(1971). *A Pre-view of Policy Sciences.* NY : American Elsevier.

Lazzeretti, L. & Petrillo, C.(2006). *Tourism Local Systems and Networking* (eds.). Oxford : Elsevier.

Leach, R. & Percy-Smith, J.(2001). *Local Governance in Britian.* Hampshire : Palgrave.

Lee, M. (2007). *Government Public Relations: A Reader.* FL : CRC Press.

Lee, M. (2007). *Government public relations : A reader.* Boca Raton, FL : CRC Press.

Levi, M.(1990). A Logic of Institutional Change. In K. Cook & M. Levi(eds.), *The Limits of Rationality.* Chicago : University of Chicago Press.

Leviton, L. & Hughes, E.(1981). Research on the Utilization of Evaluations : A Review and Synthesis. *Evaluation Review,* 5(5) : 497-519.

Levy, J.(1995). *Essential Microeconomics for Public Policy Analysis.*

Westport, CT : Praeger.

Lewis-Beck, M.(1977). The Relative Importance of Socioeconomic and Political Variables in Public Policy. *American Political Science Review*, 71(2) : 559-566.

Lieberman, R.(2002). Ideas, Institutions, and Political Order : Explaining Political Change. *American Political Science Review*, 96 : 697-712.

Light, P.(1999). *The President's Agenda : Domestic Policy Choice from Kennedy to Clinton*. Baltimore : Johns Hopkins University Press.

Lindblom, C.(1979). Still Muddling, Not Yet Though. *Public Administration Review*, 39(6) : 520-526.

Lowi, T.(1972). Four Systems of Policy : Politics and Choice. *Public Administration Review*, 32(4) : 298-310

_____(1976). *The End of Liberalism*. NY : Norton.

Lowndes, V.(2002) Institutionalism. In D. Marsh & G. Stoker(eds.), *Theory and Methods in Political Science*(2nd ed.). NY : Palgrave Macmillan.

Mahoney, J. & Snyder, R.(1999). Rethinking Agency and Structure in the Study of Regime Change. *Studies in Comparative International Development*. 34 : 3-32.

Mahoney, J. & Thelen, K.(2010). *Explaining Institutional Change, Ambiguity, Agency, and Power*. Cambridge : Cambridge University Press.

March, J. & Olsen, J.(1984). The New Institutionalism : Oraganizational Factors in Political Life. *American Political Science Review*, 78(3) : 734-749.

Marsh, D. & Rhodes, R.(1992). Policy Communities and Issue Networks : Beyond Typology. In D. Marsh & R. Rhodes(eds.), *Policy Networks in British Government*. Oxford : Oxford University Press.

Marsh, D.(1998). The Development of Policy Network Approach. In D. Marsh(ed.), *Comparing Policy Networks*. Buckingham : Open University Press.

Martin, R. & Simmie, J.(2008). Path Dependence and Local Innovation Systems in City-Regions. *Innovation : Management, Policy & Practice*, 10 : 183-196.

Martin, R.(2010). Roepke Lecture in Economic Geography – Rethinking Regional Path Dependence : Beyond Lock-in to Evolution. *Economic Geography*, 86(1) : 1-27.

May, P.(1992). Policy Learning and Failure. *Journal of Public Policy*, 12(4) : 331-354.

Mayer, R. & Greenwood, E.(1980). *Design of Social Policy Research*. Englewood Cliffs : Prentice-Hall.

Mazmanian, D. & Sabatier, P.(1981). *Effective Policy Implementation*(eds.). Lexington, MA : D.C. Heath and Co.

McNair, B.(2009). *News and Journalism in the UK*. London : Routledge.

Menashe, C. & Siegel, M.(1998). The Power of a Frame : An Analysis of Newspaper Coverage of Tobacco Issues-United States, 1985-1996. *Journal of Health Communication*, 3 : 307-325.

Mills, C.(1956). *The Power Elite*. NY : Oxford University Press.

Mingus, M.(2007). Bounded Rationallity and Organizational Influence : Herbert Simon and the Behavioral Revolution. In G. Morcol(ed.), *Handbook of Decision Making*. NW : CRC Press.

Mitnick, B.(1980). *The Political Economy of Regulation : Creating, Designing, and Removing Regulatory Forms*. NY : Columbia University Press.

Moe, T.(1990). Political Insitutions : The Neglected Side of the Story. *Journal of Law, Economics, and Organization*, 6 : 213-253.

Montani, M.(2006). The Germs of Terror : Bioterrorism and Science Communication After September. *Journal of Science Communication*, 5 : 1-8.

Mood, A.(1994). *An Introduction to Policy Analysis*. NY : Oxford University Press.

Mucciaroni, G.(1995). *Reversals of Fortune : Public Policy and Private Interests*. Washington, D.C. : Brookings Institution.

Nakamura, R. & Smallwood, F.(1980). *The Politics of Policy Implementation*. NY : St. Martin Press.

Newmann, W. & Summer, C.(1961). *The Process of Management : Concepts, Behavior and Practice*. Englewood Cliffs : Prentice-Hall.

Newsom, D., Turk, J. V. & Kruckeberg, D. (2004). PR: 공중합의 형성과정과 전략, *This is PR: The realities of public relations*(8th ed.). (박현순(2007) 역). 서울: 커뮤니케이션북스.

North, D.(1990). A Transaction Cost Theory of Politics. *Journal of Theoretical Politics*, 2(4) : 355-367.

_____(2005). *Understanding the Process of Economic Change*. Princeton : Princeton University Press.

O' Connell, B.(1994). *People Power : Service, Advocacy, Empowerment*. NY : Foundation Center.

OECD(2001). *The Well-being of Nations : The Role of Human and Social Capital*. Paris : OECD.

_____(2010). *Tourism Trends and Policies*(2010). Paris : OECD Publishing.

Oliver, C.(1992). The Antecedents of Deinstitutionalization. *Organizational Studies*, 13(4) : 563-588.

Olsson, J.(2003). Democracy Paradoxes in Multi-level Govenance : Theorizing on Structural Fund System Research. *Journal of European Public Policy*, 10(2) : 283-300.

Orren, K & Skowronek, S.(2004). *The Search for American Political Development*. NY : Cambridge University Press.

Ostrom, E.(1986). An Agenda for the Study of Institutions. *Public Choice*, 48 : 3-25.

_____(1990). *Governing the Commons : The Evolution of Institutions for Collective Action*. NY : Cambridge University Press.

Ostrom, E., Gardner, E. & Walker, J.(1994). *Rules, Games, Common-Pool Resources*. Ann Arbor : The University of Michigan Press.

Pal, L.(1992). *Public Policy Analysis : An Introduction*. Scarborough : Nelson Canada.

Parker, S.(1976). *The Sociology of Leisure*. 「현대사회와 여가」(이연택 · 민창기 역, 1995). 서울 : 일신사.

Pennings, P.(1998). Party Responsiveness and Socio-Economic Problem Solving in Western Democracies. *Party Politics*, 4 : 393-404.

Peters, B. G.(1996). *The Future of Governing : Four Emerging Models*.

Kansas : University of Kansas Press.

_____(1988). *Comparing Public Bureaucracies : Problems of Theory and Method.* Tuscaloosa : The University of Alabama Press.

_____(1998). Managing Horizontal Government : the Politics of Co-ordination. *Public Administration,* 76(2) : 295-312.

_____(1999). *Institutional Theory in Political Science : The New Instituionalism.* London : Printer.

_____(2005). *Institutional Theory in Political Science : The New Institutionalism* (2nd ed.). NY : Continuum.

_____(2007). *American Public Policy : Promise and Performance*(7th ed.). Washington, D.C. : CQ Press.

Peters, B. G. & Pierre, J.(1998). Institutions and Time : Problems of Conceptualization and explanation. *Journal of Public Administration Research and Theory,* 8 : 565-584.

_____(2005). Toward a Theory of Governance. In Peters, B. G. & Pierre, J. *Governing Complex Societies Governance : New Government - Society Interactions.* NY : Palgrave Macmillan.

Pierre, J.(1999). Models of Urban Governance : the Institutional Dimension of Urban Politics. *Urban Affairs Review,* 34(3) : 372-396.

_____(2000). Introduction : Understanding Governance. In J. Pierre(ed.), *Debating Governance : Authority, Steering and Democracy.* Oxford : Oxford University Press.

Pierson, P. & Skocpol, T.(2002). Historical Institutionalism in Contemporary Political Science. In Katznelson & H. Milner(eds.), *Political Science : The State of Discipline.* NY : Norton & Co.

Pierson, P.(2004). *Politics in Time : History Institutions, and Social Analysis.* Princeton : Princeton University Press.

Portes, A.(1998). Social Capital : Its Origins and Applications in Modern Sociology. *Annual Review of Sociology,* 24 : 1-24.

Pressman, J. & Wildavsky, A.(1973). *Implementation.* Berkeley, CA : Univ. of California Press.

Putnam, R.(1993). *Making Democracy Work : Civic Traditions in Modern*

Italy. Princeton, NJ : Princeton University Press.

_____(1995). Bowling Alone : America's Declining Social Capital. *Journal of Democracy*, 6(1) : 65-68.

_____(2000). *Bowling Alone : The Collapse and Revival of American Community*. NY : Simon and Schuster.

_____(2002). Bowling Together. *The American Prospect*, 13(3) : 20-22.

Quade, E.(1989). *Analysis for Public Decision*(3rd ed.). NY : North Holland.

Rein, M. & Rabinovitz, F.(1978). Implementation : A Theoretical Perspective. In W. Burnham & M. Weinberg(eds.), *American Politics and Public Policy*. Cambridge : MIT Press.

Rhodes, R. & Marsh, D.(1992). Policy Networks in British Politics : A Critique of Existing Approaches. In R. Rhodes & D. Marsh(eds.), *Policy Networks in British Government*. Oxford : Clarendon.

Rhodes, R.(1986). *The National World of Local Government*. London : Allen & Unwin.

_____(1996). The New Governance : Governing Without Government. *Political Studies*, 44(4) : 652-667.

_____(1997). *Understanding Governance : Policy Networks, Governance, Refl exibility and Accountability*. Buckingham : Open University Press.

Rich, A.(2004). *Think Tanks, Public Policy, and the Politics of Expertise*. NY : Cambridge University Press.

Richardson, J. & Jordan, G.(1979). *Governing Under Pressure*. Oxford : Martin Robertson.

Richter, L.(1989). *The Politics of Tourism in Asia*. Honolulu : University of Hawaii Press.

Riezmall, R. & Whiteman, C.(1996). The Engine of Growth or its Handmaiden?. *Empirical Economics*, 21 : 77-110.

Ripley, R. & Franklin, G.(1976). *Congress, the Bureaucracy and Public Policy*. Chicago : Dorsey Press.

_____(1986). *Policy Implementation and Bureaucracy*(2nd ed.). Chicago : Dorsey.

Rogers, E.(2003). *Diffusion of Innovations*(5th ed.). NY : The Free Press.

Rohe, W.(2004). Building Social Capital Through Community Development. *Journal of the American Planning Association*, 70(2) : 158-164.

Rosenau, J. & Czempiel, E.(1992). *Governance without Government : Order and Change in World Politics*. NY : Cambridge University Press.

Rosenau, J.(1995). Governance in the Twenty-first Century. *Global Goverance*, 1 : 13-43.

Rosenthal, U.(1986). Crisis Decision Making in the Netherlands. *Netherlands Journal of Sociology*, 22(3) : 103-129.

Rothstein, B.(1996). Political Institutions : An Overview. In R. Goodin & H. Klingmann (eds.), *A New Handbook of Political Science*. Oxford : Oxford University Press.

Sabatier, P. & Jenkins-Smith, H.(2007). The Advocacy Coalition Framework : An Assessment. In P. Sabatier(ed.), *Theories of the Policy Process*. Boulder : Westview Press.

Sabatier, P. & Mazmanian, D.(1983), Policy Implementation. In S. Nagel(ed.), *Encyclopedia of Policies Studies*. NY : Marcel Dekker.

Sabatier, P. & Smith, H.(1994). Evaluating the Advocacy Coalition Framework. *Journal of Public Policy*, 14(2) : 175-203.

Sabatier, P. & Weible, C.(2007). The Advocacy Coalition Framework : Innovations and Clarifications. In P. Sabatier(ed.), *Theories of the Policy Process*(2nd ed.). Boulder, CO : Westview Press.

Sabatier, P.(1988). An Advocacy Coalition Framework of Policy Change and the Role of Policy-Oriented Learning Therein. *Policy Sciences*, 21 : 129-168.

_____(1993). Policy Changes over a Decade or More. In P. Sabatier & H. Jenkins-Smith(eds.), *Policy Change and Learning : An Advocacy Coalition Approach*. Colorado : Westview.

_____(1999). The Advocacy Coalition Framework : An Assessment. In P. Sabatier (ed.), Theories of the Policy Process. Boulder, CO : Westview Press.

Salamon, L. & Anheier, H.(1997). Toward a Common Definition. In L. Salamon

& H. Anheier(eds.), *Defining the Nonprofit Center*. Manchester : Manchester University Press.

Schmitter, P.(1979). Still the Century of Corporatism?. In P. Schmittter & G. Lehmbruch (eds.), *Trends Toward Corporatist Intermediation*. Beverly Hills : Sage.

Schneider, V.(1992). The Structure of Policy Networks : A Comparision of the Chemicals Control and Telecommunications Policy Dominants in Germany. *European Journal of Political Research*, 21(1-2) : 109-129.

Scott, N., Baggio, R. & Cooper, C.(2008). *Network Analysis and Tourism : from Theory to Practice*(eds.). Clevedon, UK : Channel View Publications.

Scott, W. R.(2001). *Institutions and Organizations*(2nd ed.). CA : Sage.

Scriven, M.(1981). *Evaluation Thesaurus*. CA : Edgepress.

Sellers, J.(2002). The Nation-State and Urban Governance : Toward Multilevel Analysis. *Urban Affairs Review*, 37(5) : 611-641.

Shepsle, K.(1986). Institutional Equilibriurn and Equilibriurn Institutions. In H. Weisberg(ed.), *Political Science : The Science of Politics*. NY : Agathon.

Simeon, R.(2009). Constitutional Design and Change in Federal Systems : Issues and Questions. *Publics*, 39(2) : 241-261.

Simon, H.(1978). Rationality as Process and as Product of Thought. *American Economic Review*, 68(2) : 1-16.

――――(1997). *Administrative Behavior : A study of Decision-Making Processes in Administrative Organizations*(4th ed.). NY : The Free Press.

Skocpol, T. & Fiorina, M.(1999). *Civic Engagement in American Democracy* (eds.). Washington, D.C. : Brookings Institute Press.

Skyttner, L.(2011). *General Systems Theory : Ideas & Applications*. River Edge, NJ : World Scientific Publishing.

Smith, M.(1993). *Pressure, Power and Policy : State Autonomy and Policy Networks in Britain and the United States*. London : Harvester Wheatsheaf.

_____(2006). Pluralism. In C. Hay et al.(eds.), *The State : Theories and Issues.* NY : Palgrave.

Sparrow, M.(2000). *The Regulatory Craft : Controlling Risks, Solving Problems and Managing Compliance.* Washington, D.C. : Brookings Institution Press.

Stacey, R.(1995). The Science of Complexity : an Alternative for Strategic Decision Process. *Strategic Management Journal,* 16(6) : 477-495.

Stepan, A.(1978). *The State and Society : Peru in Comarative Perspective.* Princeton : Princeton University Press.

Stoker, G.(1998). *Governance as Theory : Five Propositions.* Oxford : Blackwell Publishers.

_____(2000). Urban Political Science and the Challenge of Urban Governance. In J. Pierre(ed.), *Debating Governance.* Oxford : Oxford University Press.

Taylor, C.(1992). *Multiculturalism and the Politics of Recognition.* Princeton : Princeton University Press.

Taylor, F.(1911). *The Principles of Scientific Management.* NY : Harper & Row.

Thelen, K. & Steinmo, S.(1992). Historical Institutionalism in Comparative Politics. In S. Steinmo, K. Thelen & F. Longstreth(eds.), *Structuring Politics : Historical in Comparative Analysis.* Cambridge : Cambridge University Press.

Throgmorton, J.(1996). The Rhetorics of Policy Analysis. *Policy Sciences,* 24(2) : 153-179.

Tompkins, G.(1975). A Causal Model of State Welfare Expenditures. *Journal of Politics,* 37(2) : 392-416.

Treisman, D.(2007). *The Architecture of Government : Rethinking Political Decentralizatiion.* Cambridge : Cambridge University Press.

Troper, H.(1999). Multiculturalism. In P. Magocsci(ed.), *Encyclopedia of Canada' s Peoples.* Toronto : University of Toronto Press.

Truman, D.(1951). *The Governmental Process : Political Interests and Public Opinion.* NY : Afred A. Knopf.

555

_____(1971). *The Governmental Process : Political Interests and Public Opinion* (2nd ed.). NY : Alfred A. Knopf.

UNWTO(1997). *Internatonal Tourism : A Global Perspective*(edited by C. Gee & E. Fayos-sola). Madrid : UNWTO.

_____(2012). *Compendium of Tourism Statistics*(2011). Madrid : UNWTO.

Van de Ven, A.(1983). Three Rs of Administrative Behavior. In R. Hall & R. Quinn (eds.), *Organization and Public Policy*. Beverly Hills, CA : Sage Publications.

Van Meter, D. & Van Horn, C.(1975). The Policy Implementation Process : a Conceptual Framework. *Administration and Society*, 6(4) : 445-488.

Vedung, E.(2006). Evaluation Research. In B. Peters & J. Pierre(eds.), *Hankbook of Public Policy*. Beverly Hills : Sage Publications.

Verba, S.(1965). Comparative Political Culture. In L. Pye & S. Verba(eds.), *Political Culture and Practical Development*. Princeton, NJ : Princeton University Press.

Weaver, R. & Rockman, B.(1993). *Do Institutions Matter? Government Capabilities in the United States and Abroad*. Washington, D. C. : The Brookings Institution.

Weber, M.(1978). *Economy and Society*. Berkeley : University of California Press.

WEF(2015). *The Travel and Tourism Competitiveness Report(2015)*.

Weirner, D. & Vining, A.(2005). *Policy Analysis : Concepts and Practice* (4th ed.). Englewood Cliffs, NJ : Prentice-Hall.

Wenger, E.(1998). *Communities of Practice : Learning, Meaning and Identity*. Cambridge : Cambridge University Press.

Wholey, J., Harty, H. & Newcomer, K.(1994). *Hanbook of Practical Program Evaluation*. San Francisco : Jossey-Bass Publishers.

Williams, A.(2004). Governance and Sustainability : An Investigation of the Role of Policy Mediators in the European Union Policy Process. *Policy and Politics*, 32(1) : 95-110.

Williams, W.(1980). *The Implementation Perspective*. Berkeley, CA : University of California Press.

Williamson, O.(1985). *The Economic Institutions of Capitalism : Firms, Markets, Relational Contracting*. NY : The Free Press.

Wilson, F.(1982). Alternative Models of Interest Intermediation : the Case of France. *British Journal of Political Science*, 12(3) : 897.

Wilson, W.(1887). A Study of Administration. *Politcal Science Quarterly*, 2(2) : 293–294.

Winter, S.(1986). How Policy–Making Affects Implementation : The Decentralization of the Danish Diablement Pension Administration. *Scandinavian Political Studies*, 9(4) : 361–383.

Wolf, C.(1989). *Markets or Governments : Choosing between Imperfect Alternatives*. Cambridge, MA : MIT Press.

Wollmann, H.(2007). Policy Evaluation and Evaluation Research. In F. Fischer, G. Miller, & M. Sidney(eds.), *Handbook of Public Policy Analysis*. Boca Raton, FL : CRC Press.

Woolcock, M.(1998). Social Capital and Economic Development : Toward a Theoretical Synthesis and Policy Framework. *Theory and Society*, 27 : 151–208.

Wrong, D.(1970). *Max Weber*. Englewood Cliffs, New Jersey : Prentice–Hall.

WTTC(2016). *Travel & Tourism : Economic Impact 2016*. London : WTTC.

Yin, R. K.(2009). *Case Study Research: Design and Methods*(4th ed.) (신경식 · 서아영(2011) 역. 사례연구방법. 서울 : 한경사).

Young, O.(1979). *Compliance and Public Authority*. Baltimore : Johns Hopkins University Press.

찾아보기

ㅊ

저자색인

573

저자소개

이연택

저자는 한양대학교 사회과학대학 관광학부 교수로 재직하고 있으며 관광학개론, 관광정책학, 관광학연구방법론 등을 강의하고 있다. 한국외대를 졸업하고 미국 조지워싱턴대에서 관광학 연구로 석사와 박사 학위를 받았다. 문화관광부 산하 한국관광연구원장을 역임하였으며, OECD관광위원회 부의장, UNESCO문화분과위원, 제주국제도시추진위원, 감사원 부정방지대책위원, 한국관광공사, 경기관광공사, 한국방송광고공사, 태권도진흥재단 등의 비상임이사를 역임하였다. 정책방송 KTV, KBS라디오 등에서 시사토론을 진행하였고 학내에서는 교무처장, 국제관광대학원장 등을 역임하였다. 현재 사단법인 한국이미지정책포럼 대표를 맡고 있다.

[주요 저서]
• 관광학(2015, 백산출판사, 저)
• 관광정책학(2012, 백산출판사, 저)
• 관광기업환경의 이해(2005, 일신사, 공저)
• 관광정책론(2003, 일신사, 저)
• 카리스마 심리전술(2003, 21세기북스, 감역)
• 토론의 기술(2003, 21세기북스, 저)
• 국제관광산업전략(1999, 일신사, 공역)
• 북한사회의 이해(1997, 한양대출판부, 공저)
• 국제관광론(1996, 21세기재단, 공저)
• 세계화시대의 관광산업(1995, 일신사, 공저)
• 지방화시대의 관광개발(1995, 일신사, 공저)
• 현대사회와 여가(1995, 일신사, 공역)
• 관광학연구의 이해(1994, 일신사, 편역)
• 관광기업환경론(1993, 법문사, 저)